“十四五”时期国家重点出版物出版专项规划项目
现代土木工程精品系列图书

聚氨酯改性沥青及其混合料理论、技术与工程应用

张增平 著

哈爾濱工業大學出版社
HARBIN INSTITUTE OF TECHNOLOGY PRESS

内 容 简 介

本书通过理论分析、大量室内外试验及实体工程验证，系统研究和论述了聚氨酯改性沥青及其混合料理论、技术与工程应用。书中探讨了聚氨酯预聚体种类对聚氨酯改性沥青性能的影响规律，以及聚氨酯掺量对改性沥青性能的影响；探索了聚氨酯预聚体分子结构与改性沥青的组成、性能及结构之间的关系规律；介绍了用于沥青改性的聚氨酯预聚体的合成方法；提出了聚氨酯与其他改性剂对沥青进行复合改性的新思路；在国内外首次报道了聚氨酯改性沥青用于沥青路面面层实体工程的应用效果。

本书研究视角独特，设计理念新颖，在材料性能改进及工程应用上均有新突破，可作为高等院校道路工程及材料专业学生聚合物改性沥青试验研究的参考书，也可供聚氨酯改性沥青科研、设计、施工及管理等相关人员参考使用。

图书在版编目(CIP)数据

聚氨酯改性沥青及其混合料理论、技术与工程应用/张增平著.—哈尔滨：哈尔滨工业大学出版社，2022.7

(现代土木工程精品系列图书)

ISBN 978-7-5767-0134-0

Ⅰ.①聚… Ⅱ.①张… Ⅲ.①聚氨酯—改性沥青—研究 Ⅳ.①TE626.8

中国版本图书馆 CIP 数据核字(2022)第 109902 号

策划编辑　王桂芝
责任编辑　杨　硕
出版发行　哈尔滨工业大学出版社
社　　址　哈尔滨市南岗区复华四道街 10 号　邮编 150006
传　　真　0451-86414749
网　　址　http://hitpress.hit.edu.cn
印　　刷　哈尔滨圣铂印刷有限公司
开　　本　787 mm×1 092 mm　1/16　印张 16　字数 376 千字
版　　次　2022 年 7 月第 1 版　2022 年 7 月第 1 次印刷
书　　号　ISBN 978-7-5767-0134-0
定　　价　68.00 元

前　言

聚合物改性沥青自出现以来，功能性和制备工艺不断得到优化，在改善行车舒适度、延长沥青路面使用寿命方面取得了非常显著的效果。随着交通载荷量的持续增长以及人们对材料高性能、高耐久性、环保等要求越来越高，传统的聚合物改性沥青在生产、存储以及性能等方面存在的一些不足逐渐暴露出来。为了弥补这些不足，继续在现有研究的基础上深入完善传统的聚合物改性沥青或者引入新型聚合物都是行之有效的方法。

聚氨酯(Polyurethane，PU)凭借其黏结力强、高弹性、耐化学腐蚀、可设计的硬度和柔软性等优异性能受到研究者的关注。自20世纪60年代实现规模化工业生产以来，PU在全世界范围内已被广泛应用于建筑、医疗、体育等领域。据统计，2021年我国聚氨酯总产量已达到1 470万t。这一性能优异的材料被应用于聚合物改性沥青是必然趋势。研究聚氨酯改性沥青不仅符合交通强国战略，更符合科教兴国、人才强国的发展战略，聚氨酯改性沥青是一种应运而生的新型的聚合物改性沥青。

近年来国内外关于聚氨酯改性沥青的研究越来越多，也取得了众多成果。聚氨酯改性沥青改性机理和力学性能不同于传统的聚合物改性沥青，是一种“灵活”的改性沥青，其原材料众多，不同原材料合成的改性沥青性能也不相同，并非所有工程都适用于同一种配方生产出来的聚氨酯改性沥青。因此，在生产聚氨酯改性沥青时应如何选择合适的原材料，并建立一种科学的评价体系，以及科学地实现这一新型聚合物改性沥青的工程应用均是实现科技成果转化为生产力过程中至关重要的问题。然而，目前关于聚氨酯改性剂的研究较为分散，难以形成系统性的研究。

针对上述问题，作者以团队研究成果为主体，结合国内外现有研究成果，对聚氨酯改性沥青进行系统性阐述。作者团队在2014—2015年开始聚焦聚氨酯改性沥青的研究，是国内外最早进行聚氨酯改性沥青研究的团队之一。近年来，团队开展了大量开创性研究，并利用研究成果实现了国内尚属首次的钢混组合梁桥聚氨酯改性沥青桥面的铺筑。

本书是作者多年来关于聚氨酯改性沥青研究成果的归纳总结。本书分为9章，主要内容如下。

第1章概述沥青改性技术，提出了聚氨酯改性沥青的概念，并对聚氨酯改性沥青现有研究成果进行了分类介绍；第2章介绍低掺量聚氨酯改性沥青，在0～15%掺量范围内对聚氨酯改性沥青的性能进行了研究；第3章介绍高掺量聚氨酯改性沥青，在30%～50%掺量范围内对聚氨酯改性沥青进行了研究；第4章介绍基于聚氨酯预聚体合成的沥青改性技术，研究了6种聚氨酯预聚体对改性沥青性能的影响；第5章介绍聚氨酯/有机蒙脱土复合改性沥青制备与性能研究；第6章介绍聚氨酯改性乳化沥青，以聚氨酯作为乳化沥青改性剂，采取先改性后乳化的方法进行研究；第7章介绍适用于桥面铺装体系的聚氨酯改性沥青研究；第8章介绍作者团队进行的国内外首次聚氨酯改性沥青铺筑，积累了聚氨酯改性沥青工程应用的经验;第 9 章在利用分子动力学模拟方法研究聚氨酯改性沥青体系组成、结构和性能之间关系规律方面进行了初步探索。

本书的顺利出版,离不开研究团队成员的努力付出,大家在资料收集、数据分析整理、室内外试验及实体工程验证过程中都做出了大量贡献。在试验研究及书稿撰写过程中,本课题组诸多博士及硕士研究生都付出了辛勤劳动,他们是刘浩、班孝义、黄婷、韩继成、祁冰、朱永彪、刘海婷、刘义琛、张达理、韦永明、王召飞、李雪、温富升、陈嵩等。作者在此一并表示感谢。

由于作者学识及水平有限,书中难免疏漏及不足之处,敬请各位读者批评指正。

作　者

2022 年 6 月

目 录

第 1 章 聚氨酯改性沥青的概念及研究进展……1
1.1 沥青改性技术……1
1.1.1 改性沥青的分类……1
1.1.2 改性沥青的发展现状及研究趋势……1
1.2 聚氨酯改性沥青的概念、机理及分类……3
1.2.1 聚氨酯改性沥青的提出……3
1.2.2 聚氨酯化学……3
1.2.3 聚氨酯改性沥青的改性机理……5
1.2.4 聚氨酯改性沥青的分类……6
1.3 本章小结……8
本章参考文献……8
第 2 章 低掺量聚氨酯改性沥青……11
2.1 背景及研究现状……11
2.2 材料制备……11
2.3 研究内容……13
2.3.1 常规性能研究……13
2.3.2 聚氨酯改性沥青高温和低温性能研究……29
2.3.3 聚氨酯改性沥青改性机理研究……38
2.4 本章小结……45
本章参考文献……46
第 3 章 高掺量聚氨酯改性沥青……48
3.1 背景及研究现状……48
3.2 材料制备……48
3.2.1 原材料……48
3.2.2 聚氨酯改性沥青的制备……48
3.2.3 聚氨酯改性沥青混合料的制备……49
3.3 研究内容……49
3.3.1 聚氨酯掺量最佳组成的确定……49
3.3.2 聚氨酯改性沥青流变性能研究……51
3.3.3 聚氨酯改性沥青微观结构表征及改性机理研究……61
3.3.4 聚氨酯改性沥青混合料路用性能研究……63

3.4 本章小结……69
本章参考文献……70

第4章 基于聚氨酯预聚体合成的沥青改性技术 ……72

4.1 背景及研究现状……72
4.2 材料制备……72
4.2.1 原材料……72
4.2.2 制备过程……74
4.3 研究内容……75
4.3.1 聚氨酯改性沥青的基本性能……75
4.3.2 聚氨酯改性沥青的流变性能……80
4.3.3 聚氨酯改性沥青微观机理……91
4.3.4 聚氨酯改性沥青混合料的基本性能……96
4.4 本章小结……98
本章参考文献……99

第5章 聚氨酯/有机蒙脱土复合改性沥青制备与性能研究 ……101

5.1 背景及研究现状……101
5.2 材料制备……102
5.2.1 原材料……102
5.2.2 试验方法……102
5.3 研究内容……104
5.3.1 常规路用性能研究……104
5.3.2 复合改性沥青的短期老化性能研究……107
5.3.3 聚氨酯/有机蒙脱土复合改性沥青高温流变性能……112
5.3.4 聚氨酯/有机蒙脱土复合改性沥青低温流变性能……122
5.4 本章小结……126
本章参考文献……127

第6章 聚氨酯改性乳化沥青……129

6.1 背景及研究现状……129
6.2 材料制备……129
6.2.1 原材料……129
6.2.2 聚氨酯改性沥青的制备……130
6.3 研究内容……130
6.3.1 聚氨酯改性沥青制备工艺条件优化……130
6.3.2 聚氨酯改性沥青的性能研究……135
6.3.3 聚氨酯改性沥青的乳化……148
6.3.4 乳化过程对改性沥青性能的影响……154
6.4 本章小结……159

本章参考文献…… 160
第7章　适用于桥面铺装体系的聚氨酯改性沥青研究…… 162
7.1　背景及研究现状 …… 162
7.2　材料制备 …… 163
7.2.1　原材料 …… 163
7.2.2　聚氨酯改性沥青制备工艺 …… 163
7.3　研究内容 …… 163
7.3.1　聚氨酯用量对聚氨酯改性沥青体系性能的影响 …… 163
7.3.2　聚氨酯改性沥青的流变性能研究 …… 163
7.3.3　聚氨酯改性沥青改性机理研究 …… 171
7.3.4　聚氨酯改性沥青混合料路用性能研究 …… 175
7.3.5　聚氨酯改性沥青防水黏结层性能研究 …… 184
7.4　本章小结 …… 186
本章参考文献…… 187
第8章　聚氨酯改性沥青路面实体工程应用…… 189
8.1　背景及研究现状 …… 189
8.2　材料制备 …… 189
8.3　研究内容 …… 190
8.3.1　聚氨酯改性沥青混合料中改性剂的组成优化 …… 190
8.3.2　改性沥青混合料的路用性能 …… 197
8.3.3　基于混合料疲劳试验下改性沥青混合料挠度变形的研究 …… 202
8.3.4　实体工程情况 …… 207
8.4　本章小结 …… 214
8.4.1　主要结论 …… 214
8.4.2　建议 …… 214
本章参考文献…… 214
第9章　基于分子动力学对聚氨酯改性沥青性能的研究…… 216
9.1　背景及研究现状 …… 216
9.2　材料制备及模型构建 …… 217
9.2.1　原材料及聚氨酯改性沥青制备 …… 217
9.2.2　沥青模型构建 …… 217
9.2.3　基质沥青模型合理性验证 …… 219
9.2.4　聚氨酯模型构建 …… 220
9.2.5　聚氨酯—沥青共混模型构建 …… 221
9.2.6　模拟方法 …… 223
9.2.7　模型平衡态判断 …… 223
9.3　研究内容 …… 224

9.3.1 聚氨酯改性沥青相容性分子动力学研究 …… 224
9.3.2 温度对聚氨酯改性沥青相容性影响 …… 224
9.3.3 聚氨酯掺量对改性沥青相容性影响 …… 225
9.3.4 聚氨酯改性沥青氢键作用 …… 225
9.4 聚氨酯改性沥青相容性试验 …… 227
9.4.1 聚氨酯改性沥青常规性能测试 …… 227
9.4.2 离析试验 …… 228
9.4.3 荧光显微镜 …… 230
9.4.4 自由体积计算 …… 234
9.4.5 聚氨酯改性沥青流变性能研究 …… 236
9.4.6 弯曲蠕变劲度试验 …… 238
9.4.7 差示扫描量热试验 …… 240
9.5 本章小结 …… 243
本章参考文献 …… 243
名词索引 …… 246

第1章　聚氨酯改性沥青的概念及研究进展

1.1　沥青改性技术

沥青是一种高黏度的有机液体，主要可分为地沥青(天然沥青、石油沥青)、焦油沥青、煤沥青、页岩沥青等。沥青是由不同分子量的碳氢化合物及其非金属衍生物组成的黑褐色混合物，组分极为复杂，通常将其分为饱和分、芳香分、胶质和沥青质四个组分，沥青中的沥青质、胶质等重组分是复杂的混合物，包含多芳环、杂环衍生物以及具有芳环、环烷烃和杂环的重复单元结构的混合物。

在道路工程中，使用沥青胶结矿质集料铺筑路面，得到的沥青路面平整、耐磨、不扬尘、耐久、行车平稳舒适、振动和噪声小、适于高速行车，并有开放交通早和养护维修方便等优点。沥青也因此在道路工程中得到了越来越广泛的应用。然而沥青路面在使用过程中也存在一些问题：沥青路面在冬季易出现温缩裂缝，影响路面的美观并削弱面层的整体平整度；夏季在重载交通条件下易出现车辙、推移、拥包等病害，影响道路路面的正常服务功能。为了满足车辆交通量的增长和道路发展的需要，在建设高等级路面结构时，对沥青各方面性能提出了更苛刻的要求。然而，基质沥青往往不能满足高等级道路路用性能的要求，传统沥青路面早期破坏现象严重，路面建成初期就出现各种病害，不能满足交通的需要。因此，提升沥青性能使其满足道路建设要求已成为公路交通行业的一大研究方向。

改性沥青是指掺加橡胶、树脂、高分子聚合物、磨细的橡胶粉或其他填料等外掺剂(改性剂)，或采取对沥青轻度氧化加工等措施，使沥青或沥青混合料的性能得以改善而制成的沥青结合料，其可有效提升沥青性能。

1.1.1　改性沥青的分类

改性沥青按照所使用改性剂的种类可分为聚合物改性沥青和非聚合物改性沥青，即改性沥青所使用的改性剂若为聚合物则属于聚合物改性沥青，所使用的改性剂不是聚合物则属于非聚合物改性沥青。改性沥青的改性方式可分为化学改性和物理改性：改性过程中使沥青组成成分发生化学变化的称为化学改性；使改性剂均匀分散在沥青中，形成空间网络结构的称为物理改性。

1.1.2　改性沥青的发展现状及研究趋势

1. 聚合物改性沥青

聚合物改性沥青的应用最广泛、研究最集中，改性剂按照聚合物的种类一般可分为三类：

(1)热塑性橡胶类，即热塑性弹性体，其主要为嵌段共聚物，如SBS(苯乙烯－丁二烯－苯乙烯嵌段共聚物)、SIS(苯乙烯－聚异戊二烯－聚苯乙烯嵌段共聚物)、SE/BS(苯乙烯一聚乙烯/丁基一聚乙烯),是目前世界上使用最为普遍的道路沥青改性剂,并以 SBS 应用最广。SBS 在沥青中的分散与溶胀是一个动态平衡过程,其可以改善沥青高低温性能。SBS 改性沥青在存储过程中软化点可能会出现不同幅度的降低,因此会有离析情况的发生。

(2)橡胶类,如 NR(天然橡胶)、SBR(丁苯橡胶)、CR(氯丁橡胶)及废旧胶粉等。其中,SBR 和废旧胶粉作为沥青改性剂应用最为广泛。这类改性剂以胶乳形式使用,橡胶吸收沥青中的油分后会膨胀,从而改变沥青的胶体结构,提高沥青的弹性、韧性和软化点,降低脆点,改善延度和感温性。因为 SBR 最优的特性是改善低温性能,所以其主要应用在北方地区,南方地区很少采用。

(3)树脂类。树脂类改性剂主要包括两类:热塑性树脂和热固性树脂。EVA(乙烯一乙酸乙烯酯共聚物)、APP(无规聚丙烯)、PVC(聚氯乙烯)、PE(聚乙烯)、PET(聚对苯二甲酸乙二醇酯)、PP(聚酰胺和聚丙烯)等属于热塑性树脂;不饱和聚酯、环氧树脂、酚醛树脂和呋喃树脂等属于热固性树脂。其中,环氧树脂是目前使用最广泛的沥青改性剂之一。环氧树脂能够为沥青赋予优异的力学性能,环氧沥青路面强度是普通沥青路面的数倍。然而,环氧沥青柔韧性较差,低温下易发生脆断,导致路面出现裂缝等病害。

2. 非聚合物改性沥青

非聚合物改性沥青包含矿物质填料和添加剂等,如硅藻土、石灰、水泥、炭黑、硫黄、木质素、石棉和炭棉等,均属于矿物质填料,其可对沥青进行物理改性,提高沥青的抗磨耗性、内聚力和耐候性。添加剂包括抗氧化剂和抗剥落剂等,如有机酸皂、胺型或酚型抗氧化剂以及阴、阳离子型或非离子型表面活性剂,可提高沥青的黏附性、耐老化性能或抗氧化能力。

傅海龙研究了硅藻土在温拌沥青中的应用,并通过动态剪切流变(DSR)试验和弯曲蠕变劲度(BBR)试验等手段在改善温拌沥青的黏附性方面获得了显著的效果,但高掺量下的硅藻土对沥青材料的低温性能带来一定的负面效果。石鑫等对电气石改性沥青的路用性能进行了研究,发现电气石可改善沥青的高温性能和低温性能。Li 等针对 ZnO 改性沥青进行了相关研究,发现纳米 ZnO 在沥青中很容易出现离析,而硅烷偶联剂表面有机化改性则能够减少这种现象的发生。在硅烷偶联剂表面有机化后,ZnO 改性沥青的黏度和软化点得到了较大的提升,而对延度的影响效果并不明显。Huang 等将 LDHs(水滑石)用于沥青改性,结果显示,在沥青中加入 LDHs 后,其耐老化性能得到了明显的提升,同时兼有一定的抗热氧老化能力。除此之外,还有许多矿质填料改性剂被广泛研究,如纳米碳酸钙、炭黑、纤维、蒙脱土、粉煤灰、水泥、石灰等。

添加剂方面,有研究者以十八胺为原料,经过季胺化反应制备了四种乳化剂,对沥青进行了乳化试验。结果表明,四种乳化剂对沥青乳化效果良好。樊芷芸在阳离子表面活性剂(季铵盐类)和阴离子表面活性剂(烷基苯磺酸盐)物质的量比为 5∶1 的条件下制备了沥青乳液,所得沥青乳液稳定性提高,表面活性剂的用量也大幅度减少,使成本降低。使用该乳化沥青生产的乳化沥青混凝土具有热稳定性好、力学性质受温度影响小等优点。

1.2　聚氨酯改性沥青的概念、机理及分类

1.2.1　聚氨酯改性沥青的提出

在研究改性沥青的过程中，科学家们不仅在不断深入对现有改性材料的研究，也在不断探索新的改性材料，期望能给沥青带来更好的改性效果。大多数改性材料对于沥青性能的提升都是单方面的，限制了其适用范围，如 SBR 改性沥青可以提升沥青的低温性能，但对于高温性能没有改善，因此其多用于北方地区，很少应用于南方地区。研究者们期望得到一种可以对沥青多方面性能进行改性的材料，其可以根据实际需求来对沥青进行合适的改性，于是一种新兴的有机高分子材料聚氨酯引起了研究者的注意。

在高分子结构主链上含有重复氨基甲酸酯基团（—NHCOO—）的聚合物通称为聚氨酯（Polyurethane，PU）。1937 年，德国化学家 Otto Bayer 及其同事在研究异氰酸酯的加成聚合反应中，首次合成了含有氨基甲酸酯基团的化合物，而后，研究者们不断地深入研究，聚氨酯的产品越来越多样化，应用也越来越广泛。聚氨酯制成的产品有泡沫塑料、弹性体、涂料、胶黏剂、纤维、合成皮革及铺面材料等，广泛应用于机电、船舶、航空港、车辆、土木建筑、轻工及纺织等领域。聚氨酯在材料工业中占有的地位越来越重要，各国也争相发展聚氨酯工业。

聚氨酯分子结构具有软、硬两种链段，这两种链段分别赋予聚氨酯不同的性能，可以通过原材料种类以及对分子链的设计，赋予其不同性能，从而根据实际需求选择合适的聚氨酯对沥青进行改性，得到符合要求的改性沥青。

李彩霞发现在特定制备工艺下，聚氨酯能够均匀地分散在基质沥青中，并能与基质沥青长期共存；刘颖等对聚氨酯改性沥青（PU 改性沥青）的相容性及耐老化性能进行研究，并与 SBS 改性沥青进行对比，发现 PU 改性沥青在相容性及耐老化性能方面均优于 SBS 改性沥青；本书作者团队发现 PU 改性沥青具有良好的存储稳定性。这些研究证明 PU 改性沥青性能优异，具有很高的研究价值。

1.2.2　聚氨酯化学

聚氨酯是多元醇（包括二元醇）和多异氰酸酯（包括二异氰酸酯）等的反应产物，虽然其合成反应各异，产品表现形式多样，但聚氨酯化学的基础均是围绕异氰酸酯的独特化学特性展开的。

异氰酸酯是分子中含有异氰酸酯基（—NCO）的化合物，它的化学活性主要表现在异氰酸酯基上。该基团具有重叠双键排列的高度不饱和键结构，容易与包含活泼氢原子的化合物如胺、水、醇、酸、碱发生反应。这是由于在异氰酸酯基团中，N、C 和 O 三个原子的电负性顺序从大到小为 O、N、C，因此，在氮原子和氧原子周围的电子云密度增加，表现出较强的电负性，使它们成为亲核中心，很容易与亲电子试剂进行反应。对于排列在氧、氮原子中间的碳原子来讲，两边强的电负性原子的存在，使得碳原子周围正常的电子云分布偏向氮、氧原子，从而使碳原子呈现出较强的正电荷，成为易受亲核试剂攻击的亲电中心，

即十分容易与含有活泼氢的化合物，如醇、氨水等进行亲核反应。

1.异氰酸酯的化学反应

(1)异氰酸酯与羟基的反应。

PU 合成中最常见的反应为异氰酸酯和羟基化合物的反应，反应方程式一般如下：

$$RNCO + R'OH \longrightarrow RNHCOOR'$$

异氰酸酯基和羟基的反应产物即为氨基甲酸酯。

多元醇和多异氰酸酯反应可生成聚氨基甲酸酯(即聚氨酯)。下面采用二元醇和二异氰酸酯的反应进行说明，反应方程式可表示如下：

$$nOCN—R—NCO + nHO—R'—OH \longrightarrow \left[CONH—R—NHCHOOH—R'—O \right]_n$$

根据反应物中羟基和异氰酸酯基用量的不同，可以制备出不同类型的聚氨酯及聚氨酯预聚体。

(2)异氰酸酯与水的反应。

异氰酸酯与水反应可以生成氨基甲酸，氨基甲酸再分解能生成二氧化碳及胺。若异氰酸酯过量，则生成的胺会和异氰酸酯继续反应生成取代脲。反应过程如下：

$$R—NCO + H_2O \xrightarrow{\text{慢}} R—NHCOOH \xrightarrow{\text{快}} R—NH_2 + CO_2\uparrow$$

$$R—NH_2 + R—NCO \xrightarrow{\text{快}} R—NHCONH—R$$

因为 $R—NH_2$ 与 R—NCO 的反应比与水快，所以以上反应可写为

$$2R—NCO + H_2O \longrightarrow RNHCONHR + CO_2\uparrow$$

异氰酸酯与水反应生成二氧化碳气体的原理可以用于合成聚氨酯泡沫塑料，而影响异氰酸酯与水反应的因素较多，主要有异氰酸酯的结构、混合物中水的质量浓度、温度、催化剂等。

(3)异氰酸酯与氨基的反应。

聚氨酯制备中较有影响力的反应是氨基与异氰酸酯的反应，反应生成取代脲。与其他类型活性氢化合物相比，氨基与异氰酸酯的反应具有较高的活性。反应方程式如下：

$$R—NCO + R'R''NH \longrightarrow R—NH—\overset{\overset{\displaystyle O}{\|}}{C}—NR'R''$$

$$R—NCO + R'NH_2 \longrightarrow R—NH—\overset{\overset{\displaystyle O}{\|}}{C}—NHR'$$

(4)异氰酸酯与脲基的反应。

异氰酸酯与脲基化合物反应生成缩二脲，该反应在没有催化剂存在时，一般需在 100 ℃或更高温度下才能进行。反应方程式如下：

$$R—NCO + R'—NH—\overset{\overset{\displaystyle O}{\|}}{C}—NH—R'' \longrightarrow R—NH—\overset{\overset{\displaystyle O}{\|}}{C}—\underset{\underset{\displaystyle R'}{|}}{N}—\overset{\overset{\displaystyle O}{\|}}{C}—NH—R''$$

(5)异氰酸酯与氨基甲酸酯的反应。

异氰酸酯与氨基甲酸酯的反应活性比异氰酸酯与脲基的反应活性低，当无催化剂存

在时，常温下几乎不反应，一般需在 120～140 ℃之间才能得到较为满意的反应速率。在通常的反应条件下，所得最终产物为脲基甲酸酯。反应方程式如下：

$$R{-}NCO + R'NH_2 \longrightarrow R{-}NH{-}\overset{\overset{\displaystyle O}{\|}}{C}{-}NHR'$$

(6)异氰酸酯与环氧基团的反应。

异氰酸酯与环氧基团在有催化剂的条件下能制备出噁唑烷酮环的化合物。噁唑烷酮环的显著特点是耐热性能较好。反应方程式如下：

$$R{-}N{=}C{=}O + R'{-}\underset{\diagdown O \diagup}{CH{-}{-}CH_2} \longrightarrow R{-}N\overset{CH_2}{}\underset{\underset{O}{\overset{\|}{C{-}O}}}{}CH{-}R'$$

2. 聚氨酯合成助剂

聚氨酯材料的多样化、高性能离不开助剂的帮助。助剂用量虽少，但对聚氨酯材料的结构和性能起到关键性作用。为了便于了解聚氨酯材料，通常按功能将聚氨酯的助剂分为催化剂、扩链交联剂、紫外吸收剂、偶联剂等。最常使用的助剂是扩链交联剂，扩链交联剂包括扩链剂、交联剂及扩链交联剂三类。扩链剂能使聚合物分子链进一步延伸，生成分子量更大的线型分子；交联剂能使聚合物分子之间以化学键连接，形成网状结构；扩链交联剂则能使聚合物分子既扩链又交联。

例如：对于端异氰酸酯预聚物，小分子二醇与端异氰酸酯预聚物反应只起扩链作用，为扩链剂；过氧化物、硫黄和甲醛只起到交联作用，不起扩链作用，为交联剂；小分子二胺如 MOCA(3,3′-二氯-4,4′-二氨基二苯基甲烷)具有两个氨基，其与端异氰酸酯预聚物的反应随胺指数($n(NH_2)/n(NCO)$)的变化而变化，当 $n(NH_2)/n(NCO) \geqslant 1$ 时，氨基与异氰酸酯基反应生成脲基，只起扩链作用，当 $n(NH_2)/n(NCO) < 1$ 时，氨基与预聚物中的异氰酸酯基反应生成脲基，多余的异氰酸酯基在较高的温度下还可与脲基反应生成缩二脲，所以其为扩链剂或扩链交联剂。

1.2.3　聚氨酯改性沥青的改性机理

目前，PU 改性沥青多数采用 PU 预聚体(常常需要加入扩链交联剂)对沥青进行改性，也有少数直接采用添加聚氨酯的方式对沥青进行改性。使用 PU 预聚体对沥青进行改性时一般使用端异氰酸酯预聚体。

PU 预聚体对沥青改性主要有两方面的作用。一方面，预聚体分子末端的高活性异氰酸酯基团与沥青质表面的羟基发生化学反应，形成氨基甲酸酯基，PU 分子链与沥青因此形成一个整体。另一方面，PU 分子链中的极性基团与沥青组分间形成氢键增加内能。这两方面的作用使聚氨酯在沥青中分散均匀。本书作者团队通过 FTIR(傅里叶变换红外光谱)试验证实了 PU 改性沥青中，PU 预聚体中的—NCO 与沥青质中的—OH 发生化学反应。孙敏等采用 SEM(扫描电子显微镜)观测 PU 改性沥青，发现 PU 改性沥青制备完成后，沥青的微观组成发生了很大改变，有大量团聚体均匀分布在沥青中，结合 FTIR 分析推测这些团聚体是异氰酸酯基与沥青质中的芳香族化合物之间加成反应的产物。

1.2.4　聚氨酯改性沥青的分类

聚氨酯可分为热固性和热塑性两类，因此依据改性沥青中聚氨酯的结构特性，也可将 PU 改性沥青分为热固性和热塑性两类。热固性 PU 改性沥青是指聚氨酯预聚体与添加剂加入沥青后，发生化学交联形成网状或体型结构，制备而成的改性沥青；热塑性 PU 改性沥青是指将聚氨酯预聚体与添加剂加入沥青后，没有或很少发生化学交联，分子基本上是线型，但可能存在一定量的物理交联的改性沥青。物理交联是指线型聚氨酯分子链间，存在呈可逆性的“连接点”，它虽然不是化学交联，但起着化学交联的作用。曾俐豪等对热固性 PU 改性沥青进行了性能评价；本书作者团队研究了热固性 PU 改性沥青的制备工艺及路用性能，并对热塑性聚氨酯和有机蒙脱土改性沥青的协同作用进行了研究。依据改性沥青的应用方式还可将 PU 改性沥青分为 PU 改性沥青结合料、PU 改性乳化沥青、PU 改性沥青混合料。

1. PU 改性沥青结合料

曾俐豪等采用正交试验的方法对 PU 改性沥青制备过程中的影响因素进行了研究。方滢等对制备工艺进行了研究，得出最优制备工艺，在此基础上将 PU 改性沥青与基质沥青、SBS 改性沥青进行对比试验，发现 PU 改性沥青弹性性能相比 SBS 改性沥青略差，但低温流变性能优于 SBS 改性沥青。孙敏等将 PU 改性沥青与 SBS 改性沥青、基质沥青进行了对比，分析其流变性能发现 PU 改性沥青高温性能最优，低温性能优于基质沥青而较 SBS 改性沥青差。

对比以上性能研究结果发现，关于 PU 改性沥青性能研究得出的结论并不相同。这是环境、原材料、制备工艺、掺量等多种因素共同作用的结果，其中原材料对 PU 改性沥青性能的影响不容忽视。聚氨酯的结构特殊，包含软、硬链段（图 1.1），两种链段均对聚氨酯性能产生影响。软链段一般由低聚物多元醇（如聚醚、聚酯等）构成，具有柔性；硬链段一般由二异氰酸酯和小分子扩链剂（如二醇或二胺）构成，具有刚性。因此制备 PU 改性沥青时，所使用的多元醇、二异氰酸酯、扩链剂等原材料不同，形成的软、硬链段不同，最终得到的 PU 改性沥青性能也有所差异。

本书作者团队针对不同种类的聚氨酯预聚体对沥青的改性进行了大量研究。部分研究如下：班孝义选择聚酯型、聚醚型、PTMEG（聚四氢呋喃醚二醇）型 PU 改性沥青，通过与基质沥青的 DSR 试验、BBR 试验对比发现，三种 PU 改性沥青均对沥青高低温性能及温度稳定性有所改善，但改善效果最大的是聚醚型 PU 改性沥青；祁冰对聚酯型与聚醚型 PU 改性沥青进行研究发现，聚酯型 PU 改性沥青的高温性能优于聚醚型 PU 改性沥青且两者均优于 SBS 改性沥青，低温性能中聚醚型 PU 改性沥青优于聚酯型 PU 改性沥青与 SBS 改性沥青。通过研究可以发现，以不同类型的多元醇为原材料制备 PU 改性沥青，对沥青性能提升效果不同，可根据实际需求选择不同的原材料对沥青进行改性。

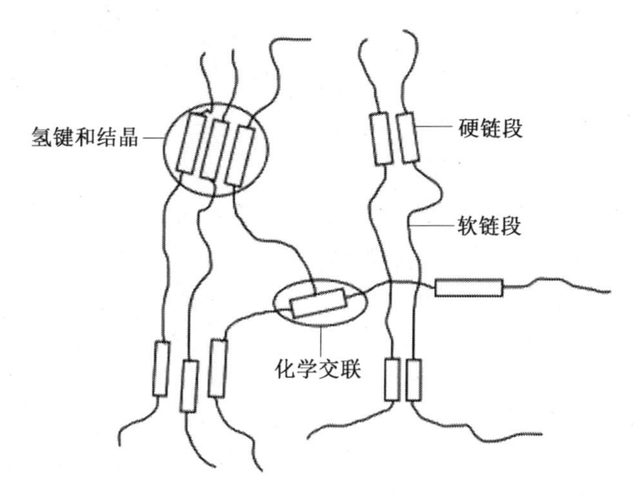

图 1.1　聚氨酯软、硬链段示意图

本书作者团队还将聚氨酯与其他材料复合，研究其对 PU 改性沥青性能的影响，其中刘海婷将有机蒙脱土(OMMT)与聚氨酯加入到沥青中对沥青进行复合改性，发现 OMMT 能提升沥青的高温性能，PU 能改善沥青的低温性能，而且 OMMT 能提升聚氨酯和沥青的相容性。本书作者团队制备了一种环氧/PU 改性沥青，其具有良好的机械强度、柔韧性和存储稳定性。从以上两种研究中可以发现，聚氨酯具有与其他材料复合对沥青进行改性的潜力。

2. PU 改性乳化沥青

乳化沥青是一种最常见的道路修补与养护结合料，PU 改性乳化沥青是 PU 改性沥青应用的延伸，探究其性能特征有利于全面了解 PU 改性沥青的材料特性。

目前 PU 改性乳化沥青的制备工艺主要有以下两种。

(1)先改性后乳化。

本书作者团队的韩继成采用先改性后乳化的方法，由三种不同基质沥青制得 PU 改性乳化沥青，研究其制备工艺并对不同基质沥青的改性效果进行比较。Sheng 等用 PTMG(聚丁二醇)和 TDI(甲苯二异氰酸酯)制备预聚体对沥青进行改性，然后通过剪切乳化工艺制备改性乳化沥青。微观结构分析表明，改性剂质量分数较低时，聚氨酯在乳化沥青中形成互穿网络结构，难以形成结晶结构，乳化沥青的相容性、热稳定性能和力学性能都得到了提升。

(2)先乳化后改性。

张丰雷等先制得乳化沥青，然后将水性聚氨酯与乳化沥青混合制得水性聚氨酯改性乳化沥青，通过试验发现乳化沥青的温度敏感性降低，高温稳定性得到提升。

以上两种方法制得的 PU 乳化改性沥青，性能均有所提升，说明聚氨酯不仅可应用于改性沥青，还可应用于乳化改性沥青。

3. PU 改性沥青混合料

沥青一般与粗集料、细集料及矿粉等形成混合料从而应用于路面工程。为研究 PU

改性沥青的工程应用效果，科研人员对 PU 改性沥青混合料路用性能进行了研究。

曾保国选择 30%和 50%聚氨酯掺量的 PU 改性沥青与基质沥青和 SBS 改性沥青进行混合料试验，选择 AC－13 级配，确定最佳油石比后，制得混合料进行试验，发现 PU 改性沥青混合料高温抗车辙性和低温抗裂性优于 SBS 改性沥青及基质沥青，但水稳定性并未得到改善。舒睿等也对同样掺量的 PU 改性沥青进行试验，并得出相似结论。吕文江等使用 35%掺量的 PU 改性沥青制备沥青混合料与 SBS 改性沥青混合料、基质沥青混合料进行对比，发现 PU 改性沥青混合料高温抗车辙性和低温抗裂性优于 SBS 改性沥青及基质沥青，水稳定性优于基质沥青，与 SBS 改性沥青相当。本书作者团队制备了一种环氧/PU 改性沥青，发现其混合料低温抗裂性优于环氧沥青混合料，在柔性桥面铺装工程中显示出良好的应用前景。本书作者团队将 PU 改性沥青应用在桥面铺装上，发现热固性 PU 改性沥青比 SBS 改性沥青具有更好的高温抗车辙能力和抗拉强度，并且相比于环氧改性沥青在柔韧性和减少成本方面更具优势。

1.3 本章小结

本章概述了沥青改性技术，从改性沥青的发展现状及研究趋势中引出了聚氨酯改性沥青，并对聚氨酯改性沥青现有研究成果进行了分类介绍。

本章参考文献

[1] 沈金安. 改性沥青与 SMA 路面[M]. 北京：人民交通出版社，1999.

[2] 杨林江. 改性沥青及其乳化技术[M]. 北京：人民交通出版社，2004.

[3] 顾绍兴，马骏，安会勇. 沥青改性剂发展综述[J]. 当代化工，2015，44(6)：1344-1347.

[4] LIU Ya，ZHANG Jing，JIANG Yongjia，et al. Investigation of secondary phase separation and mechanical properties of epoxy SBS-modified asphalts [J]. Construction and Building Materials，2018，165(20)：163-172.

[5] 傅海龙. 硅藻土对温拌沥青性能影响研究[J]. 武汉理工大学学报(交通科学与工程版)，2019，43(3)：491-494.

[6] 石鑫，王朝辉，李彦伟，等. 不同类型电气石改性沥青路用性能分析[J]. 交通运输工程学报，2013，13(2)：17-24.

[7] LI Rui，PEI Jianzhong，SUN Changle. Effect of nano-ZnO with modified surface on properties of bitumen [J]. Construction and Building Materials，2015，98(15)：656-661.

[8] HUANG Yongfang，FENG Zhen'gang，ZHANG Henglong，et al. Effect of layered double hydroxides (LDHs) on aging properties of bitumen [J]. Journal of Testing and Evaluation，2012，40(5)：734-739.

[9] LIU Xing，WU Shaopeng，LIU Gang，et al. Effect of ultraviolet aging on rheology and chemistry of LDH-modified bitumen [J]. Materials，2015，8(8)：5238-5249.

[10] 马玉然，熊金平，李依璇，等. 沥青改性剂的研究进展[J]. 粘接，2012，33(9)：70-74.
[11] 于小梦. 季铵盐型羟丙基磷酸酯钠沥青乳化剂的合成与性能研究[D]. 济南：山东大学，2019.
[12] 樊芷芸，叶淑君. 阴阳离子混合表面活性剂的应用[J]. 天津纺织工学院学报，1997，16(5)：53.
[13] 刘益军. 聚氨酯树脂及其应用[M]. 北京：化学工业出版社，2012.
[14] 刘颖，辛星. 道路用聚氨酯改性沥青的性能研究[J]. 石油沥青，2015，29(1)：48-53.
[15] ZHANG Zengping，SUN Jia，JIA Meng，et al. Effects of polyurethane thermoplastic elastomer on properties of asphalt binder and asphalt mixture[J]. Journal of Materials in Civil Engineering，2021，33(3)：4020477.
[16] 徐培林，张淑琴. 聚氨酯材料手册[M]. 北京：化学工业出版社，2011.
[17] 山西省化工研究所. 聚氨酯弹性体手册[M]. 北京：化学工业出版社，2001.
[18] 孙敏，郑木莲，毕玉峰，等. 聚氨酯改性沥青改性机理和性能[J]. 交通运输工程学报，2019，19(2)：49-58.
[19] 曾俐豪，魏建国，侯剑楠，等. 聚氨酯改性沥青的开发与性能评价[J]. 长沙理工大学学报(自然科学版)，2017，14(4)：24-29，68.
[20] 吕文江，彭江，朱永彪，等. 聚氨酯改性沥青制备工艺及混合料路用性能研究[J]. 公路，2020，65(3)：248-252.
[21] 刘海婷. 聚氨酯/有机化蒙脱土复合改性沥青的制备及性能研究[D]. 西安：长安大学，2018.
[22] 方滢，谢玮珺，杨建华. 聚氨酯预聚物改性沥青的制备及其流变行为[J]. 功能材料，2019，50(6)：6197-6205.
[23] 班孝义. 聚氨酯(PU)改性沥青的制备与性能研究[D]. 西安：长安大学，2017.
[24] 祁冰. 适用于桥面铺装的聚氨酯(PU)改性沥青及混合料性能研究[D]. 西安：长安大学，2018.
[25] ZHANG Zengping，SUN Jia，HUANG Zhigang，et al. A laboratory study of epoxy/polyurethane modified asphalt binders and mixtures suitable for flexible bridge deck pavement [J]. Construction and Building Materials，2021，274：122084.
[26] 韩继成. 聚氨酯(PU)改性乳化沥青制备及性能研究[D]. 西安：长安大学，2017.
[27] SHENG Xiaohui，WANG Mo，XU Tao，et al. Preparation，properties and modification mechanism of polyurethane modified emulsified asphalt[J]. Construction and Building Materials，2018，189：375-383.
[28] 张丰雷，凌晨，王燚，等. 水性聚氨酯改性乳化沥青制备及性能研究[J]. 功能材料，2018，49(2)：2183-2186.
[29] 曾保国. 聚氨酯改性沥青混合料路用性能研究[J]. 湖南交通科技，2017，43(1)：70-72，176.
[30] 舒睿，张海燕，曹东伟，等. 聚氨酯改性沥青混合料性能研究[J]. 公路交通科技(应用

技术版),2015,11(12):142-144,161.

[31] ZHANG Hongliang,ZHANG Gaowang,HAN Feifei,et al. A lab study to develop a bridge deck pavement using bisphenol a unsaturated polyester resin modified asphalt mixture[J]. Construction and Building Materials,2018,159:83-98.

第 2 章　低掺量聚氨酯改性沥青

2.1　背景及研究现状

大多数改性沥青是通过物理方法对沥青改性，没有从根本上改变沥青的性质，本章旨在对沥青进行改性的过程中引入一定的化学反应，从而在更大程度上改善沥青的性能。

聚氨酯(PU)具有韧性好、耐磨、耐油、耐老化等一系列优良性能，其可大大提高沥青的路用性能，并且聚氨酯能够与多种化合物发生反应，即可以与沥青分子上的某些基团反应，从而有助于解决目前 SBS 改性沥青的离析问题。

聚氨酯是一种高分子化合物，主链由柔性链段与刚性链段构成。在合成聚氨酯过程中，不但有氨基甲酸酯基团，还有脲、缩二脲等基团。广义上来说，聚氨酯属于异氰酸酯的加聚物产物。聚氨酯结构如图 2.1 所示。

$$-\!\!\left[\overset{\overset{\displaystyle O}{\|}}{C}-NH-R-NH-\overset{\overset{\displaystyle O}{\|}}{C}-OR'O\right]_n\!\!-$$

图 2.1　聚氨酯结构

本章以 PU 预聚体、基质沥青和不同的添加剂为原料，制备出一种聚氨酯改性沥青，并对聚氨酯改性沥青的常规性能、高低温性能及改性机理(差示扫描量热分析、原子力显微镜分析)等进行评价。

2.2　材料制备

本章采用聚醚型聚氨酯预聚体(JM－PU)、聚酯型聚氨酯预聚体(JZ－PU)及聚四氢呋喃醚二醇(PTMEG)型聚氨酯预聚体(PT－PU)三种不同类型的预聚体制备聚氨酯改性沥青，通过对三大指标及其他常规性能指标定量分析，研究三种不同类型的聚氨酯预聚体在不同掺量(本书中掺量均指改性剂占基质沥青的质量分数)时对常规性能的影响。以此为依据，确定出性能最优的聚氨酯预聚体材料及三种不同类型聚氨酯预聚体的最优掺量。

2.2.1　原材料

1. 沥青

本章所用沥青为 SK－70＃基质沥青。

2. 预聚体

预聚体是异氰酸酯与多元醇化合物经过化学作用而形成的一种末端为异氰酸酯基的中间产物。聚氨酯预聚体通常是由多元醇和多异氰酸酯按一定比例反应而制得的可反应性半成品，根据反应类型的不同，可以制得不同规格的预聚体。应用预聚体有以下几方面的优点：①环保，施工污染和环境污染少；②物理性能优良，有较实用的物理性能；③经济、应用简单、省工省时。

(1)JM－PU。

JM－PU是由聚醚多元醇和异氰酸酯反应而得，有良好的存储稳定性。聚醚多元醇是软段，异氰酸酯是硬段，通过调节软、硬段的比例可以调整预聚体的性能。预聚体为流动性液体且黏度较小，随温度的变化不大。聚醚多元醇中所含水分会使预聚体的黏度有增大的趋势。

(2)JZ－PU。

JZ－PU是由聚酯多元醇与过量的纯二苯基甲烷二异氰酸酯反应制得。其有良好的耐滑动摩擦性、耐溶剂性、耐油脂性，常温下为固体。

(3)PT－PU。

PT－PU为PTMEG与甲苯二异氰酸酯合成而得。调节PTMEG与甲苯二异氰酸酯的比例可改变预聚体的力学性能。预聚体有良好的耐磨、耐水解性能。

3. 扩链交联剂

MOCA是合成聚氨酯的重要材料，本章中，其是聚氨酯的扩链交联剂。

4. 相容剂

相容剂掺量为2%。

2.2.2 制备过程

参考相关文献，PU改性沥青的制备过程如下：

(1)称取一定量的基质沥青，将基质沥青放入金属容器，置于烘箱中加热至130 ℃。

(2)待沥青融化，将沥青取出，放在垫有石棉网的加热炉上，继续保持沥青的温度为130 ℃不变，将高速剪切机的转头没入基质沥青中，并用温度计控制加热温度。

(3)将基质沥青在130 ℃条件下以1 500 r/min的转速剪切10 min；将一定量的相容剂少量多次地加入到基质沥青中，保持剪切速率和沥青温度不变剪切30 min；称取一定量的MOCA，将MOCA加入沥青中，继续保持剪切速率和沥青温度不变剪切30 min；称取一定量的预聚体，在烘箱中将预聚体预热到90 ℃，最后将预热到90 ℃的预聚体加入到沥青中，保持剪切速率和沥青温度不变剪切30 min，即可制得聚氨酯改性沥青。

(4)将制得的PU改性沥青放入105 ℃的烘箱中养护2 h，使改性沥青固化完全，然后浇注试模，并将试模在室温下放置24 h。

2.3　研究内容

2.3.1　常规性能研究

1. 基本性能研究

沥青针入度、软化点、延度与沥青路面的使用状况密切相关，是沥青的基本性能指标，被广泛用于评价沥青的高温和低温性能。采用三大指标试验能最直观明了地测试各种不同沥青的高低温性能并进行基础评价：

①针入度。针入度试验用来测试沥青在外力作用下抵抗变形的性质，用以评价沥青的黏滞性，还可以进一步计算针入度值描述沥青的温度敏感性。沥青针入度值越大，黏滞性越差。

②软化点。软化点试验能测试沥青的高温稳定性，是指使沥青受热后从固态转化为流动状态的温度。软化点值越高，高温稳定性就越强。

③延度。延度试验用来测试沥青在外力作用下发生变形时不被破坏的性质，通常用来检验沥青低温性能的好坏，可以评价沥青的塑性变形能力。延度值越大，沥青的可塑性越好，低温性能越好。

本章选用三种不同类型 PU 预聚体（聚醚型、聚酯型、PTMEG 型）作为改性剂对基质沥青改性，研究三种不同类型 PU 预聚体在不同掺量（1%、3%、5%、7%、9%、11%、13%、15%）条件下针入度、软化点、延度等指标的变化情况，以此为依据，确定出最优类型 PU 预聚体并确定出三种类型 PU 预聚体的最优掺量，具体结果如下。

（1）PU 掺量对 JM－PU（聚醚型聚氨酯）改性沥青基本性能的影响。

图 2.2～2.4 所示分别为沥青针入度（25 ℃）、软化点和延度（5 ℃）随 JM－PU 掺量的变化示意图。

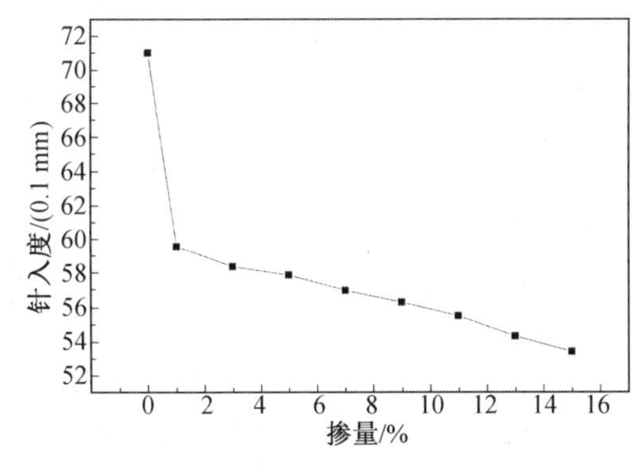

图 2.2　针入度随 JM－PU 掺量的变化

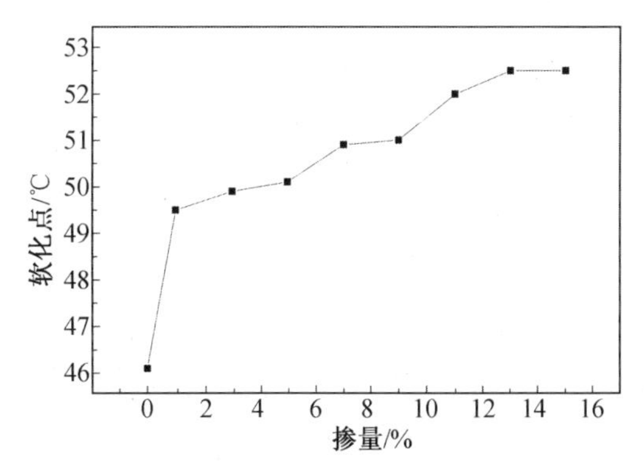

图 2.3　软化点随 JM－PU 掺量的变化

图 2.2 显示，25 ℃下，随着掺量的增加，开始阶段针入度变化很大，随后针入度呈现近似线性减小的趋势，当掺量为 15%时，针入度最小；图 2.3 表明，随掺量的增加，起初阶段软化点呈较快速率增长，随后软化点呈增长的趋势，但增长速率较慢，掺量为 11%时，软化点基本达到峰值，在掺量为 13%和 15%时，软化点继续升高，但升高幅度很小，曲线

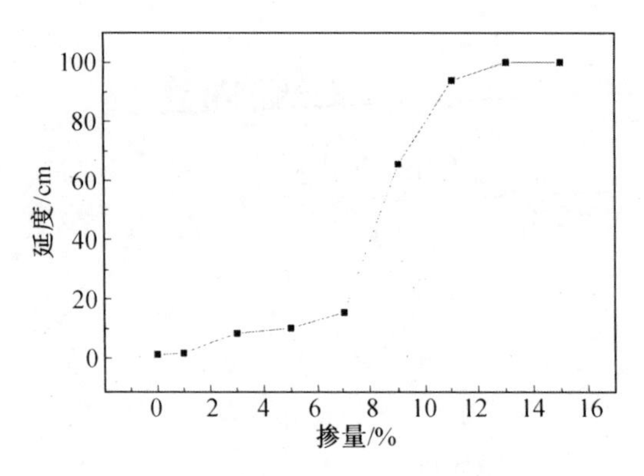

图 2.4　延度随 JM—PU 掺量的变化

近似于平曲线；图 2.4 显示，5 ℃下，开始阶段随着掺量的增加，延度增长缓慢，当掺量由 7%增加到 9%时，延度增长较快，当掺量大于 11%时，延度增长速率缓慢，基本达到最大值。综上可知，JM—PU 改性沥青的最优 PU 掺量确定为 11%。

(2)PU 掺量对 JZ—PU(聚酯型聚氨酯)改性沥青基本性能的影响。

图 2.5～2.7 所示分别为沥青针入度(25 ℃)、软化点和延度(5 ℃)随 JZ—PU 掺量的变化示意图。

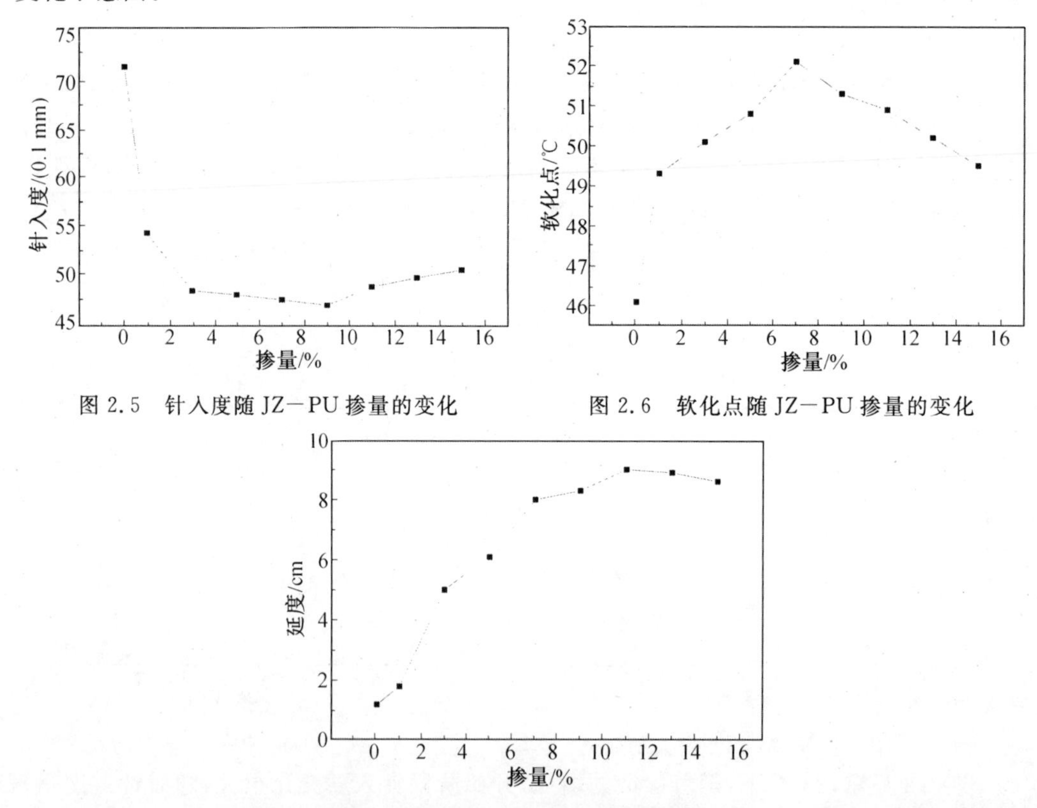

图 2.5　针入度随 JZ—PU 掺量的变化

图 2.6　软化点随 JZ—PU 掺量的变化

图 2.7　延度随 JZ—PU 掺量的变化

图 2.5 表明，随掺量的增加，针入度先减小后增大，在掺量为 9%时针入度基本达到最小值；图 2.6 表明，随掺量的增加，软化点先升高后降低，在掺量为 7%时软化点达到最

大值；图 2.7 表明，随着掺量的增加，延度呈先增加后减小的趋势，在掺量为 7%时延度增长速率最大，之后趋于平缓，再后呈减小的趋势。综上可知，JZ－PU 改性沥青的最优 PU 掺量为 7%。

(3)PU 掺量对 PT－PU(PTMEG 型聚氨酯)改性沥青基本性能的影响。

图 2.8～2.10 所示分别为沥青针入度(25 ℃)、软化点和延度(5 ℃)随 PT－PU 掺量的变化示意图。

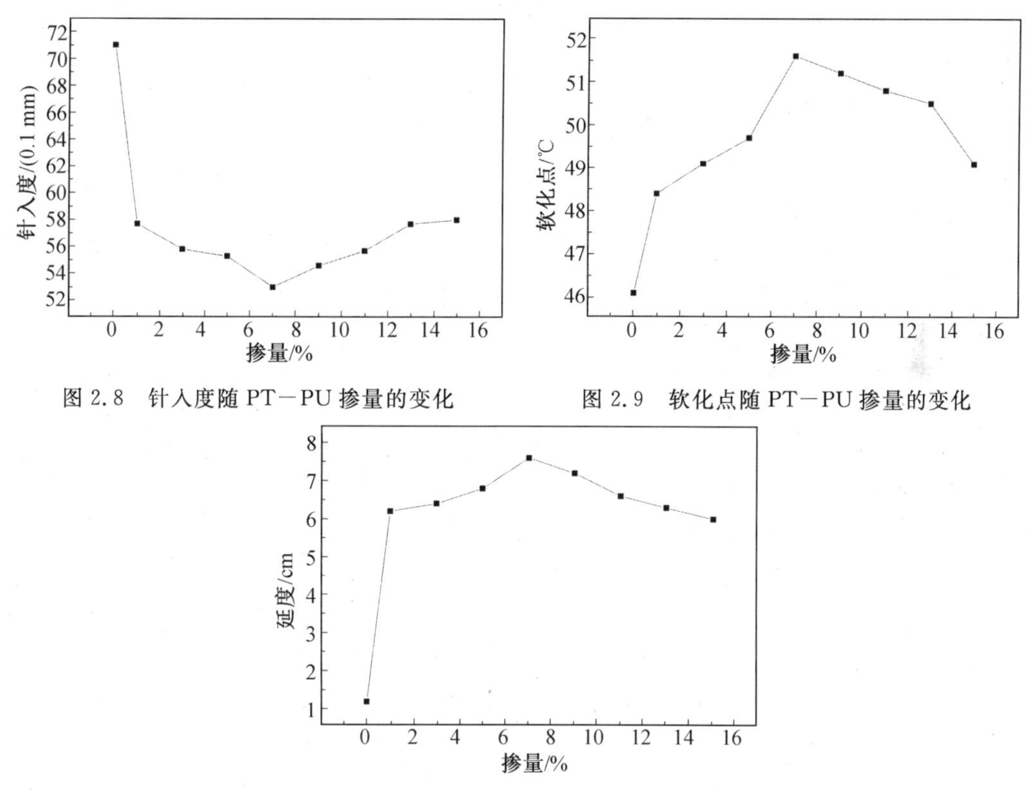

图 2.8　针入度随 PT－PU 掺量的变化

图 2.9　软化点随 PT－PU 掺量的变化

图 2.10　延度随 PT－PU 掺量的变化

图 2.8 表明，当在基质沥青中添加 1%的改性剂时，针入度急剧降低，然后随掺量的增加针入度先减小后增加，在掺量为 7%时针入度达到最小值；图 2.9 表明，当基质沥青中初始加入改性剂时，沥青的软化点有较大幅度提高，随着掺量的增加，软化点先升高后降低，在掺量为 7%时有较大幅度的提高且软化点达到最大值，之后随掺量的增加，软化点出现降低的现象；图 2.10 表明，基质沥青中添加 1%的改性剂时，延度急速提高，随掺量的增加，延度持续升高，在掺量为 7%时延度达到峰值，然后随掺量的增加，出现降低的趋势。综上可知，PT－PU 改性沥青的最优 PU 掺量为 7%。

(4)三种类型 PU 改性沥青基本性能比较。

为分析比较 JM－PU、JZ－PU 及 PT－PU 三种不同类型改性沥青性能的优劣，可对三种类型改性沥青针入度(25 ℃)、软化点及延度(5 ℃)进行比较，试验结果如图 2.11～2.13 所示。

分析比较三种类型改性沥青的基本性能可知：随着 PU 的加入，沥青的针入度会有不同程度的降低，但变化趋势类似；软化点都有改善，且当掺量最优时，软化点最大值差别不大；与基质沥青相比，延度有不同程度的提高，但聚醚型改性沥青的延度提高幅度远远优于其他两种类型改性沥青。由于针入度、软化点、延度是沥青应用最广泛且最基本的指标，因此通过基本指标的比较可确定出性能最优的改性沥青体系类型。对比分析表明，JM－PU 改性沥青的性能尤其是延度尤为突出，三种类型的改性沥青软化点在各自最优掺量时差别不大，综合考虑针入度、软化点、延度的变化，能够确定 JM－PU 改性沥青体系的性能优于其他两种 PU 改性沥青。

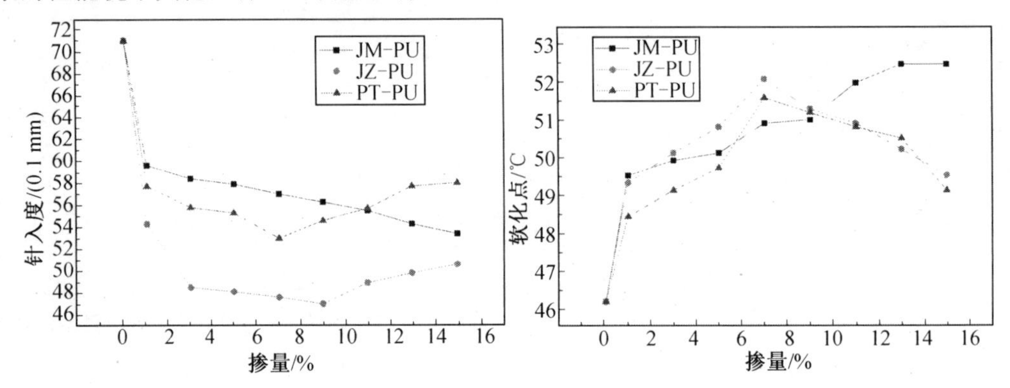

图 2.11　沥青针入度随 PU 掺量的变化　　　图 2.12　沥青软化点随 PU 掺量的变化

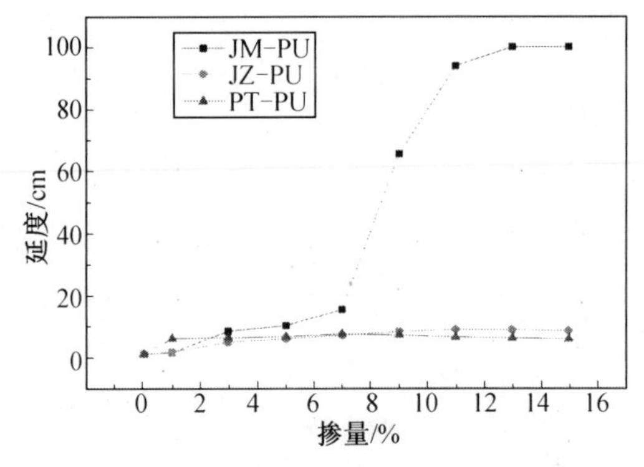

图 2.13　沥青延度随 PU 掺量的变化

2. PU 改性沥青相容性研究

沥青改性效果的重点是解决相容性问题，而相容性从热力学上讲，是指沥青与一种或多种聚合物改性剂不论按何种比例相混都可以形成均匀稳定的热力学平衡状态的能力。聚氨酯与沥青是高分子化合物，其相容性与极性有关，依据两物质间的介电常数可判断物质的极性。聚氨酯的介电常数大于 3.6，沥青的介电常数在 2.6～3.0 之间，是非极性或弱极性物质。因此，两者相容性不良，需要加以改善。在 PU 对沥青进行改性的过程中，由于 PU 与沥青分子之间存在性质差异，不可避免地会发生相容性不良的问题，因此有必要研究相容剂对 PU 改性沥青体系相容性的影响。

图 2.14 所示为掺加不同剂量的相容剂后，存储时间对沥青离析温差（即软化点增量）的影响，其中横坐标代表时间，纵坐标代表软化点增量。由图 2.14 可以看出，在沥青中加入或不加入相容剂，其离析温差随时间的变化规律大致相同，也就是说，随存储时间的延

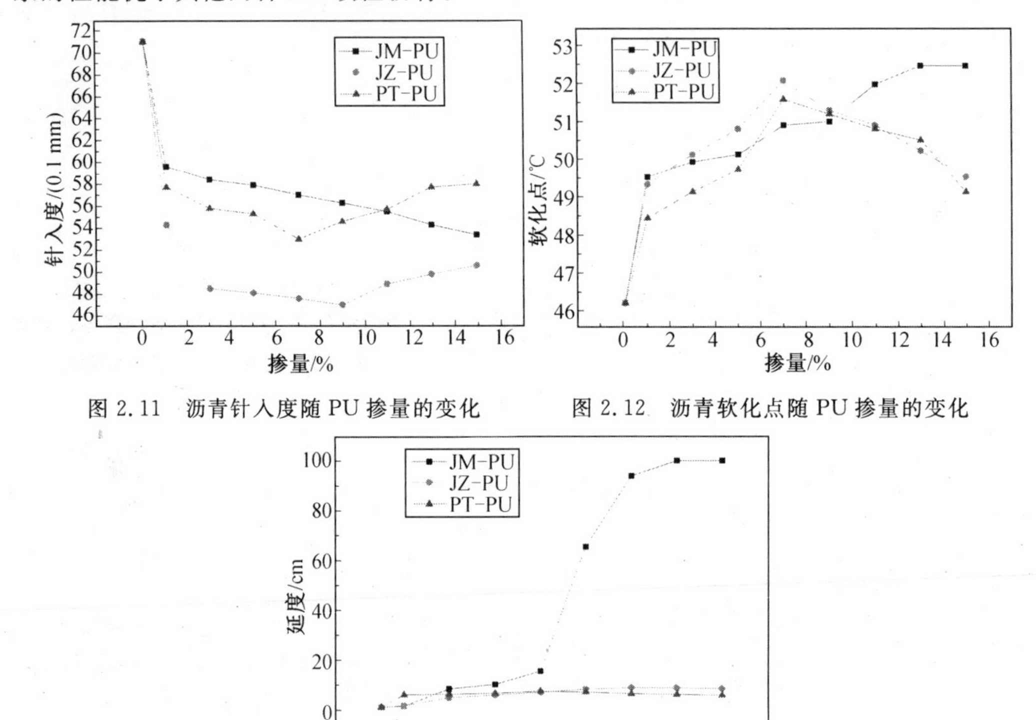

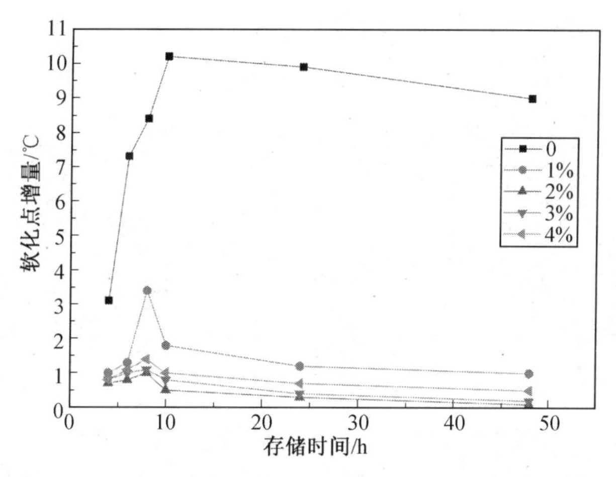

图 2.14　不同相容剂掺量随存储时间对沥青离析温差的影响

长，离析程度先增大之后又呈现减小的趋势。之所以有这种现象是因为未固化的聚氨酯的密度比沥青的大，由于聚氨酯与沥青的相容性不良，在高温存储条件下聚氨酯易沉到离析管的底部，而聚氨酯的软化点比沥青的小，从而导致离析管底部软化点低于顶部软化点。但聚氨酯与沥青在 163 ℃的存储条件下会有部分反应性，随存储时间的延长，离析管顶部软化点与底部软化点的差值会有变小的趋势，从而在表面上减小了离析程度。

由图 2.14 可知，当掺量为 2%时，改性沥青的离析程度最小，且其值远低于《公路工程沥青及沥青混合料试验规程》(JTG E 20—2011)(以下简称《规程》)中离析小于 2.5 的要求。因此，由离析试验暂定相容剂的最优掺量为 2%，另外需结合荧光显微镜试验最终确定相容剂的最优掺量。

为更直观地分析相容剂的最优掺量，采用荧光显微镜分析，对有改性剂与沥青的混合体系而言，在荧光显微镜的短波照射下，能够清晰地分辨出聚合物相与沥青相。荧光显微镜采用反射光成像，可清楚地观察到沥青中聚合物的真实分布状态和形态结构。

采用荧光显微镜分析了 PU 改性沥青的相容性效果。图 2.15 所示为加入不同掺量相容剂后改性沥青的荧光显微镜照片。由图 2.15 可以看出，当加入相容剂的掺量分别为 0 和 1%时，PU 颗粒分散不均匀且较大。当相容剂掺量增加时，分散在沥青中的聚氨酯颗粒逐渐减小且分布更为均匀(图 2.15(c)、(d)、(e))。当相容剂掺量为 2%时聚氨酯已经分布很均匀而且颗粒较小，这主要是由于相容剂可以减小聚氨酯与沥青两相间的界面能，改善了聚氨酯与沥青的相容性，使整个体系更加稳定。掺量为 3%的荧光显微镜结果和掺量为 2%的差别不大。掺量为 4%时聚氨酯颗粒进一步减小，分布均匀性也更好，表现出与沥青几乎完全相容的效果。考虑经济性因素并结合荧光显微镜试验结果，将最佳掺量确定为 2%。

综上可知，根据离析试验结果和荧光显微镜试验结果及其他经济性因素，本章相容剂的最佳掺量最终确定为 2%。

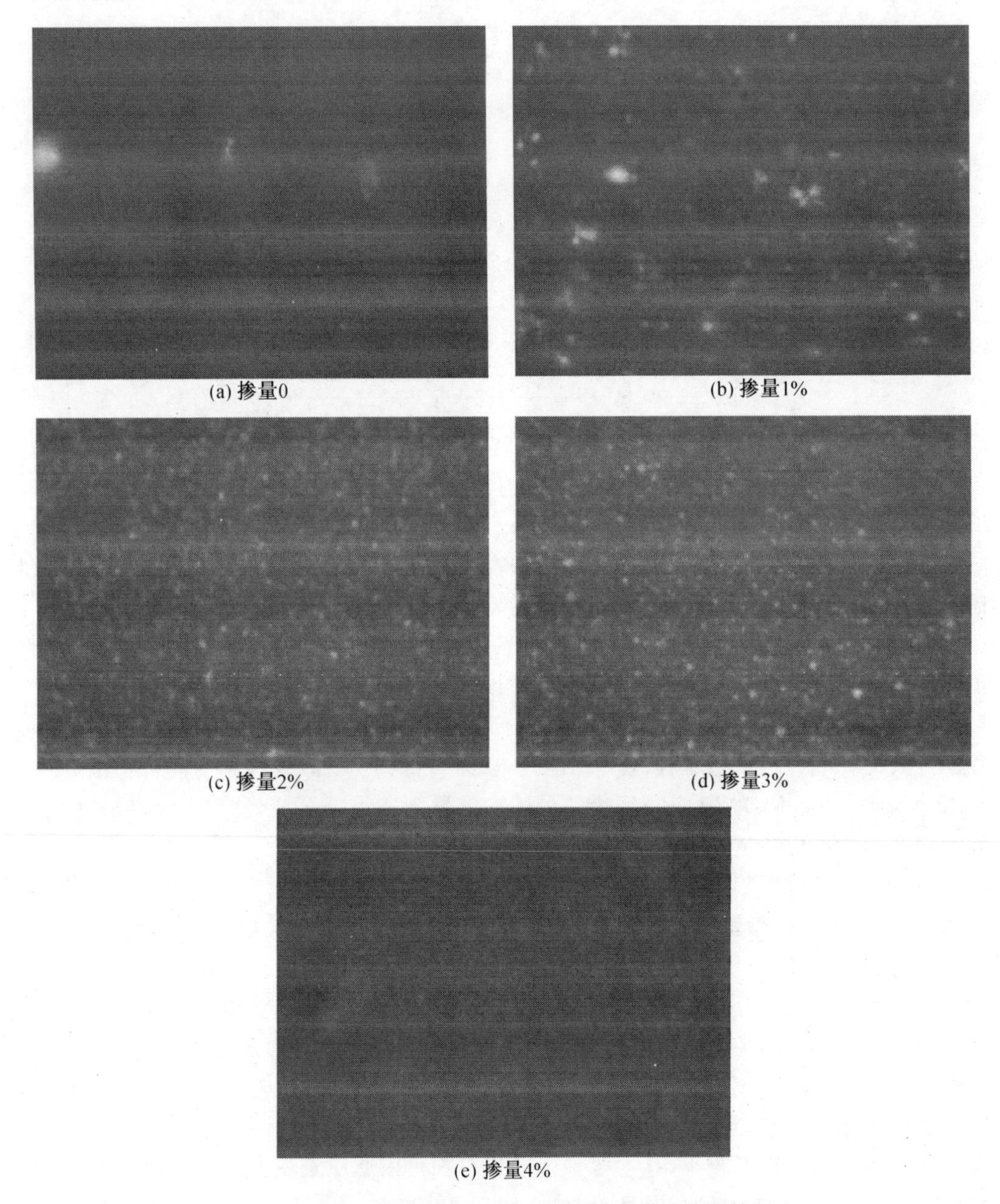

(a) 掺量0

(b) 掺量1%

(c) 掺量2%

(d) 掺量3%

(e) 掺量4%

图 2.15 加入不同掺量相容剂后改性沥青的荧光显微镜照片

3. 测力延度试验

对沥青材料进行抗拉强度试验，可以全面地表征沥青材料的力学性能。抗拉强度越大，延伸长度越大的沥青结合料越可以在很大的范围内不被破坏，用此材料修筑的路面一般不会产生裂缝，可以承受更大的负荷冲击力。国内外对延度试验的意义持不同的观点，但大部分认为延度与沥青路面的使用性能存在一定的关系，在很多国家沥青规范标准中，正逐步增加低温延度指标。沥青延度试验由于具有方法简便等特点，是很多国家公认的一种评价沥青低温性能的指标。随着沥青材料的发展，为更好地发挥延度的作用，对延度试验加以改进具有重要意义。测力延度试验(FDT)便是其深化的一方面,它既与传统延度试验相符,又可以测定拉伸过程中力的变化,从而可以更好地对沥青的拉伸特性做出评价。不同性能的沥青,反映在测力延度的最大力、屈服应力、断裂应力、延度和功等指标上有很大的不同。

本次对 JM—PU 改性沥青不同掺量进行测力延度试验,并分别对 JZ—PU 改性沥青及 PT—PU 改性沥青在最优掺量时进行试验。测力延度试验是对沥青试样以特定速率施加荷载,并合理模拟沥青在不同温度下受拉时的应力状态。以温度 5 ℃、拉伸速率 50 mm/s进行延度试验,记录延度与力值的关系。将所得的关系进行处理,可得沥青的测力延度图,利用其研究力学指标的规律性,从而得到沥青在一定温度、拉伸速率下流变性的有效力学指标。为更好地了解各指标的含义,可对其做以简要介绍。测力延度标准曲线如图2.16所示。

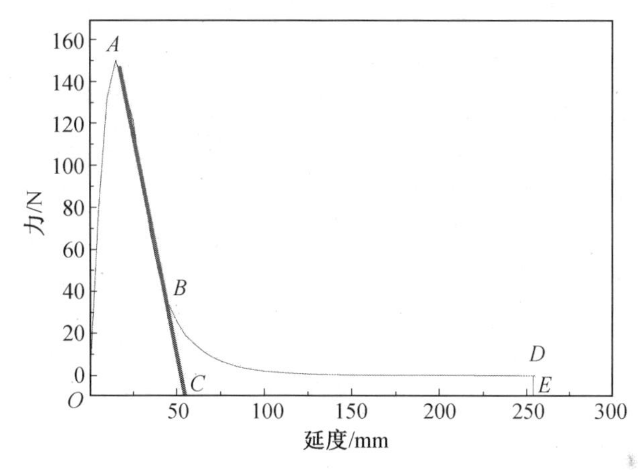

图 2.16　测力延度标准曲线

常用的测力延度试验指标有峰值力、拉伸柔度、黏韧性面积、屈服应变能、黏弹比等:

(1)峰值力 F_{max},即拉伸过程中出现峰的力值。

(2)拉伸柔度 f,即峰值力对应的延度与峰值力的比值:

$$f=D_{max}/F_{max}$$

式中,F_{max}为峰值力;D_{max}为峰值力对应的延度。

(3)黏韧性面积 S,即测力延度曲线与 X 轴所围区域的面积。

(4)屈服应变能 E,即曲线 OA 段与延度所围区域的面积。

(5)黏弹比 $R_{V/E}$,计算公式为

$$R_{V/E}=S_V/S_E$$

式中,S_V 由曲线 OAB 和直线 BC、OC 构成;S_E 由直线 BC、CE、DE 和曲线 BD 构成。

峰值力 F_{max}表征材料的黏聚性,F_{max}值越大,则内聚力越大,沥青黏聚性越好。

沥青是高分子化合物,聚合物改性剂加入后,会使原有化学链状结构发生变化,同时拉伸机理也会变得复杂。测力延度法综合测力延度指标评价沥青的改性效果及改性沥青的低温性能。本章使用测力延度仪对聚醚型改性沥青不同掺量的力学性能进行测试,结果如图 2.17 所示。

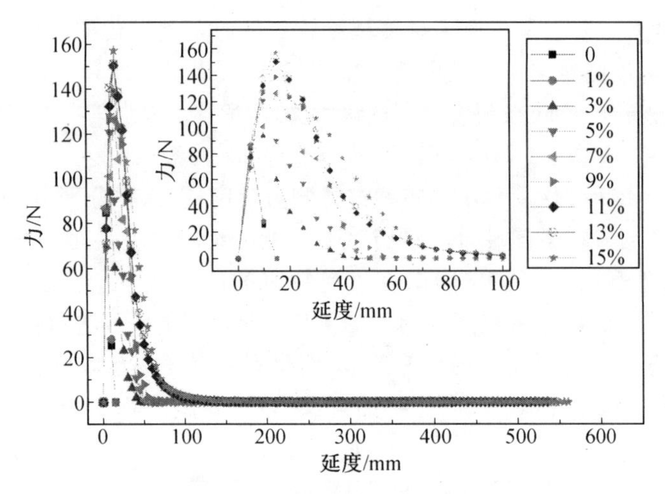

图 2.17　JM－PU 改性沥青不同掺量测力延度曲线图

由图 2.17 可知，在测力延度的初始阶段，测力延度曲线没有显著的变化，但其后半部分变化却较明显，可以说明后半部分受改性剂掺量的影响比较显著。由图 2.17 所得的数据见表 2.1。

表 2.1　沥青测力延度指标一览表

试验指标	沥青样品								
	基质沥青	1%	3%	5%	7%	9%	11%	13%	15%
D_{max}/mm	5	5.5	7.9	10	10.8	13	14.8	15	15.2
F_{max}/N	84.7	86.7	96.1	120.6	123.7	138.8	150.3	151.2	152.2
f/(mm · N^{-1})	0.059	0.063	0.082	0.083	0.087	0.094	0.098	0.099	0.099
S/(N · mm)	565	621	1 549	2 473	3 261	3 815	4 888	4 783	5 571
E/J	228	239	480	733	742	1 323	1 425	1 436	1 451
S_V/(N · mm)	460	525	1 324	2 141	2 905	3 446	4 409	4 316	5 029
S_E/(N · mm)	105	91	225	332	356	378	479	467	542
$R_{V/E}$	4.4	5.8	5.9	6.4	8.2	9.1	9.2	9.2	9.3

通过对测力延度各项指标的分析可知，无论何种沥青，在拉伸时均可很快达到峰值力，并且峰值力 F_{max}、拉伸柔度 f 和黏弹比 $R_{V/E}$ 呈一定规律变化，是能够有效评价沥青流变性的指标，具体结果如图 2.18 所示。

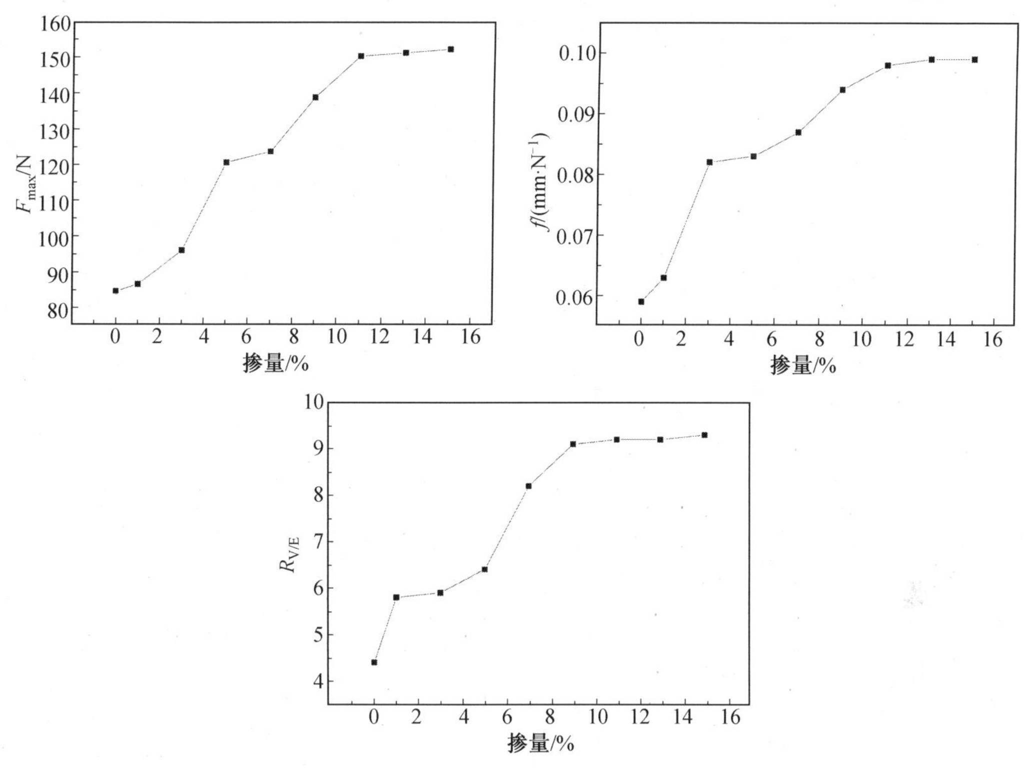

图 2.18　JM－PU 改性沥青测力延度指标随掺量的变化

由图 2.18 知，总体上看，随掺量的增加，改性沥青峰值力 F_{max}、拉伸柔度 f、黏弹比 $R_{V/E}$ 有增大的趋势。在屈服阶段主要是基质沥青在起作用，对改性沥青来说，这一阶段由键角的变化主导；在屈服阶段以后，分子链段的运动起到重要的作用，所以拉伸力会迅速下降。屈服力的增大使链段运动的松弛时间缩短，降低到与拉伸速率相匹配的数值，使分子链段运动在较短的时间内松弛。

随着掺量的增加，峰值力逐渐增大，这主要是拉伸过程中有很大的回弹力，试件受拉伸部分内部有较大的内部应力所致。峰值力越大，黏聚性越好，说明沥青的黏聚性在一定程度上与掺量有关。改性剂的加入可以很大程度上提高沥青的峰值力、拉伸柔度和黏弹比。掺量的增加，使沥青中分子键角的变化更加自由，拉伸柔度增大，拉伸柔度可以反映沥青的抗变形能力。

黏弹比 $R_{V/E}$ 基本上反映了普通变形和发展大变形所做的功与后期分子排列取向而致使力增大直到力为零时所做功的比值。低温黏弹比大说明沥青在变形的初级阶段柔性较好，拉伸柔度 f 与黏弹比 $R_{V/E}$ 的结合可以更好地说明问题，拉伸柔度及黏弹比越大，说明沥青改性效果越好，低温性能也越好。

测力延度试验可以对沥青的拉伸性能做出评价，沥青拉伸过程中力的变化是沥青性能的直接反映。

为了更好地评价三种不同类型的 PU 改性沥青力学性能指标，测试基质沥青与三种最优掺量 PU 改性沥青（分别用 JM－PU 11%、JZ－PU 7%、PT－PU 7%表示）的力学性能指标，测力延度曲线如图 2.19 所示。

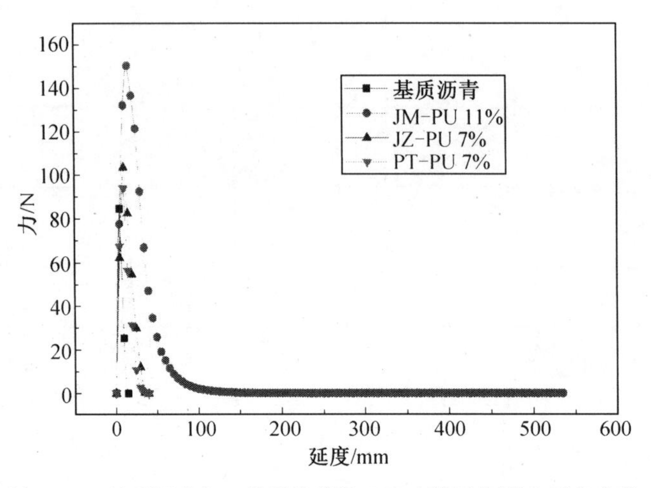

图 2.19　基质沥青与三种最优掺量 PU 改性沥青测力延度曲线

由图 2.19 可得基质沥青与三种最优掺量 PU 改性沥青的测力延度指标，见表 2.2。

表 2.2　沥青测力延度指标

试验指标	沥青样品			
	基质沥青	JM—PU 11%	JZ—PU 7%	PT—PU 7%
D_{max}/mm	5	14.8	10	9
F_{max}/N	84.7	150.3	103.6	94.1
f/(mm·N^{-1})	0.059	0.098	0.097	0.096
S/(N·mm)	565	4 888	1 728	1 314.5
E/J	228	1 425	571	572.5
S_V/(N·mm)	460	4 408.6	1 530.6	1 108.1
S_E/(N·mm)	105	479.4	197.4	206.4
$R_{V/E}$	4.4	9.2	7.8	5.4

由表 2.2 数据可得各沥青的峰值力 F_{max}、拉伸柔度 f、黏弹比 $R_{V/E}$之间的关系柱状图，如图 2.20 所示。

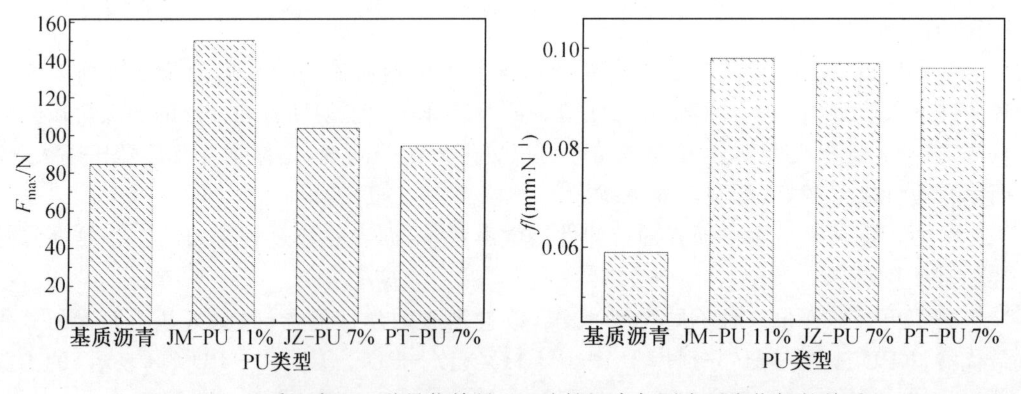

图 2.20　基质沥青和三种最优掺量 PU 改性沥青与测力延度指标的关系

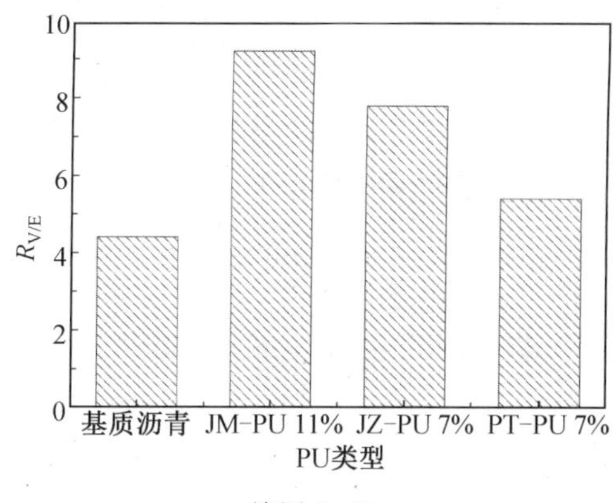

续图 2.20

由图 2.20 可知，三种类型改性沥青的峰值力 F_{max}、拉伸柔度 f 及黏弹比 $R_{V/E}$ 均高于基质沥青，表明聚氨酯改善了沥青的力学特性。三种类型的改性沥青中 JM—PU 改性沥青、JZ—PU 改性沥青及 PT—PU 改性沥青的峰值力、拉伸柔度及黏弹比依次减小，分析原因可能如下：JM—PU 改性沥青内部应力较大，拉伸过程中回弹力较大，而 PT—PU 改性沥青内部应力最小，从而使 JM—PU 改性沥青峰值力最大，JZ—PU 改性沥青峰值力次之，PT—PU 改性沥青峰值力最小；JM—PU 改性沥青分子键角变化更加自由，使其柔韧性较好，JZ—PU 改性沥青次之，PT—PU 改性沥青最弱，从而导致 JM—PU 改性沥青拉伸柔度最大，PT—PU 改性沥青拉伸柔度最小；黏弹比是沥青低温性能的反映，黏弹比大说明在相同的条件下 JM—PU 改性沥青在变形的初级阶段柔性较好，JZ—PU 改性沥青次之，PT—PU 改性沥青最差。拉伸柔度大，分子链段越过位垒运动的外力较小，不容易超过材料的断裂力使材料发生脆断。黏弹比是普通弹性变形和发展大变形所做的功与后期分子排列取向而致使力增大直到断裂所做功的比值。低温黏弹比大反映了沥青在变形的初级阶段柔性较好。拉伸柔度和黏弹比的有效结合可以更有力地说明问题。拉伸柔度及黏弹比越大，沥青改性效果越好，改性沥青的低温性能越好。因此可以将峰值力、拉伸柔度及黏弹比结合，作为评价改性沥青改性效果及改性沥青低温性能的指标。综合分析比较三种类型的改性沥青可知，JM—PU 改性沥青的测力延度性能指标优于其他两种类型的 PU 改性沥青的测力延度性能指标。

4. PU 改性沥青老化性能研究

沥青老化是一种复杂的物理、化学变化，老化会对沥青的性质产生直接影响，最终会使沥青失去使用价值。很早就有学者对沥青老化现象进行了研究。1903 年，Dow 提出沥青老化的原因是混合料中沥青受热使其针入度减小及质量损失。1984 年，Perersen 研究了沥青老化现象，指出沥青老化是由于轻组分的减少及分子间形成空间硬化的结构等。目前，大部分学者认同沥青老化是轻组分的挥发、氧化作用、光老化及天气温度变化的影响造成的。

(1)改性沥青老化试验及评价方法。

改性沥青老化试验是在(163±0.5) ℃温度条件下，采用旋转薄膜烘箱试验，对改性沥青分别老化 1.25 h 和 5 h，试验操作规程依据《规程》中的相关规定进行试验。

老化指数反映沥青对老化的敏感程度，沥青老化前后物理或化学指标的比值或差值称为老化指数。

本章分别测定改性沥青的软化点、延度及黏度等指标的变化，用软化点增量、延度保留率及黏度老化指数（VAI）评价改性沥青的老化性能。其中，软化点增量、延度保留率和黏度老化指数的计算公式如式（2.1）～（2.3）所示。

$$\Delta T = T_2 - T_1 \tag{2.1}$$

式中，ΔT 为软化点增量，℃；T_1 为老化前的软化点，℃；T_2 为老化后的软化点，℃。

$$\Delta H = \frac{H_2}{H_1} \times 100\% \tag{2.2}$$

式中，ΔH 为延度保留率，%；H_1 为老化前的延度，cm；H_2 为老化后的延度，cm。

$$\mathrm{VAI} = \frac{V_2 - V_1}{V_1} \times 100\% \tag{2.3}$$

式中，VAI 为黏度老化指数，%；V_1 为老化前的黏度，mPa·s；V_2 为老化后的黏度，mPa·s。

对 PU 改性沥青老化而言，软化点增量越小，表明沥青的抗老化性能越好；延度保留率越大，改性沥青越不容易被老化，沥青的老化性能越好；黏度老化指数越小，沥青的黏度受老化的影响越小，沥青的抗老化性能越好。

（2）PU 改性沥青老化后软化点、延度的变化。

本章主要使用老化前后沥青物理性能的变化分析聚氨酯改性沥青的耐老化性能，使用软化点增量和延度保留率对沥青的老化性能进行评价。JM－PU 改性沥青软化点增量和延度保留率结果如图 2.21 和图 2.22 所示。

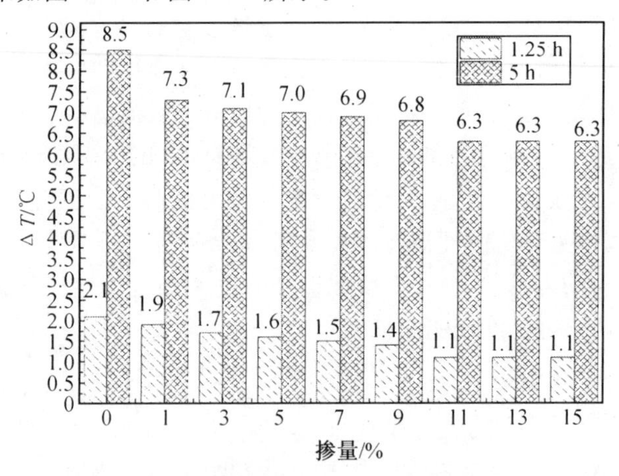

图 2.21 软化点增量 ΔT 随掺量的变化

由图 2.21 可知，老化 1.25 h 和 5 h 后，基质沥青与改性沥青的软化点均有一定的增加，但改性沥青软化点增量普遍低于基质沥青，说明聚氨酯可以提高沥青的抗老化性能。当聚氨酯掺量为 11%时，软化点增量达到最小值，随掺量的增加，软化点增量不再变化，说明掺量为 11%时，JM－PU 改性沥青有较好的抗老化能力。

由图 2.22 可以看出，老化 1.25 h 和 5 h 后，改性沥青的延度保留率高于基质沥青，说明聚醚型聚氨酯材料的加入能有效抑制沥青老化过程中延展性能的下降，能够使聚氨酯

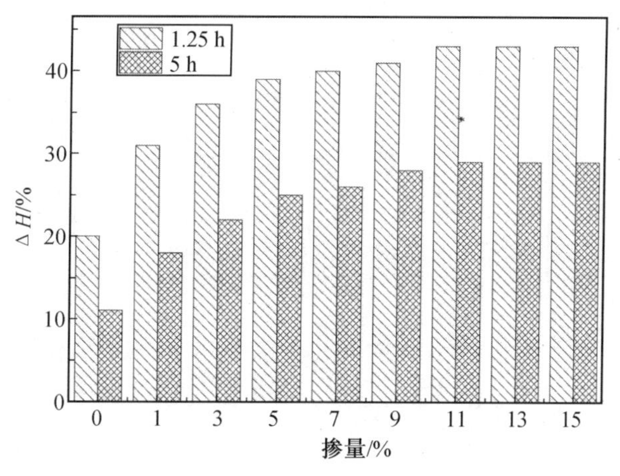

图 2.22 延度保留率 ΔH 随掺量的变化

改性沥青显示出良好的耐老化性能。从不同掺量改性沥青的对比中能够得出，老化 1.25 h和 5 h 后改性沥青的延度保留率随掺量的增加差异逐渐缩小，这是由于聚氨酯材料削弱了其阻隔作用，一定程度上降低了掺量之间的差异。当掺量为 11%时，延度保留率达到最大值，之后延度保留率处于不变的水平，说明掺量为 11%时 JM－PU 改性沥青的耐老化性能较好。

为比较三种不同类型聚氨酯改性沥青的老化程度及最优掺量时软化点、延度的变化，采用软化点增量和延度保留率反映变化规律，结果如图 2.23 所示。

由图 2.23(a)知，老化 1.25 h 和 5 h 后，三种类型改性沥青的软化点增量都低于基质沥青，说明三种聚氨酯材料都能改善沥青的抗老化性能。而 JM－PU 改性沥青的软化点增量低于其他两种类型改性沥青的，表明 JM－PU 改性沥青抗老化性能较好。

由图 2.23(b)看出，老化 1.25 h 和 5 h 后，三种类型改性沥青的延度保留率都高于基质沥青，说明三种类型的聚氨酯材料在一定程度上改善了沥青的抗老化性能。但 JM－PU 改性沥青的延度保留率高于其他两种类型改性沥青的，表明 JM－PU 改性沥青有良

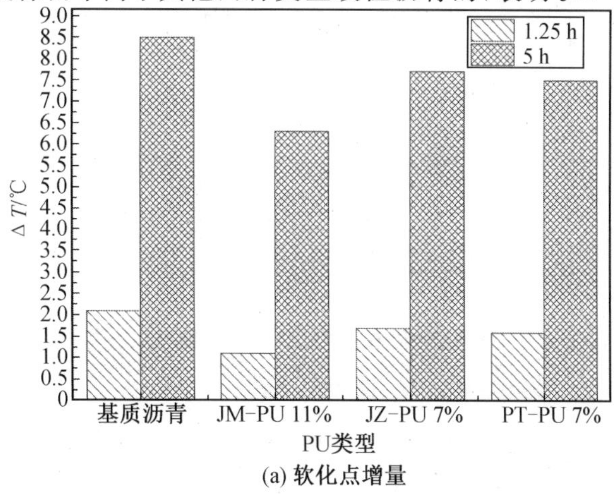

(a) 软化点增量

图 2.23 基质沥青与三种最优掺量 PU 改性沥青体系老化前后的软化点增量和延度保留率变化

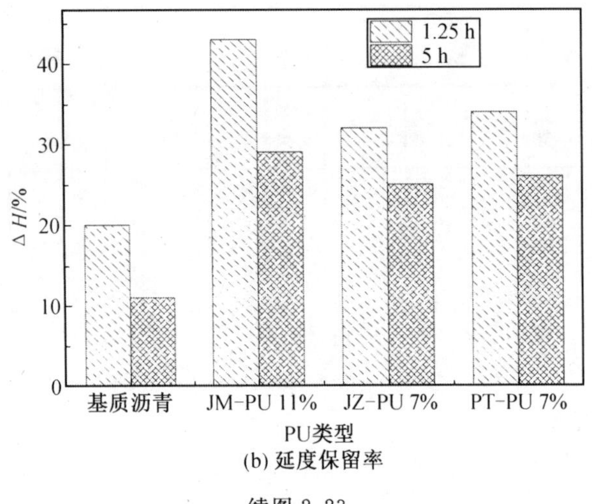

(b) 延度保留率

续图 2.23

好的抗老化能力。

综合图 2.21～2.23 可以看出，JM－PU 改性沥青在掺量为 11%时，软化点增量最小，延度保留率最大，说明此时改性沥青有良好的抗老化性能；由三种类型改性沥青最优掺量时软化点和延度的变化可知，JM－PU 改性沥青的抗老化性能明显好于其他两种类型改性沥青。

(3)PU 改性沥青黏度老化性能评价。

沥青老化过程中有化学反应的发生，其中会伴有化学键的断裂及聚合等，同样会导致沥青黏度的变化。分析沥青黏度的变化规律，对研究沥青的老化过程有积极作用。试验分析了不同老化时间下 JM－PU 改性沥青黏度随温度的变化，并比较了三种不同类型的改性沥青在最优掺量时黏度随温度的变化。结果如图 2.24 和图 2.25 所示。

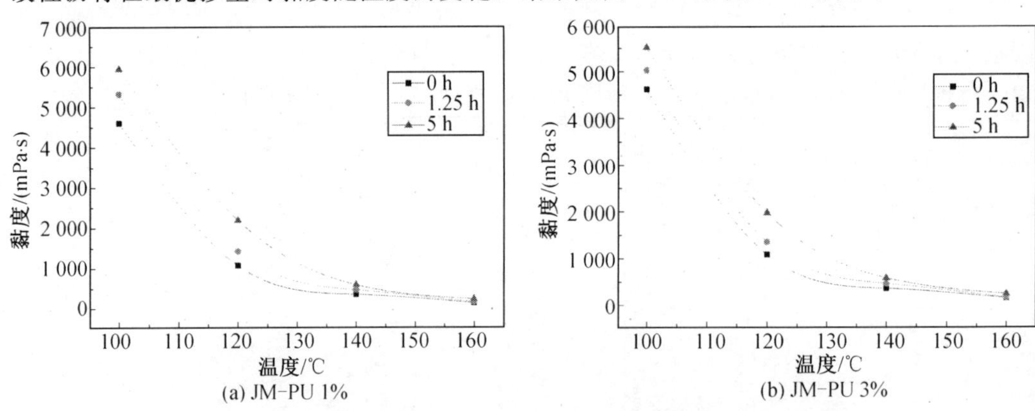

图 2.24　不同老化时间下 JM－PU 改性沥青黏度随温度的变化

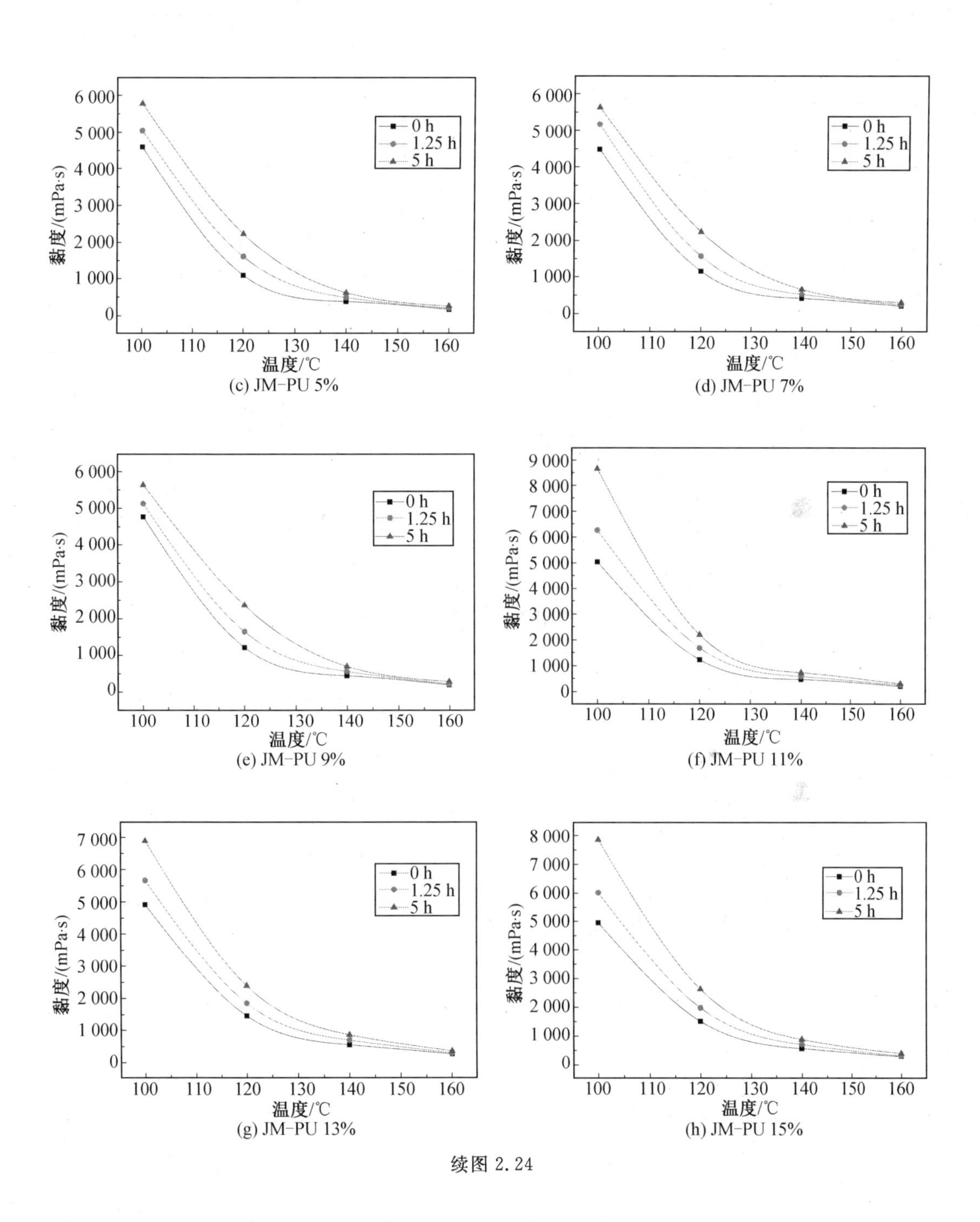

(c) JM-PU 5%

(d) JM-PU 7%

(e) JM-PU 9%

(f) JM-PU 11%

(g) JM-PU 13%

(h) JM-PU 15%

续图 2.24

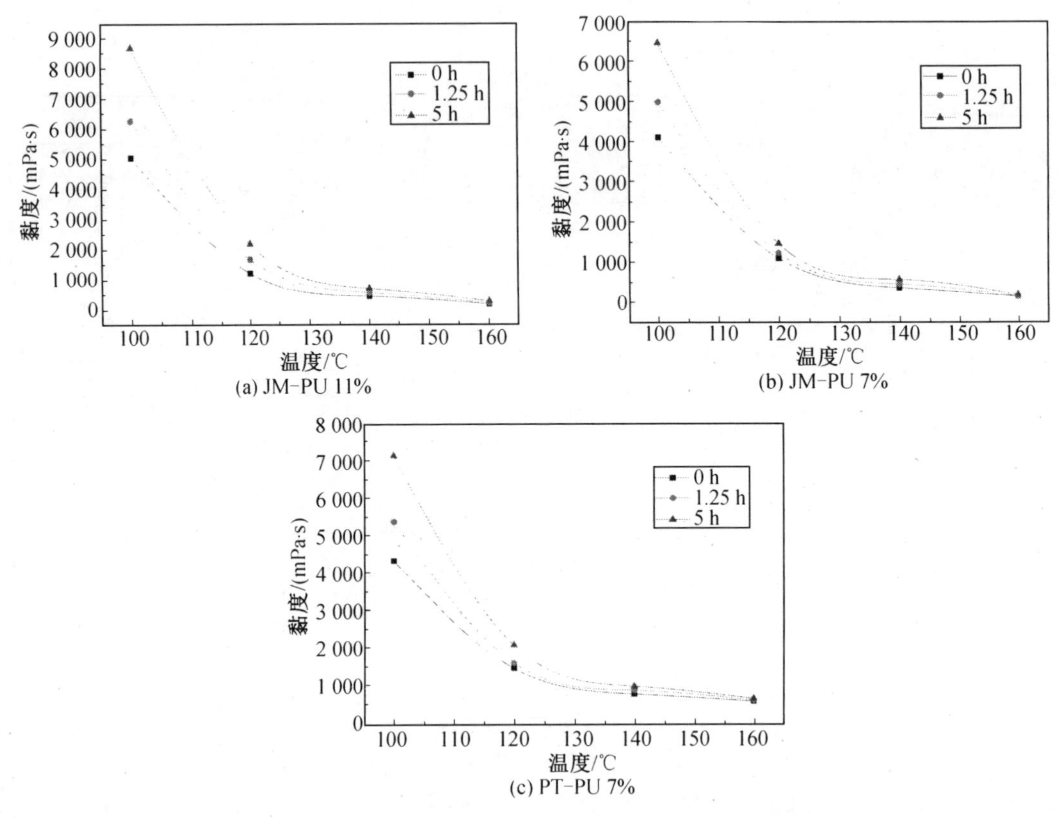

图 2.25 三种类型 PU 改性沥青在最优掺量时黏度随温度的变化

由图 2.24 和图 2.25 可以看出,各种改性沥青老化前和老化后的黏度均随温度的升高而降低,并且沥青老化前、后的黏度变化趋势一致,当温度一定时,随老化时间的延长,沥青的黏度增大,说明老化后的沥青会生成醛、酮和酸等一些极性物质,也会使沥青质的质量分数增加,沥青质的自缔合倾向使沥青一水界面结构膜随时间的不断延长而出现显著的硬化现象,在其他外界条件作用下,硬化速率会提高。

为进一步分析比较各种改性沥青之间的耐老化性能,在 140 ℃,采用黏度老化指数(VAI)对 JM－PU 改性沥青进行分析评价,结果如图 2.26 所示。

基质沥青与三种最优掺量 PU 改性沥青的 VAI 如图 2.27 所示。从图 2.27 可知,对于基质沥青和各种改性沥青,老化后的黏度都有一定幅度的增加,说明老化引起了沥青体系的硬化。但与基质沥青相比,JM－PU 改性沥青的黏度老化指数都有不同程度的减小,这说明 JM－PU 的加入能够起到提高沥青抗老化性能的作用。这是由于沥青中的聚氨酯分子抑制了老化过程中热和氧对沥青分子的作用,使氧的分散路径发生变化,同时聚氨酯还可以阻止老化条件下沥青轻质组分的挥发,达到抑制沥青老化的作用。

此外,从图 2.26 中可以看出,JM－PU 的掺量对黏度老化指数有一定的影响,并且随掺量的增加,1.25 h 和 5 h 的黏度老化指数呈减小的趋势,在掺量为 11%时,1.25 h 的黏度老化指数趋于最小,5 h 的黏度老化指数也近似趋于最小,掺量 13%和 15%的黏度老化指数与掺量 11%的黏度老化指数相比不再变化,可认为此时它们的抗老化性能相同。因

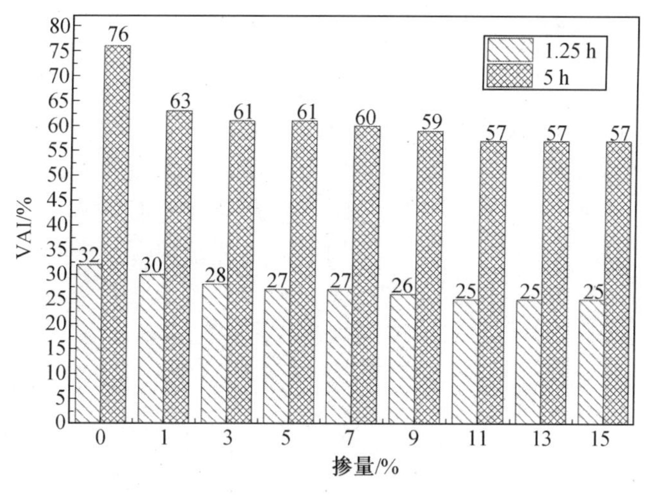

图 2.26 JM－PU 改性沥青的 VAI

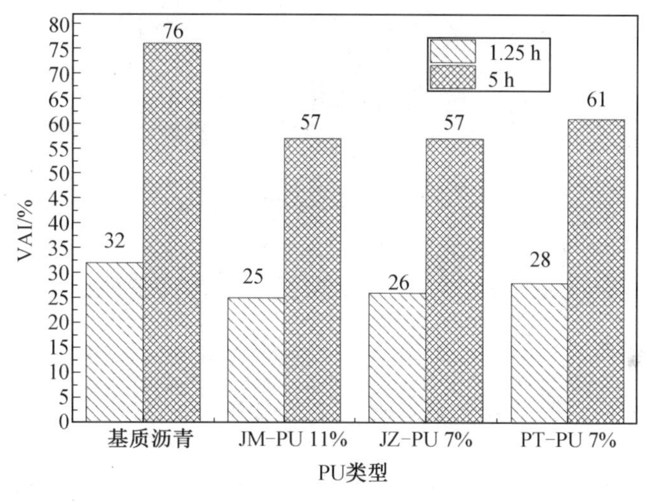

图 2.27 基质沥青与三种最优掺量 PU 改性沥青的 VAI

此，可以认为掺量为 11%的 JM－PU 改性沥青的抗老化性能最佳。从图 2.27 中可知，最优掺量时三种类型改性沥青的黏度老化指数均小于基质沥青，说明三种类型的聚氨酯在一定程度上均可以改善沥青的抗老化性能，但是 JM－PU 改性沥青 1.25 h 和 5 h 的黏度老化指数最小，表明 JM－PU 改性沥青的抗老化性能较其他两种类型的改性沥青更好。

2.3.2 聚氨酯改性沥青高温和低温性能研究

以常规的三大指标试验与黏度试验评价沥青的性能，尤其是对改性沥青进行评价会存在一定的问题，因此，美国公路战略研究计划（SHRP）在 20 世纪 80 年代末研究改性沥青物理性质的新试验。该课题的成果是提出了新的沥青胶结料规范（AASHTO MP Ⅰ）和与之对应的试验方法。目前，该方法正在我国逐步推广使用。

1. 动态剪切流变试验

(1)高温温度扫描及结果分析。

沥青是一种黏弹性材料，而黏弹特性会随温度的变化而发生一定的变化。温度较低条件下沥青结合料处于高弹态，随温度不断升高，沥青会逐渐向黏流态转变，导致沥青结合料中的黏性部分增加，弹性成分不断减小，相位角也会随温度的升高而不断变大，沥青结合料的流动性有变强的趋势。聚氨酯会对沥青内部结构产生影响，其黏弹性能和流变性能均会发生一定的变化。对不同掺量JM－PU改性沥青进行温度扫描，试验结果如图2.28所示。

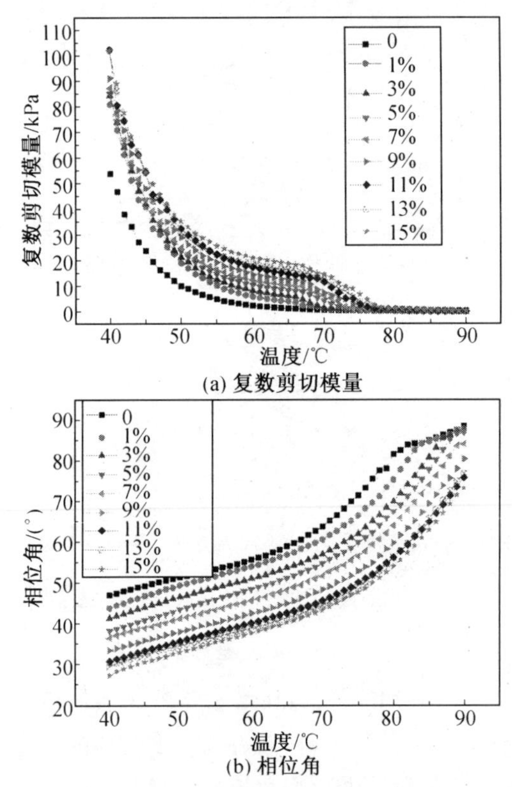

图2.28 不同掺量JM－PU改性沥青复数剪切模量及相位角随温度的变化

图2.28所示为JM－PU改性沥青复数剪切模量和相位角随温度的变化，由图2.28可以看出，沥青的复数剪切模量随温度的升高而降低，相位角随温度的升高而有增大的趋势。这可能是在温度升高时沥青分子运动加速，从而使自由体积增大，在一定程度上使沥青由高弹态向黏流态转变；沥青在剪切试验中所承受的最大剪切应力降低，但是最大剪切应变有增大的趋势，从而使复数剪切模量在温度升高时降低；温度升高，沥青的黏性成分有增加的趋势，弹性成分有降低的趋势，因此，沥青的相位角会出现增大的现象。

PU掺入沥青后，从原样沥青和改性沥青的复数剪切模量与相位角可知，PU的加入没有改变沥青材料黏弹性的本质属性，但能够提高沥青的复数剪切模量和降低相位角的变化。由图2.28(a)可知，不同掺量的PU对沥青改性后，均会提高沥青的复数剪切模量，说明PU能够显著地改善沥青的劲度模量(劲度模量是一定时间和温度条件下，应力与总应变的比值)。JM－PU改性沥青复数剪切模量的变化趋势与基质沥青类似,均随温度的升高而降低,表明沥青的抗变形性能在逐渐变差。当1%的聚醚型聚氨酯加入沥青后,能够看出明显改善了沥青的复数剪切模量,随着掺量的增加,复数剪切模量呈现持续增加的现象。但当掺量由11%增加到13%时,掺量为13%的复数剪切模量在40～60 ℃范围内和掺量为11%的复数剪切模量几乎相同,随温度升高,掺量为13%的复数剪切模量逐渐大于掺量为11%的复数剪切模量。掺量为15%的复数剪切模量与掺量为11%的复数剪切模量相比,有一定幅度的增加,但增加幅度不大。分析原因可能是聚氨酯掺入沥青后随掺量的变化已构成连续相,聚氨酯相对改性沥青的性能处于主导地位。聚氨酯对改性沥青的相位角影响也非常显著,基质沥青的相位角随温度的升高而增大,当温度为90 ℃时相位角已接近90°。聚氨酯材料加入沥青后,相位角在逐渐减小,说明聚氨酯树脂仍具有较好的弹性性质,但改性沥青相位角的增加趋势和基质沥青相位角的增加趋势是一致的。由图2.28(b)可知,基质沥青与改性沥青的相位角均随温度的升高呈增长的趋势,表明温度高时,沥青接近黏性体,变形恢复较难。当掺量由11%增加到13%时,相位角几乎没什么改变,掺量由13%增加到15%时,相位角的变化也不大,分析指出,聚氨酯材料加入沥青后,形成连续相的聚氨酯能够起到“框架”作用,从而限制沥青的流动变形。当基体沥青承受外加荷载时,聚氨酯连续相能吸收大部分应力,使沥青材料承受荷载的能力变强。因而,聚氨酯掺入沥青后,能提高沥青材料的模量,而形成连续相的聚氨酯能显著改善材料的强度。综上可知,聚氨酯加入沥青中后会明显改善沥青的高温弹性性能。

为了更好地分析不同类型聚氨酯改性沥青最优掺量时性能的优劣,分别对基质沥青与三种最优掺量PU改性沥青进行温度扫描,试验结果如图2.29所示。

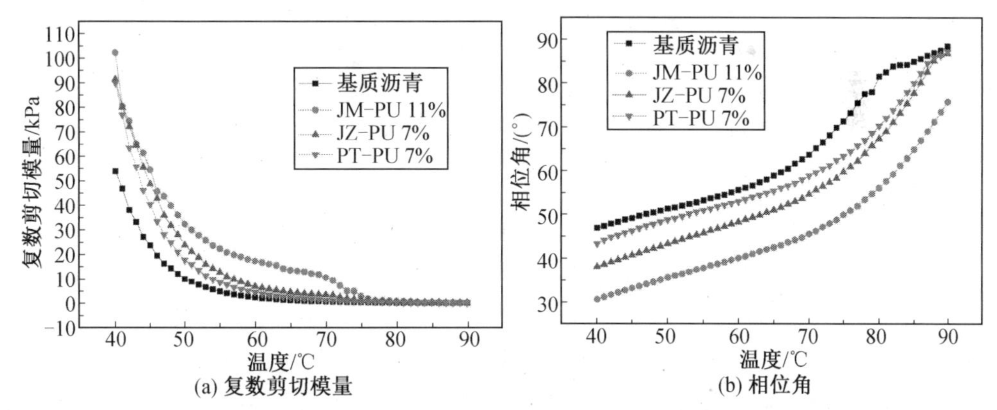

图2.29 基质沥青与三种最优掺量PU改性沥青的复数剪切模量及相位角的变化

由图2.29可知,三种类型的聚氨酯改性沥青的复数剪切模量随温度的升高而降低,相位角随温度的升高而增大。这是由不同温度下沥青表现的黏弹性能的变化特性与复数剪切模量和相位角的定义决定的。由图2.29(a)可知,三种类型的聚氨酯改性沥青的复数剪切模量均大于基质沥青的,JM－PU改性沥青的复数剪切模量大于其他两种类型聚氨酯改性沥青的。三种类型的PU改性沥青复数剪切模量大小排序为:JM－PU＞JZ－PU＞PT－PU＞基质沥青。复数剪切模量随温度的升高而降低,有可能是因为在荷载作用下沥青胶浆分子发生变形及热效应,以及每次加载循环的能量会以黏弹衰减的形式消散且沥青胶浆会发生疲劳破坏。由图 2.29(b)可知,三种类型改性沥青相位角的变化情况与基质沥青类似,且相位角都小于基质沥青的。说明改性剂对沥青的黏弹性有较大影响,在改性沥青的化学结构中出现了以改性剂为主体的网络结构,此三维结构可以增加沥青分子间的黏结力,在一定温度范围内抑制沥青向黏流态转变,而随着温度的升高,此网络结构会由于温度的作用而破坏,改性剂的抑制作用会消失。另外,相位角变化较快,沥青的黏弹性转变会较快,从而导致沥青的疲劳破坏加快。三种类型的聚氨酯改性沥青中,JM－PU 改性沥青的相位角最小,小于其他两种类型改性沥青的相位角,相位角小表明荷载作用下有良好的变形恢复性能。

①抗车辙因子($G^*/\sin\delta$)分析。

抗车辙因子作用是用抗车辙因子参数量化沥青结合料的抗车辙能力,复数剪切模量(G^*)大时,沥青结合料变硬,其抗车辙能力较好;相位角(δ)小时,沥青结合料的弹性成分大,其弹性较好。因此,复数剪切模量大,相位角小时,是沥青材料的理想状态。

本章对 JM－PU 改性沥青不同掺量条件下的抗车辙因子进行分析,并对比了三种类型改性沥青最优掺量时的抗车辙因子的变化,结果如图 2.30 和图 2.31 所示。

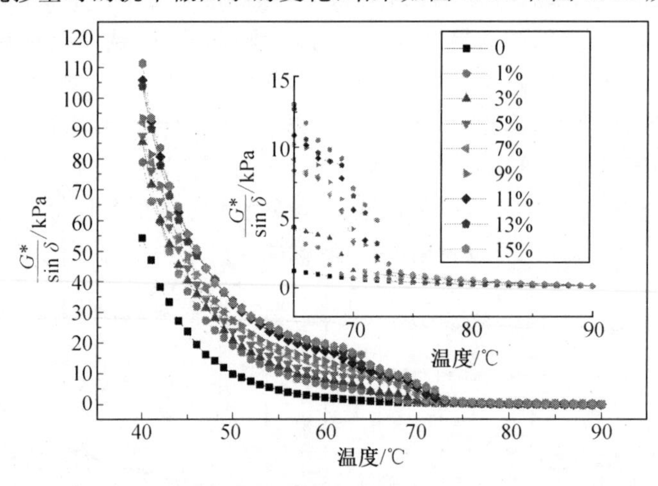

图 2.30　不同掺量 JM－PU 改性沥青抗车辙因子随温度的变化

由图 2.30 可知,在整个温度范围内,抗车辙因子随温度的升高而降低,说明沥青的抗高温变形的能力在逐渐减弱,抗车辙性能变差。与基质沥青对比可知,不同掺量的聚氨酯改性沥青均可以改善沥青的抗车辙因子,并且随温度和掺量的增加,这一增长趋势更加明显。随掺量的增加,抗车辙因子逐渐增大,但当掺量由 11%增加到 13%和 15%时,起初阶段抗车辙因子几乎没有变化,随温度的升高,抗车辙因子表现出增大的趋势,但增加幅度不大。说明掺量为 11%时,抗车辙能力基本已达到最优。试验结果说明聚氨酯能够增强沥青的抗车辙能力。由图 2.31 可知,三种类型的聚氨酯改性沥青的抗车辙因子均随温度的升高而降低,并且三种类型改性沥青的变化趋势相同,三种类型改性沥青的抗车辙因子均高于基质沥青,表明三种类型的聚氨酯均可以在一定程度上提高沥青的抗车辙能力。JM－PU 改性沥青的抗车辙因子明显大于其他两种类型改性沥青的抗车辙因子,表明 JM－PU 改性沥青较其他两种类型改性沥青有较好的抗车辙性能。

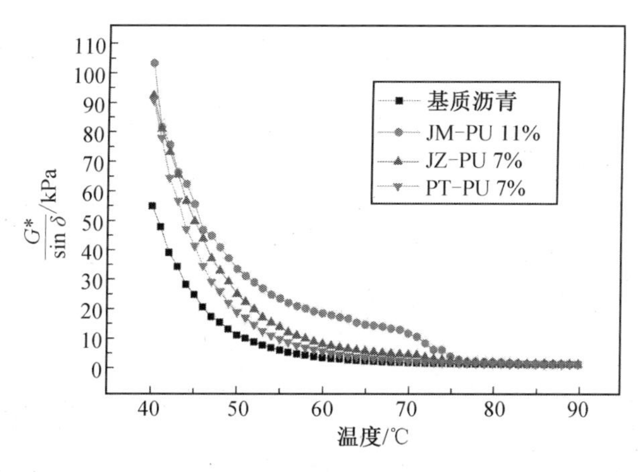

图 2.31　基质沥青与三种最优掺量 PU 改性沥青抗车辙因子的变化

②疲劳温度分析。

对于未老化的沥青结合料，SHRP 规范规定 $G^*/\sin\delta$ 应大于或等于 1.0 kPa，$G^*/\sin\delta$ 等于 1.0 kPa 时的温度称为疲劳温度。根据疲劳温度可将沥青分成不同的等级，疲劳温度高，说明沥青抗高温流动变形性能好。根据 $G^*/\sin\delta$ 等于 1.0 kPa，由图 2.30 可确定出相应的温度，结果如图 2.32 所示。

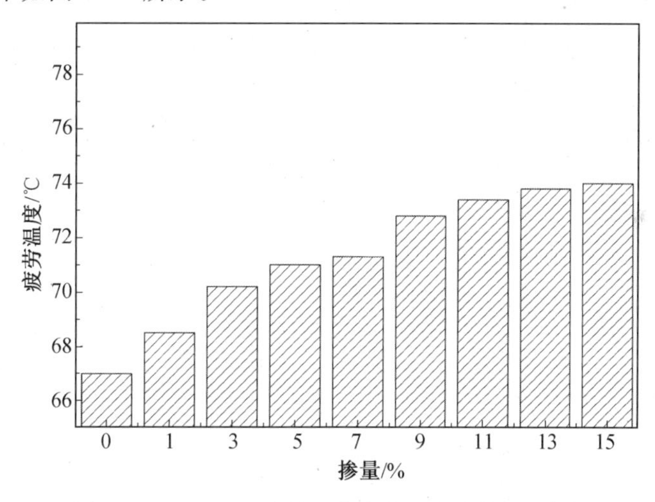

图 2.32　JM－PU 改性沥青疲劳温度随掺量的变化

由图 2.32 可知，与基质沥青相比，JM－PU 改性沥青的疲劳温度均有所增大，开始阶段疲劳温度增长幅度较大，但当掺量大于 11%时，疲劳温度增长幅度逐渐在减小。可以看出，聚氨酯掺量对沥青疲劳温度有一定的影响，当掺量达到某一用量时，疲劳温度的增长趋于稳定。

由图 2.31 可得三种不同改性沥青最优掺量时疲劳温度的变化，如图 2.33 所示。

由图 2.33 可知，不同类型聚氨酯加入沥青后，改性沥青的疲劳温度均有一定幅度的提高，但改善幅度最大的为 JM－PU 改性沥青，表明三种聚氨酯均有利于提高改性沥青的高温性能。聚氨酯能改善沥青高温性能的原因之一是其增加了改性沥青的稠度，使改性沥青在高温条件下不易流动。

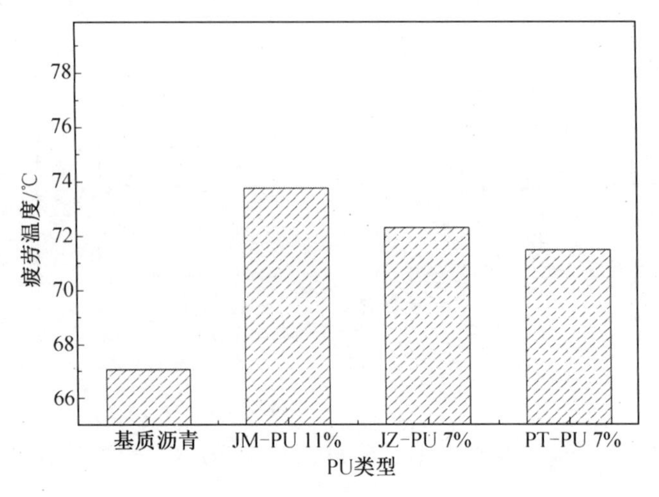

图 2.33　基质沥青与三种最优掺量 PU 改性沥青疲劳温度的变化

(2)低温温度扫描及结果分析。

沥青在温度较低时会变得脆硬,在重复荷载下,微裂缝的端部会发生应力集中现象,裂缝会进一步扩展,当发展到特定阶段时,在宏观上会表现出低温开裂现象。在评价沥青结合料的低温性能时,可采用动态剪切流变(DSR)试验对沥青进行低温扫描,低温条件下的弹性模量越小,相位角越大,相应就会拥有更多的黏性成分,沥青结合料的变形性能就会越优,抵抗低温开裂能力就会越优。

对不同掺量条件下的 JM－PU 改性沥青进行低温扫描,试验结果如图 2.34 和 2.35 所示。

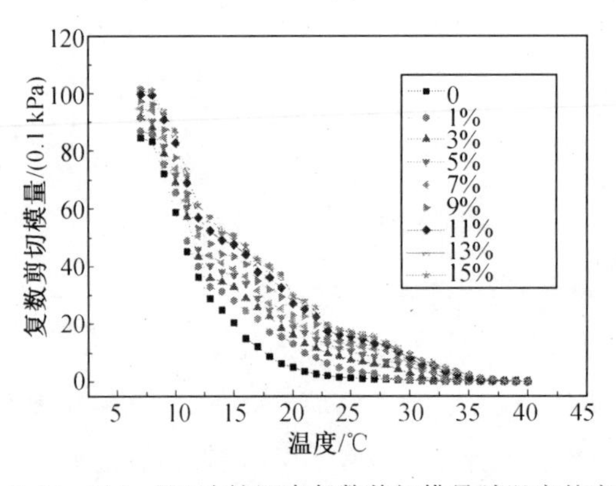

图 2.34　JM－PU 改性沥青复数剪切模量随温度的变化

由图 2.34 和图 2.35 可知,各种改性沥青的复数剪切模量在较低温度条件下均随温度的升高呈降低的趋势,但相位角呈现增大的趋势。产生这种现象的原因主要是温度升高的情况下,沥青自由体积会增大,此时沥青便从高弹态向黏流态转变,从而使沥青的最大剪切应力减小,而最大剪切应变有增大的趋势,所以复数剪切模量会降低;另外,温度升高时,沥青材料中的黏性成分增多,弹性成分减小,使沥青材料相位角有变大的趋势。不同剂量添加剂加入后,改性沥青的复数剪切模量增大,说明聚氨酯材料可以在一定程度上提高改性沥青的劲度和模量。掺量为 11%时改性沥青的复数剪切模量增加幅度减小,与

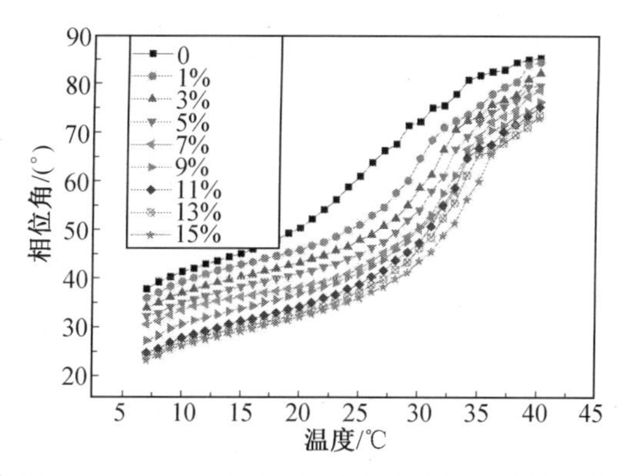

图 2.35 JM—PU 改性沥青相位角随温度的变化

掺量分别为13%和15%的复数剪切模量相比，差别不大；相位角虽然仍有一定幅度的降低，但降幅较小，说明掺量为11%时，JM—PU改性沥青对复数剪切模量和相位角的影响基本已达到最大。

为了研究三种不同类型改性沥青在较低温度时复数剪切模量和相位角的变化，本章采用三种类型改性沥青最优掺量时的复数剪切模量和相位角做对比，结果如下。

图2.36和2.37所示为基质沥青与三种最优掺量PU改性沥青在较低温度条件下复数剪切模量和相位角随温度的变化。由图可以看出，三种类型改性沥青的复数剪切模量在较低温度条件下，均随温度的升高出现降低的现象且均高于基质沥青，而相位角却有相反的趋势。说明三种不同类型的聚氨酯材料均可以在一定程度上改善沥青的劲度和模量。比较三种类型改性沥青的复数剪切模量和相位角可知，JM—PU改性沥青的复数剪切模量提高幅度最大，相位角降低幅度大于其他两种类型的改性沥青，说明对复数剪切模量和相位角影响最大的是JM—PU改性沥青，而其他两种类型的改性沥青次之。

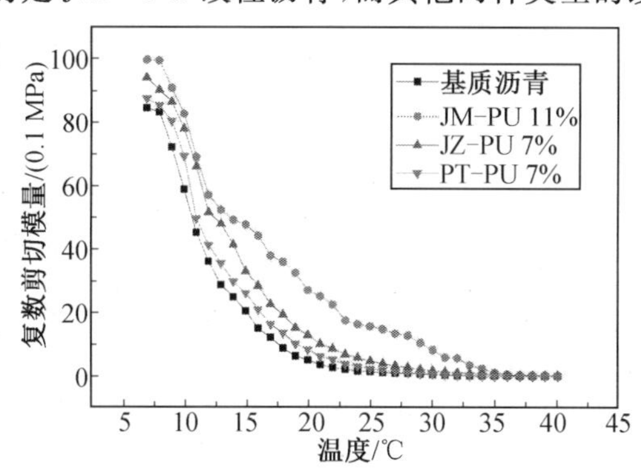

图 2.36 基质沥青与三种最优掺量PU改性沥青复数剪切模量随温度的变化

2. 简支梁弯曲蠕变劲度试验

沥青路面的低温裂缝不但与沥青结合料的品质有一定的联系，同时也与沥青混合料的温度特性有关。在低温条件下，混合料较为坚硬，级配对抵抗收缩开裂作用不大，开裂一般是寒冷季节混合料之间的膜拉伸损坏，从而会引起集料的破坏。因此沥青路面的低温抗裂性能通常是受沥青结合料的低温拉伸变形性能控制，沥青自身的性能同样起到积

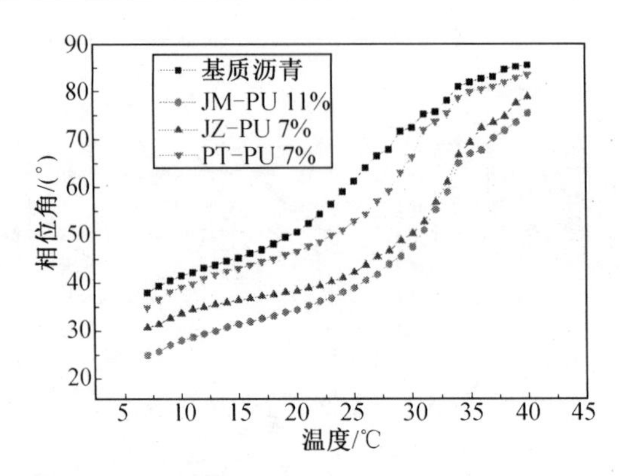

图 2.37 基质沥青与三种最优掺量 PU 改性沥青相位角随温度的变化

极的作用,因此低温流变性能是影响低温抗裂性的首要因素。本章分别对制备的不同PU 掺量(1%、3%、5%、7%、9%、11%、13%、15%)JM－PU 改性沥青进行简支梁弯曲蠕变劲度(BBR)试验,同时对 JM－PU、JZ－PU 及 PT－PU 三种 PU 改性沥青在最优掺量时分别进行 BBR 试验,其中 JM－PU 改性沥青最优掺量是 11%,JZ－PU 改性沥青最优掺量是 7%,PT－PU 改性沥青最优掺量是 7%。试验温度分别为－12 ℃和－18 ℃。试验结果如图 2.38 和图 2.39 所示。

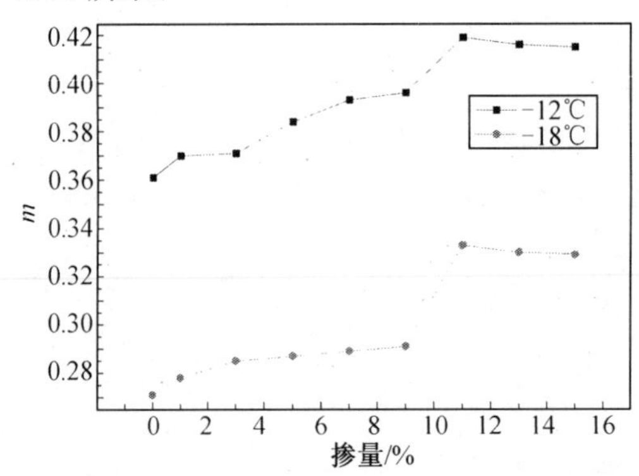

图 2.38 JM－PU 改性沥青蠕变速率(m)随掺量的变化

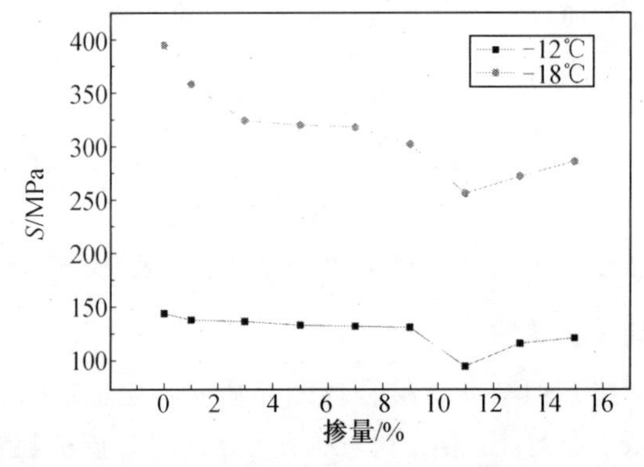

图 2.39 JM－PU 改性沥青劲度模量(S)随掺量的变化

由图2.38可知，−12 ℃和−18 ℃的蠕变速率 m 均随掺量的增加而先升高后降低，且均在掺量为11%时达到峰值。m 值小，说明弹性成分多但黏性成分较少；m 值大，则说明黏性成分较多，m 值的大小是沥青应力积累能力的反映。此外，m 值越大，说明松弛应力的能力越好，路面越不容易发生低温开裂。

由图2.39可知，−12 ℃和−18 ℃的劲度模量 S 均随掺量的增加而先降低后升高，同样在掺量为11%时取得最小值。沥青 S 值大，说明弹性大而黏性小，低温条件下的柔性及恢复变形能力较差。沥青类型不同，其劲度模量可能会相同，但是其流变性能对温度和时间的依赖性是不相同的，温度应力积累的能力也是有区别的。此外，S 值越小，说明沥青内部的应力或应变越小，沥青越不会发生开裂。

由图2.38～2.39的分析可知，JM−PU 可以提高沥青的低温性能，并且在掺量为11%时，−12 ℃和−18 ℃的蠕变速率 m 和劲度模量 S 都满足规范 ASTM D6648—08(2016)的要求，与其他掺量的蠕变速率 m 和劲度模量 S 相比，掺量为11%时 JM−PU 改性沥青低温性能最好。

另外，本章研究了三种不同类型聚氨酯改性沥青在最优掺量时蠕变速率和劲度模量的变化，以 m 与 S 的大小表征三种类型聚氨酯改性沥青低温性能的优劣。基质沥青与三种最优掺量 PU 改性沥青的蠕变速率 m 和劲度模量 S 的变化分别如图2.40和图2.41所示。

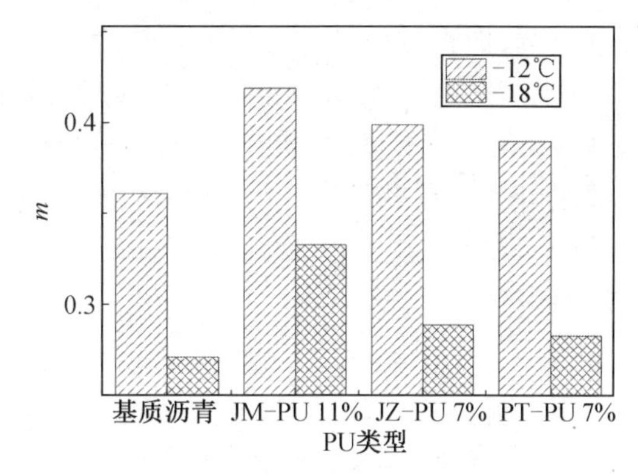

图2.40 基质沥青与三种最优掺量 PU 改性沥青的 m 值变化

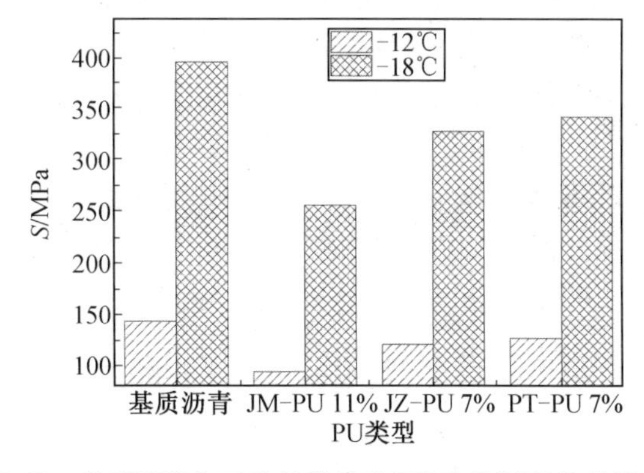

图2.41 基质沥青与三种最优掺量 PU 改性沥青的 S 值变化

由图 2.40 可知，当温度分别为－12 ℃和－18 ℃时，JM－PU 改性沥青的 m 值最大，PT－PU 改性沥青的 m 值最小。m 值越大，说明低温柔韧性越优。由比较可知，JM－PU 改性沥青的低温性能优于其他两种类型的 PU 改性沥青。

由图 2.41 可知，当温度分别为－12 ℃和－18 ℃时，JM－PU 改性沥青的 S 值最小，PT－PU 改性沥青的 S 值最大。S 值越小，说明沥青的内应力越小，越不容易发生低温损害。经比较可知，JM－PU 改性沥青的性能优于其他两种类型的 PU 改性沥青。

综上可知，当三种类型的聚氨酯改性沥青掺量均为最优时，JM－PU 改性沥青的低温性能优于其他两种类型的聚氨酯改性沥青。

由－12 ℃和－18 ℃的 m 和 S 值可知，当温度为－18 ℃时，只有掺量分别为 11%和 13%的 JM－PU 改性沥青满足 m 不小于 0.3，S 不大于 300 MPa 的要求，其他掺量的改性沥青均不能满足要求。因此，仍需对掺量分别为 11%和 13%的 JM－PU 改性沥青进行更低温度的试验验证。在－24 ℃对掺量分别为 11%和 13%的 JM－PU 改性沥青尝试 BBR 试验，结果显示，掺量分别为 11%和 13%的 JM－PU 改性沥青的 m 值分别为0.259、0.233，S 值分别为 362 MPa、396 MPa，已不能满足要求。所以掺量分别为 11%和 13%的 JM－PU 改性沥青的最低试验温度均为－18 ℃。

2.3.3 聚氨酯改性沥青改性机理研究

沥青是复杂的混合物，在对沥青性能进行分析的过程中，如果仅限于宏观性能的分析，则不能很好地了解改性沥青的微观结构及机理。PU 改性沥青的微观结构是指 PU 与沥青的结合方式及改性后沥青的聚集状态。以下采用差示扫描量热（Differential Scanning Calorimetry，DSC）法和原子力显微镜（Atomic Force Microscope，AFM）对 PU 改性沥青的改性机理和微观结构进行分析。

1. PU 改性沥青差示扫描量热分析

差示扫描量热（DSC）法为在温度控制下，测量输入到试样和参比物间的功率差和温度关系的一门技术。参比物在试验温度范围内是不发生相态变化的，因而在程序温度控制下的试样会因为其内部发生变化而和参比物相比都会吸收一定的热量，吸收热量的差在 DSC 曲线图上的表现即为曲线峰，根据峰和基线位置的不同可以计算出峰的面积大小。对三种不同类型的改性沥青在最优掺量时分别进行 DSC 试验，以温度为横坐标，以热流率为纵坐标绘制 DSC 谱图，通过分析 DSC 谱图的变化对三种类型改性沥青的温度稳定性进行分析。图 2.42 所示为基质沥青与三种最优掺量 PU 改性沥青进行 DSC 试验的结果，T_g 为玻璃化转变温度。根据图 2.42 可得基质沥青及 PU 改性沥青的 DSC 数据指标，见表 2.3。

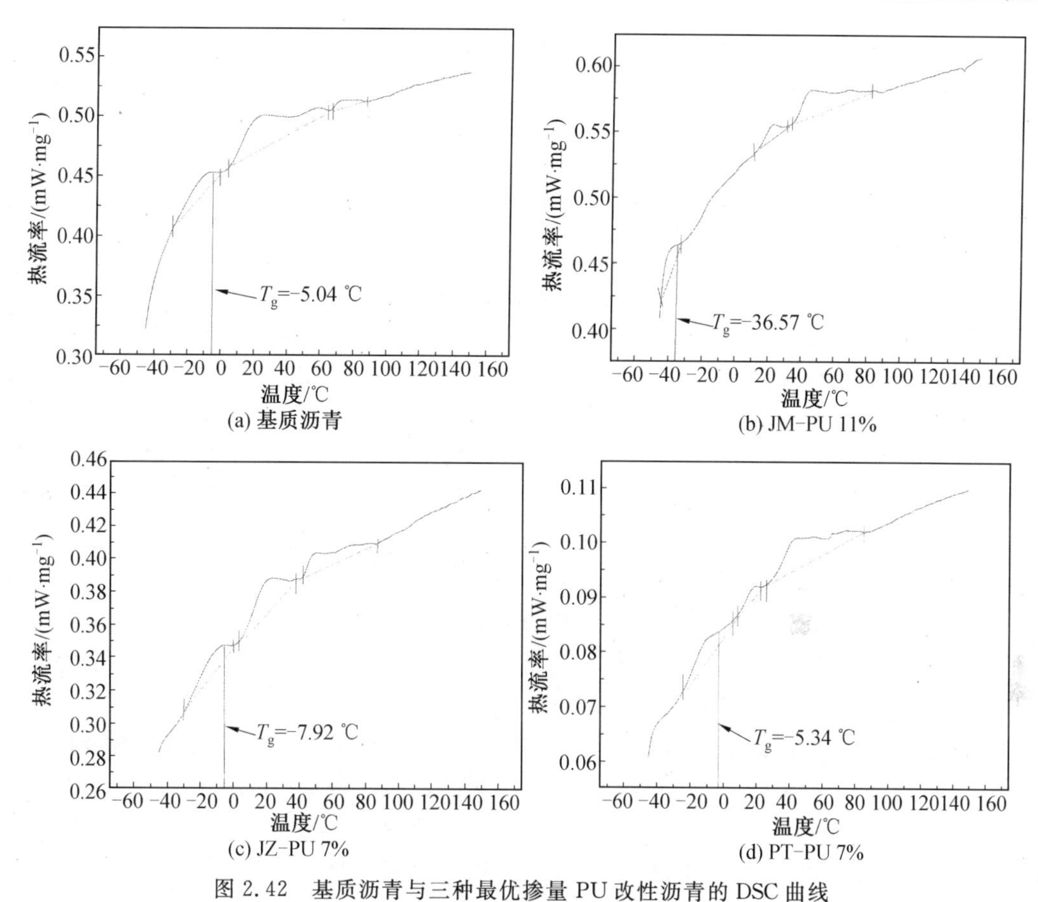

(a) 基质沥青　(b) JM−PU 11%　(c) JZ−PU 7%　(d) PT−PU 7%

图 2.42　基质沥青与三种最优掺量 PU 改性沥青的 DSC 曲线

表 2.3　基质沥青与三种最优掺量 PU 改性沥青的 DSC 数据指标

样品	玻璃化转变温度 T_g/℃	温度区间		吸热峰能量值/(J·g^{-1})	总吸热峰能量值/(J·g^{-1})
		峰值温度/℃	峰宽度/℃		
基质沥青	−5.04	71.71	66.83～87.71	0.06	1.11
		21.91	4.19～63.27	0.82	
		−11.90	−28.91～−0.81	0.23	
JM−PU 11%	−36.57	44.46	35.17～81.26	0.51	0.65
		21.91	11.41～31.62	0.08	
		−39.80	−44.79～−32.57	0.06	
JZ−PU 7%	−7.92	43.26	28.73～86.26	0.72	1.07
		15.91	3.52～26.51	0.20	
		−14.30	−24.58～−3.70	0.15	
PT−PU 7%	−5.34	49.72	43.06～87.71	0.27	0.77
		20.07	3.52～37.28	0.33	
		−13.10	−29.69～0.63	0.17	

由图 2.42 可以看出，JZ－PU 改性沥青与 PT－PU 改性沥青的 DSC 曲线与基质沥青的基本相同，但在部分吸热峰位置和吸热量处有不同，而 JM－PU 改性沥青的 DSC 曲线和基质沥青相比有较大的差别。从整体而言，三种类型改性沥青的 DSC 曲线比较平坦，吸热峰也较小，JM－PU 改性沥青的 DSC 曲线与 JZ－PU 和 PT－PU 改性沥青相比更为平坦，吸热峰也更小，表明 JM－PU 改性沥青的温度稳定性优于其他两种类型的改性沥青。

PU 改性沥青与基质沥青的 DSC 谱图的差别主要是由于 PU 加入沥青后会改善沥青的温度稳定性。由于聚氨酯是高分子化合物，与聚合物相比，沥青是小分子混合物。沥青分子小，分子间的相互作用力较小，分子链的排列不紧密，温度变化时会引起分子力较大的变化，导致链段运动，宏观上表现为稳定性较差；而改性剂分子量较大，分子相互缠绕，分子间有很大的作用力，分子排列比较紧密，不容易产生相对运动，从而对温度的敏感性较弱。聚合物加入沥青后，和基质沥青相比，大分子组分量相对升高，小分子组分量相对减小。此外，部分沥青分子会吸附在聚合物微粒上，同样会降低基质沥青中小分子的总数，总体而言，分子量增大会使分子间作用力增大。聚合物的加入，会一定程度上束缚分子的运动，从而降低分子的流动性，提高温度稳定性。改性剂可使沥青组分聚集态发生变化，降低了沥青分子间力对温度的变化率；改性剂对沥青分子的约束，降低了共混物性质对温度的敏感性。因此，两方面的共同作用可提高改性沥青的温度稳定性。

图 2.42 中玻璃化转变温度 T_g 的算法有多种，本章采用 DSC 曲线第一个台阶处的中点位置作为 T_g，从图 2.42 中可以看出，基质沥青的玻璃化转变温度为－5.04 ℃，而其他三种类型的 PU 改性沥青玻璃化转变温度均低于基质沥青，表明聚氨酯可以在某种程度上对沥青的低温性能进行改性，其中 JM－PU 改性沥青的玻璃化转变温度最低，这一结果也与 5 ℃延度试验结果相一致。

2. PU 改性沥青原子力显微镜分析

原子力显微镜(AFM)与传统显微成像技术相比最突出的优点是分辨率高、制样简单，因此，AFM 广泛应用于微观表面分析领域。采用 AFM 技术所得的二维、三维图像，可用于研究沥青的微观形貌变化。AFM 是采用一尖锐探针对试样表面进行扫描并同时检测探针尖与试样表面间的作用力进而获得试样表面的有关形貌信息。探针尖与试件表面的距离逐渐缩小，当缩小到纳米尺寸时，探针尖原子和试件表面原子间的作用力就会显示出来。AFM 正是根据探针和试件表面原子之间的相互作用力来进行测量的。

(1)基质沥青与 PU 改性沥青的 AFM 二维图像。

图 2.43 所示为基质沥青与三种最优掺量 PU 改性沥青老化前后的 AFM 二维图像。由图可知，无论是基质沥青还是 PU 改性沥青的二维图像中均存在许多明暗交替的条状波纹结构，它们大小不均匀，分布在整个体系中，类似于“蜂型”，因此通常被称为“蜂型”结构。Jäger 等通过研究发现“蜂型”结构的产生与沥青四组分中沥青质胶团的存在有关。王鹏等借助分子动力学对“蜂型”结构成因进行模拟研究发现，“蜂型”结构中深色短小条纹区域为分子尺寸较小的长烷基侧链，浅色区域则是由沥青质形成，而极性较大的稠环芳烃分散在沥青质四周。Albert 等对沥青中“蜂型”结构产生的原因及受力发生断裂时产生变形的原因进行了研究，发现“蜂型”的长度与沥青的刚度及热膨胀系数有关。由以上

研究总结可以得知:形貌图中“蜂型”结构深色区域为沥青四组分中的饱和分,浅色区域为沥青质,在“蜂型”结构周围的区域为胶质和芳香分;由于沥青质分子尺寸较大,而含长烷基侧链的饱和分分子尺寸太小,因而会穿插在沥青质之间;试样制备成型冷却后,由于两者热传导和收缩变形的能力存在差异,因此在表面形成褶皱,即“蜂型”结构。显然,图 2.43(a)中“蜂型”结构尺寸很小,与基质沥青相比,三种类型 PU 改性沥青最优掺量时老化前的“蜂型”结构都有一定的增大。通过对比老化后基质沥青及三种类型 PU 改性沥青的 AFM 二维图像知,图 2.43(b)中的结构尺寸较大,三种类型 PU 改性沥青最优掺量时的结构尺寸都有减小的趋势,且 JM－PU 改性沥青的结构尺寸最小。对比每种沥青体系老化后的二维图像可知,基质沥青老化后的结构尺寸变大,而三种类型 PU 改性沥青老化后的结构尺寸也呈现一定的变化。这可能是老化后沥青中的大分子量的沥青质含量增多导致的。

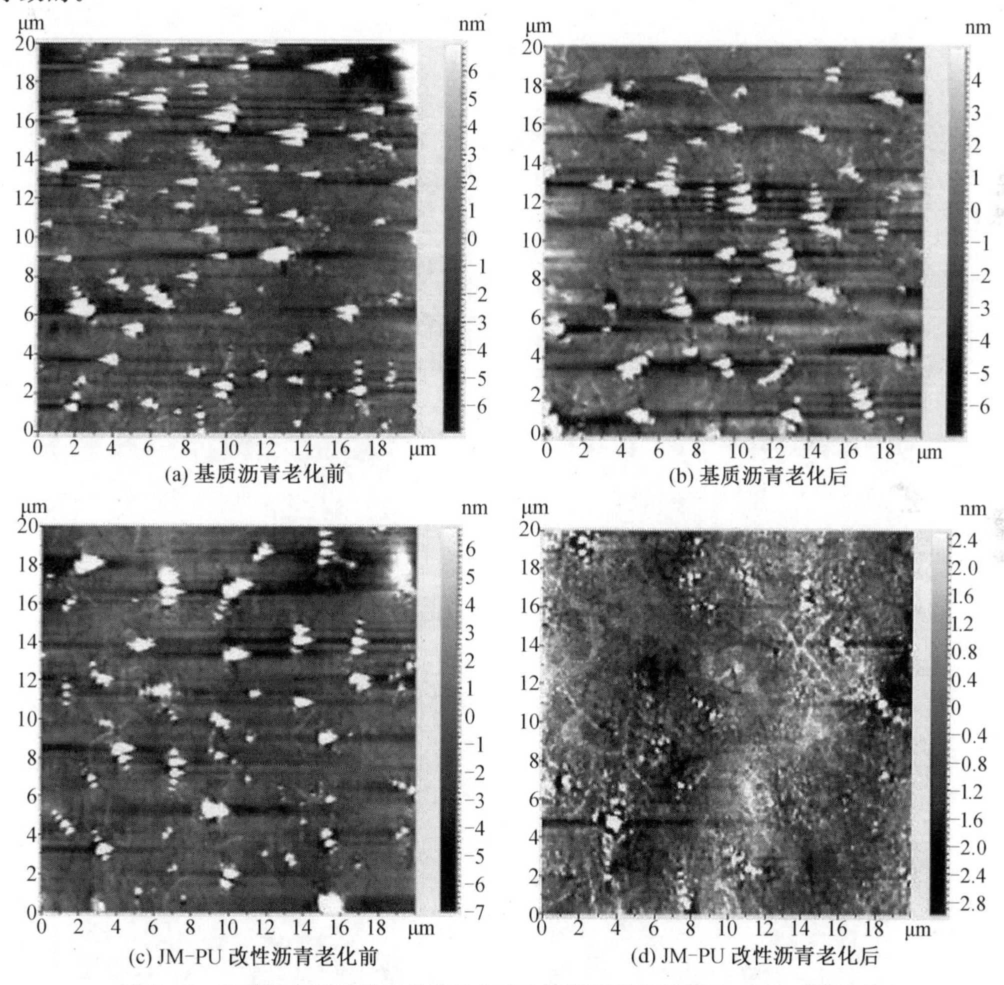

(a) 基质沥青老化前　(b) 基质沥青老化后

(c) JM-PU 改性沥青老化前　(d) JM-PU 改性沥青老化后

图 2.43　基质沥青与三种最优掺量 PU 改性沥青老化前后的 AFM 二维图像

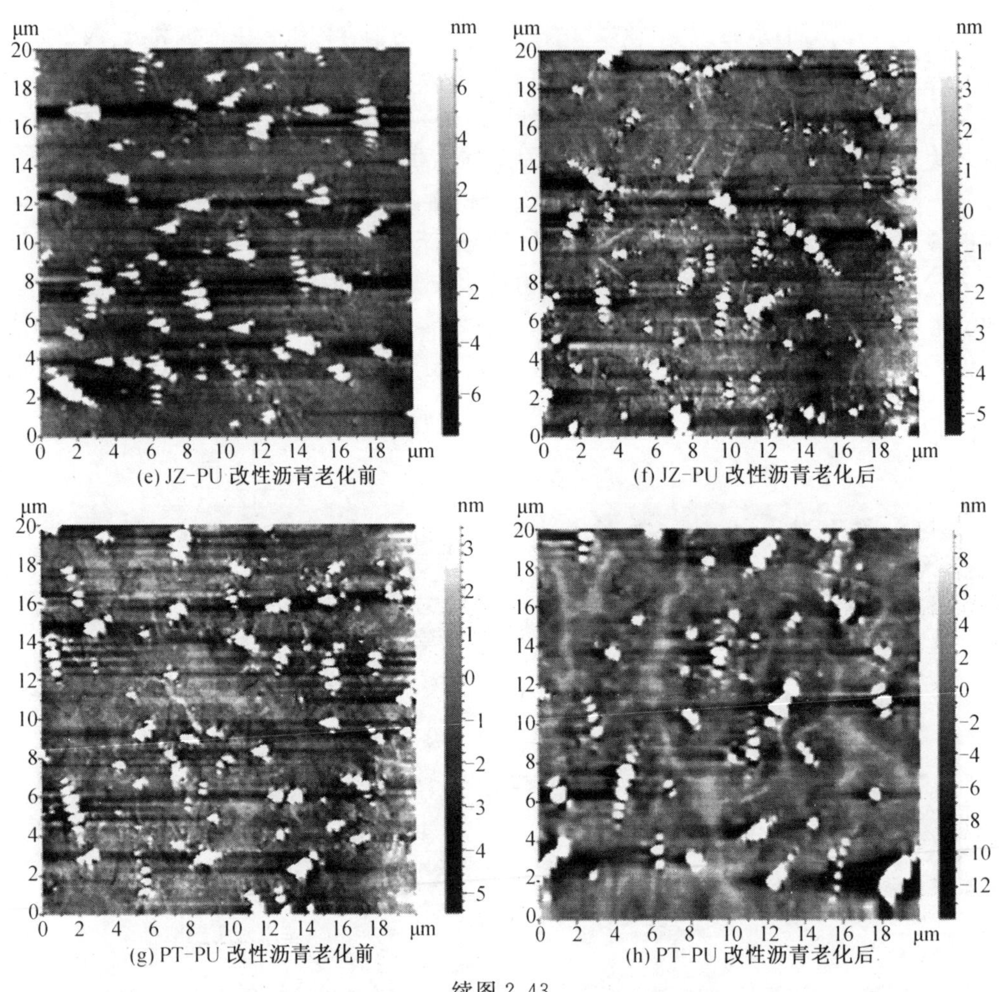

(e) JZ-PU 改性沥青老化前
(f) JZ-PU 改性沥青老化后
(g) PT-PU 改性沥青老化前
(h) PT-PU 改性沥青老化后

续图 2.43

(2)基质沥青与 PU 改性沥青的 AFM 相图。

基质沥青与三种最优掺量 PU 改性沥青老化前后的 AFM 相图如图 2.44 所示。

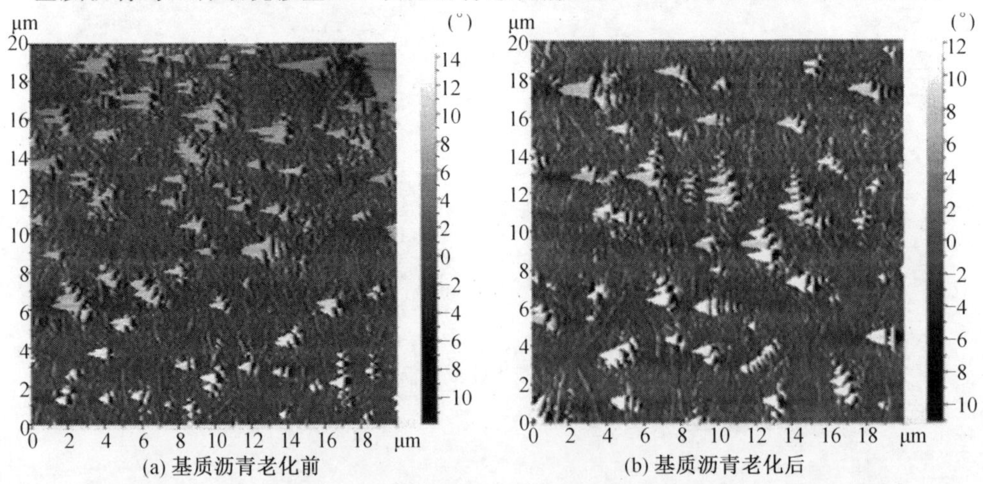

(a) 基质沥青老化前
(b) 基质沥青老化后

图 2.44 基质沥青与三种最优掺量 PU 改性沥青老化前后的 AFM 相图

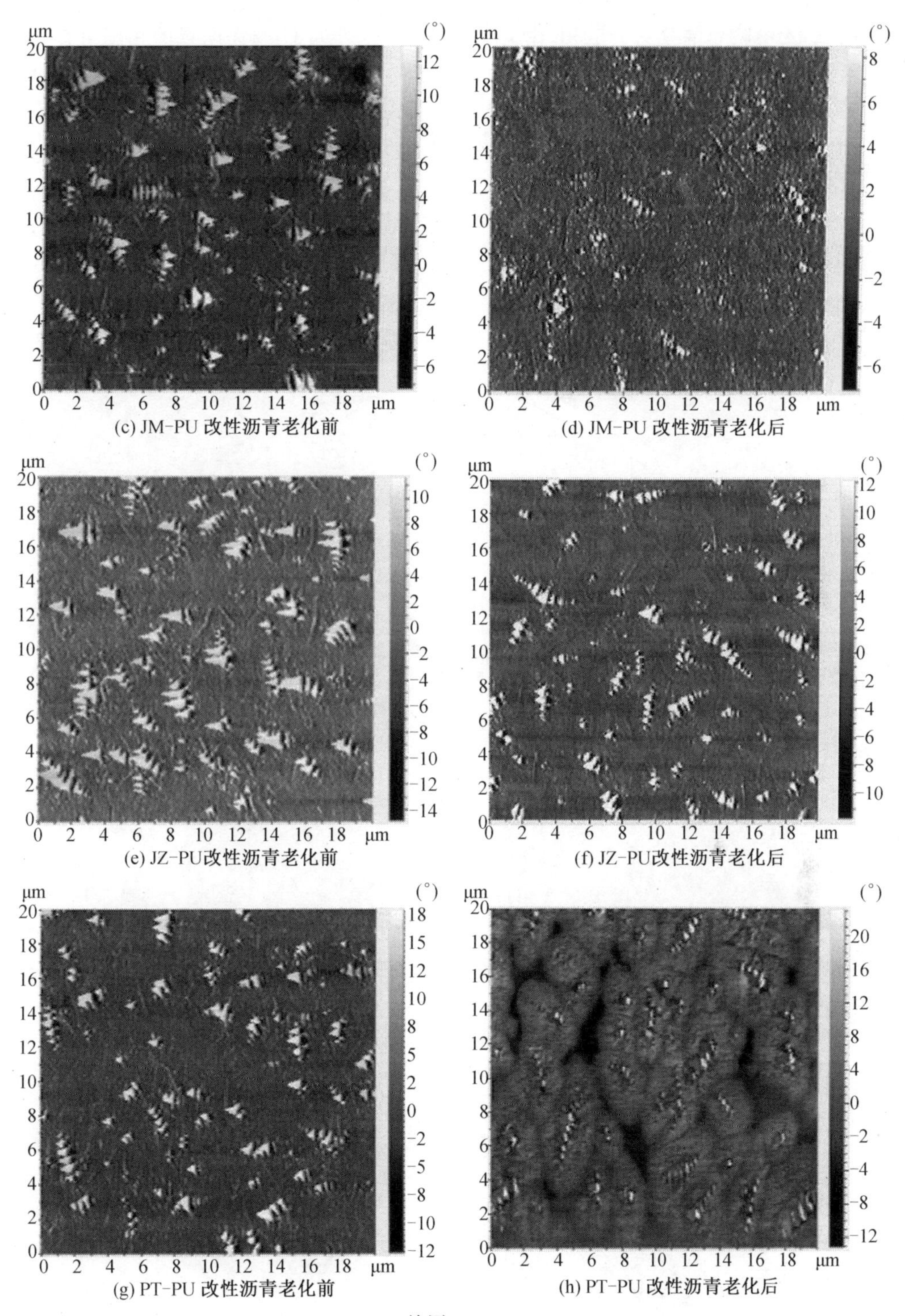

(c) JM-PU 改性沥青老化前

(d) JM-PU 改性沥青老化后

(e) JZ-PU改性沥青老化前

(f) JZ-PU改性沥青老化后

(g) PT-PU 改性沥青老化前

(h) PT-PU 改性沥青老化后

续图 2.44

图 2.44 中暗色部分为分散相，由老化前基质沥青与 PU 改性沥青的相图可知，基质沥青及 PU 改性沥青的分散相较多，分散相最多的为基质沥青。分析基质沥青与 PU 改性沥青老化后的相图可知，和老化前的相图比较，在每种沥青体系中均出现相聚集的现象；图 2.44(d)中相的界限不明显，单一相较多，相的分散比较广，相呈现均匀分布的状态，效果最好。

(3)基质沥青与 PU 改性沥青的 AFM 三维图像。

基质沥青与三种最优掺量 PU 改性沥青老化前后的 AFM 三维图像如图 2.45 所示。

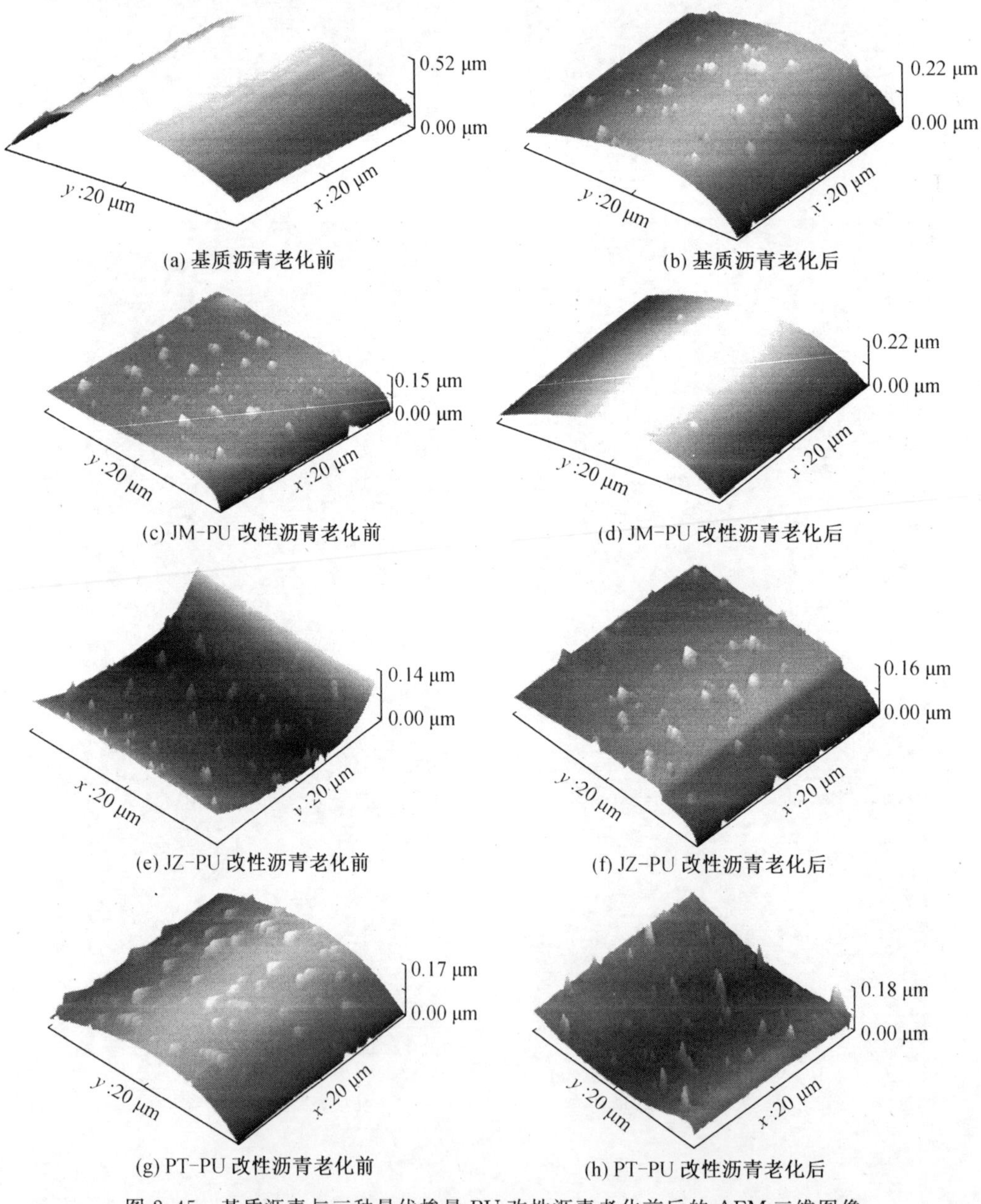

图 2.45　基质沥青与三种最优掺量 PU 改性沥青老化前后的 AFM 三维图像

由老化前的三维图像可知，基质沥青表面形态相对平整，表面分布着少量凸起结构，每个结构类似蜜蜂，因此称这种结构为"蜂型"结构。与基质沥青三维原子力显微镜图像不同的是PU改性沥青老化前表面形态粗糙，凸起结构较多，呈分布相对均匀的结构。对比分析基质沥青与PU改性沥青老化后的三维图像可知，"蜂型"结构出现不均匀分布的状态，且蜂的大小不一。与老化前的三维图像对比可知，基质沥青表面形态相对粗糙，"蜂型"结构明显增加，且其长宽高都在变大，"蜂型"结构随老化而增大。由老化机理易知，老化过程中，沥青的组分在变化，芳香分与饱和分质量分数减少，沥青质质量分数增加，沥青的结构趋于凝胶型，沥青中的沥青质分散变差，沥青质分子聚集、缔合在一起，使老化沥青的表面形态出现粗糙结构。JM－PU改性沥青与基质沥青不同，JM－PU改性沥青老化前就已出现"蜂型"结构，且"蜂型"结构尺寸较大，老化后"蜂型"结构尺寸变小。改性沥青在RTFOT(旋转薄膜烘箱老化试验)老化前就已经出现"蜂型"结构，根据张恒龙的研究，TLA(特立尼达湖沥青)改性剂的加入，可使沥青质的分散效果更好，进而能形成稳定的体系。"蜂型"结构的出现，可能是由于基质沥青中引入的JM－PU达到一定量后，相互连接，吸附沥青中的油分而膨胀，导致出现三维网状结构。因JM－PU改性剂形成的三维"蜂型"结构，阻碍了沥青质的聚集和缔合。老化后"蜂型"结构变小，出现了类似于老化后基质沥青的表面形态。在老化后的JM－PU改性沥青表面，仍分布有一定的"蜂型"结构凸起物。JM－PU改性沥青老化后的"蜂型"结构可能是由于老化而形成的破坏，老化后的JM－PU改性沥青具有与基质沥青类似的微观结构。JZ－PU改性沥青老化前后出现了类似于JM－PU的表面形貌。PT－PU老化前后出现了类似于基质沥青的表面形貌，但"蜂型"结构的大小及分布密度都大于基质沥青。

2.4　本章小结

本章采用三种不同类型的聚氨酯预聚体作为改性剂，研究了三种不同类型改性剂对改性沥青基本物理性能的影响，并确定了最优聚氨酯类型及三种不同类型改性沥青的最优掺量；通过相容性试验研究了PU改性沥青的相容性；通过FDT试验分析了PU改性沥青的力学性能。通过老化试验对PU改性沥青的老化性能进行了分析；通过DSR试验和BBR试验分别研究了PU改性沥青的高温性能和低温性能；通过DSC和AFM分析了PU改性沥青的改性机理及微观性能。主要结论如下：

(1)通过针入度、软化点、延度试验分别对三种不同类型改性沥青的基本物理性能进行分析，并确定三种类型改性沥青的最优掺量，结果表明：JM－PU改性沥青的最优掺量为11%、JZ－PU改性沥青的最优掺量为7%、PT－PU改性沥青的最优掺量为7%。通过对比三种类型改性沥青的针入度、软化点、延度的变化，得出结论：JM－PU改性沥青的性能优于其他两种类型的改性沥青。

(2)通过DSR高温扫描试验，分析了改性沥青的高温性能，研究指出，JM－PU对改性沥青的复数剪切模量和相位角有一定的影响，掺量为 11%时，影响效果较大。对比三种改性沥青的复数剪切模量和相位角可知，JM－PU 改性沥青的改善效果最好。DSR 试验的疲劳温度分析表明，三种类型的改性沥青都能不同程度提高沥青的疲劳温度，提高幅度最大的也为 JM－PU 改性沥青。BBR 试验分析表明：三种类型的 PU 改性沥青均可改善沥青的低温性能，JM－PU 改性沥青的改善幅度最大。

(3)DSC 试验结果表明：改性沥青温度稳定性均有一定的提高，但提高幅度最大的为 JM－PU 改性沥青。通过 AFM 试验对基质沥青与 PU 改性沥青老化前后的形貌进行分析，可知基质沥青老化前，表面平坦，但改性沥青老化前已出现较多“蜂型”结构。老化后基质沥青表面较为粗糙，相呈现聚集的状态。而 PU 改性沥青老化后“蜂型”结构出现了一定的变化，显示 PU 的加入能够改善沥青质的分散状况。

本章参考文献

[1] 赖辉.纤维增强封层技术在公路沥青路面养护中的应用研究[D].重庆：重庆交通大学，2011.

[2] 朱义铭.国产环氧沥青混合料性能研究[D].南京：东南大学，2006.

[3] 柯鑫.环氧改性沥青的制备与性能研究[D].武汉：武汉理工大学，2008.

[4] 周华汉.环氧沥青的制备与性能研究[D].北京：北京工业大学，2015.

[5] 李志栋，黄晓明，侯曙光，等.应用测力延度试验评价改性沥青的低温性能[J].公路交通科技，2005，22(5)：17-20.

[6] 李秀君，景彦平，原健安，等.沥青延度与流变特性关系研究分析(二)[J].石油沥青，2002，16(4)：32-36.

[7] 任玉娜.聚合物改性沥青黏聚性与黏附性研究[D].青岛：中国石油大学(华东)，2011.

[8] 王涛.聚合物改性沥青流变特性研究[D].青岛：中国石油大学(华东)，2007.

[9] YAO Hui，YOU Zhanping，LI Liang，et al. Rheological properties and chemical analysis of nanoclay and carbon microfiber modified asphalt with Fourier transform infrared spectroscopy[J]. Construction and Building Materials，2013，38：327-337.

[10] LIU Xiaoming，WU Shaopeng，YE Qunshan，et al. Properties evaluation of asphalt-based composites with graphite and mine powders[J]. Construction and Building Materials，2008，22：121-126.

[11] CHI Lifeng，LI Hongbin，ZHANG Xi，et al. Atomic force microscopic(AFM) study on a self-organizing polymer film[J]. Polymer Bulletin，1998，41(6)：695-699.

[12] GIESSIBL F J. Advances in atomic force microscopy[J]. Reviews of Modern Physics，2003，75(3)：949-983.

[13] JANDT K D，FINKE M，CACCIAFESTA P. Aspects of the physical chemistry of

polymers, biomaterials and mineralised tissues investigated with atomic force microscopy(AFM)[J]. Colloids and Surfaces B: Biointerfaces, 2000, 19: 301-314.

[14] LOEBER L, SUTTON O, MOREL J, et al. New direct observations of asphalts and asphalt binder by scaning electron microscopy and atomic force microscopy[J]. Journal of Microscopy, 1996, 182: 32-39.

[15] 张恒龙. TLA 改性沥青的制备与性能研究[D]. 武汉: 武汉理工大学, 2010.

第3章　高掺量聚氨酯改性沥青

3.1　背景及研究现状

聚氨酯作为一种正蓬勃兴起的高分子材料，具有塑料和橡胶的双重优点。将聚氨酯加入沥青中，加入扩链交联剂等外掺剂，在剪切力与循环力的共同作用下沥青与聚氨酯发生反应，聚氨酯固化后会形成交联的网状结构，从而能够制备出一种全新的聚合物改性沥青。这种改性沥青与普通热塑性材料改性沥青不同，其拥有良好的物理力学性质。

然而聚氨酯的掺量对整个改性沥青体系的强度具有重要影响。聚氨酯掺量过低，固化后的聚氨酯不能形成交联网状结构，沥青体系整体强度不足。由于此前各学者对聚氨酯改性沥青的研究相对较少，且大多为低掺量的改性，聚氨酯在沥青中并未形成交联网状结构。因此本章参考环氧沥青的研究方法，从大掺量的角度出发，选取30%、35%、40%、45%、50%五种掺量，通过试验确定出聚氨酯改性沥青体系的最佳组成，并从宏观力学及微观角度对其性能和改性机理进行研究，从而综合评价聚氨酯改性沥青的性能。

3.2　材料制备

3.2.1　原材料

本章制备PU改性沥青的主要原材料包括：基质沥青为韩国SK－70＃道路石油沥青；PU预聚体为JM－PU和JZ－PU。

制备PU改性沥青混合料的原材料包括：基质沥青为韩国SK－70＃道路石油沥青，粗集料为山西某石料厂生产的辉绿岩碎石，细集料为山西某石料公司生产的石灰岩机制砂，填料为山西某石料公司生产的石灰岩矿粉。

3.2.2　聚氨酯改性沥青的制备

参考相关文献，聚氨酯改性沥青的制备过程如下：

(1)按比例称取一定量的基质沥青、聚氨酯预聚体、相容剂、扩链交联剂、偶联剂、稀释剂。

(2)将基质沥青放入金属容器，置于烘箱中加热至融化，将融化的沥青取出放在加热电炉上并开启高速剪切机进行搅拌，在搅拌过程中依次加入称量好的相容剂、扩链交联剂、偶联剂、稀释剂，剪切搅拌30 min。

(3)将聚氨酯预聚体放置于烘箱中预热至90 ℃，之后加入沥青中继续用高速剪切机剪切搅拌5 min即可制得PU改性沥青。

3.2.3　聚氨酯改性沥青混合料的制备

针对用作桥面铺装层的两种PU改性沥青混合料，在考虑其抗疲劳性能的同时，应兼顾其对抗滑性的要求。AC－13矿料级配为细粒式密级配，能够满足桥面铺装层对抗疲劳性能和抗滑性的要求。因此，选用AC－13矿料级配，其级配曲线如图3.1所示。

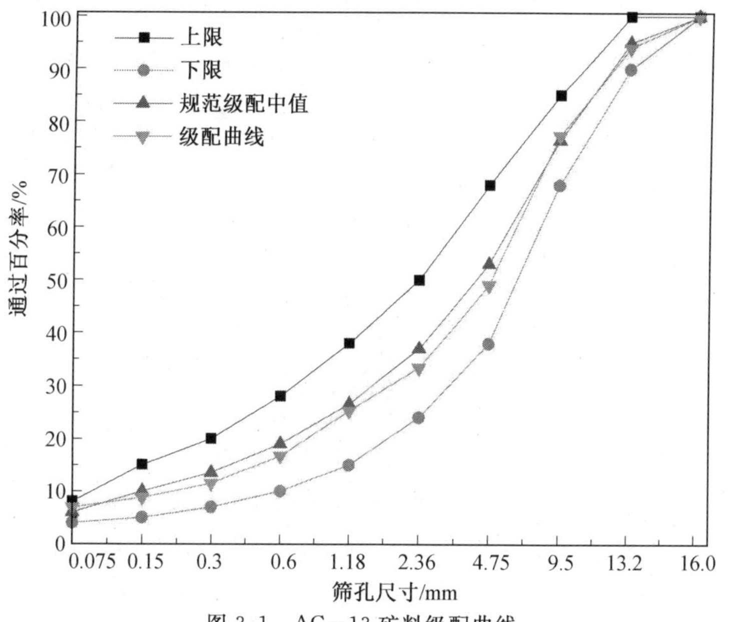

图3.1　AC－13矿料级配曲线

根据《规范》要求，结合实际生产经验，在确定JM－PU改性沥青混合料的最佳油石比时，采用油石比间隔为±0.5%。按《规程》规定方法制备马歇尔试件，分别检测成型试件的物理力学指标，最后，各组数据取平均值，确定JM－PU改性沥青混合料和JZ－PU改性沥青混合料最佳沥青用量分别为6.0%、5.7%。

3.3　研究内容

3.3.1　聚氨酯掺量最佳组成的确定

PU掺量对整个改性沥青体系的强度具有重要影响。PU掺量过少，固化后的PU不能形成交联网状结构，沥青体系整体强度不足；PU掺量过多，则导致经济成本上升。因此，确定PU的掺量至关重要。

1. JM－PU改性沥青PU掺量的确定

制备掺量分别为30%、35%、40%、45%、50%的JM－PU改性沥青，进行拉伸试验，试验结果如图3.2所示。

由图3.2可以看出：

(1)当JM－PU掺量为30%时，改性沥青的抗拉强度最小，断裂伸长率最大；当JM－

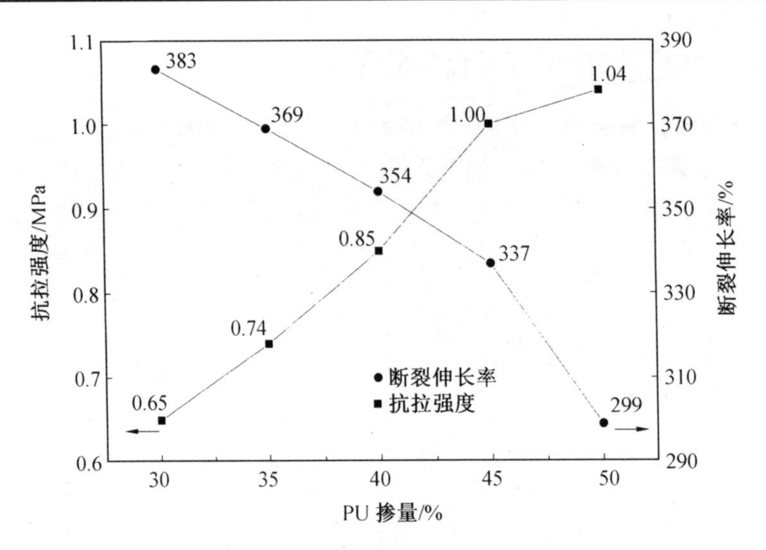

图 3.2 JM－PU 改性沥青拉伸试验结果

PU 掺量为 50％时，改性沥青的抗拉强度最大，断裂伸长率最小。

(2)随着 JM－PU 掺量的增加，JM－PU 改性沥青的抗拉强度整体呈现上升的趋势，而断裂伸长率则呈现逐渐下降的趋势。这是因为在整个体系中，强度的来源主要为 PU 加入沥青中固化后形成了交联网状结构，该结构组成了体系的"骨架"，当 PU 掺量增大时，"骨架"的强度也随之提高，从而整个体系的抗拉强度逐渐增大。同时沥青在整个体系中起到提供延展性的作用，当 PU 掺量逐渐增大时，沥青质量分数则相对减小，整个体系延展性降低，断裂伸长率随之减小。

(3)在 JM－PU 掺量由 30％增加到 45％的过程中，整个体系抗拉强度有较为明显的增长，而断裂伸长率下降趋势比较平缓。当 JM－PU 掺量增加到 50％时，整个体系抗拉强度增长幅度较小，断裂伸长率却有明显的下降。

综合考虑抗拉强度和断裂伸长率两方面的要求，初步确定 JM－PU 改性沥青树脂的最佳掺量为 45％。

2. JZ－PU 改性沥青 PU 掺量的确定

制备掺量分别为 30％、35％、40％、45％、50％的 JZ－PU 改性沥青进行拉伸试验，试验结果如图 3.3 所示。

由图 3.3 可以得到以下结论：

(1)JZ－PU 改性沥青抗拉强度和断裂伸长率的变化趋势与 JM－PU 改性沥青相似，都是随着 PU 掺量的增加抗拉强度逐渐增大，而断裂伸长率逐渐减小。

(2)在 JZ－PU 掺量由 30％增加到 40％的过程中，抗拉强度增长较快，而断裂伸长率缓慢下降。在 JZ－PU 掺量继续增加到 50％的过程中，抗拉强度增长缓慢，而断裂伸长率下降迅速。

综合考虑抗拉强度和断裂伸长率两方面的要求，初步确定 JZ－PU 改性沥青树脂的最佳掺量为 40％。

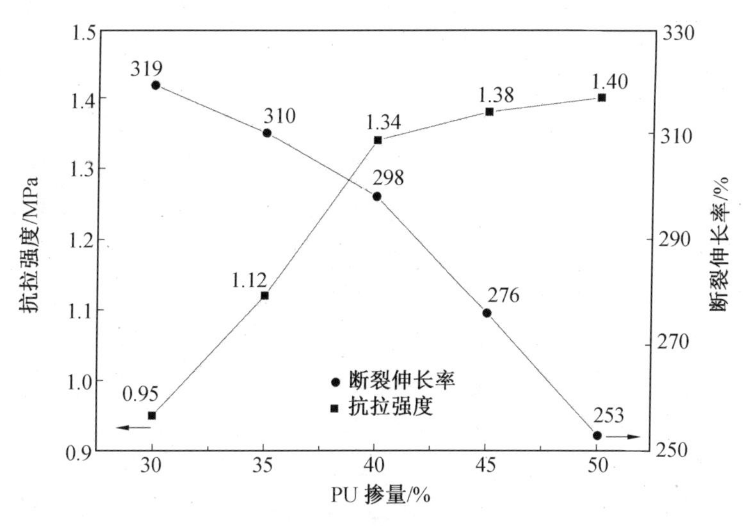

图 3.3　JZ－PU 改性沥青拉伸试验结果

3.3.2　聚氨酯改性沥青流变性能研究

1. 动态剪切流变试验

(1)温度扫描及结果分析。

①温度对复数剪切模量和相位角的影响。沥青是典型的黏弹性物质,加入聚合物改性剂会对沥青本身的结构产生影响,从而导致其本身的黏弹性质发生改变。聚氨酯作为一种典型的热固性树脂,其作为改性剂加入沥青后必然会增加沥青的弹性,提高沥青路面的高温抗车辙性能,而复数剪切模量(G^*)的大小与之息息相关。G^* 越大,说明沥青在高温条件下产生变形时的总阻力越大,发生车辙病害的可能性就大大减小。对基质沥青及不同掺量的两种 PU 改性沥青进行 DSR 试验,其 G^* 随温度变化的试验结果如图 3.4 和图 3.5 所示。

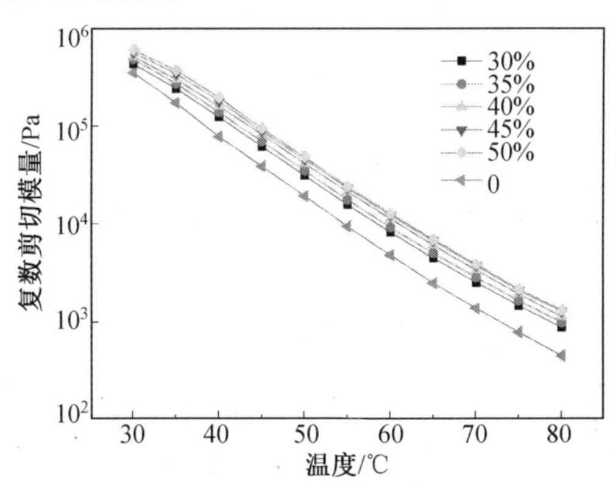

图 3.4　不同掺量 JM－PU 改性沥青的 G^* 随温度的变化

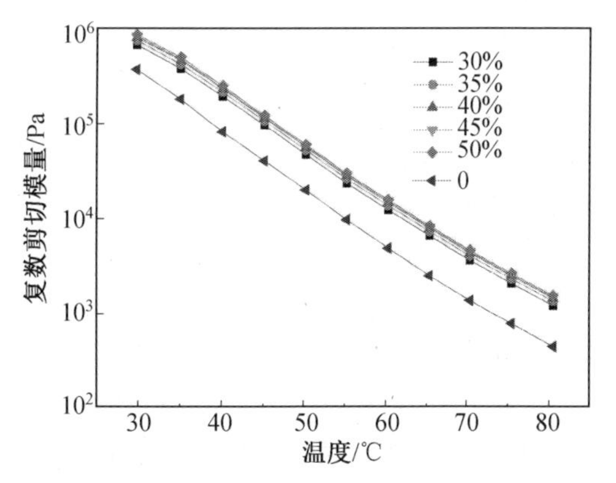

图 3.5　不同掺量 JZ－PU 改性沥青的 G^* 随温度的变化

由图 3.4 和图 3.5 可以得到以下结论：

a. 在测试的温度范围(30～80 ℃)内，无论是基质沥青还是两种 PU 改性沥青的 G^* 均随着温度的升高而呈现下降的趋势，但不同类型沥青的 G^* 降低的幅度也有所不同，说明温度对沥青的流变性质有着较大的影响。在温度逐渐上升的过程中，沥青变软，状态也逐渐由低温时的高弹态向高温时的黏流态转变，抵抗剪切变形的能力变弱，因此 G^* 在逐渐减小。

b. 两种 PU 改性沥青的 G^* 相较于基质沥青而言均得到了不同程度的提高，说明聚氨酯的加入可以提高沥青的劲度模量，对其在高温状态下的变形性能有所改善。随着聚氨酯掺量的增加，G^* 也不断地增大，但当聚氨酯掺量增加到一定程度后，G^* 的增长不再明显。分析其原因，可能是聚氨酯为典型的热固性树脂，当其加入沥青后与沥青及扩链交联剂发生了反应使其分子量增大，“硬段”的质量分数增加，提高了沥青的强度。随着掺量的不断增加，沥青整体的强度也不断增大，当达到一定掺量时，聚氨酯在沥青中已经形成连续相，在整个沥青体系中占主导地位，若此时掺量继续增加，强度提升不再明显。

c. 两种聚氨酯的掺量分别为 45%、40%时，JM－PU 改性沥青和 JZ－PU 改性沥青的 G^* 基本达到峰值。这与 3.3.1 节中拉伸试验确定的聚氨酯最佳掺量一致。

基质沥青及两种 PU 改性沥青的 δ 随温度变化的试验结果如图 3.6 和图 3.7 所示。

由图 3.6 和图 3.7 可以得到以下结论：

a. 三种沥青的 δ 都随着温度的升高而不断增大，这与 G^* 的变化规律恰恰相反。这说明沥青是一种黏弹性材料，在低温条件下弹性成分比例占多数，δ 较小，随着温度的升高黏性成分占据主导，因此 δ 也慢慢增大。

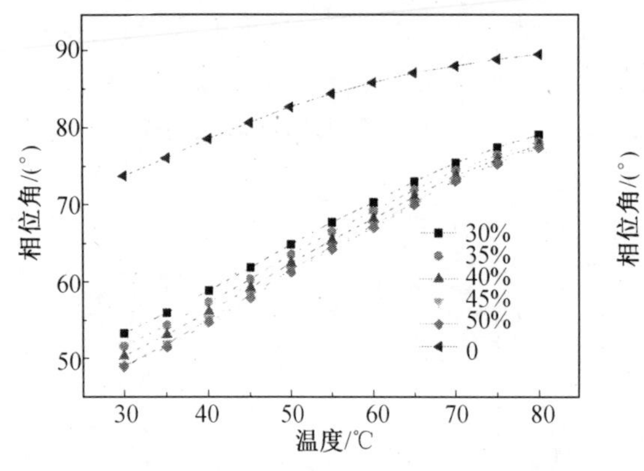

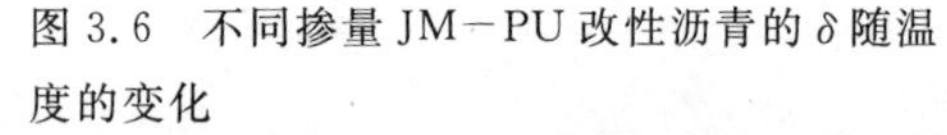
图 3.6 不同掺量 JM－PU 改性沥青的 δ 随温度的变化

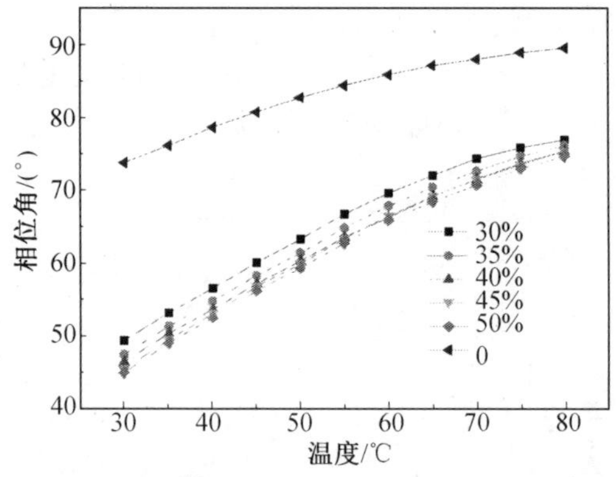

图 3.7 不同掺量 JZ－PU 改性沥青的 δ 随温度的变化

b. 与基质沥青相比，聚氨酯对沥青 δ 的影响更加显著，聚氨酯改性沥青的 δ 相较于基质沥青要小很多。这说明聚氨酯具有较好的弹性性质，加入沥青后改变了沥青本身的流变性质，随着聚氨酯掺量的逐渐增大，沥青体系中弹性成分越来越多，δ 也越来越小，当到达一定掺量后，聚氨酯在体系中形成连续的“框架”，限制了沥青的流动变形，δ 的变化也不再明显。

为了更直观地对比分析两种不同 PU 改性沥青的性能差异，选取最佳掺量下的两种

PU 改性沥青以及 SBS 改性沥青和环氧沥青(Epoxy)进行温度扫描,试验结果如图 3.8 所示。

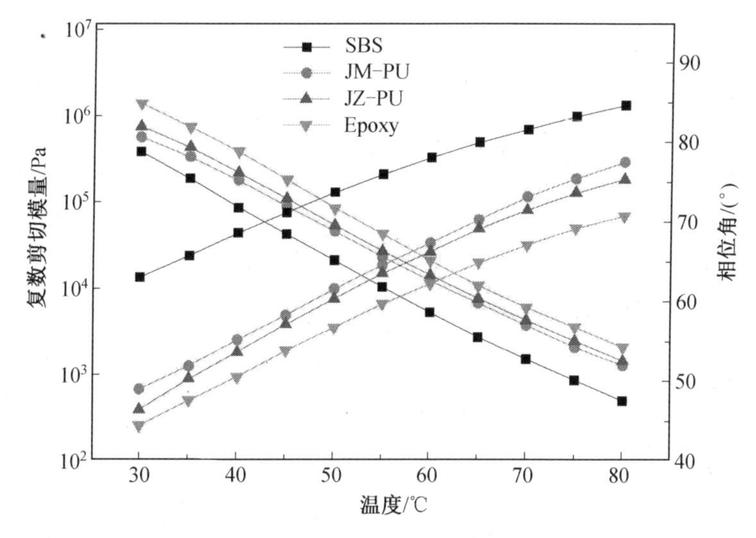

图 3.8 不同沥青的 G^*、δ 随温度的变化

由图 3.8 可以得到以下结论:

a. 在测试温度范围内,四种沥青的 G^* 都随着温度的升高而逐渐减小,环氧沥青和两种 PU 改性沥青的 G^* 均大于 SBS 改性沥青,其中环氧沥青的 G^* 最大,其次在两种 PU 改性沥青中 JZ-PU 改性沥青的 G^* 大于 JM-PU 改性沥青。

b. δ 的变化则恰好相反,其随着温度的升高而不断增大,三种改性沥青的相位角远远小于 SBS 改性沥青的。这说明两种聚氨酯的加入改变了沥青的流变性质,起到了和环氧树脂类似的效果,提高了沥青高温抵抗变形的总阻力。

c. 聚氨酯具有良好的弹性性质,加入沥青后改变了沥青的黏弹性,使沥青中弹性成分增加,沥青弹性成分越多对高温性能的改善越有利,因此聚氨酯的加入提高了沥青的高温稳定性,但整体强度不如环氧树脂。

d. JZ-PU 改性沥青的高温性能好于 JM-PU 改性沥青,这可能是因为 JZ-PU 具有较多的酯基、氨酯基等极性基团,内聚强度和附着力强,因此赋予沥青更好的高温性能。

②温度对储能模量和损耗模量的影响。储能模量 G' 是表征沥青弹性响应的指标,反映沥青变形过程中能量的存储与释放。损耗模量 G'' 是表征沥青抗疲劳开裂能力的指标,反映沥青变形过程中由于内部摩擦散热而损失的能量。温度对不同掺量的 JM-PU 改性沥青和 JZ-PU 改性沥青的 G' 和 G'' 的影响如图 3.9 和图 3.10 所示。

由图 3.9 和图 3.10 可以得到以下结论:

a. 在测试温度范围(30~80 ℃)内,无论是基质沥青还是两种 PU 改性沥青的 G' 均随着温度的升高而逐渐降低,但不同类型沥青的 G' 降低幅度有所不同。说明随着温度的上升,沥青逐渐变软,逐渐由高弹态向黏流态发生转变。

b. 两种 PU 改性沥青的 G' 都大于基质沥青的,且随着温度的增加差值越来越大。同时,聚氨酯掺量越大,沥青的 G' 越大。这种现象说明聚氨酯的加入增大了沥青体系的弹

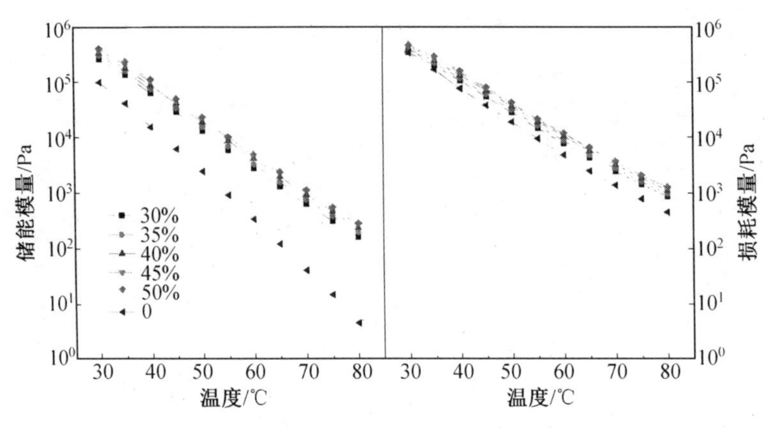

图 3.9 不同掺量 JM－PU 改性沥青的 G' 和 G'' 随温度的变化

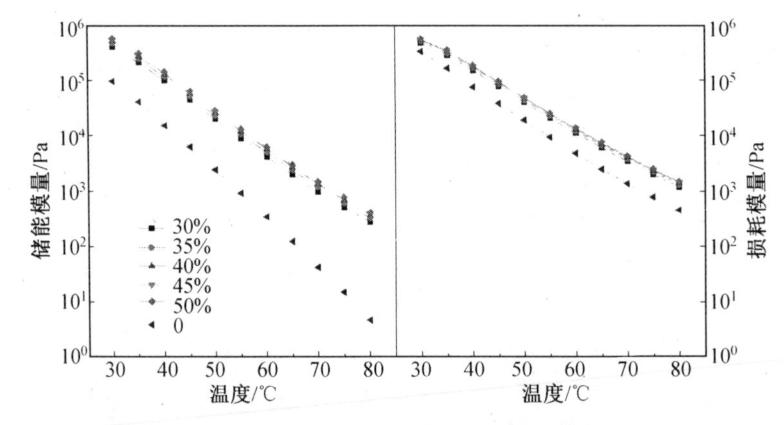

图 3.10 不同掺量 JZ－PU 改性沥青的 G' 和 G'' 随温度的变化

性成分比例，使得体系在高温条件下具有更好的弹性性能，从而 G' 增大，且随着温度的升高差异表现得越明显。

c. 在测试温度范围内，沥青的 G'' 呈现与 G' 同样的规律，即随着温度升高而降低，且两种 PU 改性沥青的 G'' 均大于基质沥青的。这是因为在试验中，荷载作用产生的能量分为两部分：一部分是变形后可恢复的弹性能及延迟黏弹性能，而另一部分是变形后不可恢复的黏性能。对于基质沥青来说，黏性能占据绝对主导地位，所以发生形变后大多不可恢复。而聚氨酯由于弹性好，加入沥青后大大改善了沥青的弹性能及延迟黏弹性能，使得沥青发生形变后会随时间而恢复，因此 G'' 也就更大。

图 3.11 所示为四种沥青的 G' 和 G'' 随温度的变化图。从图中可以看出，四种沥青的 G' 和 G'' 均随着温度的升高而降低，其中环氧沥青的 G' 和 G'' 最大，SBS 改性沥青的 G' 和 G'' 最小，两种 PU 改性沥青中 JZ－PU 改性沥青的 G' 和 G'' 大于 JM－PU 改性沥青的。这说明四种沥青随温度的升高均会由高弹态向黏流态转变，但环氧树脂及聚氨酯的加入均会影响沥青的黏弹性，环氧树脂对沥青弹性的改善最为明显。JZ－PU 一方面由于具有较多的极性基团，本身具有较高的强度，另一方面加入沥青后分子链上的—NCO—与沥青分子中的—OH 反应生成脲基或聚氨基甲酸酯基，因此对沥青弹性的改善优于 JM－PU。

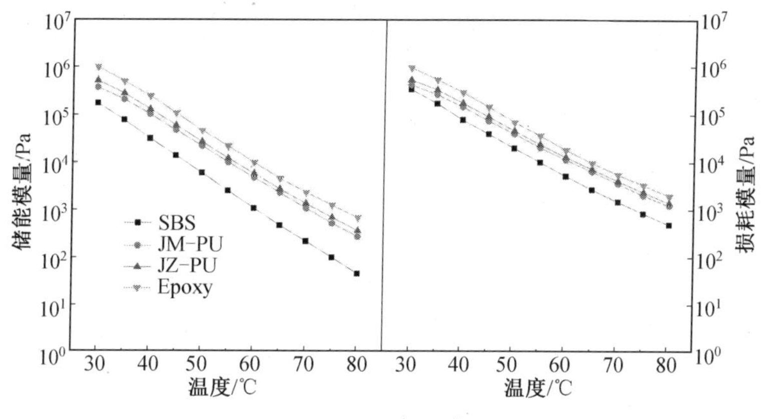

图 3.11　四种沥青的 G' 和 G'' 随温度的变化

③温度对抗车辙因子的影响。《规范》规定评价沥青混合料抗车辙性能的温度为 60 ℃，但通常沥青混合料在一定的温度范围内受到外界荷载作用时都会产生变形。因此，本章采用 30～80 ℃温度区间，研究 PU 改性沥青的抗变形能力，两种 PU 改性沥青的 $G^*/\sin\delta$ 随温度的变化如图 3.12 和图 3.13 所示。

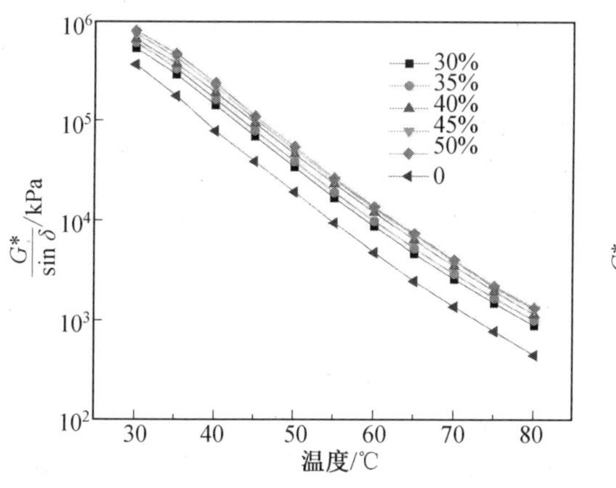

图 3.12　不同掺量 JM－PU 改性沥青的 $G^*/\sin\delta$ 随温度的变化

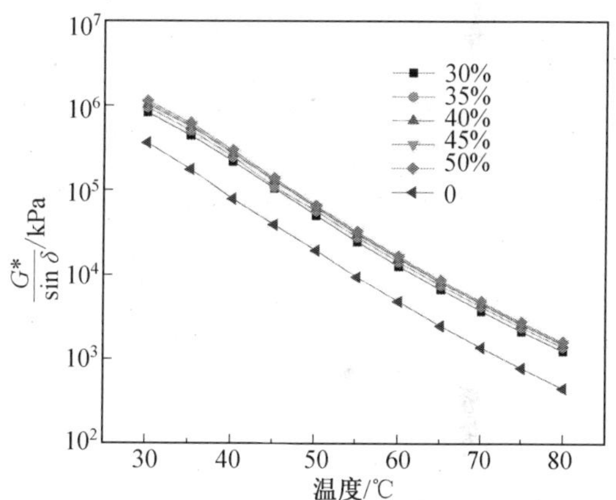

图 3.13　不同掺量 JZ－PU 改性沥青的 $G^*/\sin\delta$ 随温度的变化

由图 3.12 和图 3.13 可以得到以下结论：

a. 在温度测试范围内，随着温度的升高基质沥青和两种 PU 改性沥青的 $G^*/\sin\delta$ 均呈现下降的趋势。这说明随着温度的升高，沥青的高温性能逐渐变差，在高温下抵抗永久变形的能力在逐渐减弱，即抗车辙性能逐渐减弱。

b. 通过与基质沥青对比分析可知，聚氨酯的加入能大大改善沥青的高温性能，且随着掺量的增加改善效果越来越显著。

c. 当 JM－PU 掺量达到 45％时，$G^*/\sin\delta$ 增长缓慢，甚至几乎不再增长，说明在此掺量下沥青的高温性能基本达到最优。当 JZ－PU 掺量为 40％时，沥青体系的高温性能基本达到最优，进一步验证了拉伸试验所确定的聚氨酯最佳掺量。

图 3.14 所示为四种沥青的 $G^*/\sin\delta$ 随温度的变化图。由图中可以看出，四种沥青的 $G^*/\sin\delta$ 均随着温度的升高而减小。其中，环氧沥青的 $G^*/\sin\delta$ 最大，SBS 改性沥青

的 $G^*/\sin\delta$ 最小，两种 PU 改性沥青中 JZ－PU 改性沥青的 $G^*/\sin\delta$ 大于 JM－PU 的。这说明四种沥青中，环氧树脂改性沥青的高温性能最好，而 JZ－PU 对沥青高温性能的改善效果优于 JM－PU。

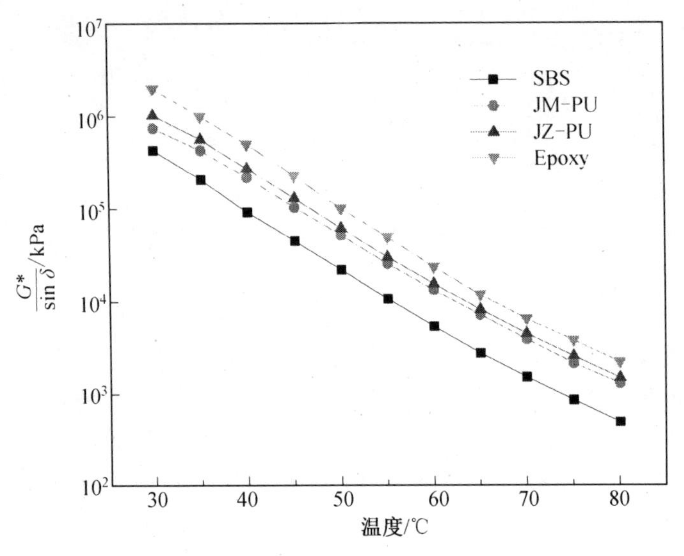

图 3.14　四种沥青的 $G^*/\sin\delta$ 随温度的变化

(2)频率扫描及结果分析。

①频率对复数剪切模量和相位角的影响。对基质沥青和两种不同掺量的 PU 改性沥青在 60 ℃的条件下进行频率扫描试验，荷载作用的频率范围为 0.1～100 rad/s，其 G^* 随频率的变化如图 3.15 和图 3.16 所示。

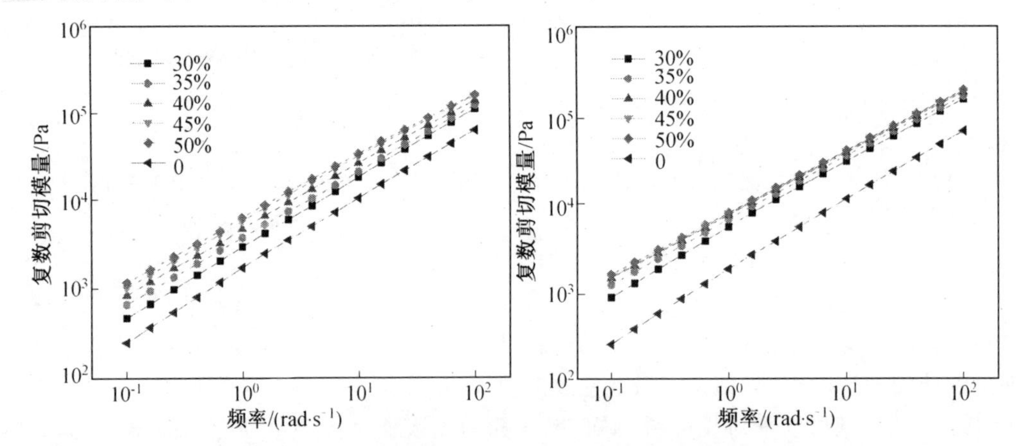

图 3.15　不同掺量 JM－PU 改性沥青的 G^* 随频率的变化

图 3.16　不同掺量 JZ－PU 改性沥青的 G^* 随频率的变化

由图 3.15 和图 3.16 可以得到以下结论：

a. 在测试的频率范围内，各沥青的 G^* 随着频率的增大而增大且两者之间具有较好的线性关系。产生该现象的原因是频率的大小决定了荷载作用时间的长短。频率越大，说明荷载作用时间越短，故沥青产生的剪切变形越小，G^* 值越大。

b. 相较于基质沥青，聚氨酯的加入明显提高了沥青的 G^* 值，掺量越大 G^* 值越大。这说明聚氨酯具有较好的弹性性质，加入沥青后提高了沥青的弹性，从而在荷载作用下产生的变形减小，G^* 值增大。

c. 两种 PU 改性沥青 G^* 的增长速率明显小于基质沥青，说明聚氨酯的加入可以有效降低沥青对于荷载作用频率的敏感程度。

图 3.17 和图 3.18 为两种 PU 改性沥青及基质沥青的 δ 随频率的变化。

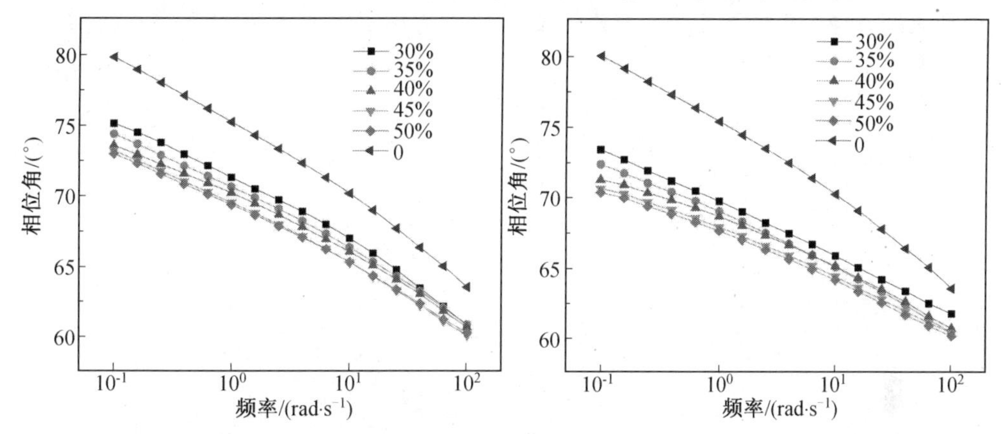

图 3.17　不同掺量 JM－PU 改性沥青的 δ 随频率的变化　　图 3.18　不同掺量 JZ－PU 改性沥青的 δ 随频率的变化

由图 3.17 和图 3.18 可以得到以下结论：

a. 在测试频率范围内，三种沥青的 δ 都随着频率的增大而减小。这是因为随着频率的增大，荷载作用时间减少，产生的弹性变形成分增多，沥青表现出显著的弹性行为。

b. 两种 PU 改性沥青的 δ 明显小于基质沥青的，且聚氨酯掺量越大，δ 越小。当聚氨酯掺量达到一定比例时，δ 的变化不再明显，说明聚氨酯对沥青弹性成分的增加产生了一定影响。

四种沥青的 G^* 和 δ 随频率的变化如图 3.19 所示。

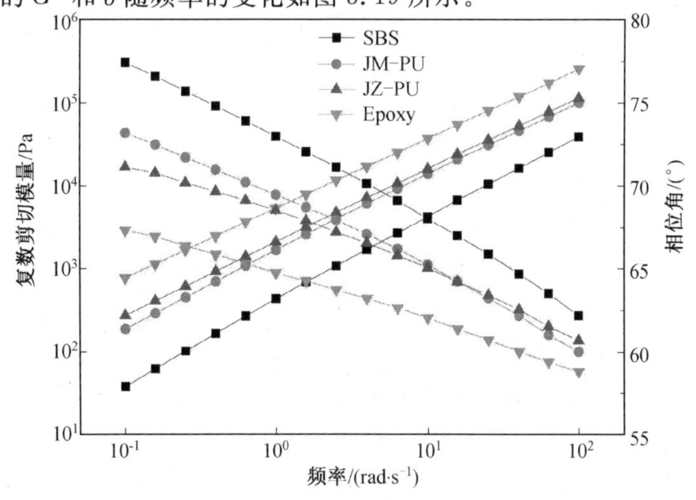

图 3.19　四种沥青的 G^* 和 δ 随频率的变化

由图 3.19 可得出以下结论：

a. 四种沥青的 G^* 与频率的大小呈正相关关系，而 δ 则呈负相关关系。其中环氧沥青的 G^* 值最大，JZ－PU 改性沥青的 G^* 值大于 JM－PU 改性沥青的，而 δ 值则刚好相反，这与前文温度扫描结果相一致，验证了聚氨酯能够提高沥青的高温性能。

b. 四种沥青的 G^* 和 δ 变化斜率从大到小依次为 SBS 改性沥青、JM－PU 改性沥青、JZ－PU 改性沥青、环氧沥青，说明聚氨酯和环氧树脂都能够降低沥青对频率的敏感性，其中环氧沥青受频率的影响最小，JZ－PU 改性沥青由于强度大，因此受荷载频率的影响小于 JM－PU 改性沥青。

②频率对储能模量和损耗模量的影响。

不同掺量的 JM－PU 改性沥青和 JZ－PU 改性沥青的 G' 和 G'' 随频率的变化如图 3.20和图 3.21 所示。

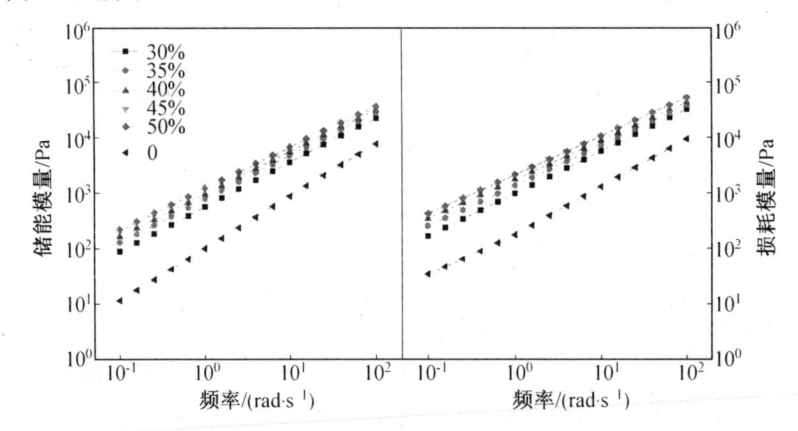

图 3.20 不同掺量 JM－PU 改性沥青的 G' 和 G'' 随频率的变化

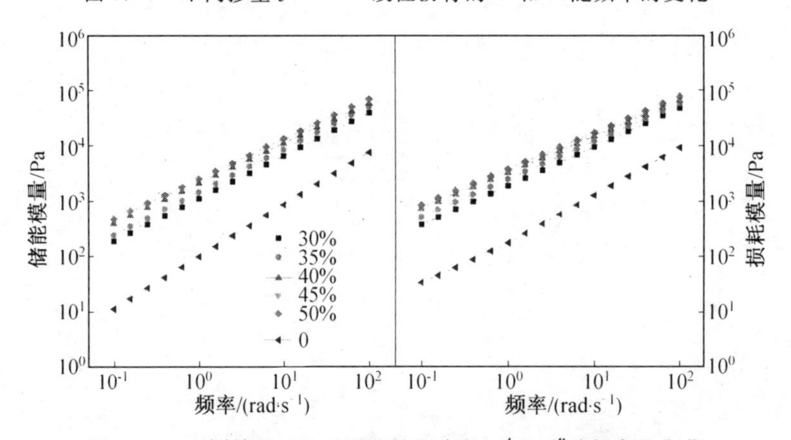

图 3.21 不同掺量 JZ－PU 改性沥青的 G' 和 G'' 随频率的变化

由图 3.20 和图 3.21 可以得到以下结论：

a. 在测试频率范围内，无论是基质沥青还是两种 PU 改性沥青的 G' 和 G'' 均随着频率的增加而增大，且两种聚氨酯的加入使得沥青的 G' 和 G'' 有明显提升，随着聚氨酯掺量的增加，沥青的 G' 和 G'' 也相应增大。

b. 与基质沥青相比，PU 改性沥青的 G' 和 G'' 的增长曲线斜率更小，进一步证明聚氨酯可以有效降低沥青对荷载作用频率的敏感性。

四种沥青的 G' 和 G'' 随频率的变化如图 3.22 所示。由图可知，四种沥青的 G' 和 G'' 均随频率的增大而增大，其中 SBS 改性沥青的增长速率最为明显，说明受频率荷载影响最大，其次为两种聚氨酯改性沥青，而环氧沥青对荷载频率的敏感程度最低。

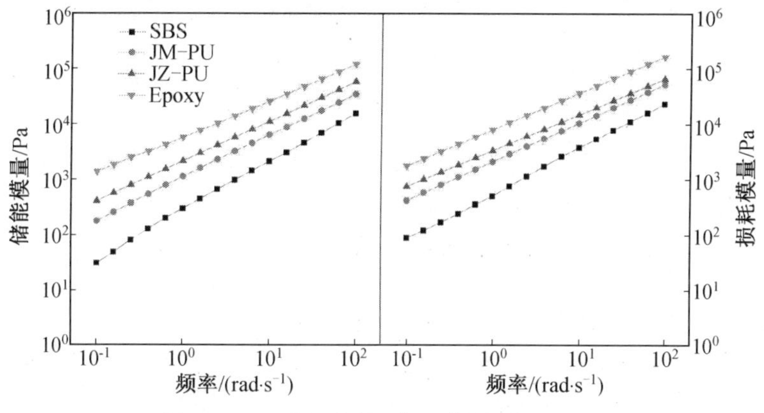

图 3.22　四种沥青的 G' 和 G'' 随频率的变化

2. 弯曲蠕变劲度试验

对两种 PU 改性沥青分别进行低温条件(－12 ℃和－18 ℃)下的 BBR 试验，测得加载第 60 s 时的沥青劲度模量 S 和蠕变速率 m。试验结果见表 3.1 和表 3.2。

表 3.1　JM－PU 改性沥青 BBR 试验结果

JM－PU 改性沥青	－12 ℃		－18 ℃	
	劲度模量 S/MPa	蠕变速率 m	劲度模量 S/MPa	蠕变速率 m
30%	39.7	0.537	110	0.386
35%	52.3	0.506	132	0.362
40%	61.4	0.489	149	0.347
45%	68.9	0.474	163	0.339
50%	69.8	0.469	167	0.337

表 3.2　JZ－PU 改性沥青 BBR 试验结果

JZ－PU 改性沥青	－12 ℃		－18 ℃	
	劲度模量 S/MPa	蠕变速率 m	劲度模量 S/MPa	蠕变速率 m
30%	84.3	0.432	237	0.304
35%	105	0.388	262	0.285
40%	122	0.369	284	0.268
45%	130	0.366	286	0.264
50%	133	0.362	293	0.265

由表3.1和表3.2可以分别绘制劲度模量 S 和蠕变速率 m 随JM－PU和JZ－PU掺量的变化规律图，如图3.23～3.26所示。

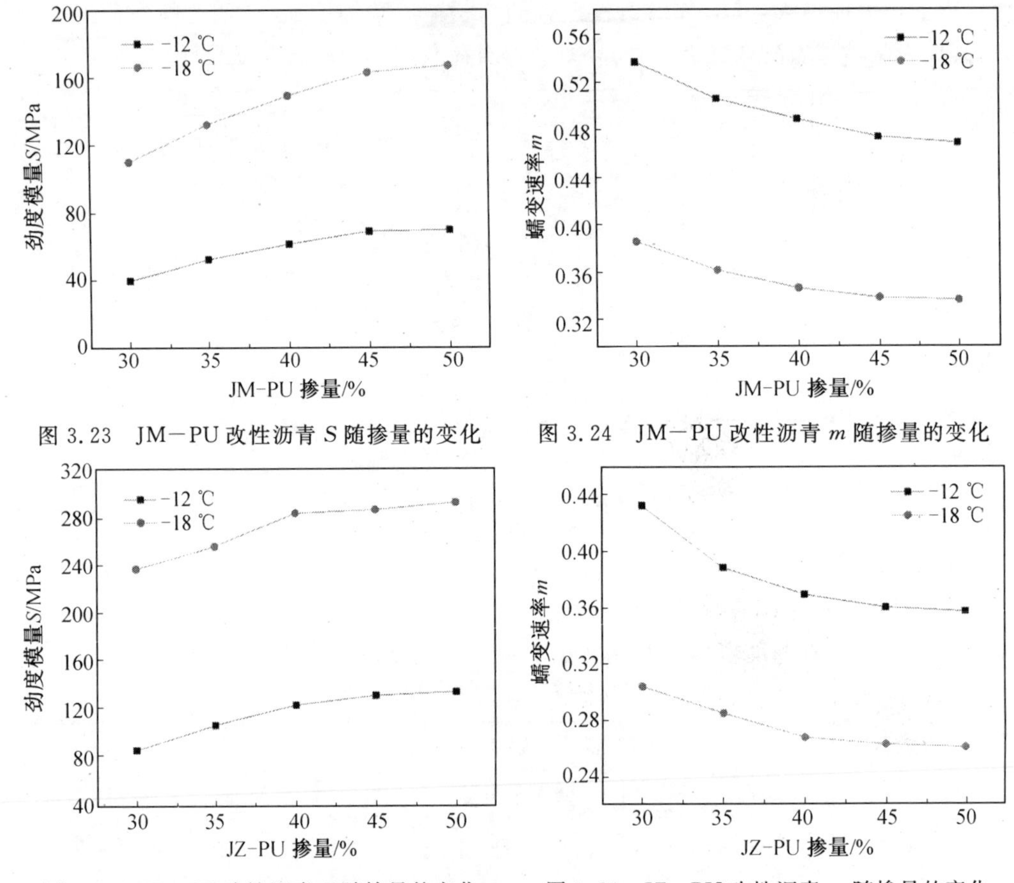

图3.23　JM－PU改性沥青 S 随掺量的变化　　图3.24　JM－PU改性沥青 m 随掺量的变化

图3.25　JZ－PU改性沥青 S 随掺量的变化　　图3.26　JZ－PU改性沥青 m 随掺量的变化

由图3.23～3.26可以得出以下结论：

(1)无论是在－12 ℃还是－18 ℃的条件下，JM－PU改性沥青的劲度模量 S 值整体上均随着树脂掺量的增大而增大，而沥青的蠕变速率 m 值随着树脂掺量的增大而减小。沥青的 S 值越小，说明沥青内部的荷载应力越小，在温度较低时变形能力越好；m 值越大，说明沥青响应路面收缩的速率越快，也就是在受到荷载后应力松弛能力越好。在JM－PU掺量由30％增加至45％的过程中，沥青的 S 值增长较快，m 值下降明显；当掺量继续增加至50％时，S 值与 m 值基本没有明显变化，说明随着JM－PU掺量的增加，沥青发生固化后强度增大，沥青的低温抗变形性能逐渐变差；当掺量超过45％时，JM－PU改性沥青低温性能变化不再明显。

(2)在－12 ℃和－18 ℃的条件下，JZ－PU改性沥青的劲度模量 S 值和蠕变速率 m 值随掺量的变化规律整体上和JM－PU改性沥青相同。在JZ－PU掺量由30％增加至40％的过程中，S 值增长较大，m 值下降明显，说明在此范围内JZ－PU掺量对沥青性能有明显的影响；而当掺量由40％增加至50％时，S 值与 m 值均没有明显的增长与下降，说明当聚氨酯超过一定掺量后对沥青体系的低温性能不再起主导作用。

(3)无论是JM－PU改性沥青还是JZ－PU改性沥青，其低温性能整体上均与聚氨酯的掺量成反比。但当聚氨酯掺量达到一定限度时，在沥青中便已经形成交联网状结构，此时增加聚氨酯掺量对沥青体系低温性能的改变则微乎其微。

此外，本书还加入了SBS改性沥青和环氧沥青作为对比研究。分别绘制四种沥青的劲度模量S值和蠕变速率m值，如图3.27和图3.28所示。

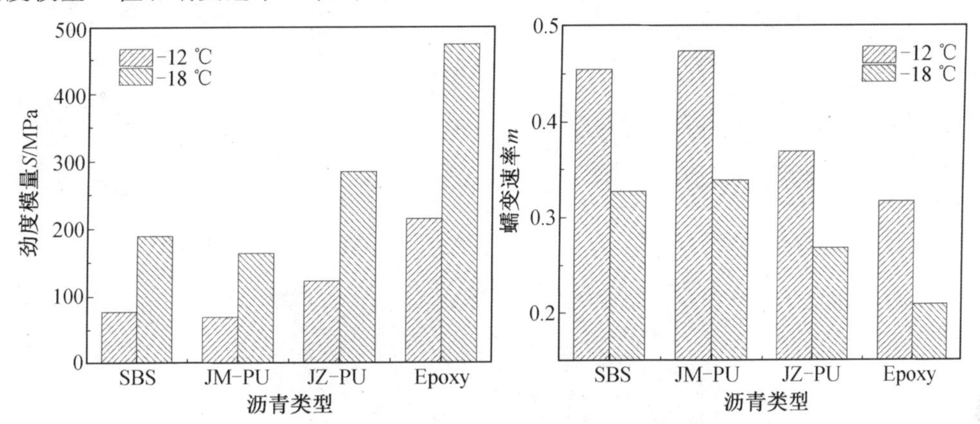

图3.27 四种沥青的劲度模量S值　　图3.28 四种沥青的蠕变速率m值

由图3.27和图3.28可以发现以下结论：

(1)当温度分别为－12 ℃和－18 ℃时，JM－PU改性沥青的S值最小，略小于SBS改性沥青，其次为JZ－PU改性沥青，而环氧沥青的S值最大。在相同温度条件下，S值越大，说明蠕变柔量越小，沥青产生相应的形变需要更大的应力，也就表明沥青硬度越大，在低温下开裂的可能性越大。因此可以发现，JM－PU改性沥青的低温性能略优于SBS改性沥青，其次为JZ－PU改性沥青，环氧沥青的低温抗裂性能最差。

(2)当温度分别为－12 ℃和－18 ℃时，JM－PU改性沥青的m值最大，环氧沥青的m值最小。在相同温度下，m值大，说明沥青具有较好的应力松弛能力，能够较快地响应路面收缩变形而不积累过多的温度应力，从而不易开裂。通过比较发现，JM－PU改性沥青的应力松弛能力最好，其次为SBS改性沥青，环氧沥青最差。

(3)对比四种不同沥青的劲度模量S值和蠕变速率m值可知，四种沥青低温性能排列依次为JM－PU改性沥青＞SBS改性沥青＞JZ－PU改性沥青＞环氧沥青。

3.3.3 聚氨酯改性沥青微观结构表征及改性机理研究

本章采用轻敲模式对基质沥青及最佳掺量下的两种PU改性沥青分别进行原子力显微镜(AFM)试验，采集不同沥青试样的二维形貌图和三维立体图对其微观结构进行分析。

1.基质沥青及两种PU改性沥青的二维形貌图

基质沥青及两种PU改性沥青的二维形貌图如图3.29所示。

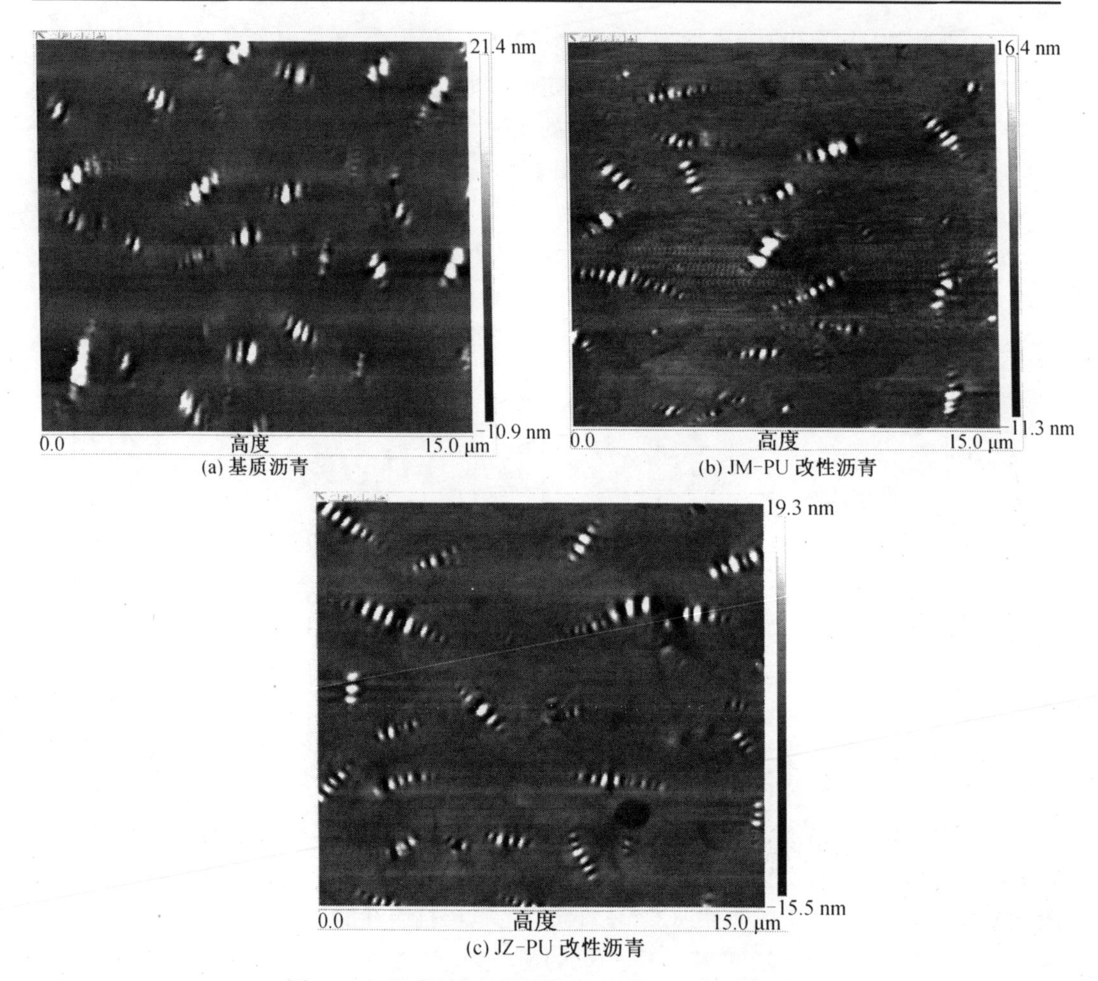

(a) 基质沥青

(b) JM-PU 改性沥青

(c) JZ-PU 改性沥青

图 3.29 基质沥青及两种 PU 改性沥青的二维形貌图

由图 3.29 可以发现，与基质沥青相比，两种 PU 改性沥青的“蜂型”结构轮廓更加清晰，形态更加显著，并且其结构长度从整体上明显大于基质沥青，其中基质沥青“蜂型”结构的最大长度约为 3 μm，而两种 PU 改性沥青的最大长度均大于 4 μm。其原因可能是 PU 分子与沥青分子发生了反应从而改变了沥青分子的组成，而沥青分子的变化影响了“蜂型”结构的尺寸。

2. 基质沥青及两种 PU 改性沥青的三维立体图

基质沥青及两种 PU 改性沥青的三维立体图如图 3.30 所示。

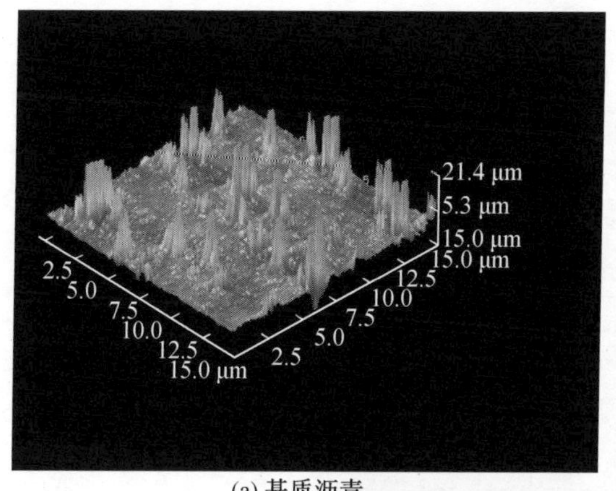

(a) 基质沥青

(b) JM-PU 改性沥青

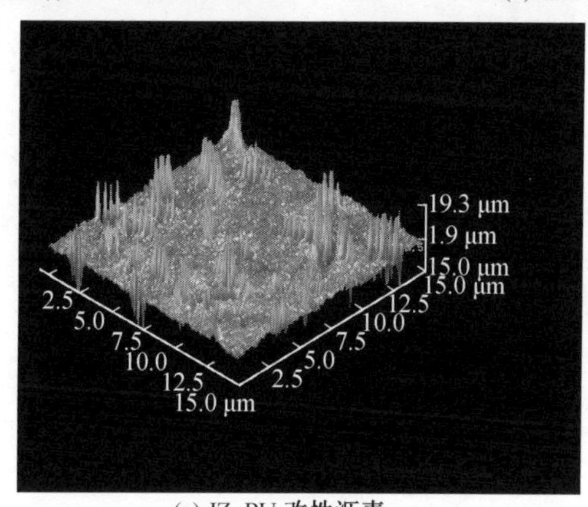

(c) JZ-PU 改性沥青

图 3.30　基质沥青及两种 PU 改性沥青的三维立体图(15 μm×15 μm)

由图 3.30 可知,无论是基质沥青还是 PU 改性沥青,其试样表面均含有分散不均匀的大小不同的柱状凸起结构,该凸起结构就是二维形貌图和物相图中的“蜂型”结构,由图 3.30(a)可以看出,基质沥青单个凸起结构体积较大且较为分散。相较而言,两种 PU 改性沥青单个凸起结构体积较小且每个“蜂型”结构区域所组成的凸起结构数量更多,说明聚氨酯的加入促进了沥青质组分的聚集。但同时可以发现,两种 PU 改性沥青凸起结构的高度整体上低于基质沥青,原因是聚氨酯在加入沥青后阻碍了沥青中其他组分向沥青质的转变,使得冷却过程中沥青质沉淀结晶更少,从而导致凸起结构高度更低、体积更小。

3.3.4　聚氨酯改性沥青混合料路用性能研究

虽然 PU 改性沥青性能优良,发展应用前景广阔,但由其组成的混合料成分复杂,各组分对其混合料的路用性能均会产生很大影响。基于此,本节将通过一系列室内试验对两种 PU 改性沥青混合料的综合路用性能进行研究。

1. 高温稳定性

本节应用车辙试验和汉堡车辙试验对两种 PU 改性沥青混合料的高温性能进行研究,并将所得试验数据与 SBS 改性沥青和环氧沥青混合料的高温稳定性进行对比。

(1)车辙试验。

车辙试验是一种模拟实际车轮在路面上行走而形成车辙的工程试验方法,该试验方法简单,用来评价沥青混合料高温变形情况,因其结果直观且与实际沥青路面的车辙相关性好而被广泛应用。

按照《规程》中规定的试验方法进行车辙试验,结果如表 3.3 和图 3.31 所示。

表 3.3　车辙试验结果

混合料类型	动稳定度 DS/(次 · mm^{-1})	60 min 总变形/mm	试件数量/个
JM－PU 改性沥青	5 250	2.572	3
JZ－PU 改性沥青	8 087	1.979	3
SBS 改性沥青	3 342	3.115	3
环氧沥青	23 984	0.736	3

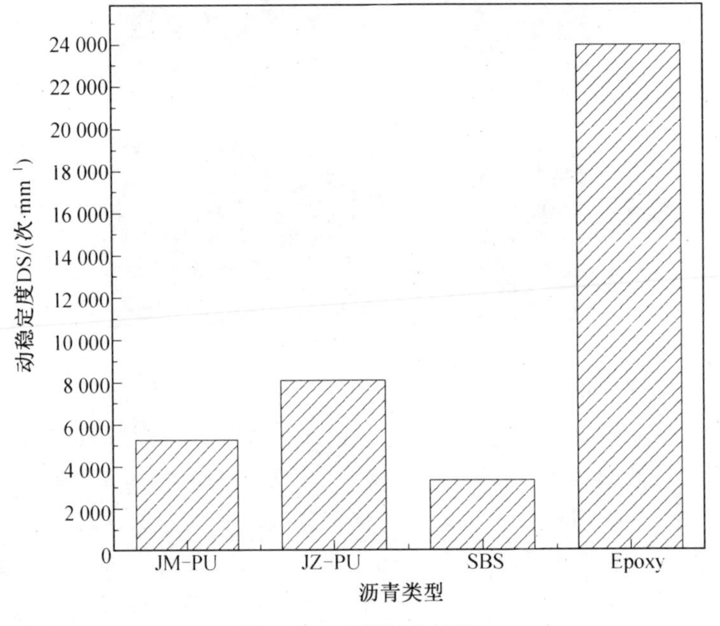

图 3.31　车辙试验结果

由表 3.3 和图 3.31 可以得出下列结论:

①两种 PU 改性沥青混合料的动稳定度相比 SBS 改性沥青混合料有很大的提高,其中 JM－PU 改性沥青混合料的动稳定度比 SBS 改性沥青高 1 900 次/mm 左右,JZ－PU 改性沥青混合料的动稳定度较 SBS 改性沥青提高约 4 700 次/mm,说明两种 PU 改性沥青混合料在高温状态下抵抗车辙变形的能力均优于 SBS 改性沥青混合料,原因是两种 PU 改性沥青在高温状态下发生固化,进而提高了其自身的强度。

②JZ－PU 改性沥青混合料在 60 min 时的总变形低于 JM－PU 改性沥青混合料,其动稳定度较后者高约 2 800 次/mm,说明 JZ－PU 改性沥青混合料的高温性能要优于后者。

③环氧沥青混合料经过60 min的碾压后产生的总变形量最小，只有0.736 mm，且其动稳定度与其他三种改性沥青混合料相比最大，说明其高温稳定性要优于其他三种改性沥青混合料。

(2)汉堡车辙试验。

汉堡车辙试验是一种评价沥青混合料在高温状态下的蠕变性能及水稳定性的试验方法，其评价结果与混合料的实际路用效果具备很高的相关性。本节试验过程中使用胶轮、60 ℃空气浴、轮载705 N、轮压0.7 MPa、行走20 000次为试验参数对两种PU改性沥青混合料进行汉堡车辙试验，试件采用轮碾成型的车辙板试件，后切割成汉堡车辙试验需要的试件形状，试验结果如图3.32所示。

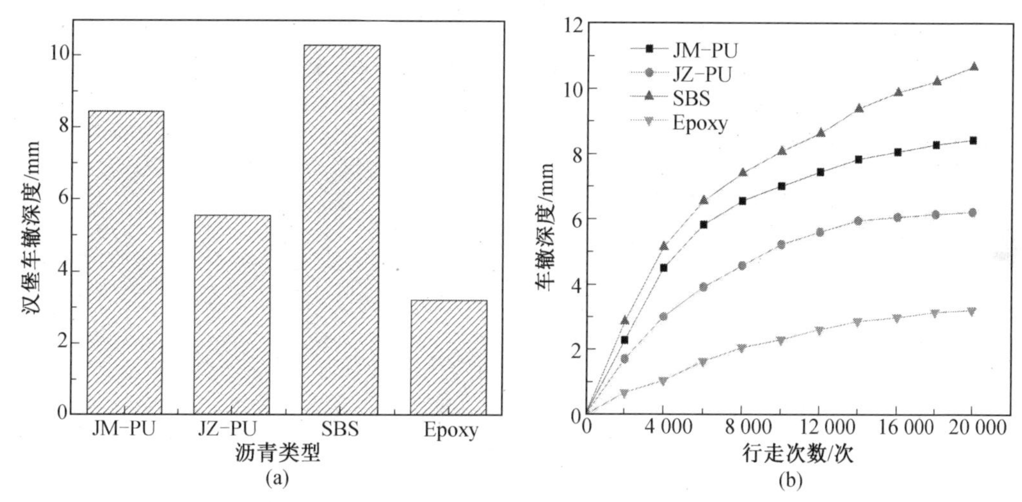

图3.32　汉堡车辙试验结果

根据图3.32试验结果可以看出：

①经过20 000次的碾压，JM－PU改性沥青混合料的车辙深度比JZ－PU改性沥青深2.21 mm，说明JM－PU改性沥青混合料在高温环境下抵抗永久变形的能力要弱于JZ－PU改性沥青。

②经过20 000次的碾压后，SBS改性沥青混合料的车辙深度最大，环氧沥青的车辙深度最小，两种PU改性沥青混合料的车辙深度介于SBS改性沥青和环氧沥青之间，四种沥青混合料的高温性能大小排序依次为SBS改性沥青＜JM－PU改性沥青＜JZ－PU改性沥青＜环氧沥青。

③两种PU改性沥青混合料的车辙深度均低于SBS改性沥青混合料，说明两种PU改性沥青在高温固化之后具有较高的强度，而其高温性能要弱于环氧沥青混合料，与车辙试验结果具有一致性。

结合上述两种车辙试验结果，两种PU改性沥青混合料在高温条件下均具有较好的抗车辙能力，其中JZ－PU改性沥青的高温抗车辙能力更加优异，但二者与环氧沥青相比还具有一定差距。

2. 低温抗裂性

本节采用室内小梁三分点加载试验对两种PU改性沥青混合料的低温抗裂性能进行

研究。试验用试件根据《规程》规定方法成型车辙板试件，并分别置于 130 ℃养生烘箱中固化 6 h 和 5 h 后，按照试验所需试件的尺寸切割车辙板。试验开始前将试件置于 (−10±0.5) ℃的环境箱中保温不少于 5 h，且整个试验过程均在环境箱中进行。试验结果如表 3.4 和图 3.33 所示。

表 3.4 小梁低温弯曲试验结果

混合料类型/N	最大荷载/N	破坏时跨中挠度变形/mm	抗弯拉强度/MPa	最大弯拉应变/$\times10^{-3}$	弯曲劲度模量/MPa	平行试件数量/个
JM−PU 改性沥青	1 353.2	0.997	11.05	5.23	2 110.43	3
JZ−PU 改性沥青	1 696.9	0.585	13.85	3.07	4 510.30	3
SBS 改性沥青	1 240.0	0.612	10.12	3.21	3 150.47	3
环氧沥青	2 246.5	0.513	18.33	2.69	6 808.00	3

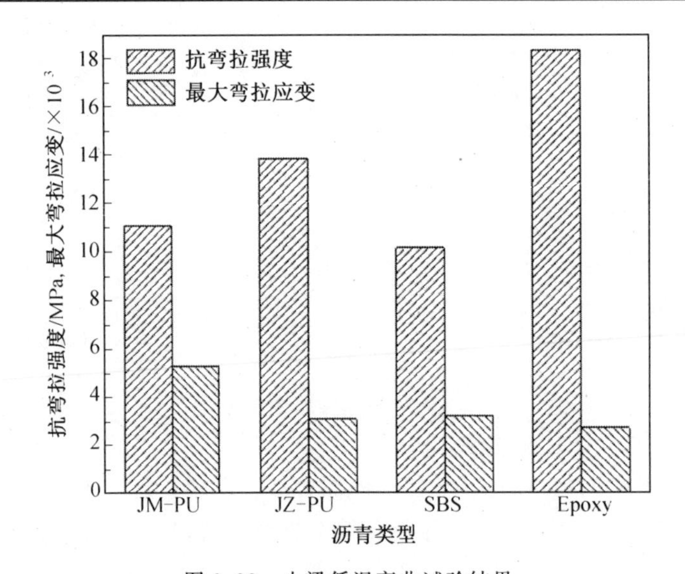

图 3.33 小梁低温弯曲试验结果

由表 3.4 和图 3.33 可以得出如下结论：

(1)两种 PU 改性沥青混合料在 −10 ℃条件下的变形能力均优于环氧沥青；其中 JM−PU改性沥青混合料在−10 ℃下的抗弯拉强度与 SBS 改性沥青相差较小，但其最大弯拉应变约比后者高 62%；JM−PU 改性沥青混合料的最大弯拉应变相较环氧沥青提高了约 94%；JZ−PU 改性沥青混合料的抗弯拉强度较 SBS 改性沥青混合料提高了约 37%，最大弯拉应变却相差无几；JZ−PU 改性沥青混合料的最大弯拉应变较环氧沥青提高了 14%。

(2)JM−PU 改性沥青混合料在−10 ℃下破坏时的跨中挠度变形较 JZ−PU 改性沥青混合料更大，其发生破坏时所承受的最大荷载要低于后者，且其最大弯拉应变较后者高 70%左右，说明 JM−PU 改性沥青在低温状态下具有更好的柔韧性。

3. 抗疲劳性能

PU 改性沥青材料作为一种新的沥青路面材料，其抗疲劳性能是一个值得重视的问题。本节对两种 PU 改性沥青混合料的抗疲劳性能展开研究，从而为其路面结构的设计提供依据。

考虑实际试验设备的局限性，最后选择了三分点小梁低温弯曲试验作为评价两种聚氨酯改性沥青混合料抗疲劳性能的方法。综合前人研究，本节将试验温度定为 15 ℃，采用正弦波荷载，将聚氨酯改性沥青混合料三分点小梁低温弯曲试验的荷载频率定为 10 Hz，至少选取三个应力水平，采用应力控制的加载模式，对两种聚氨酯改性沥青混合料的抗疲劳性能进行试验分析，抗疲劳试验结果见表 3.5。

表 3.5　抗疲劳试验结果

混合料类型	应力比	疲劳寿命均值 N_f/次	有效试件/个	变异系数/%
JM－PU 改性沥青	0.3	37 502	4	2.14
	0.4	12 615	4	5.43
	0.5	4 587	3	3.80
	0.6	2 033	4	3.53
JZ－PU 改性沥青	0.3	25 432	4	3.12
	0.4	6 266	3	4.96
	0.5	3 157	4	4.80
	0.6	1 612	4	5.02
SBS 改性沥青	0.3	15 703	4	2.93
	0.4	6 331	4	5.67
	0.5	2 538	3	1.63
	0.6	1 454	3	3.14
环氧沥青	0.3	42 395	3	3.96
	0.4	20 343	3	3.44
	0.5	5 421	4	4.18
	0.6	2 103	4	5.80

沥青混合料小梁弯曲疲劳方程，通常用式(3.1)形式表示：

$$\lg N_f = K - n(\sigma/S) \tag{3.1}$$

式中，N_f 为疲劳寿命；K、n 为回归常数，与材料的组成和性质有关；σ/S 为应力比。

将表 3.5 中的试验结果进行线性回归，获得四种改性沥青混合料的疲劳回归方程，如表 3.6 和图 3.34 所示。

表 3.6 四种改性沥青混合料疲劳回归方程

沥青类型	回归方程	相关系数 R^2
JM－PU 改性沥青	$\lg N_f=1.3792-0.2350(\sigma/S)$	0.994
JZ－PU 改性沥青	$\lg N_f=1.3716-0.2473(\sigma/S)$	0.943
SBS 改性沥青	$\lg N_f=1.3592-0.2820(\sigma/S)$	0.983
环氧沥青	$\lg N_f=1.4314-0.2204(\sigma/S)$	0.984

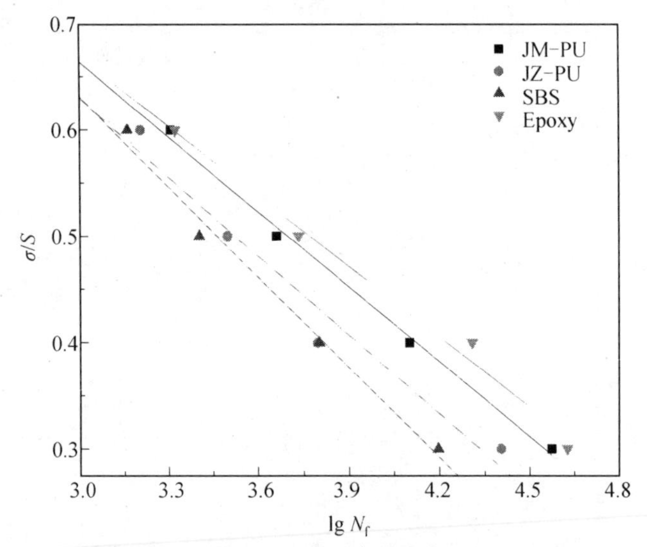

图 3.34 四种改性沥青混合料疲劳回归方程图

由于室内试验与实际工程应用中的交通荷载存在一定的差异，通常情况下，室内应力控制模式下的疲劳试验会低估沥青混合料的实际路用性能，为提高室内试验的可靠性，需要对表 3.7 中拟合的疲劳方程加以修正。根据已有研究结果，各因素修正系数取值如下：

(1)荷载间歇时间：《规范》参考值 5。

(2)裂缝传播速率：考虑疲劳裂缝是从沥青面层的底面扩展到顶面，取值 20。

(3)车辆荷载横向分布系数：0.5。

(4)不利季节天数：根据已有的研究成果，取当量温度为 15 ℃，不利季节天数取 60 d。

经上述修正后四种沥青混合料疲劳寿命预估方程见表 3.7。

表 3.7 四种沥青混合料疲劳寿命预估方程

沥青类型	回归方程
JM－PU 改性沥青	$\lg N_f=(5\times20\times(365/60)/0.5)=4.4644-0.2350(\sigma/S)$
JZ－PU 改性沥青	$\lg N_f=(5\times20\times(365/60)/0.5)=4.4568-0.2473(\sigma/S)$
SBS 改性沥青	$\lg N_f=(5\times20\times(365/60)/0.5)=4.4444-0.2820(\sigma/S)$
环氧沥青	$\lg N_f=(5\times20\times(365/60)/0.5)=4.5166-0.2204(\sigma/S)$

通过表 3.7 和图 3.34 中疲劳方程的拟合结果可以看出，环氧沥青的疲劳回归曲线位

于四条曲线的最上方且截距最大，说明环氧沥青混合料的抗疲劳效果较两种 PU 改性沥青混合料要更好；JM－PU 改性沥青混合料的疲劳回归方程位于 JZ－PU 沥青混合料的上方，说明前者在反复的交通荷载作用下的疲劳寿命要优于后者；SBS 改性沥青混合料在反复的行车荷载作用下的疲劳寿命相较于两种 PU 改性沥青来说要差一些。SBS 改性沥青混合料的疲劳方程斜率最大，说明其对应力的敏感性最强，其次为 JZ－PU 改性沥青，环氧沥青混合料的应力敏感性最低。

3.4　本章小结

本章选用两种不同类型的聚氨酯预聚体作为改性剂，通过拉伸试验确定了 JM－PU 和 JZ－PU 两种聚氨酯的最佳掺量，制备出两种体系的 PU 改性沥青。通过 DSR 试验和 BBR 试验对 PU 改性沥青的高温和低温流变性能进行了研究；通过 AFM 试验对 PU 改性沥青的微观形貌进行研究；最后对 PU 改性沥青混合料进行了路用性能研究。主要结论如下：

(1)通过拉伸试验确定出两种 PU 的最佳掺量：JM－PU 的最佳掺量为 45%，JZ－PU 的最佳掺量为 40%。

(2)通过 DSR 温度扫描试验对 PU 改性沥青的黏弹特性、高温性能、抗疲劳性能进行研究。结果显示，相较于基质沥青，两种 PU 改性沥青的高温抗变形能力显著提高，且随着掺量的增加改善效果越来越好，其中 JM－PU 改性沥青在 45%掺量时达到最优，JZ－PU 改性沥青在 40%掺量时达到最优。对比高温性能可以发现，环氧沥青＞JZ－PU 改性沥青＞JM－PU 改性沥青＞SBS 改性沥青。通过 DSR 频率扫描试验可以发现，聚氨酯可以明显降低沥青对于荷载作用频率的敏感性。

通过 BBR 对 PU 改性沥青的低温流变性能进行研究。发现随着树脂掺量的增加，PU 改性沥青劲度模量逐渐增大，而蠕变速率逐渐减小，说明聚氨酯固化后形成交联网状结构，强度变大，低温抗开裂性能逐渐变差。对比低温性能可以发现，JM－PU 改性沥青＞SBS 改性沥青＞JZ－PU 改性沥青＞环氧沥青。

(3)通过 AFM 试验对 PU 改性沥青的微观形貌进行研究。可以发现，从二维形貌图来看，两种 PU 改性沥青的“蜂型”结构长度相较于基质沥青来说更大，轮廓更清晰；从三维立体图像来看，聚氨酯的加入阻碍了沥青中其他组分向沥青质的转变，冷却后沥青质沉淀结晶更少，导致两种 PU 改性沥青的“蜂型”结构高度低于基质沥青。

(4)通过马歇尔试验确定了两种 PU 改性沥青混合料的最佳沥青用量，通过车辙试验、汉堡车辙试验、小梁低温弯曲试验、三分点小梁低温弯曲试验对两种 PU 改性沥青混合料的路用性能进行了系统的研究。研究发现，两种 PU 改性沥青混合料具有良好的高温性能，其中 JZ－PU 改性沥青混合料的高温性能更佳，JM－PU 改性沥青混合料的低温性能更优异；两种 PU 改性沥青的抗疲劳性能较好，但和环氧沥青有一定差距。

本章参考文献

[1] 舒睿.聚氨酯改性沥青及其混合料的性能研究[D].北京：北京建筑大学，2016.

[2] 班孝义.聚氨酯(PU)改性沥青的制备与性能研究[D].西安：长安大学，2017.

[3] 卜鑫德.不饱和聚酯树脂改性沥青增强技术研究[D].西安：长安大学，2017.

[4] 交通部公路科学研究所.公路工程沥青及沥青混合料试验规程[S].北京：人民交通出版社，2011.

[5] 交通部公路科学研究所.公路沥青路面施工技术规范[S].北京：人民交通出版社，2004.

[6] 刘厚钧.聚氨酯弹性体手册[M].2版.北京：化学工业出版社，2012.

[7] 王岚，桂婉妹，常春清.降黏型温拌胶粉改性沥青高低温性能试验[J].复合材料学报，2017，34(9)：2053-2060.

[8] 卜鑫德，程烽雷.聚氨酯-环氧复合改性沥青及其路用性能研究[J].公路，2016(8)：171-174.

[9] HAO Gengren，HUANG Weidong，YUAN Jie，et al. Effect of aging on chemical and rheological properties of SBS modified asphalt with different compositions[J]. Construction and Building Materials，2017，156：902-910.

[10] SHAFFIE E，AHMAD J，ARSHAD A K，et al. Empirical and rheological properties evaluation of modified asphalt binder containing nanopolyacrylate polymer modifier[J]. Electrochimica Acta，2015，76(9)：85-89.

[11] 魏龙.适用于沥青基体的有机化蒙脱土的制备及其改性沥青研究[D].西安：长安大学，2017.

[12] JAGER A，LACKNER R，EISENMENGER-SITTNER C，et al. Identification of four material phases in bitumen by atomic force microscopy[J]. Road Mater Pavement Design，2004，5：9-24.

[13] 王鹏，董泽蛟，谭忆秋，等.基于分子模拟的沥青蜂型结构成因探究[J].中国公路学报，2016，29(3)：9-16.

[14] HUNG A M，FINI E H. AFM study of asphalt binder 'bee' structures：origin，mechanical fracture，topological evolution，and experimental artifacts [J]. RSC Adv，2015，11(5)：96972-96982.

[15] HOFKO B，EBERHARDSTEINER L，FUSSL J，et al. Impact of maltene and asphaltene fraction on mechanical behavior and microstructure of bitumen[J]. Material and Structure，2016(49)：829-841.

[16] MAGONOV S，ALEXANDER J，SURTCHEV M，et al. Compositional mapping of bitumen using lacal electrostatic force interactions in atomic force microscopy[J]. Journal of Microscopy，2016(265)：196-206.

[17] 栗培龙，张争奇，李洪华，等. 沥青混合料汉堡车辙试验条件及评价指标研究[J]. 武汉理工大学学报(交通科学与工程版)，2011(1)：113-117.

[18] 张争奇，罗要飞，张苛. 沥青混合料汉堡车辙试验评价研究综述[J]. 材料导报，2017(3)：96-105.

[19] 王旭东. 沥青路面材料动力特性与动态参数[M]. 北京：人民交通出版社，2002.

第4章　基于聚氨酯预聚体合成的沥青改性技术

4.1　背景及研究现状

近几年来，聚氨酯改性沥青因其良好的性能越来越受到重视，进而引起了大量的试验探究，但试验中对聚氨酯的研究大多集中于预聚体材料，或仅仅采用单种原材料进行反应组合并制备聚氨酯改性沥青，所测试的结果差异很大。这其中很大的原因是聚氨酯分子结构的改变。不同的软硬段按照不同的比例组合，再添加其他少量改性剂，造成聚氨酯改性沥青的性能发生变化，因此，对于系统的归纳评价聚氨酯材料不同的分子结构对沥青的性能影响需要进一步研究。

聚氨酯作为沥青改性剂优点很多，本章通过分析分子结构对聚氨酯的影响，选取不同的低聚物多元醇和异氰酸酯，利用化学反应原理，制备不同软硬嵌段组合的聚氨酯改性沥青并测定其性能，结合试验结果与原理分析，探究分子结构对聚氨酯改性沥青及沥青混合料的影响。研究表明，聚氨酯改性沥青能改善基质沥青低温脆变性和高温稳定性差等现状，有一定的路用价值，聚氨酯改性沥青作为一种防水材料已得到了广泛应用。

4.2　材料制备

本节从聚氨酯的原材料出发，选取了两种多元醇和三种不同结构的异氰酸酯进行聚氨酯的室内制备试验，并且在此基础上进行聚氨酯改性沥青及其混合料的制备试验，便于进行后续的性能研究。

4.2.1　原材料

1. 多元醇

①聚酯多元醇。采用的聚酯多元醇为聚己二酸乙二醇酯二醇（PEA），其内聚强度和附着力强，分子内含有大量氨基、酯基等极性基团，具有较高的强度、耐磨性能。本章采用的 PEA 分子量为 2 000，室温下为白色蜡状固体。PEA 的分子结构如图 4.1 所示。

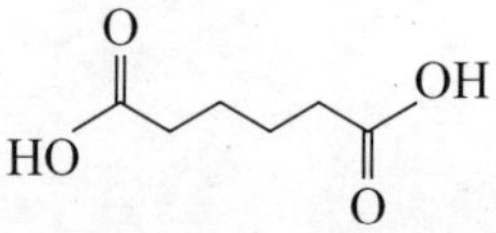

图 4.1　PEA 分子结构图

②聚醚多元醇。通过比较，选取的聚醚多元醇为聚四亚甲基醚二醇(PTMEG)，其结构式为 $HO\!\left[CH_2CH_2CH_2CH_2O\right]_nH$。聚四亚甲基醚二醇多数为白色蜡状固体，在40 ℃左右融化为低黏度无色至淡黄色透明液体。PTMEG 以伯羟基为端基，用作聚氨酯弹性体的软段。PTMEG 的分子结构如图 4.2 所示。

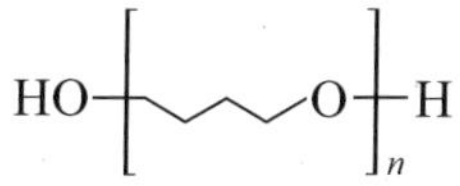

图 4.2　PTMEG 分子结构图

2. 异氰酸酯

①甲苯二异氰酸酯(TDI)。其分子式为 $C_9H_6N_2O_2$，分子量为 174.15，有 2,4-TDI 和 2,6-TDI 两种异构体。本章选用的是 TDI－80(TDI－80/20)，即 2,4-TDI 和 2,6-TDI 质量比为 80∶20，该型号在工业上用途最广，消耗最多，尤其在各种聚氨酯软泡领域的使用量最大。TDI 是一种芳香族二异氰酸酯，对比脂肪族异氰酸酯，其反应活性较高，一定条件下(加热、催化剂)自聚成二聚体或多聚体。TDI 的分子结构如图 4.3 所示。

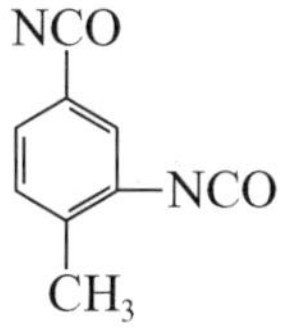

图 4.3　TDI 分子结构图

②二苯基甲烷二异氰酸酯(MDI)。其分子式为 $C_{15}H_{10}N_2O_2$，分子量为 250.25。一般有 4,4-MDI、2,4-MDI、2,2-MDI 三种异构体，以 4,4-MDI 为主，无其他两种异构体的单独工业化产品。MDI 的反应活性大于 TDI，毒性小于 TDI，挥发性较小，制得的聚氨酯弹性体有良好的力学性能。MDI 的分子结构如图 4.4 所示。

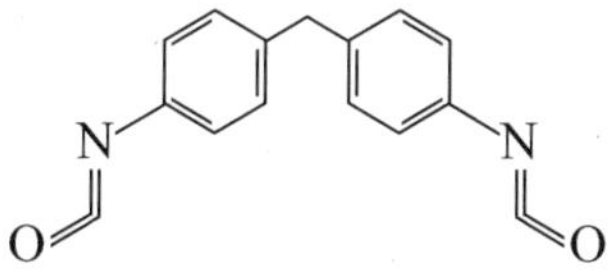

图 4.4　MDI 分子结构图

③多亚甲基多苯基多异氰酸酯(PAPI)，实质为含有不同官能度的多亚甲基多苯基多异氰酸酯的混合物。单体 MDI 占混合物总量的 50%左右，其余均为 3～6 官能度的低聚异氰酸酯。以 PAPI 为原料制得的聚氨酯制品较硬，固化速率较低官能度的 MDI、TDI 快。本章用到的 PAPI 的分子结构如图 4.5 所示。

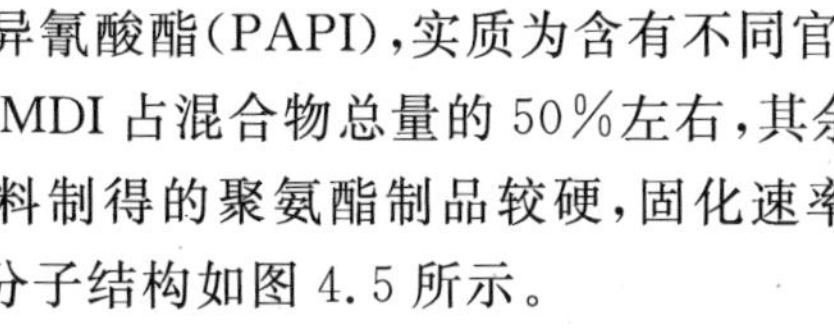

图 4.5　PAPI 分子结构图

3. 沥青

本章所用沥青相关的技术指标参照《规程》测试，将得到的测试结果汇总，见表 4.1。

表 4.1　基质沥青性能指标

测试项目		测试值	技术指标
针入度(25 ℃,100 g,5 s)/(0.1 mm)		93	80～100
延度(5 cm/min,15 ℃)/cm		＞100	≥100
软化点(环球法)/℃		47.5	≥45
密度/(g·cm^{-3})		1.032	实测记录
溶解度(三氯乙烯)/%		99.7	≥99.5
60 ℃运动黏度/(Pa·s)		196	180
旋转薄膜烘箱试验(163 ℃,85 min)	质量损/%	0.054	±0.8
	针入度/%	63.7	≥57
	延度(5 cm/min,15 ℃)/cm	35	≥20

4.2.2　制备过程

1. 聚氨酯的制备

基于课题组前期的试验探究，并参考相关文献，最终确定的聚氨酯制备工艺如下：①将多元醇在 110 ℃的条件下加热脱水 1.5 h 后冷却到室温备用。②在三口烧瓶中加入脱水的多元醇，升温到 55 ℃。③缓慢加入异氰酸酯，升温至 75 ℃左右反应 2 h。④将制备好的聚氨酯预聚体在 100 ℃的条件下发育 2 h，之后放入密闭容器待用。多元醇与异氰酸酯制备聚氨酯预聚体的反应原理如图 4.6 所示。

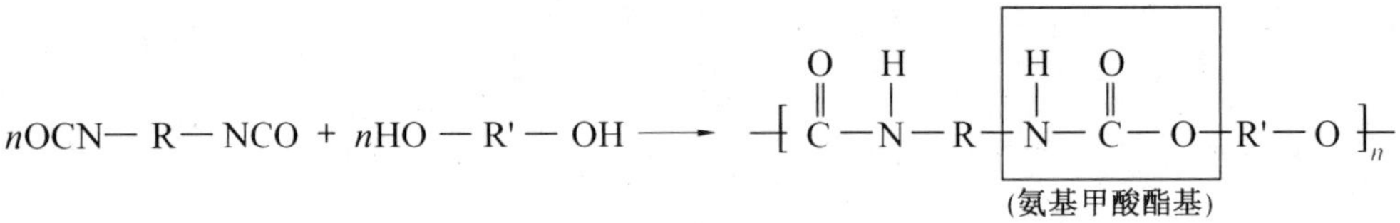

$$n\mathrm{OCN{-}R{-}NCO} + n\mathrm{HO{-}R'{-}OH} \longrightarrow \left[\overset{\overset{\mathrm{O}}{\|}}{\mathrm{C}} - \overset{\overset{\mathrm{H}}{|}}{\mathrm{N}} - \mathrm{R} - \boxed{\overset{\overset{\mathrm{H}}{|}}{\mathrm{N}} - \overset{\overset{\mathrm{O}}{\|}}{\mathrm{C}} - \mathrm{O}} - \mathrm{R'} - \mathrm{O} \right]_n$$

(氨基甲酸酯基)

图 4.6　合成聚氨酯的化学反应原理

2. 聚氨酯改性沥青的制备

经过探究与试验，最终优化的聚氨酯改性沥青制备工艺如下：①用烘箱将基质沥青加热到 135 ℃备用。②取出预热好的沥青并将其置于加热炉上，用温度计控温保持温度不变，用剪切机以 1 200 r/min 的转速剪切 25 min。③将定量的相容剂少量多次地加入到沥青中，保持温度转速不变继续剪切 15 min。④将定量 MOCA 少量多次地加入到沥青中，保持温度转速不变剪切 30 min。⑤将制备好的定量聚氨酯预聚体少量多次地加入到沥青中，保持温度转速不变剪切 30 min。⑥将制备好的聚氨酯改性沥青放入 100 ℃的烘箱中保温发育 2.5 h 后备用。

3. 聚氨酯改性沥青混合料的制备

采用的粗集料为陕西某石料厂生产的优质玄武岩。采用的细集料为产自陕西的石灰岩机制砂。采用的矿粉为陕西生产的一种石灰岩矿粉。

本章采用沥青路面上面层常用的 AC－13 级配。

结合经验并参考相关的试验规范，以 5.0％的油石比为中值，前后间隔 0.5，制备击实 5 组马歇尔试件并进行马歇尔试验，最终确定 PEA＋TDI 型聚氨酯改性沥青混合料的最佳油石比为 5.0％。

按照同样的方法，依次确定 PEA＋MDI、PEA＋PAPI、PTMEG＋TDI、PTMEG＋MDI、PTMEG＋PAPI 型聚氨酯改性沥青混合料的最佳油石比依次为 4.9％、4.8％、5.0％、5.0％、5.1％。六种不同分子结构的聚氨酯改性沥青混合料的最佳油石比差别不大。

4.3　研究内容

4.3.1　聚氨酯改性沥青的基本性能

1. 沥青三大指标

本次试验严格参照《规程》测试。

(1)针入度。

将基质沥青与六种聚氨酯改性沥青的针入度数据绘制成柱状图，如图 4.7 所示，对比分析不同沥青的高温性能。

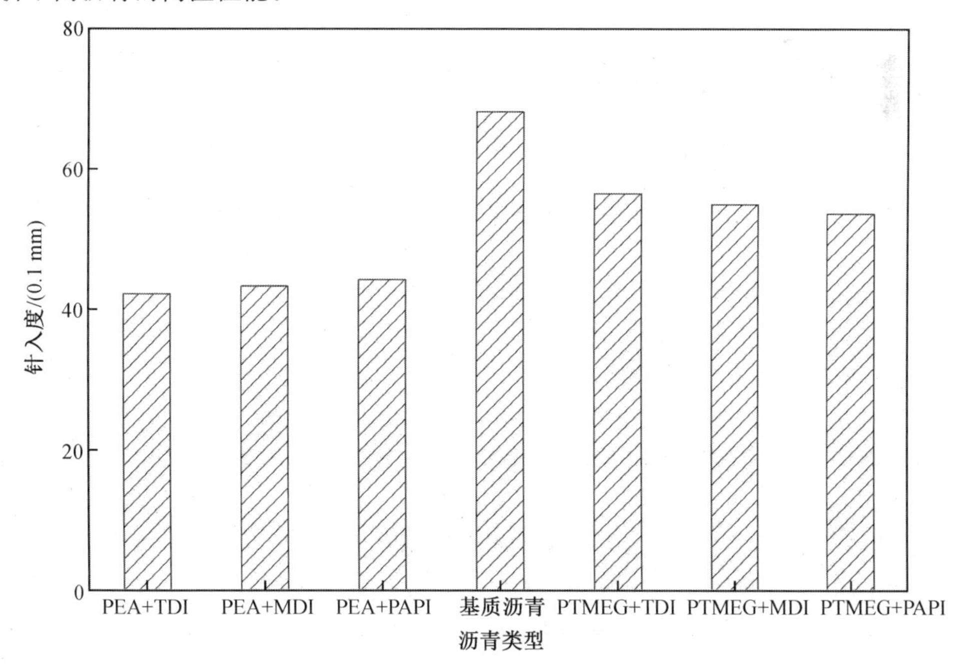

图 4.7　不同沥青的针入度

对比基质沥青发现，六种聚氨酯改性沥青的针入度值均明显降低，抵抗变形的能力有所提升。同一种多元醇制备的三种不同异氰酸酯的聚氨酯改性沥青的针入度差别不大，由聚醚多元醇制备的三种聚氨酯改性沥青的针入度大小为 PTMEG＋PAPI 型＜PTMEG＋MDI 型＜PTMEG＋TDI 型，由聚酯多元醇 PEA 制备的三种聚氨酯改性沥青的针入度大小则相反。可知三种硬段组合不同的软段合成制备的聚氨酯改性沥青针入度会因软段多元醇的不同表现出相反的变化规律。同一种异氰酸酯制备的两种不同多元醇的聚氨酯改性沥青相比较，PEA 制备的改性沥青针入度明显小于 PTMEG，PEA＋TDI 型聚氨酯改性沥青的针入度比 PTMEG＋TDI 型聚氨酯改性沥青的针入度大，说明多元醇 PEA 比 PTMEG 制备的聚氨酯改性沥青的黏滞性好。

(2)软化点。

不同沥青的软化点对比如图 4.8 所示。

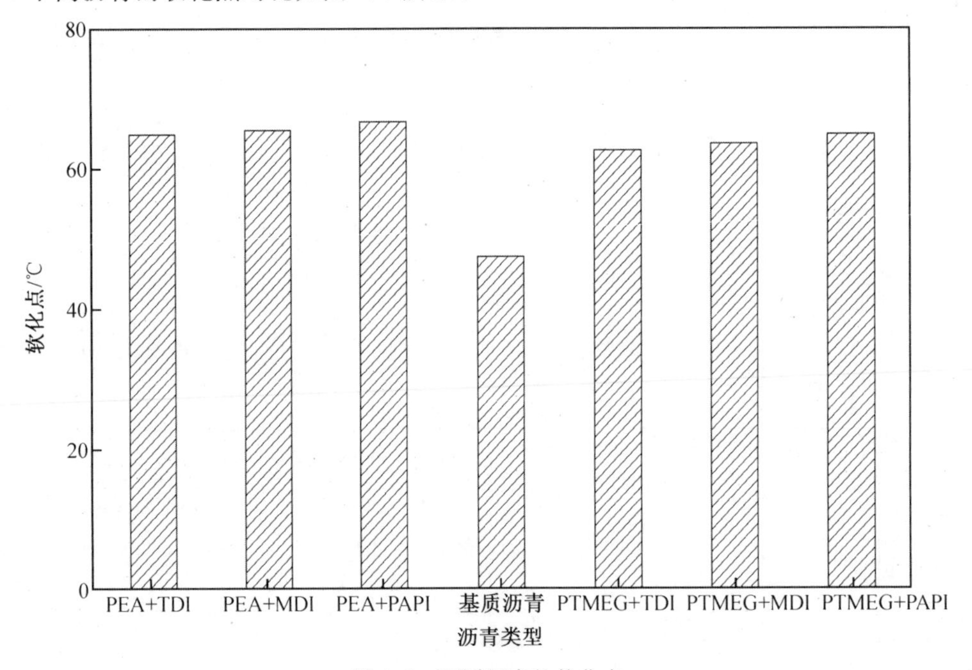

图 4.8 不同沥青的软化点

据图 4.8 分析，六种聚氨酯改性沥青的软化点与基质沥青相比均明显上升，说明聚氨酯改性沥青的抗高温变形性能有较大的提升，但采用同一种多元醇制备的三种不同异氰酸酯的聚氨酯改性沥青的软化点并无较大差别，由聚醚多元醇(PTMEG)制备的三种聚氨酯改性沥青的软化点高低为 PTMEG＋PAPI 型＞PTMEG＋MDI 型＞PTMEG＋TDI 型，由聚酯多元醇(PEA)制备的三种聚氨酯改性沥青的软化点高低规律相同，这表明三种不同硬段的异氰酸酯合成制备的聚氨酯改性沥青软化点高低并未因软段多元醇的不同而表现出不同的变化规律。综合分析，PAPI 制备的聚氨酯改性沥青的高温稳定性优于 MDI 和 TDI。当固定了同一种硬段，即异氰酸酯相同时，两种不同多元醇制备的聚氨酯改性沥青的软化点相比，聚酯多元醇(PEA)型高于聚醚多元醇(PTMEG)型，说明多元醇 PEA 的高温稳定性更好。

(3)延度。

在标准试验下基质沥青与六种不同聚氨酯改性沥青的低温延度试验数据如图 4.9 所示。

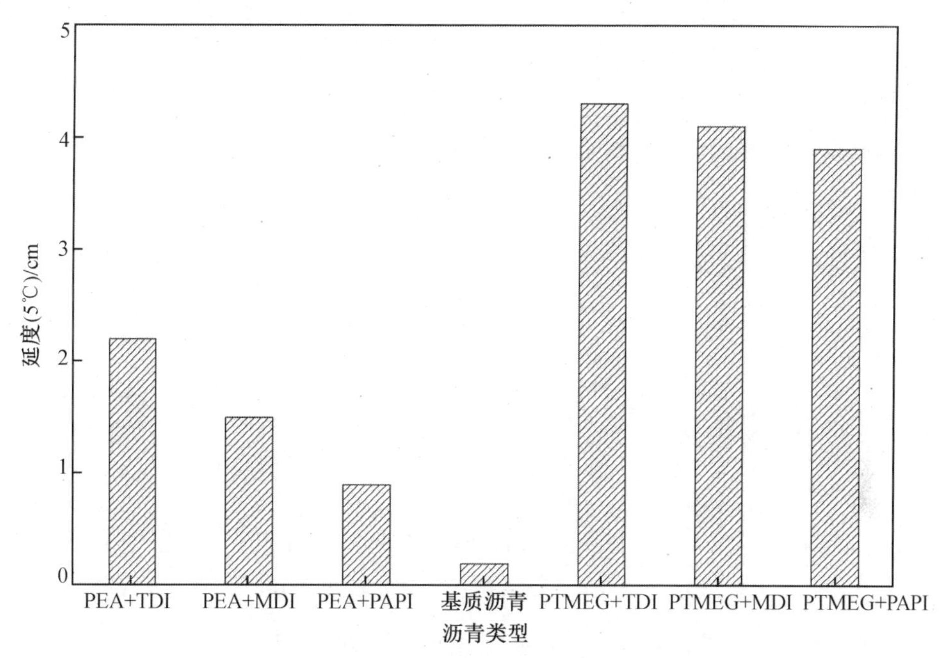

图 4.9 不同沥青的延度

据图 4.9 分析,聚氨酯的加入改善了沥青的低温性能,导致其延度增加,由聚醚多元醇(PTMEG)制备的三种聚氨酯改性沥青延度大小为 PTMEG+PAPI 型<PTMEG+MDI 型<PTMEG+TDI 型,三者之间的差别较小,由聚酯多元醇(PEA)制备的三种聚氨酯改性沥青延度大小关系同上,但三者之间的差别较大。PTMEG 制备的聚氨酯改性沥青的延度明显大于 PEA,表明软段 PTMEG 制备的聚氨酯改性沥青比 PEA 有更好的低温柔韧性能。采用同一种多元醇为软段时,三种不同的异氰酸酯制备的聚氨酯改性沥青的延度大小均为 PAPI<MDI<TDI,说明硬段 TDI 比其他两种硬段的低温性能好,且三种异氰酸酯的大小变化规律较明显。

综合分析,两种不同多元醇相比,PTMEG 制备的聚氨酯改性沥青针入度和延度大于 PEA,软化点小于 PEA,说明 PTMEG 改性后的沥青拥有更好的低温性能,PEA 改性后的沥青拥有更好的黏滞性和高温稳定性。

2. 相容性能

从热力学角度出发,由于聚氨酯改性剂和沥青属于两种差异较大的物质,它们之间的溶解度参数、极性、分子量等性质存在较大差异,因此是不相容的,进而不能形成稳定均匀的体系。在相容剂的作用下,聚氨酯能更好地分散到沥青中形成均匀稳定的状态,从而提高沥青性能。不同分子结构的聚氨酯的分散效果可能存在差异,导致聚氨酯改性沥青的性能有所差异。本章采用聚合物改性沥青离析试验和荧光显微镜试验共同评价不同分子结构的聚氨酯改性改性沥青相容稳定效果。

(1)离析试验。

将六种不同类型的聚氨酯改性沥青软化点增量绘制成折线,如图 4.10 所示。

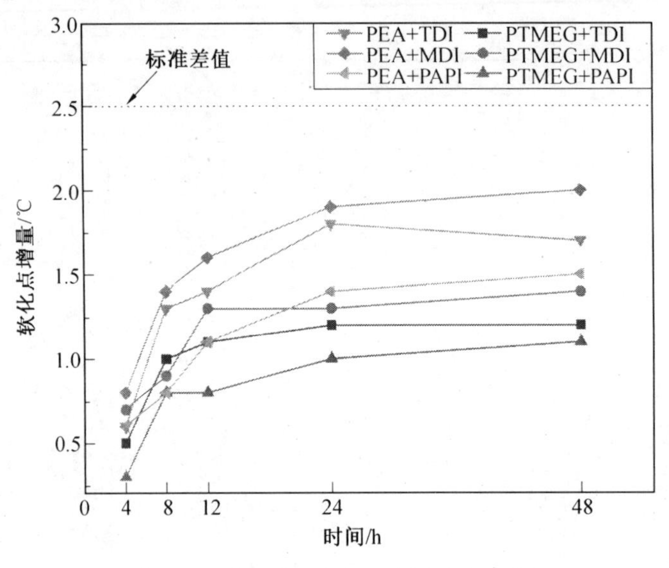

图 4.10　聚氨酯改性沥青离析试验结果图

据图分析,六种不同分子结构的聚氨酯改性沥青的离析值均随着时间的推移而增大,但时间越长,增大的趋势越不明显。分析原因可能是部分未与沥青发生反应得聚氨酯改性剂在沥青中发生了离析沉淀现象,导致改性沥青的上下软化点不同,部分大分子结构的物质沉淀到管子的下部导致下部软化点普遍高于上部软化点。离析主要发生在试验的前 24 h,后期随时间的推移改性沥青内部反应得越彻底,整个沥青体系越稳定,离析趋势变缓。不同异氰酸酯制备的聚氨酯改性沥青离析现象也不同,不同的多元醇合成的改性沥青离析值大小均为 MDI＞TDI＞PAPI。由 PAPI 合成的聚氨酯与沥青相容性最好,分散最均匀,改性沥青体系最稳定。两种不同的软段相比,由多元醇 PTMEG 合成制备的聚氨酯改性沥青的离析值普遍低于 PEA,这说明 PTMEG 为软段的聚氨酯比 PEA 更容易在沥青中发生反应形成稳定体系,有利于改性沥青的加工与运输。《规范》中规定聚合物改性沥青的离析不得高于 2.5 ℃,从图中可以看出,六种聚氨酯,其制备的改性沥青在 0～48 h 内的离析都能满足规范要求,体现出聚氨酯改性沥青良好的存储稳定性。

(2)荧光显微镜试验。

试验采用的荧光显微镜放大倍数为 400 倍,制样方法为取少量沥青滴到载玻片上,然后缓慢放盖玻片并使沥青均匀分散开,冷却到室温后观察,图 4.11 所示为聚氨酯改性剂在沥青中分散情况的荧光显微镜试验结果。

六种不同分子结构的聚氨酯改性沥青荧光显微镜图片显示,由多元醇 PTMEG 合成的三种聚氨酯荧光现象明显,且荧光面积多,说明三种异氰酸酯与 PTMEG 反应效果良好,生成了更多的氨基甲酸酯基团,而多元醇 PEA 生成的聚氨酯相对较少。其中,PTMEG＋PAPI 型聚氨酯在沥青中分散得最均匀稳定;PTMEG＋MDI 型聚氨酯虽然分散较均匀,但存在很多大的荧光斑点,推断出它的分子结构更加稳定,越不容易分散在沥青中；PTMEG＋TDI 型聚氨酯呈现出小分子的团聚现象，但其荧光斑点大小较均匀。室温下，软段 PEA 为固体，PTMEG 为液体，在一定剂量的相容剂作用下，固态的多元醇更有利于聚氨酯分子的稳定，液态的多元醇更容易与异氰酸酯发生化学反应生成聚氨酯，在相容剂的作用下能更好地分散到沥青中。

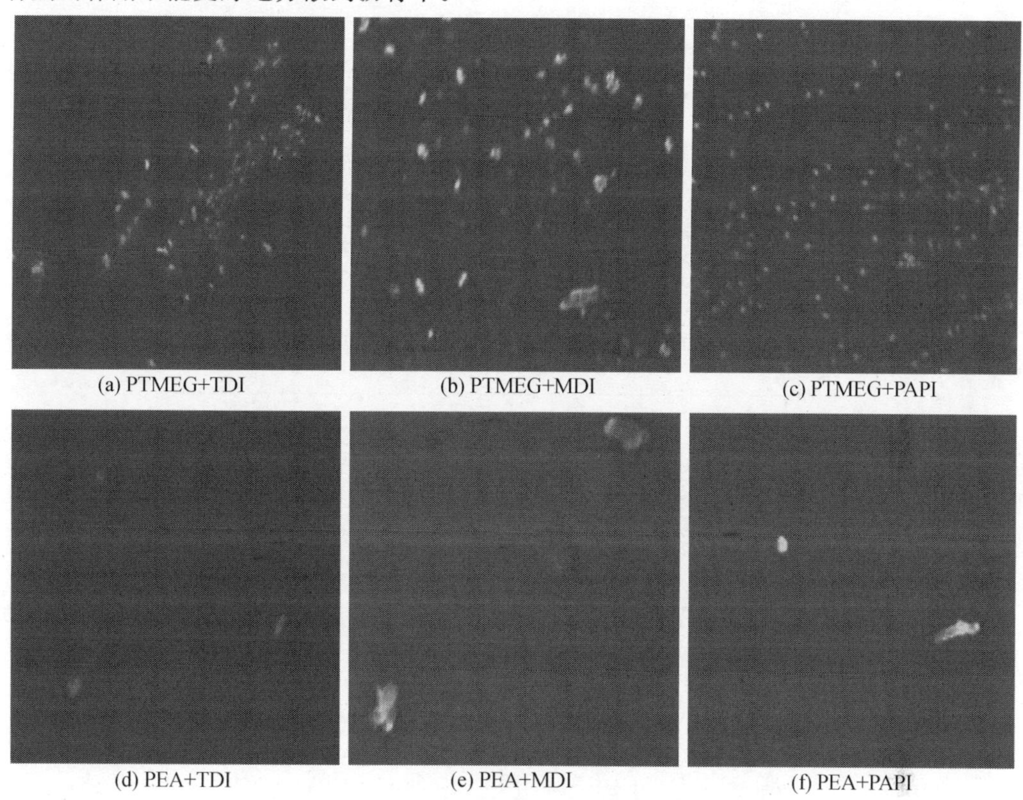

图 4.11　不同分子结构的聚氨酯改性沥青荧光显微镜图片

3. 黏度性能

黏度反映了沥青流动时内部分子之间的摩擦阻力，对沥青应用时的摊铺、碾压、拌和过程有重要意义。聚氨酯材料的热固性，可以使聚氨酯改性沥青黏度变大，改性沥青高温性能得到改善。当分子结构改变时，不同分子结构的聚氨酯改性沥青的黏度大小可能存在较大差异。本章采用布洛克菲尔德黏度计法测定 105～165 ℃的聚氨酯改性沥青黏度，探究温度增长时不同分子结构的聚氨酯改性沥青的黏度变化。为了比较分子结构对聚氨酯改性沥青黏度性能的影响，将不同软段和硬段的试验结果单独对比分析。得到的 PEA 型和 PTMEG 型聚氨酯改性沥青的黏度曲线分别如图 4.12 和图 4.13 所示。

图 4.12 的曲线表明，随着温度的升高，各种改性沥青的黏度都呈现下降趋势，但下降趋势逐渐变缓，在 165 ℃时三者的黏度几乎相同。不同硬段合成的聚氨酯改性沥青的黏度不同，大小顺序为 PAPI 型＞MDI 型＞TDI 型。图 4.13 中由聚醚多元醇 PTMEG 合成的三种不同聚氨酯改性沥青的黏度变化规律与 PEA 合成的变化规律类似，黏度大小顺序相同。可以发现软段多元醇对合成的聚氨酯改性沥青的黏度变化规律不起决定性作用，硬段异氰酸酯的变化会导致合成的聚氨酯改性沥青的黏度大小不同，且黏度的大小差

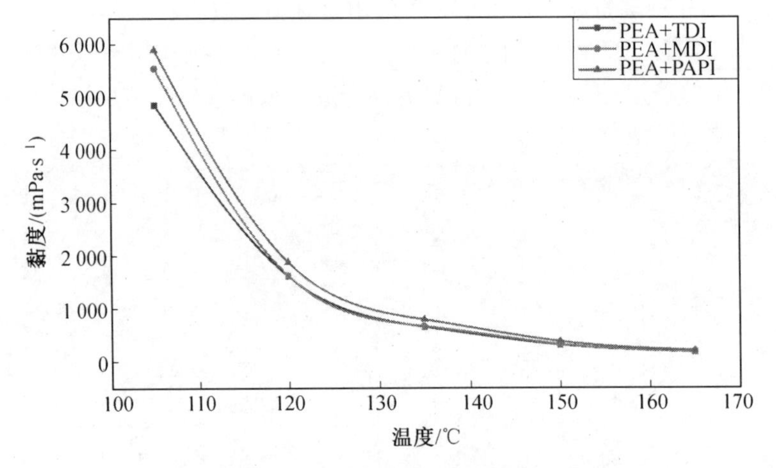

图 4.12　PEA 型聚氨酯改性沥青黏度试验图

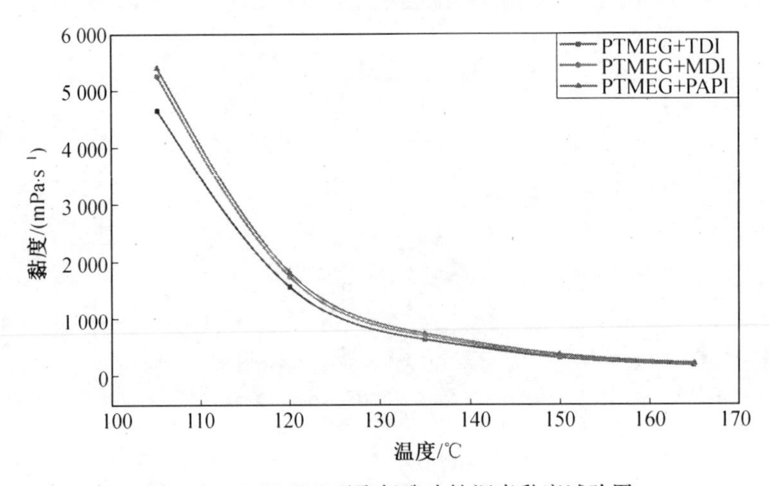

图 4.13　PTMEG 型聚氨酯改性沥青黏度试验图

距会因温度的升高而逐渐减小。通过对比试验数据发现，PAPI 合成制备的聚氨酯改性沥青的针入度最小，软化点最大，黏度最大，PAPI 型聚氨酯改性沥青的高温性能最优。同一种异氰酸酯下，两种多元醇制备合成的改性沥青的黏度变化如图 4.14～4.16 所示。

据图分析，无论采用哪种硬段的异氰酸酯，两种不同的多元醇合成制备的聚氨酯改性沥青的黏度大小都差别不大，采用多元醇 PEA 合成制备的聚氨酯改性沥青黏度比 PTMEG的黏度稍大，且随着温度的增加两者之间的差别越来越小，说明软段多元醇的改变对聚氨酯改性沥青的黏度影响较小。当硬段采用 MDI 异氰酸酯时，开始时的黏度大小为 PEA 型＞PTMEG 型，但当温度上升到 113 ℃时，黏度大小变为 PTMEG 型＞PEA 型，温度再升高时，两者的黏度接近，这也符合沥青的流体特性。

4.3.2　聚氨酯改性沥青的流变性能

1. 动态剪切流变试验

动态剪切流变(DSR)试验主要测试沥青高温动态荷载下的黏弹流变性能。动态剪切

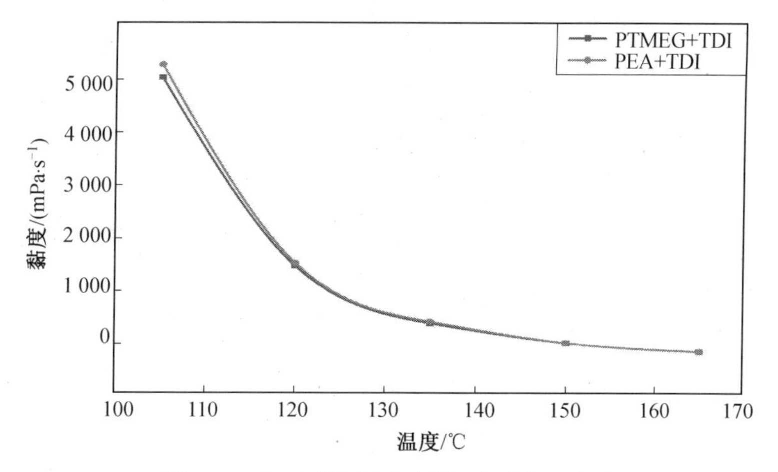

图 4.14　TDI 型聚氨酯改性沥青黏度试验图

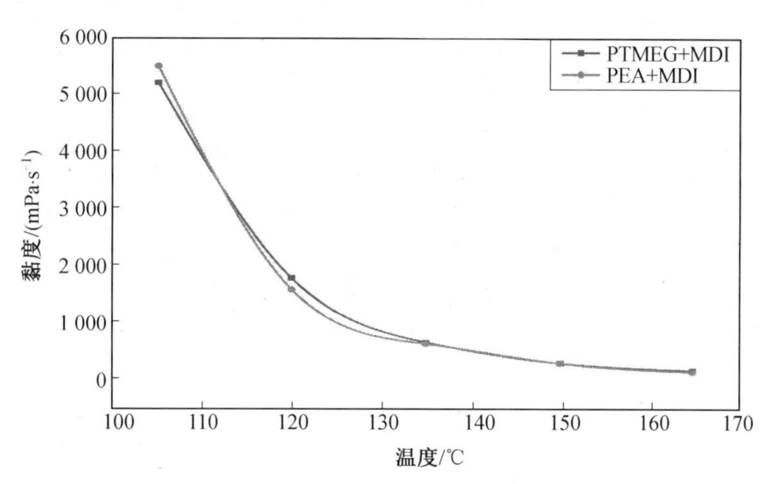

图 4.15　MDI 型聚氨酯改性沥青黏度试验图

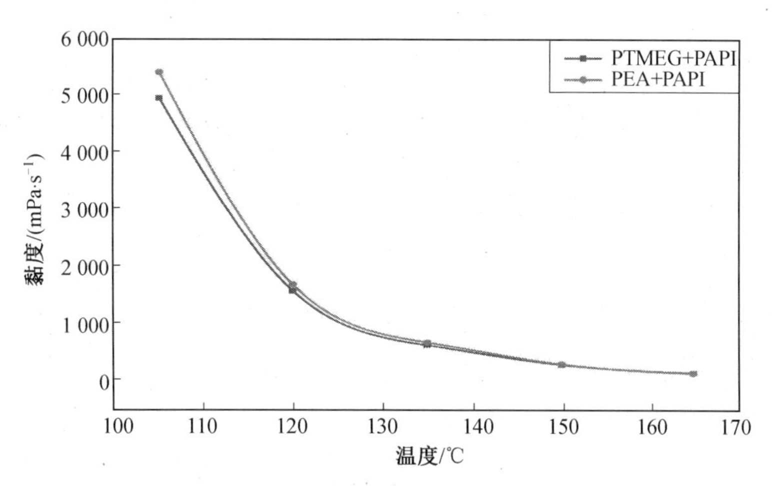

图 4.16　PAPI 型聚氨酯改性沥青黏度试验图

流变试验的结果参数能详细地确定出沥青黏弹行为的转变情况。反映沥青及沥青混合料在温度、时间、环境等因素变化下的实际使用情况，对沥青的高温性能研究更有意义。

(1)温度扫描。

①复数剪切模量(G^*)。基质沥青与六种不同分子结构的聚氨酯改性沥青在不同温度下的复数剪切模量数据如图 4.17 所示。

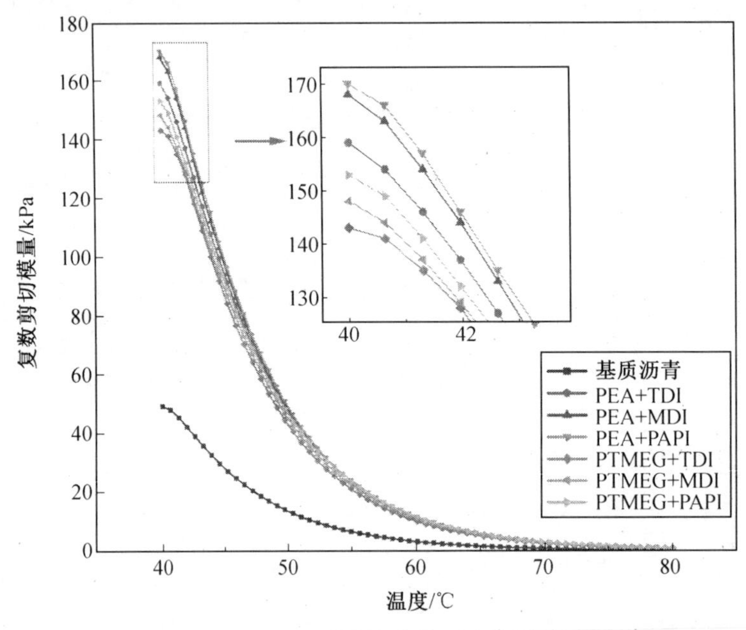

图 4.17　不同沥青复数剪切模量随温度变化图

图中曲线显示，基质沥青与聚氨酯改性沥青的复数剪切模量随着温度的增加而逐渐变小，这是由于高温使沥青变软，变为流动状态，导致沥青的剪应力降低。图中六种聚氨酯改性沥青的 G^* 明显大于基质沥青，且在起始 40 ℃时差别明显，当温度上升时，基质沥青与聚氨酯改性沥青的 G^* 接近，这说明聚氨酯的加入大大提高了沥青的流变性能，改善了沥青受到外力作用下的阻力，有利于沥青在高温下的抗剪切变形。六种不同分子结构的聚氨酯对沥青的作用效果不同，但差别不大。从软段醇的角度考虑，聚酯多元醇 PEA 合成制备的三种聚氨酯改性沥青的 G^* 值均大于聚醚多元醇 PTMEG 的，硬段不同的异氰酸酯合成制备的聚氨酯改性沥青，复数剪切模量的大小顺序为 PAPI＞MDI＞TDI，结合针入度，说明硬段异氰酸酯中的苯环数量影响着聚氨酯改性沥青的高温性能，异氰酸酯分子结构中的苯环数量越多，制备合成的聚氨酯改性沥青高温性能越好。

②相位角(δ)。基质沥青与六种不同分子结构的聚氨酯改性沥青在不同温度下的相位角数据如图 4.18 所示。

据图分析，七种沥青的相位角随着温度的增加均增大，基质沥青与聚氨酯改性沥青相位角之间的大小差别明显，在任意相同温度下，基质沥青的 δ 值均大于聚氨酯改性沥青的。相位角 δ 可以反映出沥青黏弹成分的变化：温度越高，δ 越大，沥青表现出黏性流体的性能；温度越低，δ 越小，沥青则表现出弹性固体的性能。在整个温度区间，基质沥青的相位角的变化增长幅度小，仅为 9.91°，聚氨酯改性沥青的明显较大，其中 PEA＋MDI 型

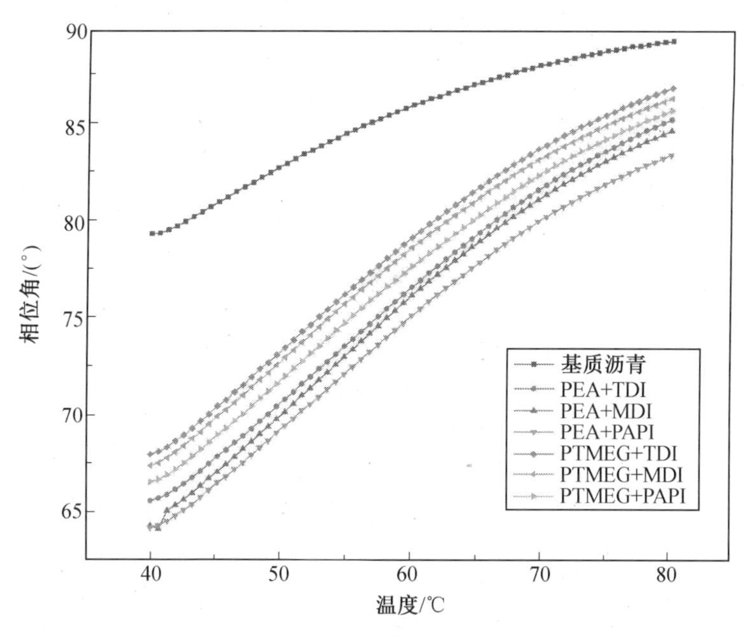

图 4.18　不同沥青相位角随温度变化图

聚氨酯改性沥青在 40 ℃的相位角为 64.28°，在 80 ℃的相位角为 84.59°，增幅最大，为 20.31°。当温度升高，相位角变大时，沥青中的弹性组分减少，黏性组分增多。弹性组分的减少不利于沥青高温下的变形恢复，因此，从图中数据分析可知，聚氨酯改性沥青的高温性能优于基质沥青的，原因可能是聚氨酯的固化作用阻碍了沥青在升温时内部弹性成分向黏性成分的转化。从聚氨酯分子结构的角度出发讨论，六种不同分子结构的聚氨酯制备的改性沥青之间的变化规律明显，据图可知聚酯多元醇 PEA 和异氰酸酯 PAPI 组合制备的聚氨酯改性沥青对沥青组分中由弹性转化为黏性的作用效果最小。

③抗车辙因子($G^*/\sin\delta$)。图 4.19 所示为不同沥青在一定温度区间下的抗车辙因子数据曲线。

图 4.19 中数据反映，温度的上升会导致沥青的抗车辙因子降低，各种沥青在 40～70 ℃范围内 $G^*/\sin\delta$ 下降的幅度大，70～80 ℃内的 $G^*/\sin\delta$ 变化趋势很小。对比聚氨酯改性沥青与基质沥青，聚氨酯改性沥青的抗车辙因子远大于基质沥青的，抗车辙因子越大表明沥青的高温性能越好，因此，聚氨酯的加入有效提高了沥青的高温抗变形能力。聚氨酯分子结构不同时，制备的改性沥青抗车辙因子大小也存在差异。由聚酯多元醇(PEA)和异氰酸酯 PAPI 合成制备的聚氨酯改性沥青的 $G^*/\sin\delta$ 最大，由聚醚多元醇(PTMEG)和异氰酸酯 TDI 合成制备的聚氨酯改性沥青的 $G^*/\sin\delta$ 最小。对比两种不同的软段，可发现 PEA 合成制备的聚氨酯改性沥青高温流变性能优于 PTMEG 的，对比三种不同的异氰酸酯，以 TDI 为硬段合成制备的聚氨酯改性沥青高温效果最差，以 PAPI 为硬段合成制备的最好。

(2)频率扫描。

①复数剪切模量。不同的交通量、荷载，对沥青路面的作用效果不同，因此路面上被加载的频率也就不同。为了进一步探究各种沥青在不同频率下的性能状况，对聚氨酯改

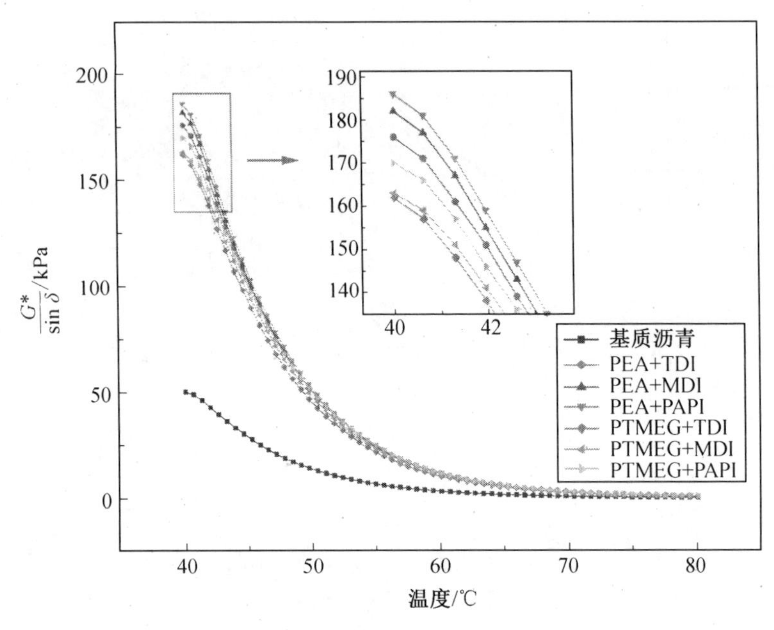

图 4.19　不同沥青抗车辙因子随温度变化图

性沥青和基质沥青进行高温下的频率扫描，得到七种沥青在不同频率下的复数剪切模量，如图 4.20 所示。

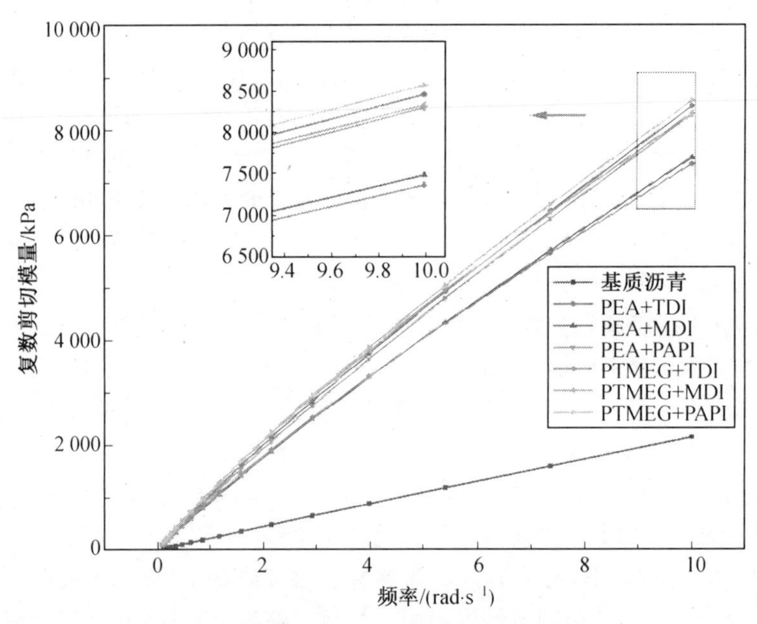

图 4.20　不同沥青复数剪切模量随频率变化图

图 4.20 频率的变化对沥青的复数剪切模量影响较大，随着频率的增大，各种沥青的 G^* 逐渐增大，但聚氨酯改性沥青的 G^* 远远大于基质沥青的，表明聚氨酯改性沥青在频率作用下受到的剪切阻力大，能提高沥青的高温性能，更能抵抗沥青路面在高温下的荷载冲击变形。聚氨酯改性沥青的分子结构不同，在同一频率下的复数剪切模量不同。对比六

种聚氨酯改性沥青，PTMEG＋PAPI 型改性沥青的 G^* 最大，PTMEG＋TDI 型的最小，PTMEG＋MDI型聚氨酯改性沥青介于两者之间。由聚酯型多元醇合成制备的 PEA＋TDI 型改性沥青的 G^* 要大于 PEA＋PAPI 型的，且都大于 PEA＋MDI 型的，因此聚氨酯改性沥青在不同频率下的复数剪切模量大小随着分子结构的不同并无一定的变化规律。

②相位角。七种沥青在不同频率下的相位角数据如图 4.21 所示。

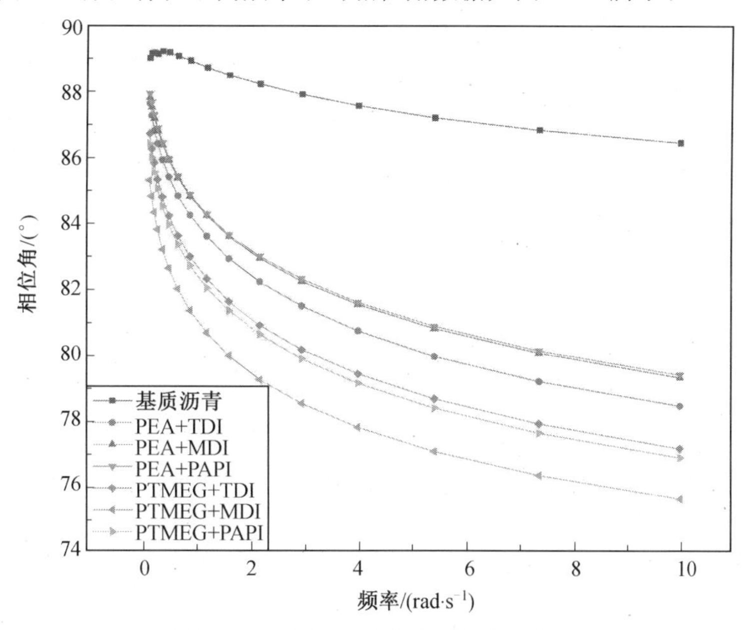

图 4.21　不同沥青相位角随频率变化图

图中数据反映，基质沥青在同一频率作用下的相位角大于聚氨酯改性沥青的，当频率变大，即沥青受到的剪切作用时间变短，聚氨酯改性沥青和基质沥青的 δ 都变小。分析沥青成分的变化可知，随着频率的增加，沥青中的黏性成分变多，这种变化对沥青的性能不利，但聚氨酯改性沥青的 δ 小于基质沥青，表明聚氨酯的加入能有效阻止沥青中弹性成分向黏性成分的转变，高温性能好。聚氨酯软硬段的不同组合，对沥青的 δ 值影响也不同。PEA＋MDI 型和 PEA＋PAPI 型聚氨酯改性沥青的相位角之间差别较小，其他四种聚氨酯改性沥青的相位角之间差别较大；对比两种不同的多元醇，聚酯多元醇 PEA 的 δ 大于聚醚多元醇 PTMEG 的，三种不同的异氰酸酯在不同软段组合时制备的改性沥青的 δ 不同，当软段采用 PEA 时，三种不同的异氰酸酯合成制备的聚氨酯改性沥青的 δ 大小为 PAPI＞MDI＞TDI，软段采用 PTMEG 时，大小为 TDI＞PAPI＞MDI，可知分子结构的改变对沥青在不同频率下的相位角的影响存在较大差别。

③抗车辙因子。通过试验得到了聚氨酯改性沥青与基质沥青在不同频率下的抗车辙因子数据，如图 4.22 所示。

当频率从 0 增大到 10 rad/s 时，沥青的抗车辙因子也随之呈线型趋势变大，聚氨酯改性沥青的 $G^*/\sin\delta$ 明显大于基质沥青，且增大的幅度也比基质沥青高，表明聚氨酯改性沥青在不同频率下的抗车辙性能更好。分析聚氨酯分子结构的变化对改性沥青 $G^*/\sin\delta$ 的影响可知，六种聚氨酯改性沥青的抗车辙因子大小在不同的频率作用下表现出不同的变

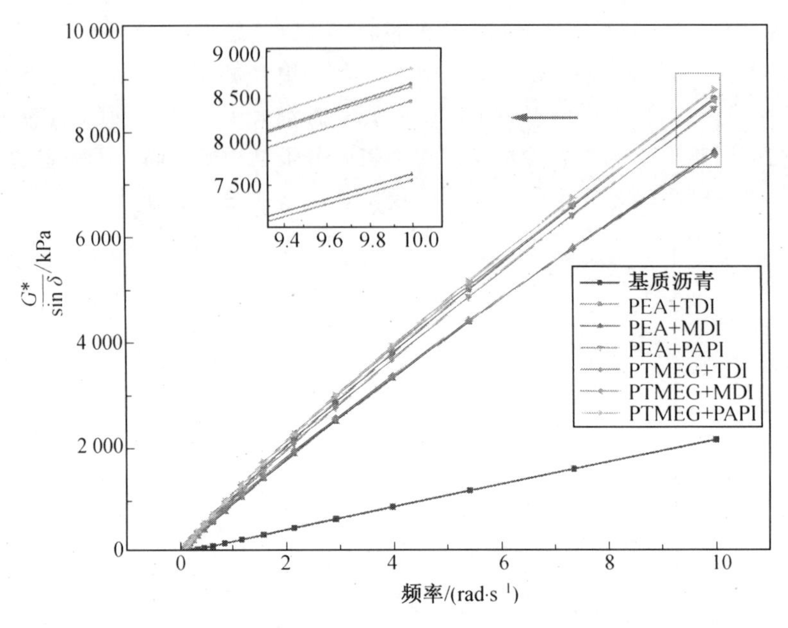

图 4.22 不同沥青抗车辙因子随频率变化图

化趋势，PTMEG+PAPI 型、PEA+TDI 型、PTMEG+MDI 型、PEA+PAPI 型四种改性沥青在较高频率时的抗车辙因子远大于 PEA+PAPI 型和 PEA+MDI 型的，其中 PEA+TDI 型和 PTMEG+MDI 型的数据大小最为接近，说明两种类型的沥青在不同频率下的抗车辙性能差别不大。六种聚氨酯改性沥青相比较，PTMEG+PAPI 型聚氨酯改性沥青的 $G^*/\sin\delta$最大，PTMEG+TDI 型聚氨酯改性沥青的 $G^*/\sin\delta$ 最小，其他四种改性沥青的大小顺序为 PEA+TDI>PTMEG+MDI>PEA+PAPI>PEA+MDI，可知抗车辙因子在频率下的试验数据并未随着多元醇与异氰酸酯的不同分子结构组合表现出一定的变化趋势。

2. 多应力重复蠕变试验

沥青是一种弹塑性材料，高温变软，低温变硬是它最基本的属性，而且其对外界施加的应力作用有显著的敏感性，在持续的荷载循环过程中，沥青形变中的不可恢复部分的叠加会导致沥青高温下的抗变形能力减弱。基于 DSR 的研究成果，在后续的探索中，科研人员提出采用多应力重复蠕变(MSCR)试验测试沥青在反复加载卸载情况下的蠕变恢复情况评价沥青的高温性能。在一个周期内，沥青的 MSCR 典型曲线如图 4.23 所示。

本章采用动态剪切流变仪进行试验，基质沥青与六种聚氨酯改性沥青试样均经过短期老化处理，试验温度为 64 ℃。为了更好地模拟沥青在反复荷载循环条件下的形变特征，消除在放样修样过程中导致的边缘处施加的多余剪切，本章先采用 0.1 kPa 的应力加载 100 s，之后继续采用 0.1 kPa 的应力加载 100 s，最后用 3.2 kPa 的应力加载 100 s。

不同沥青的高温蠕变特性在起始点和应力变化点的剪切应变大小不同，为便于分析比较，将七种沥青在上述位置的剪切应变汇总，见表 4.2。

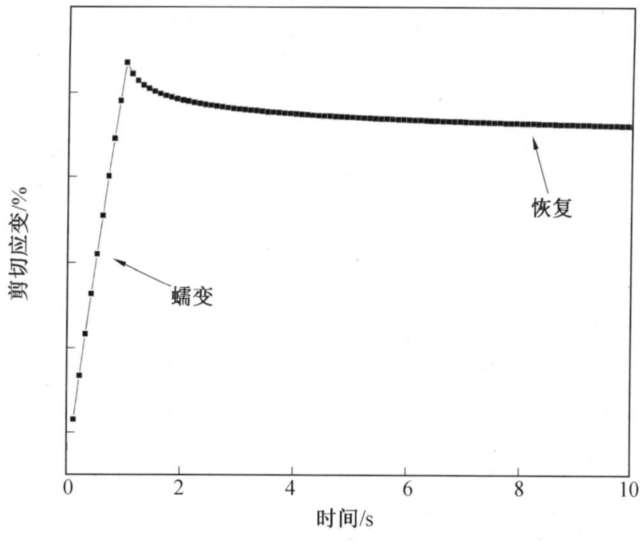

图 4.23　MSCR 典型曲线

表 4.2　不同沥青在两阶段加载时的起始剪切应变

沥青类型	0.1 kPa		3.2 kPa	
	100 s 末/%	200 s 始/%	200 s 末/%	300 s 末/%
基质沥青	417	827	949	5 534
PEA+TDI	82	161	198	3 353
PEA+MDI	95	187	227	3 893
PEA+PAPI	88	172	210	3 579
PTMEG+TDI	89	176	219	4 144
PTMEG+MDI	71	139	177	3 680
PTMEG+PAPI	77	150	188	3 403

分析表 4.2 可知，在同等应力条件下，聚氨酯改性沥青产生的剪切应变远小于基质沥青。在 100 s 时，基质沥青的应变为 417%，而 PTMEG+MDI 型聚氨酯改性沥青的剪切应变是 71%，仅为基质沥青的 1/6 左右。当施加 3.2 kPa 的应力时，PEA+TDI 型改性沥青在 300 s 的剪切应变值最小，仅为 3 353%，而基质沥青高达 5 534%。从聚氨酯分子结构角度分析改性沥青的蠕变恢复情况，可看出六种聚氨酯改性沥青的剪切应变差别较小，且不同分子组合的聚氨酯改性沥青剪切应变值并无明显的变化规律，聚醚多元醇合成制备的三种聚氨酯改性沥青的剪切应变值总体上略小于聚酯多元醇 PEA。硬段三种异氰酸酯会因软段的不同而导致其合成制备的聚氨酯改性沥青的剪切应变值发生变化。当以 PEA 为软段，MDI 型异氰酸酯合成制备的聚氨酯改性沥青剪切应变最大，TDI 型的最小，当以 PTMEG 为软段时，三种异氰酸酯合成制备的聚氨酯改性沥青剪切应变值大小在 100 s、200 s 始、200 s 末的规律表现为 TDI>PAPI>MDI，但反复加载卸载后，最终 300 s 的剪切应变大小为 TDI>MDI>PAPI。这说明随着时间和剪切应变的改变，不同

分子结构的聚氨酯制备合成的改性沥青的蠕变恢复性能不同。进一步分析，采用恢复率 R 和不可恢复柔量 J_{nr} 对比分析各种沥青的延迟弹性变形，数据见表 4.3。

表 4.3 不同沥青蠕变恢复评价数据

沥青类型	$R_{0.1}$/%	$R_{3.2}$/%	R_{diff}/%	$J_{nr0.1}$/kPa	$J_{nr3.2}$/kPa	$J_{nr\text{-}diff}$/%
基质沥青	0.726	0	100	4.139	4.533	9.52
PEA+TDI	15.648	3.519	77.51	0.802	0.997	24.33
PEA+MDI	14.210	2.600	81.70	0.931	1.158	24.48
PEA+PAPI	14.160	2.685	81.04	0.858	1.065	24.05
PTMEG+TDI	26.017	6.568	74.75	0.598	0.861	43.98
PTMEG+MDI	24.929	5.101	79.54	0.688	1.107	60.78
PTMEG+PAPI	20.399	4.276	79.04	0.745	1.016	36.49

注：$R_{0.1}$代表应力为 0.1 kPa 的恢复率；$R_{3.2}$代表应力为 3.2 kPa 的恢复率；R_{diff}代表应变恢复率相对差异；$J_{nr0.1}$代表应力为 0.1 kPa 的不可恢复蠕变柔量；$J_{nr3.2}$代表应力为 3.2 kPa 的不可恢复蠕变柔量；$J_{nr\text{-}diff}$代表不可恢复蠕变柔量相对差异。

据表 4.3 可知，当施加 0.1 kPa 低水平的应力，受到荷载循环时几乎没有变形恢复。当应力提升到 3.2 kPa，PTMEG+TDI 型聚氨酯改性沥青的 $R_{3.2}$高达 6.568，这说明聚氨酯的加入有效提高了沥青的抗变形恢复性能。聚酯型多元醇（PEA）合成制备的聚氨酯改性沥青的 $R_{0.1}$和 $R_{3.2}$均大于聚醚多元醇（PTMEG）的，三种硬段合成制备的聚氨酯改性沥青的 $R_{0.1}$和 $R_{3.2}$大小均表现为 TDI>MDI>PAPI。对比分析各种沥青的不可恢复蠕变柔量 J_{nr}，该值越大，意味着沥青抵抗永久变形能力越差。其中聚醚多元醇（PTMEG）型的 J_{nr}小于聚酯多元醇（PEA）的异氰酸酯 TDI 型的小于其他两种硬段的，这也表明其高温下产生永久变形的概率小，能改善沥青混合料的抗车辙性能。应力敏感性指标 R_{diff}和 $J_{nr-diff}$可以反映出沥青材料在不同应力下的非线性特征。聚氨酯改性沥青的 R_{diff}均小于基质沥青的，说明聚氨酯能增强沥青对应力变化时的敏感性。六种聚氨酯改性沥青的 R_{diff}都在 75%左右，可见分子结构的改变对聚氨酯改性沥青的应力敏感性的影响较小。结合 R_{diff}数据可知，PTMEG+MDI 型分子结构合成制备的聚氨酯改性沥青对温度最敏感。

基于美国 AASHTO 标准规范 MP 19－10 使用多重应力蠕变气候覆盖（MSCR）测试的性能级沥青黏结剂的标准规范，以 $J_{nr3.2}$和 $J_{nr-diff}$的结果对基质沥青和聚氨酯改性沥青进行高温性能评价，按照相应的交通量和速度分为标准交通（S）、重交通（H）、超重交通（V）、极重交通（E），具体分级参数见表 4.4。

表 4.4 基于 MSCR 试验的沥青分级

交通等级	PG 分级（64 ℃）	$J_{nr3.2}$/kPa^{-1}	$J_{nr\text{-}diff}$/%
标准交通（交通量<1 000 万且速度>70 km/h）	S	≤4.0	≤75
重交通（1 000 万<交通量<3 000 万且 20 km/h<速度<70 km/h）	H	≤2.0	≤75
超重交通（交通量>3 000 万且速度<20 km/h）	V	≤1.0	≤75
极重交通（交通量>3 000 万且速度<20 km/h）	E	≤0.5	≤75

聚氨酯改性沥青和基质沥青的 $J_{nr-diff}$ 数据均小于 75%，因此，根据 $J_{nr3.2}$ 指标，七种沥青分级得到的结果如图 4.24 所示。

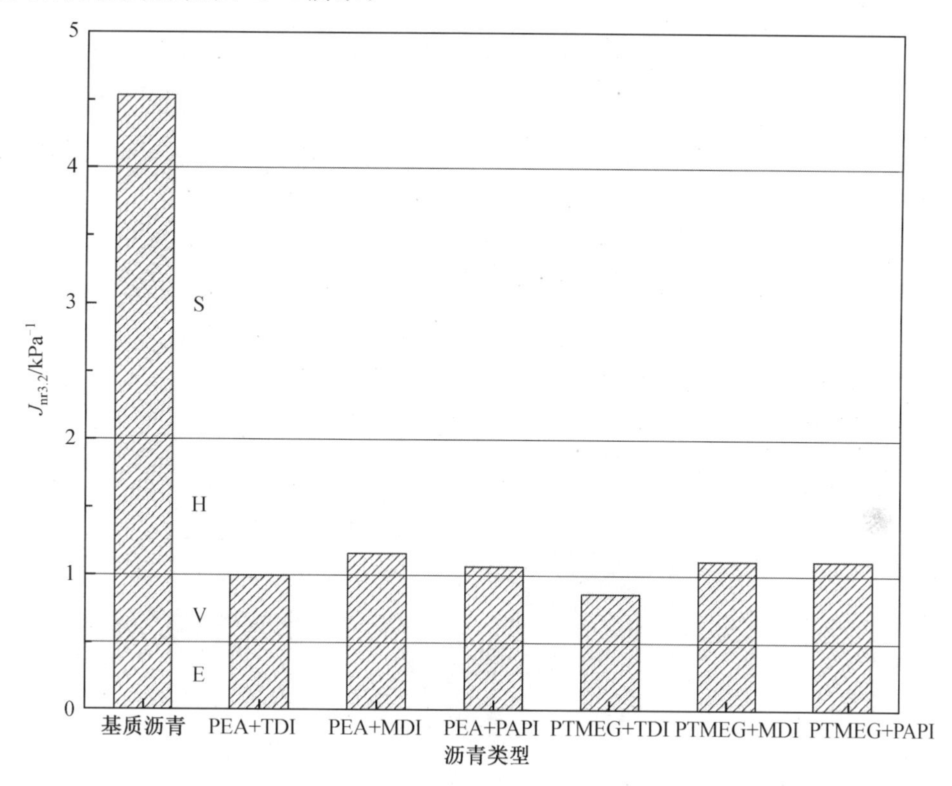

图 4.24　各种沥青的分级结果

据图可知，基质沥青的 $J_{nr3.2}>4\ kPa^{-1}$，显然此方法已经不能用来评价基质沥青的高温性能。从聚氨酯的分子结构层次考虑，硬段 TDI 异氰酸酯合成制备聚氨酯改性沥青更有利于抵抗高温下的反复加载变形。

3. 弯曲蠕变劲度试验

采用三个不同的低温，测试基质沥青与六种不同分子结构的聚氨酯改性沥青的低温性能，为了更好地对比七种沥青的低温性能差异，将蠕变劲度模量 S 值绘制成柱状图，如图 4.25 所示。

蠕变劲度模量反映出沥青低温下抵抗荷载的蠕变大小，S 值越小，表明沥青的低温性能越好。据图分析，聚氨酯的加入改善了沥青的低温性能。随温度的降低，聚氨酯改性沥青与基质沥青的差值逐渐增大。对比不同的聚氨酯分子结构，聚酯多元醇 PEA 合成制备的聚氨酯改性沥青 S 值比聚醚多元醇 PTMEG 的大，且温度越低两种类型的沥青 S 值差别越明显，表明低温下聚醚多元醇的柔韧性能更好。三种不同的异氰酸酯相比较，说明了不同硬段合成制备的聚氨酯改性沥青的低温性能与软段多元醇的种类无关，异氰酸酯的不同导致其合成制备的聚氨酯改性沥青低温下的 S 值不同，数据表明 TDI 合成制备的聚氨酯改性沥青低温性能最好。

同样，为了更好地对比分析，将沥青的蠕变速率 m 绘制成柱状图，如图 4.26 所示。

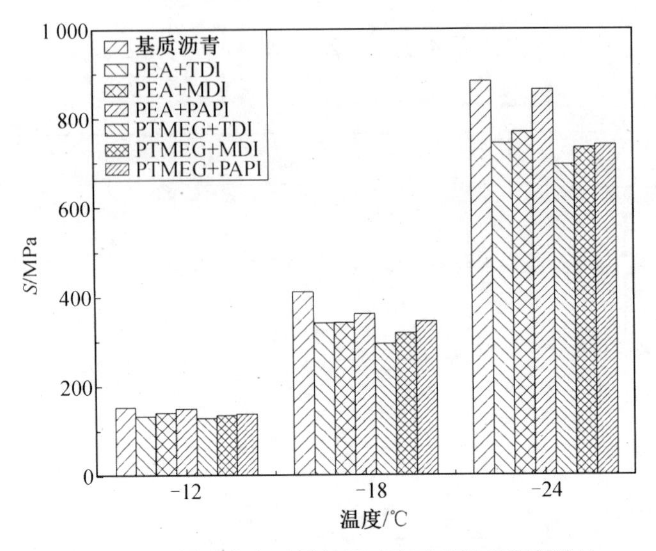

图 4.25 不同沥青在不同低温试验下的蠕变劲度模量

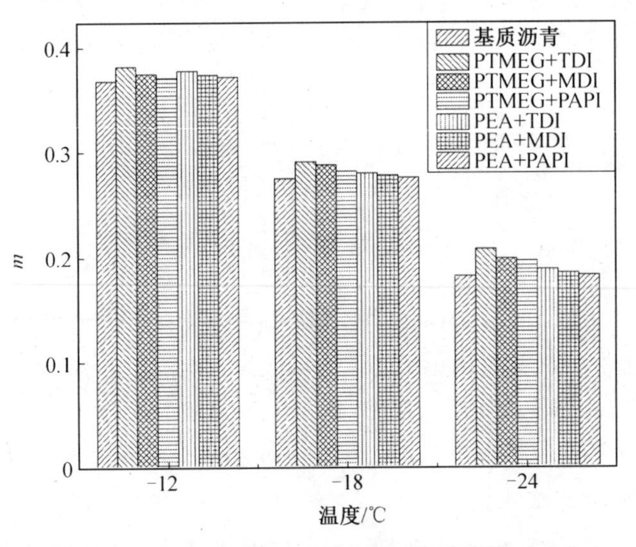

图 4.26 不同沥青在不同低温试验下的蠕变速率

m 值可反映沥青随时间的敏感性和应力松弛情况，m 值越大沥青低温性能越好。据图分析，随温度的降低，各种沥青的 m 值均减小，符合沥青低温下抗拉伸性能变差的基本规律。六种不同的聚氨酯改性沥青在各种低温下的 m 值均大于基质沥青的，说明聚氨酯能改善沥青的低温性能。聚氨酯分子结构不同，合成制备的改性沥青的低温性能有差异。整体上看，PTMEG 型聚醚型多元醇、TDI 型异氰酸酯合成制备的聚氨酯改性沥青的 m 值比聚酯型多元醇的大，尤其以 −24 ℃和 −18 ℃低温下的规律最为明显。在 −12 ℃低温下，软段两种多元醇不同时，改性沥青的 m 值差别不大。延度试验和 BBR 试验结论都可以得出，聚醚多元醇(PTMEG)的低温柔韧性能优于聚酯多元醇(PEA)，由 PTMEG 合成制备的聚氨酯改性沥青具有更好的低温性能。

4.3.3　聚氨酯改性沥青微观机理

通过前面沥青的基本性能和流变性能分析，分子结构的改变对聚氨酯改性沥青的性能有较大影响。为了进一步探究聚氨酯改性沥青的微观反应，本章利用原子力显微镜分析沥青的表面微观形貌图，取微量试样通过热重和差示扫描量热试验探究沥青在加热过程中的质量损失和能量变化。综合一系列的分析表征，进一步探究聚氨酯与沥青的反应变化和不同的多元醇和异氰酸酯合成的聚氨酯对沥青的性能影响。

1. 原子力显微镜试验

本章试验所用仪器为原子力显微镜，模式为敲击模式。基于轻敲模式下的基质沥青与不同沥青的 AFM 二维形貌图如图 4.27 所示。

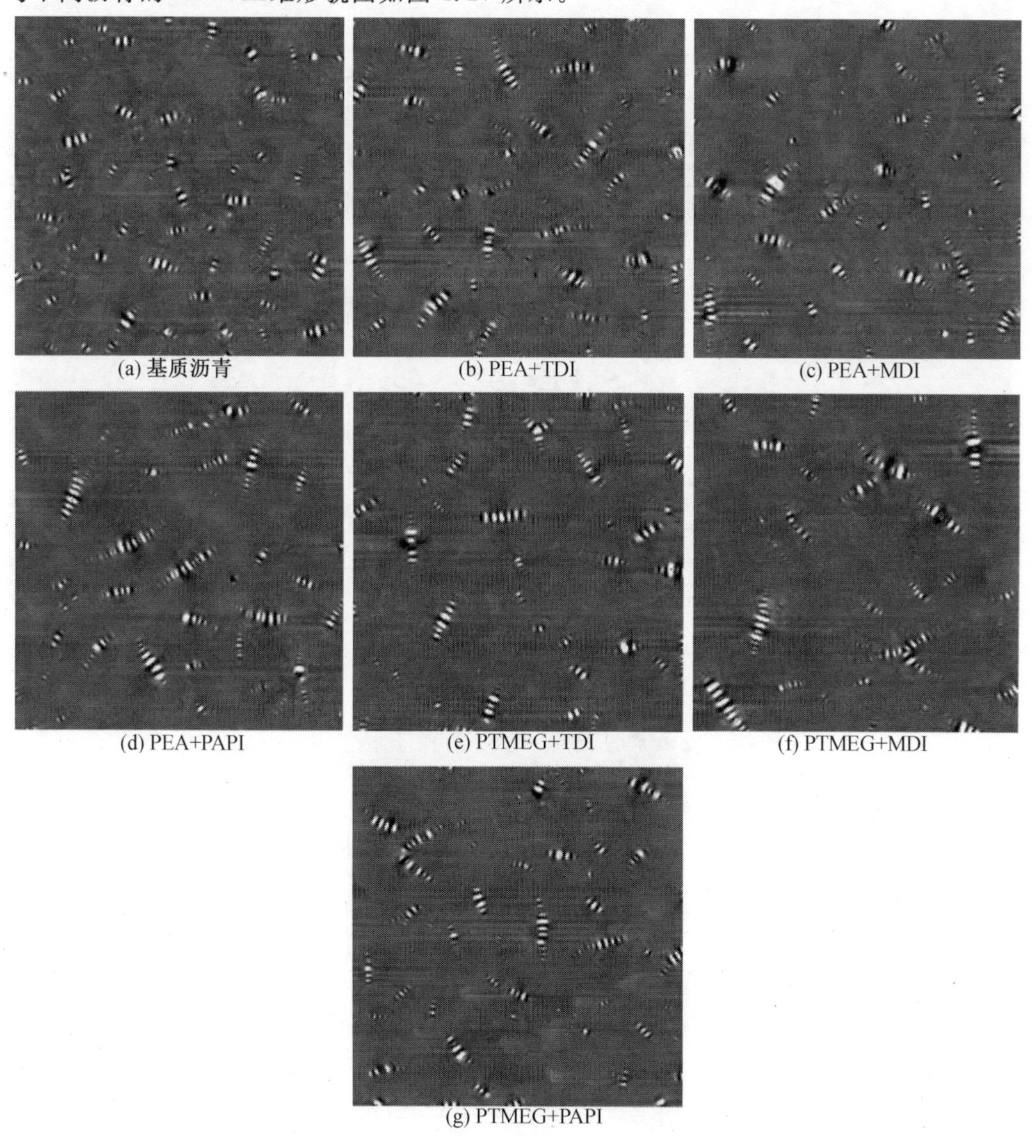

(a) 基质沥青　(b) PEA+TDI　(c) PEA+MDI

(d) PEA+PAPI　(e) PTMEG+TDI　(f) PTMEG+MDI

(g) PTMEG+PAPI

图 4.27　不同沥青的 AFM 二维形貌图

研究表明,“蜂型”结构的成因与沥青中的沥青质有关。对比分析,基质沥青与六种聚氨酯改性沥青的 AFM 图有一定差异。基质沥青的“蜂型”结构小而多,聚氨酯改性沥青中的“蜂型”结构普遍较大,数量相对较少,原因可能是聚氨酯与沥青中的某些轻质组分发生反应,导致沥青质的存在状态改变,相互之间的团聚现象更加明显。对比不同分子结构的聚氨酯改性沥青,AFM 形貌图之间的区别不大,说明聚氨酯分子结构的改变对沥青中的轻质组分作用效果较小。

基质沥青与不同沥青的 AFM 三维图像如图 4.28 所示。

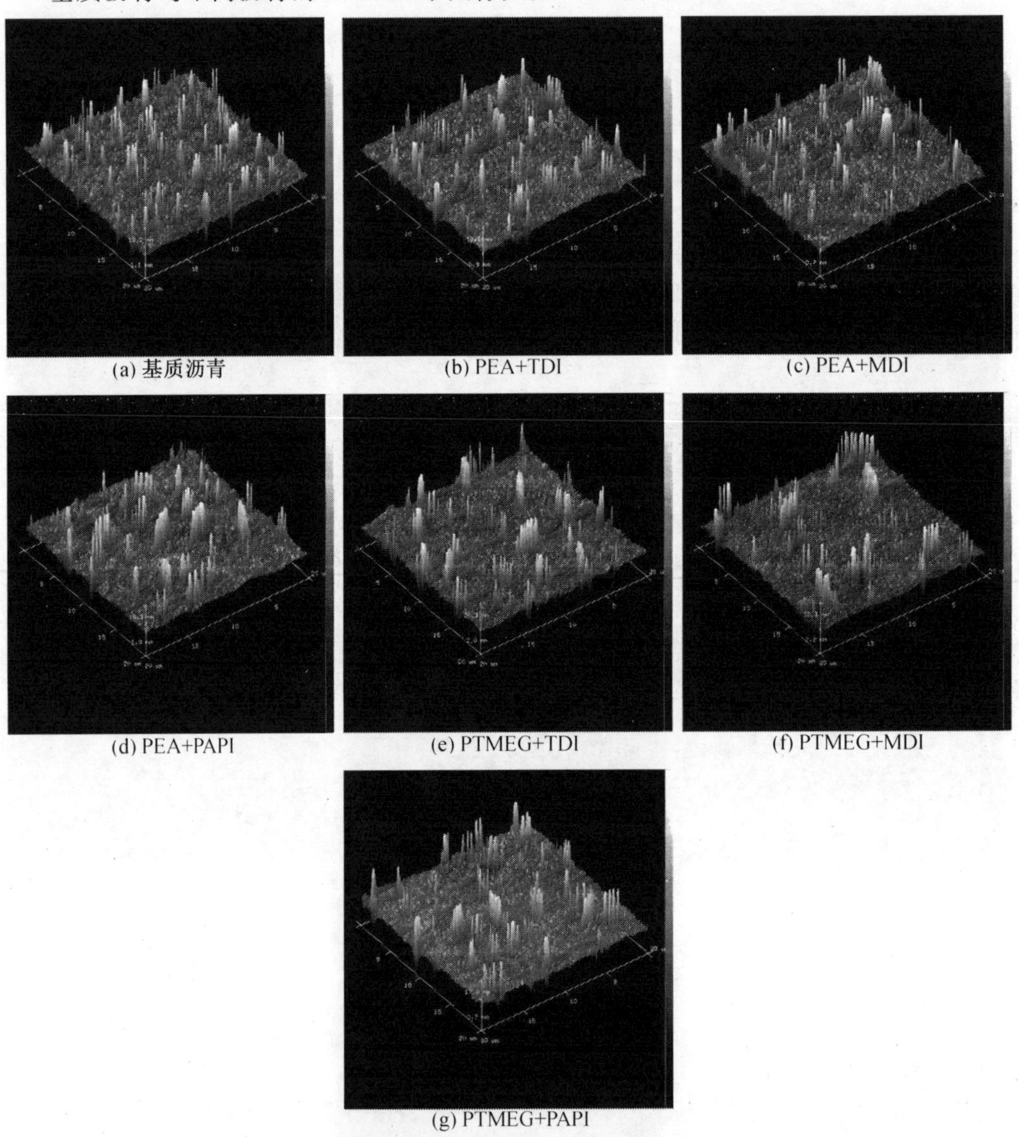

(a) 基质沥青　(b) PEA+TDI　(c) PEA+MDI

(d) PEA+PAPI　(e) PTMEG+TDI　(f) PTMEG+MDI

(g) PTMEG+PAPI

图 4.28　不同沥青的 AFM 三维图像

对比图像可知,不同沥青之间的区别不大,沥青蜂的高度并未因聚氨酯分子结构的不同而出现较大差异。在六种聚氨酯改性沥青中,PTMEG＋PAPI 型聚氨酯改性沥青蜂的高度最低,PTMEG＋TDI 和 PTMEG＋MDI 型聚氨酯改性沥青蜂的高度最大,说明软段聚醚多元醇合成制备的聚氨酯改性沥青对沥青中的轻质组分影响较大。

2. 热重试验

热重试验(Thermal Gravimetric,TG)是在相关的程序控制温度下,测试物质质量与温度关系的一种技术,当被测物质受热时,可能会有升华、汽化、分解等现象发生,导致质量损失。本章通过分析 TG 曲线,探讨不同分子结构之间的聚氨酯改性沥青在持续升温下的质量变化而分析其热稳定性能。试验采用热重分析仪,测试的温度区间为室温到 600 ℃,升温速率为 10 ℃/min,保护气为氮气,流量为 60 mL/min。

按照仪器要求得到的不同分子结构的聚氨酯改性沥青的热重曲线如图 4.29 所示。

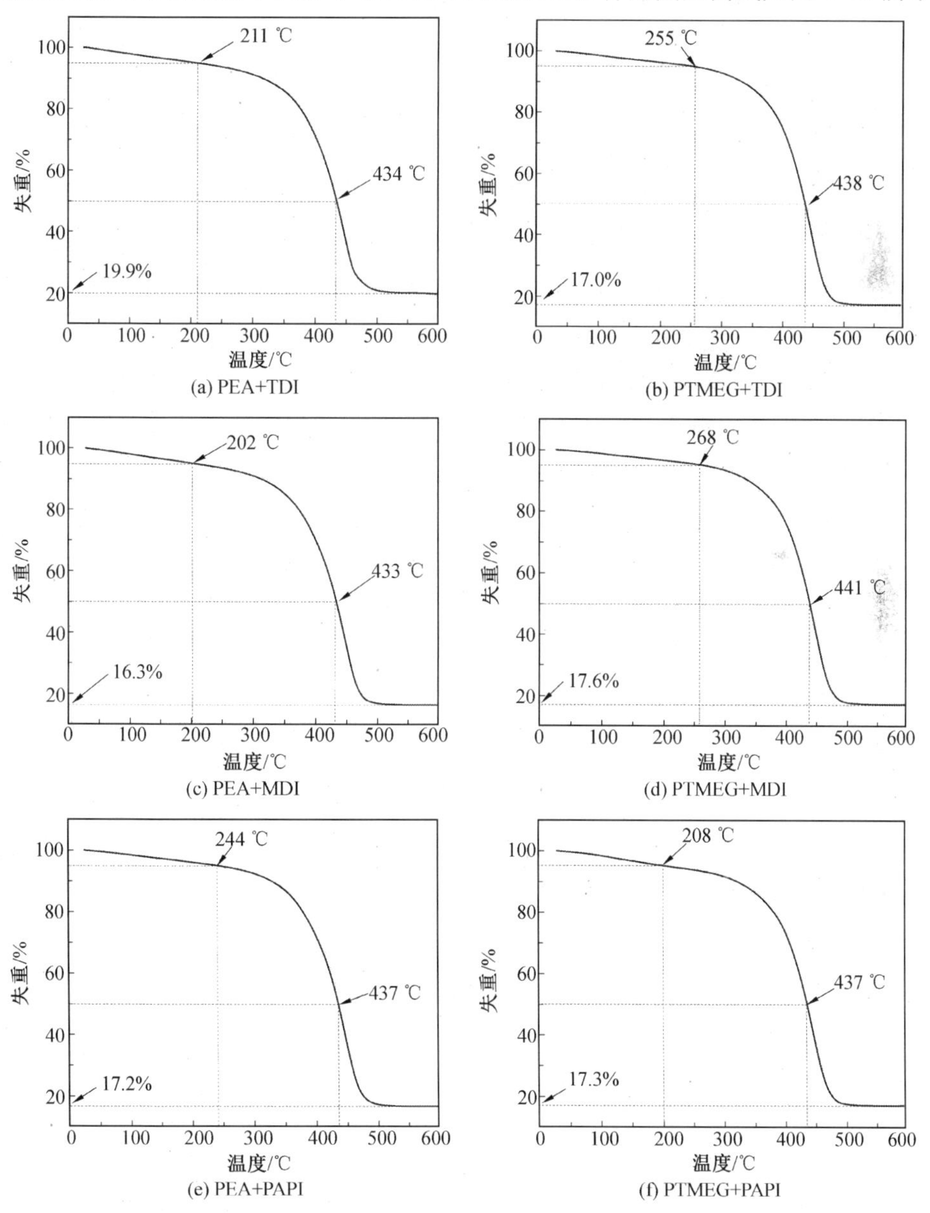

图 4.29　聚氨酯改性沥青热重曲线

据图 4.29 分析可知,随着温度的升高,六种聚氨酯改性沥青内部的某些组分发生分解作用而导致质量损失,最后在一个较高温度下趋于较稳定的质量状态,但不同分子结构下的聚氨酯改性沥青的质量损失速度和分解速度不同,说明它们之间的热稳定性能不同。进一步讨论,采用分解 5%时的温度 T_5 和分解 50%的温度 T_{50}、沥青分解趋于稳定时的损失率 R_m 分析不同沥青的热稳定性。将上述指标整理,见表 4.5。

表 4.5　不同聚氨酯改性沥青的热重指标

沥青类型	T_5/℃	T_{50}/℃	R_m/%
PEA+TDI	211	434	80.1
PEA+MDI	202	433	83.7
PEA+PAPI	244	437	82.8
PTMEG+TDI	255	438	83.0
PTMEG+MDI	268	441	82.4
PTMEG+PAPI	208	437	82.7

如表 4.5 所示,当沥青分解 5%时,不同分子结构的聚氨酯改性沥青稳定性差异较大,尤其在 T_5 之间的差值最大。三种不同的硬段在两种软段下的 T_5 表现出相反的大小规律。T_5 越大,表明沥青的高温稳定性能越好,越不容易受热分解。综合分析,分解 5%时,PTMEG+MDI 的温度最高,高温稳定性最好,PEA+MDI 的温度最低。当分解 50%时,六种不同分子结构的聚氨酯改性沥青温度接近,都在 430 ℃左右,改性剂与沥青的分解作用接近,改性沥青的分解趋于稳定状态,导致不同分子结构的 T_{50} 之间没有较大差别。不同分子结构改性沥青的 R_m 也无较大差异。在 600 ℃的高温下,六种改性沥青的质量损失接近。

3. 差示扫描量热试验

差示扫描量热(DSC)作为一种热分析的方法,能在程序控制温度下,测量试样相对于参比物的热流速度随温度或时间的变化。将 DSC 技术应用于沥青中,能够分析沥青的低温特性,获取沥青中的聚集态转化的热量,并分析玻璃化转变温度 T_g,为研究沥青的低温性能提供帮助。沥青的 T_g 越小证明沥青的低温性能越好。聚氨酯分子结构也会影响到聚氨酯弹性体的玻璃化转变温度。沥青玻璃化转变温度有多种选取方法,结合 DSC 曲线,本章采用曲线在测试温度下的第一个拐点作为 T_g。试验仪器为差示扫描量热仪,升温速率 10 K/min,氮气保护,流量为 20 mL/min,试验温度范围为−30～100 ℃。

基质沥青与六种聚氨酯改性沥青的 DSC 曲线如图 4.30 所示。

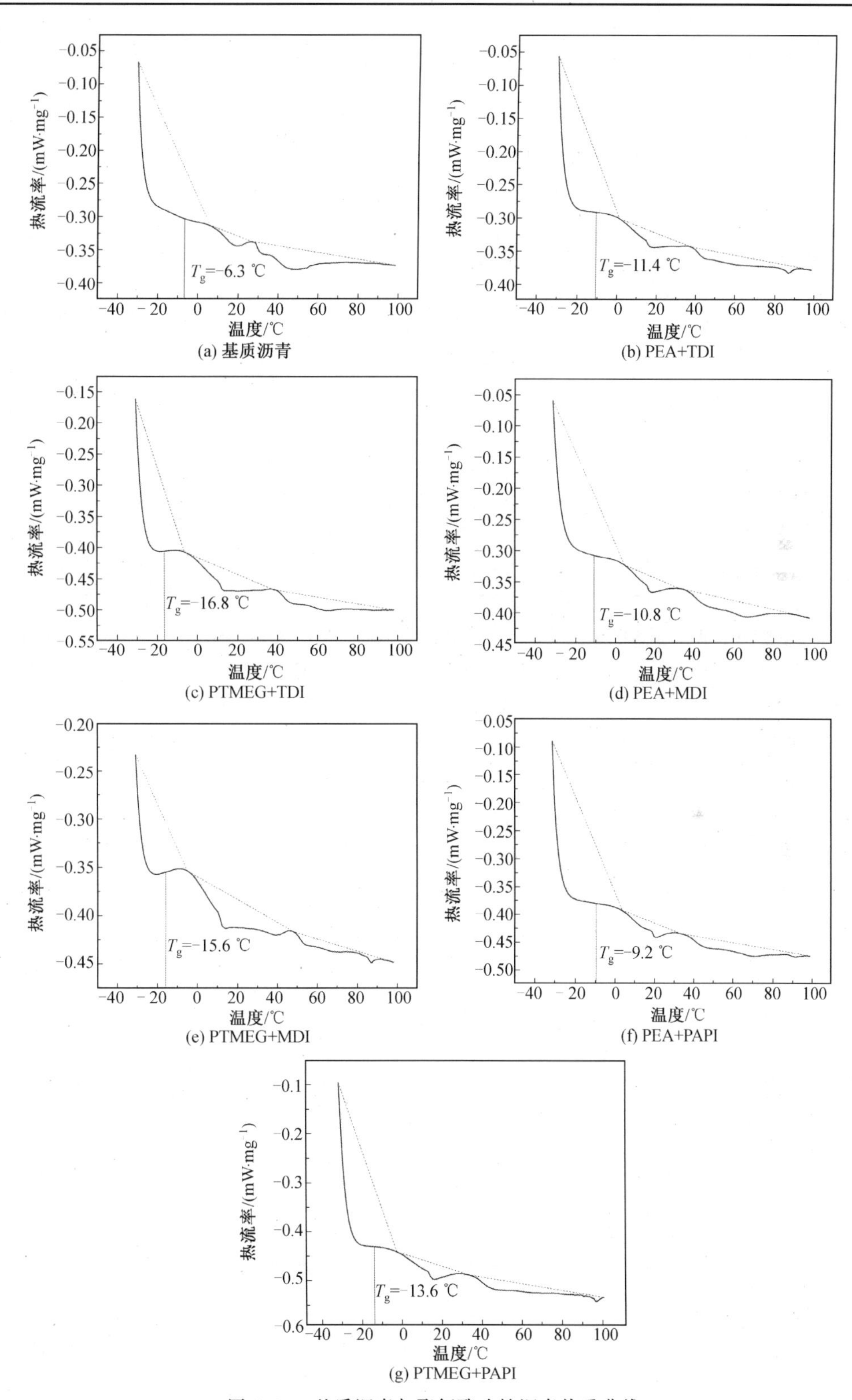

图 4.30　基质沥青与聚氨酯改性沥青热重曲线

图中曲线反映，沥青在测试的温度区间下主要有三段明显的吸热区域，其中前两个区域的温差变化小，最后的区域温差变化大。三块区域的面积大小不同，表明沥青在不同温度变化下的吸热量不同。面积越大，表明沥青热性能越不稳定。进一步分析，将各种沥青的详细热量数据和玻璃化转变温度数据进行整理，见表 4.6。

表 4.6　不同沥青的热量数据

沥青类型	T_g/℃	热量/(J·g^{-1})			
		区域一	区域二	区域三	总量
基质沥青	−6.3	3.42	0.16	0.94	4.52
PEA+TDI	−11.4	4.13	0.30	0.70	5.13
PEA+MDI	−10.8	3.39	0.31	0.69	4.39
PEA+PAPI	−9.2	3.34	0.45	0.63	4.42
PTMEG+TDI	−16.8	3.78	0.45	0.71	4.94
PTMEG+MDI	−15.6	1.32	0.93	0.25	2.50
PTMEG+PAPI	−13.6	2.41	0.70	0.66	3.77

根据表中数据分析，沥青在区域一吸收的热量普遍较大；在区域二、三中，不同的沥青表现出不同的吸热量。其中，PTMEG+MDI 型和 PTMEG+PAPI 型聚氨酯改性沥青在区域二的吸热量高于区域三，另外五种沥青的吸热规律相反。吸热总量方面，六种聚氨酯改性沥青的吸热总量都小于基质沥青，反映出聚氨酯改性沥青良好的热稳定性。当分子结构改变，改性沥青的吸热总量不同。软段聚酯多元醇(PEA)制备的聚氨酯改性沥青的吸热总量大于聚醚多元醇(PTMEG)，硬段三种不同的异氰酸酯相比，热量大小都为 TDI>PAPI>MDI。分析各种沥青的玻璃化转变温度，PTMEG 合成制备的聚氨酯改性沥青 T_g 明显小于 PEA 的，表现出 PTMEG 良好的低温柔韧性。无论用哪种软段，由异氰酸酯 TDI 合成制备的聚氨酯改性沥青的 T_g 均低于 MDI 和 PAPI，说明它的低温性能更好，该试验结论与之前的低温延度测试结论相统一。

4.3.4　聚氨酯改性沥青混合料的基本性能

1. 高温性能

采用车辙试验测试沥青混合料的高温性能，试验结果见表 4.7。

根据表中的试验数据可知，PEA 型聚氨酯改性沥青混合料的动稳定度明显大于 PTMEG 的，PEA+PAPI 型聚氨酯改性沥青混合料的动稳定度最大，为 13 404 次/mm，PTMEG+TDI 型聚氨酯改性沥青混合料的动稳定度仅为 6 702 次/mm，两者之间相差一倍。三种异氰酸酯相比较，动稳定度大小为 PAPI>MDI>TDI，结果与改性沥青的针入度、软化点结果相同，说明三种聚氨酯改性沥青与改性混合料的高温性能规律相一致。PAPI 制备合成的聚氨酯改性沥青混合料的高温抗车辙能力最好，其次是 MDI 型，TDI 型的最差。

表 4.7　不同沥青混合料的高温车辙试验数据

混合料类型	45 min 车辙深度/mm	60 min 车辙深度/mm	动稳定度/(次 · mm^{-1})
PEA+TDI	2.023	2.081	10 862
PEA+MDI	1.958	2.011	11 887
PEA+PAPI	1.672	1.719	13 404
PTMEG+TDI	1.568	1.662	6 702
PTMEG+MDI	2.568	2.657	7 079
PTMEG+PAPI	3.015	3.081	9 545

2. 低温性能

沥青混合料的低温试验的评价方法很多，本章采用弯曲试验测试六种不同分子结构的聚氨酯改性沥青混合料的低温开裂情况，试验结果见表 4.8。

表 4.8　不同沥青混合料的低温弯曲梁试验结果

混合料类型	最大荷载/N	破坏时跨中挠度变形/mm	抗弯拉强度/MPa	最大弯拉应变/$\times 10^{-3}$	弯曲劲度模量/MPa
PEA+TDI	1 145.36	0.623	9.35	3.27	2 859
PEA+MDI	1 182.87	0.639	9.66	3.35	2 878
PEA+PAPI	1 116.64	0.612	9.12	3.21	2 837
PTMEG+TDI	1 378.63	0.689	11.25	3.62	3 111
PTMEG+MDI	1 325.81	0.675	10.82	3.54	3 054
PTMEG+PAPI	1 278.66	0.661	10.44	3.47	3 008

从聚氨酯软段多元醇的角度分析，PTMEG 的抗弯拉强度、最大弯拉应变、弯曲劲度模量都大于 PEA 的，三项指标均反映出 PTMEG 为软段制备合成的聚氨酯改性沥青混合料的低温柔韧性能更好，温度越低越不容易开裂。硬段方面，多元醇不同导致聚氨酯改性沥青混合料的低温性能有差异。当采用 PEA 为软段时，分析可知 MDI 型异氰酸酯合成制备的聚氨酯改性沥青混合料的低温性能最好，其次是 TDI 型，PAPI 型最差。当采用 PTMEG 型多元醇时，TDI 型聚氨酯改性沥青混合料的低温性能最好，PAPI 型的最差。

3. 水稳定性能

采用浸水马歇尔试验和冻融劈裂试验评价聚氨酯改性沥青的水稳定性能，浸水马歇尔试验的试验方法为，将制备成型的马歇尔试件分别浸水 30 min 和 48 h，测试其马歇尔稳定度。冻融劈裂试验的具体方法为，按照规范要求将不同类型的马歇尔试件分组保温后进行劈裂试验测试劈裂强度，将最后得到的数据汇总，见表 4.9。

表 4.9　不同沥青混合料的水稳定性能试验结果

混合料类型	残留稳定度/%	残留强度比/%
PEA+TDI	93.6	90.6
PEA+MDI	93.2	90.1
PEA+PAPI	92.8	89.9
PTMEG+TDI	95.2	92.1
PTMEG+MDI	94.2	91.8
PTMEG+PAPI	94.5	91.5

两种软段合成制备聚氨酯改性沥青混合料的水稳定性能差别不大，但聚醚型多元醇PEA合成制备的改性沥青混合料的残留稳定度和残留强度比都要大于聚酯多元醇PEA，这也反映出聚醚多元醇有着良好的耐水解和低温抗裂的优异性能。不同异氰酸酯制备的聚氨酯改性沥青混合料的残留稳定度并没有明显的变化规律，但三种不同异氰酸酯合成制备的聚氨酯改性沥青混合料的残留强度比大小均为TDI>MDI>PAPI，结合残留稳定度数据，可知TDI型聚氨酯改性沥青混合料的水稳定性能最好，MDI和PAPI型聚氨酯改性沥青混合料的水稳定性能差别不大。

4.4　本章小结

本章综合对比选取了三种异氰酸酯和两种多元醇为聚氨酯预聚体的制备原料，并以此为基础合成了六种不同分子结构的聚氨酯，之后以聚氨酯为改性剂，添加了少量相容剂和扩链交联剂制备了六种聚氨酯改性沥青，通过控制变量法探究聚氨酯分子结构的不同对聚氨酯改性沥青的性能影响。首先进行了不同分子结构聚氨酯改性沥青的基本性能试验，对聚氨酯分子结构影响改性沥青的高低温等性能有了大概的认识，然后采用DSR试验、MSCR试验和BBR试验探究了分子结构对聚氨酯改性沥青的流变性能影响，通过微观试验分析了聚氨酯改性沥青的微观机理、热稳定性、玻璃化转变温度的不同变化规律，最后采用路用试验对比分析六种聚氨酯改性沥青混合料之间的性能差异，得到的主要结论如下：

(1)沥青三大指标试验综合比较后可知，聚氨酯能有效改善基质沥青各方面的性能，不同软段硬段合成制备的聚氨酯改性沥青高低温性能差别较大。以聚醚型多元醇(PTMEG)为软段时聚氨酯改性沥青的低温性能更好，以聚酯多元醇(PEA)为软段时聚氨酯改性沥青的高温性能更好。硬段不同的异氰酸酯相比较，其分子结构中的苯环数量越多，越有利于提高聚氨酯改性沥青的高温性能。

(2)对于分子结构对聚氨酯改性沥青流变性能的影响，通过沥青高温DSR试验得出，在不同温度和不同频率下聚氨酯的分子结构影响到聚氨酯改性沥青中的黏弹成分转化。在不同温度下，PEA和PAPI型异氰酸酯组合制备的聚氨酯改性沥青抗车辙性能最好，在不同频率下，PTMEG＋PAPI 型聚氨酯改性沥青抗车辙性能最好，PTMEG＋TDI 型聚氨酯改性沥青抗车辙性能最差。MSCR 试验数据显示，不同分子结构的聚氨酯改性沥青的变形恢复能力差别不大，综合几个指标分析，PTMEG＋MDI 型聚氨酯改性沥青在反复荷载循环下的抗变形恢复能力最好，PEA＋MDI 型聚氨酯改性沥青的最差。

(3)研究聚氨酯改性沥青微观机理时，在原子力显微镜下，能够明显观察到各种沥青的“蜂型”结构。基质沥青的“蜂型”结构数量多，形状较小，聚氨酯改性沥青的“蜂型”结构数量少，结构较大，这是由于聚氨酯的加入改变了沥青中沥青质的存在状态。六种不同的分子结构的聚氨酯改性沥青原子力显微镜图像差别很小，在三维图像上“蜂型”结构的高度上存在区别。

(4)不同分子结构的聚氨酯改性沥青混合料试验表明，聚氨酯分子结构的改变对沥青混合料有一定的影响。高温抗车辙方面，软段 PEA 性能优于 PTMEG，硬段 PAPI 性能最好。低温抗开裂方面，软段 PTMEG 性能优于 PEA，硬段随着软段的不同性能大小规律相反。水稳定性方面，PTMEG＋TDI 型聚氨酯改性沥青混合料的性能最好，PEA＋PAPI 型的最差。

本章参考文献

[1] 吴存雷. 聚氨酯预聚体技术及其应用[J]. 聚氨酯工业，2000(3)：1-4.

[2] 牛冰. 聚酯型聚氨酯的合成与改性研究[D]. 秦皇岛：燕山大学，2016.

[3] WONDU E，OH H W，KIM J. Effect of DMPA and molecular weight of polyethylene glycol on water-soluble polyurethane[J]. Polymers，2019，11(12)：1915.

[4] 郭晓勇，李萍，石红翠，等. 聚醚型聚氨酯中软硬段之间的氢键作用[J]. 聚氨酯工业，2016，31(4)：9-12.

[5] 于飞. TDI 的生产技术及市场现状[J]. 山东化工，2013，42(1)：30-32.

[6] 张琴，华成明，唐进伟，等. MDI 在聚氨酯预聚体中的应用[J]. 中国涂料，2010，25(1)：41-43.

[7] 赖国华. 沥青化学成分对路面水损害的影响[J]. 中外公路，2004(4)：52-53.

[8] 岳子玉. 相容剂的合成和 TPU 基热塑性弹性体的研制[D]. 青岛：青岛科技大学，2017.

[9] 张琴，华成明，唐进伟，等. MDI 在聚氨酯预聚体中的应用[J]. 中国涂料，2010，25(1)：41-43.

[10] 张少兵. 沥青三大指标试验中应注意的问题[J]. 城市建设理论研究(电子版)，2017(22)：84-85.

[11] 张群. 原子力显微镜[J]. 上海计量测试，2002(5)：38-39.

[12] 陈伟. 轻敲模式原子力显微镜的优化研究[D]. 杭州：浙江大学，2002.

[13] 成青. 热重分析技术及其在高分子材料领域的应用[J]. 广东化工，2008，35(12)：50-52，81.

[14] 苏群，张奇，于文勇，等. 沥青低温性能的差示扫描量热法研究[J]. 黑龙江工程学院学报(自然科学版)，2011，25(4)：1-4.
[15] 王艳丽. 共聚物玻璃化温度－组成－序列结构的关系研究[D]. 天津：河北工业大学，2009.
[16] 刘凉冰. 聚氨酯弹性体玻璃化转变温度的影响因素[J]. 聚氨酯工业，2003(4)：5-9.

第5章　聚氨酯/有机蒙脱土复合改性沥青制备与性能研究

5.1　背景及研究现状

沥青作为有机物质的一种，其性能会随着时间的推移逐渐退化。事实上，沥青结合料物理性能、化学结构的改变主要发生在沥青混合料的施工和服役阶段。受外界环境的影响，沥青会发生氧化，变得硬且脆，导致沥青路面的路用性能恶化，因此能否在服务年限内保持良好的路用性能将成为沥青路面面临的巨大挑战。

近年来，层状硅酸盐(LS)因具有独特的夹层结构和对热、氧优异的阻隔性能，常被研究人员用作改性剂提升沥青的路用性能，延长沥青路面的服务年限。层状硅酸盐是一种低成本、储量丰富的硅酸盐矿物，由四面体的硅酸盐片层和八面体的氢氧化物片层构成，将其用作改性剂时，能极大降低生产成本。层状硅酸盐主要包括：蒙脱土(MMT)、累托石(REC)、蛭石(VMT)和高岭石(KC)等。将其用于聚合物改性时，其片层会被聚合物分子链剥离或插层，在聚合物基体中以纳米级尺寸均匀分散，形成剥离型/插层型结构。聚合物的热存储稳定性、力学性能以及抗老化性能得到改善。

目前，已有众多学者对MMT改性沥青进行深入的研究，包括其改性机理、改性效果及制备工艺等。MMT改性沥青属纳米级物理改性，它能与沥青分子实现纳米尺度的均匀混合，增强改性效果。也可以将MMT与其他聚合物复配对沥青进行改性处理，改善沥青的路用性能。由于MMT亲水疏油，与沥青的相容性差，因而需对MMT进行有机化处理，改亲水为亲油，并扩大MMT的层间距，增强其与沥青基体的适用性。

已有研究表明，在沥青中加入有机蒙脱土，沥青的高温性能、疲劳性能、耐老化性能大幅提升，但低温性能严重衰减。国内外学者研究发现，聚氨酯对沥青的高低温性能均有提升作用，对低温性能的提升幅度较大。因此，为了兼顾沥青的高低温性能，可以采用一种对沥青低温性能有较好提升效果的聚合物与有机蒙脱土(OMMT)复配制备复合改性沥青。本章综合聚氨酯和OMMT的优点，研究聚氨酯/OMMT复合改性沥青，旨在提高沥青的高低温性能，满足现阶段日益增长的交通量对道路质量的需求。

本章拟采用有机改性剂1827处理Na－MMT(钠基蒙脱土)，制备OMMT，再将OMMT、聚氨酯与基质沥青以熔融共混的方式制备聚氨酯/OMMT复合改性沥青，并对其高温性能、低温性能、短期老化性能以及高低温流变性能进行研究。

5.2 材料制备

5.2.1 原材料

本章所用基质沥青为韩国 SK－90＃道路石油沥青，按《规程》测试其基本性能指标，技术要求均按《规范》的规定执行。蒙脱土所用的是层间距较大、分散性较好、阳离子交换容量较大的 SM－P 型 Na－MMT，由浙江丰虹新材料股份有限公司提供。有机化试剂是链长较长且带有苯环的十八烷基二甲基苄基氯化铵(1827)，由国药集团化学试剂有限公司生产。聚氨酯预聚体所用的是环保系列 H2133A 型的聚醚型聚氨酯预聚体，由淄博华天橡塑科技有限公司提供。扩链交联剂为 HR 型耐高温颗粒 MOCA。

5.2.2 试验方法

1. 有机蒙脱土的制备

本章分四步制备适用于沥青基体的 OMMT，具体操作要点如下：

(1)制备具有均相体系的土水混合液，用固定架将三口烧瓶固定在盛满常温水的水浴箱中，向烧瓶中倒入 600 mL 蒸馏水，开动转速设置为 200 r/min 的磁力搅拌机，随后向烧瓶中缓慢加入 30 g Na－MMT，搅拌 1.5 h，使 Na－MMT 与蒸馏水混合均匀得到具有均相体系的混合液 A。

(2)加热水浴箱至水温达到 75 ℃，缓慢加入一定量的有机化试剂分散液于 75 ℃、300 r/min条件下搅拌 3 h，静置到常温，得到分层的混合液 B。有机化反应示意图如图 5.1 所示。

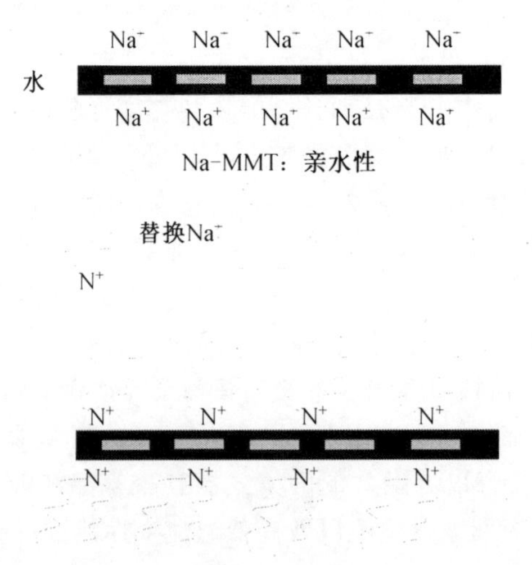

图 5.1 有机化反应示意图

(3)用蒸馏水对步骤(2)制备出的混合液 B 进行 3～4 次的抽滤、洗涤，以去除OMMT

中过量的有机化试剂。最后一次抽滤后不再洗涤，得到滤饼。

(4)将步骤(3)制得的滤饼置于烘箱中，在 105 ℃条件下保温 4 h，使之完全干燥，冷却至常温后研磨过 300 目筛，装入密封袋中备用，图 5.2 所示为具体的工艺流程。

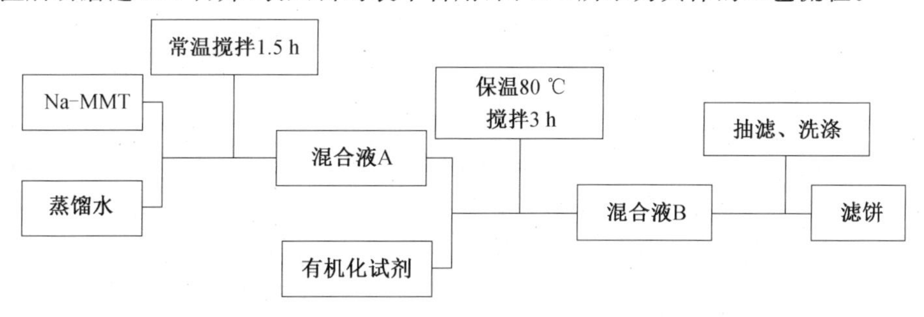

图 5.2　OMMT 制备工艺流程图

2. 聚氨酯/有机蒙脱土复合改性沥青的制备

基于课题组已有的研究成果，本章选用与沥青基体适用性较强的聚氨酯预聚体和 OMMT 复配做改性剂，于快捷高效的制备方法、优化的制备工艺下制备性能优异的聚氨酯/OMMT 复合改性沥青。

(1)制备方法的选择。

现有三种制备技术可用来制备聚氨酯/OMMT 复合改性沥青：原位聚合法、溶液聚合法、熔融插层法。其中，熔融插层法是最便捷高效、环保的制备方法，因此本章采用熔融插层法制备聚氨酯/OMMT 复合改性沥青。为了防止聚合物降解和沥青氧化，本章尽量保证所有样品在搅拌过程中温度不超过 180 ℃，并合理缩短搅拌时间。

(2)制备温度的优化。

为了制得性能理想的复合改性沥青，本章参阅相关文献对制备温度进行优化，拟采用 135～140 ℃作为聚氨酯/OMMT 复合改性沥青的制备温度。

(3)制备流程。

图 5.3 所示为聚氨酯/OMMT 复合改性沥青的制备流程图。

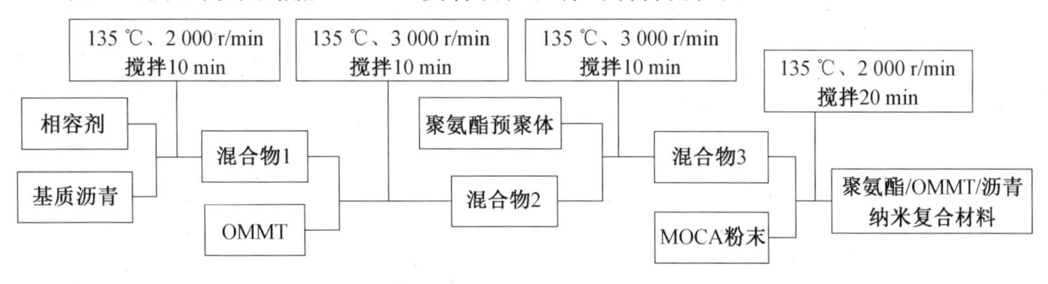

图 5.3　聚氨酯/OMMT 复合改性沥青的制备流程图

5.3 研究内容

5.3.1 常规路用性能研究

聚氨酯/OMMT复合改性沥青的制备有两个关键：一是制备工艺的优化，二是两者掺量范围的确定。文献研究发现，当聚氨酯的掺量达到11%时，改性沥青的5 ℃延度值已经超过130 cm，考虑到经济性及施工性能，本章拟定聚氨酯预聚体的掺量为5%、7%、9%、11%。文献研究发现，加入1%掺量的OMMT可以显著提升SBS改性沥青的高温存储稳定性及抗热、氧老化性能，减缓聚氨酯的热降解，为此本章拟定OMMT的掺量为0.5%、1.0%、1.5%、2.0%。以此制备不同聚氨酯/OMMT掺量的复合改性沥青，并对其进行常规路用性能测试，研究掺量对复合改性沥青路用性能的影响。

1. 高温性能

采用针入度、软化点来表征样品的高温抗变形能力，将其针入度和软化点的数据绘制成折线图，如图5.4～5.7所示。

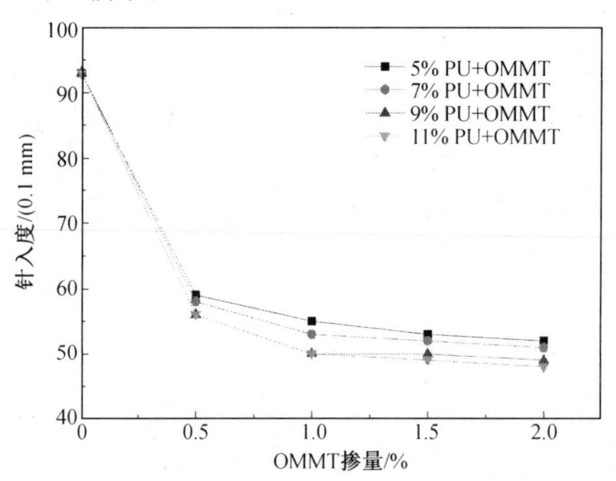

图5.4　不同种类复合改性沥青的针入度随OMMT掺量的变化情况

由图5.4和图5.5可知，与基质沥青相比，所有复合改性沥青的针入度均减小，软化点均升高，且差值较大，表明聚氨酯和OMMT的加入显著提升了沥青的高温性能。变化趋势是：当聚氨酯掺量不变时，复合改性沥青的软化点随OMMT掺量的增加而升高，针入度随之逐渐减小。但当掺量超过1%后，其针入度、软化点的变化速率随OMMT掺量的增加逐渐放缓，最后趋于稳定。

由图5.6和图5.7可知，不同种类复合改性沥青的高温性能随聚氨酯掺量的变化规律是：当OMMT的掺量固定时，复合改性沥青的高温性能随聚氨酯掺量的增加而缓慢提高，并且均远远优于基质沥青。但是当掺量超过9%后，其对复合改性沥青高温性能的影响逐渐变小，说明聚氨酯的掺量存在一个临界值。

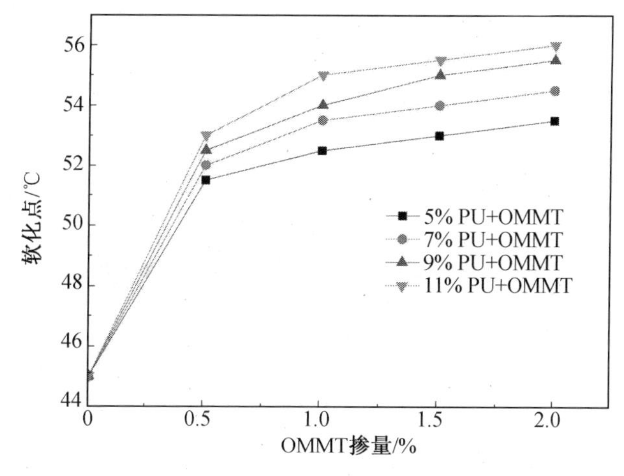

图 5.5 不同种类复合改性沥青的软化点随 OMMT 掺量的变化情况

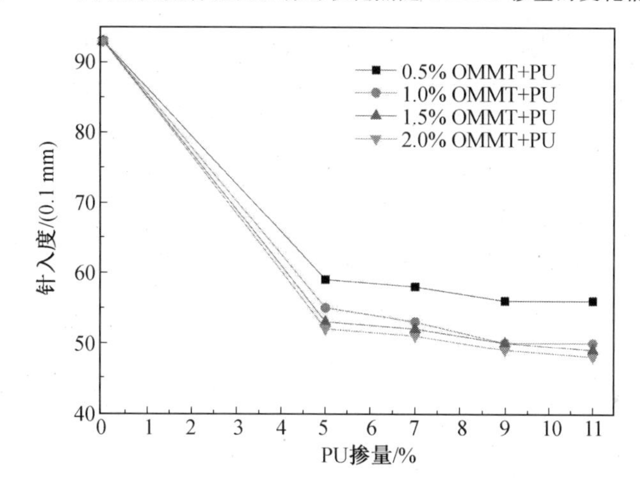

图 5.6 不同种类复合改性沥青的针入度随 PU 掺量的变化情况

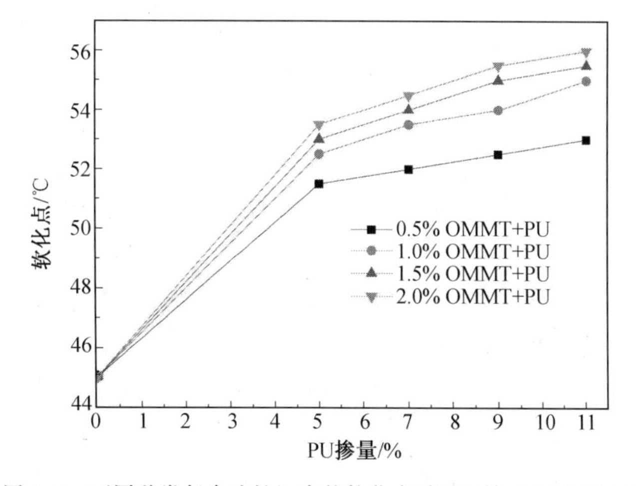

图 5.7 不同种类复合改性沥青的软化点随 PU 掺量的变化情况

2. 低温性能

对不同种类复合改性沥青的低温延度进行测试，研究聚氨酯和 OMMT 掺量对其低温性能的影响。复合改性沥青的 5 ℃延度随 OMMT 和聚氨酯掺量的变化情况如图 5.8 和图 5.9 所示。

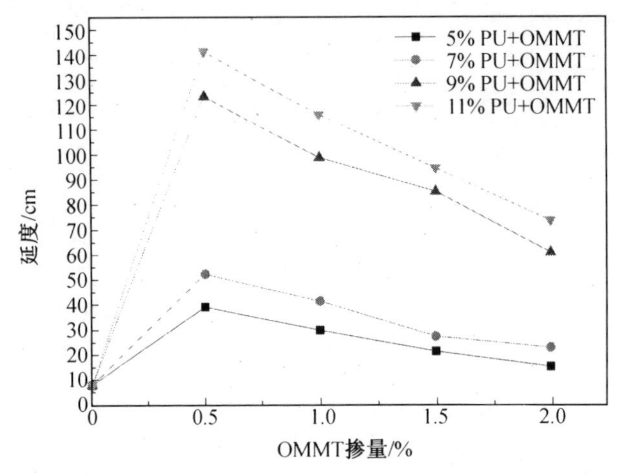

图 5.8　不同种类复合改性沥青的延度随 OMMT 掺量的变化情况

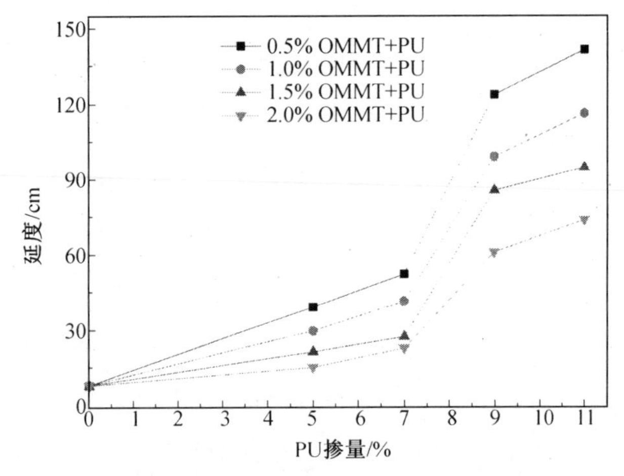

图 5.9　不同种类复合改性沥青的延度随 PU 掺量的变化情况

由图 5.8 可知，相比于基质沥青，不同种类复合改性沥青的 5 ℃延度均得到一定程度的提升。当聚氨酯掺量一定时，复合改性沥青的 5 ℃延度随 OMMT 掺量的增加直线下降，说明 OMMT 的加入对复合改性沥青的低温柔韧性产生了不利作用。

由图 5.9 可知，不同种类复合改性沥青的低温性能随聚氨酯掺量的变化趋势是：相等的 OMMT 掺量下，复合改性沥青的 5 ℃延度增长速率随聚氨酯掺量的增加先增大后减小，9%为转折点。

3. 黏度

为了研究聚氨酯、OMMT 及掺量对聚氨酯/OMMT 复合改性沥青黏度的影响，本章将不同种类聚氨酯/OMMT 复合改性沥青的 60 ℃运动黏度绘制成曲线，如图 5.10 和图

5.11 所示。

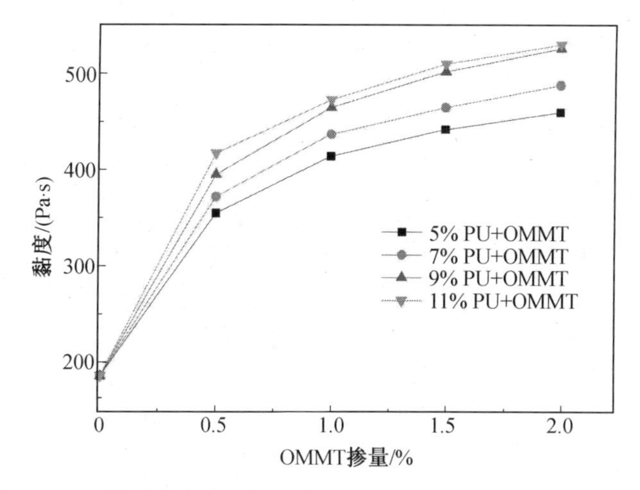

图 5.10　不同种类复合改性沥青的黏度随 OMMT 掺量的变化情况

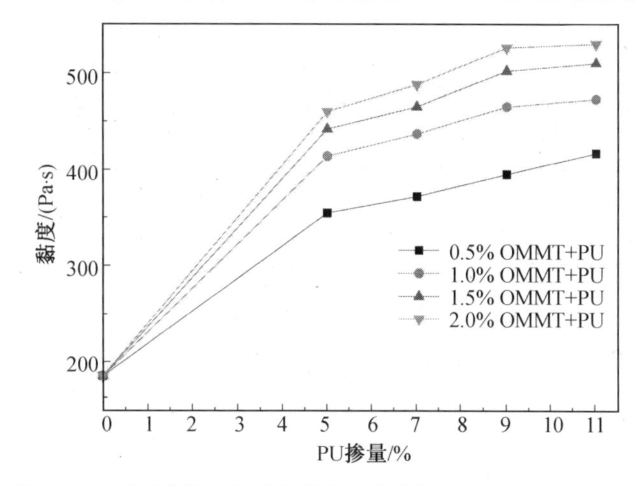

图 5.11　不同种类复合改性沥青的黏度随 PU 掺量的变化情况

由图 5.10 可知，所有复合改性沥青的黏度均高于基质沥青，并随 OMMT 掺量的增加，复合改性沥青的黏度逐渐增长。当 OMMT 的掺量保持在最佳掺量水平以下时，复合改性沥青黏度的增长速率随 OMMT 掺量的增加而迅速加快。

图 5.11 所示为同一 OMMT 掺量下，不同种类复合改性沥青的 60 ℃运动黏度随聚氨酯掺量的变化趋势。由图可知，加入聚氨酯之后，复合改性沥青的黏度出现不同程度的增加，这是由于沥青与聚氨酯的化学反应。

5.3.2　复合改性沥青的短期老化性能研究

采用 RTFOT 对样品进行老化，并从老化后复合改性沥青路用性能的改变和老化机理两方面研究聚氨酯/OMMT 及掺量对复合改性沥青老化性能的影响规律。

本章将沥青样品置于旋转薄膜烘箱中，在 163 ℃条件下保温 75 min 对复合改性沥青进行老化，并测定所有沥青老化后的 25 ℃针入度、软化点、5 ℃延度、黏度等指标。以残留针入度比(K_P)、软化点增量(ΔT)、延度保留率(DRR)、黏度老化指数(VAI)作为评价聚氨酯/OMMT复合改性沥青抗老化性能的指标。

1. 测试结果

基质沥青和不同种类复合改性沥青老化后的残留针入度比、软化点增量、延度保留率和黏度老化指数见表5.1。

表5.1 不同种类复合改性沥青老化指标结果

改性沥青种类		路用性能指标			
聚氨酯掺量	OMMT掺量	残留针入度比/%	软化点增量/℃	延度保留率/%	黏度老化指数/%
基质沥青		62.3	5.5	24.5	28
5%	0.5%	82.7	4.5	32.5	25
	1.0%	85.7	3.0	45.4	19
	1.5%	89.2	1.5	51.7	14
	2.0%	93.4	0.5	56.8	11
7.0%	0.5%	84.1	4.5	33.1	24
	1.0%	88.6	3.5	46.2	18
	1.5%	91.1	2.0	52.0	15
	2.0%	94.5	1.0	57.3	10
9.0%	0.5%	86.9	4.5	32.8	24
	1.0%	91.3	3.0	46.0	19
	1.5%	93.5	2.0	51.9	14
	2.0%	96.8	1.0	57.1	12
11.0%	0.5%	87.4	4.5	32.5	25
	1.0%	92.7	3.0	45.3	18
	1.5%	94.8	2.0	51.5	14
	2.0%	97.7	1.0	56.6	12

2. 聚氨酯和OMMT对复合改性沥青老化性能的影响

(1)残留针入度比。

OMMT/聚氨酯对RTFOT老化后复合改性沥青K_P的影响规律如图5.12和图5.13所示。与基质沥青相比,老化后所有沥青的针入度均变小,这是沥青材料自身固有的老化变硬过程。通常情况下,沥青在热、氧老化过程中会出现轻质组分挥发、质量分数减小,重质组分质量分数增加的现象,物理性能上表现为沥青针入度的减小。

由图5.12可知,掺入OMMT之后,不同种类复合改性沥青的K_P较基质沥青均有所提高,说明聚氨酯/OMMT复合改性沥青的短期抗热、氧老化性能得到提升。同时也可

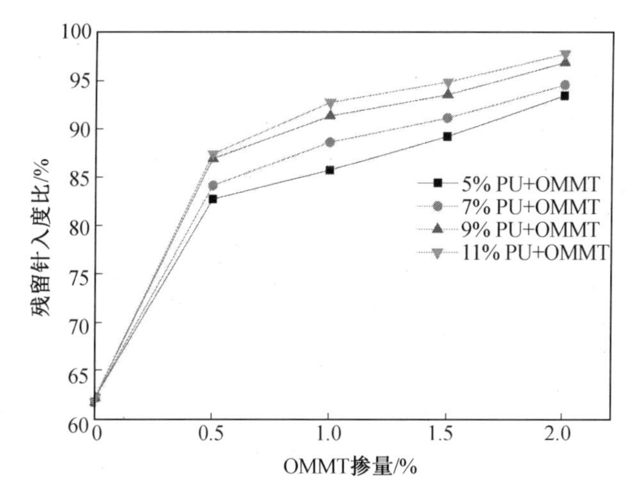

图 5.12　复合改性沥青 K_P 随 OMMT 掺量的变化情况

以看出，相同聚氨酯掺量下，随 OMMT 掺量的增加，复合改性沥青的 K_P 直线增长。这一结果证明 OMMT 的掺量对复合改性沥青抗热、氧老化性能的影响较大。

聚氨酯对沥青老化性能的影响规律如图 5.13 所示。观察图可知，同一 OMMT 掺量下，随聚氨酯掺量的增大，复合改性沥青的 K_P 一直低速增长，但增量很小，说明增加聚氨酯掺量对沥青耐热、氧老化性能的提升作用不大。

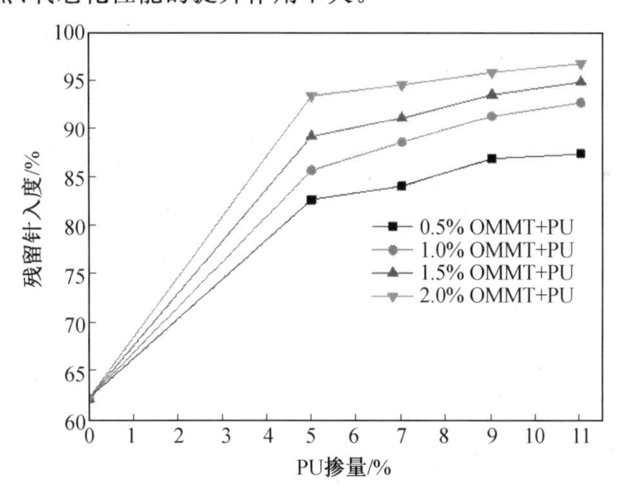

图 5.13　复合改性沥青 K_P 随聚氨酯掺量的变化情况

(2)软化点增量。

图 5.14 和图 5.15 所示为 RTFOT 老化后不同种类复合改性沥青的老化后沥青试样的软化点增量 ΔT 随 OMMT 和聚氨酯掺量的变化情况。经过 RTFOT 老化后，基质沥青和复合改性沥青的软化点均有所增长，与复合改性沥青相比，基质沥青的软化点增量最大，高达 5.5 ℃，表明聚氨酯/OMMT 复合改性沥青的耐热、氧老化性能明显优于基质沥青。这点与对不同种类复合改性沥青 K_P 的研究结论一致。

由图 5.14 可知，相同聚氨酯掺量下，随 OMMT 掺量的增大，复合改性沥青的 ΔT 逐渐减小，说明 OMMT 能显著提升沥青的抗热、氧老化性能。

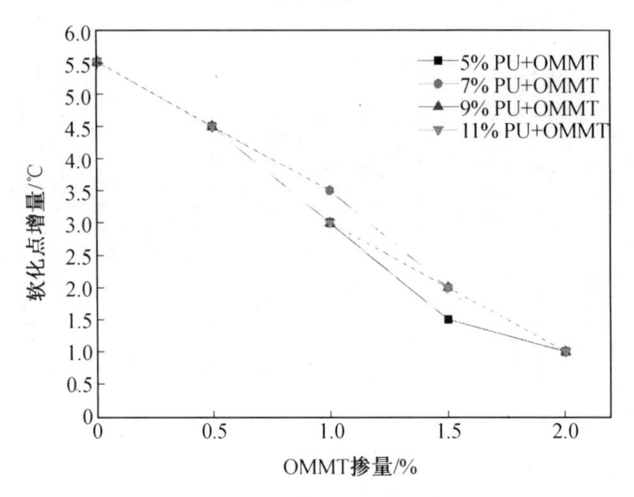

图 5.14　复合改性沥青 ΔT 随 OMMT 掺量的变化情况

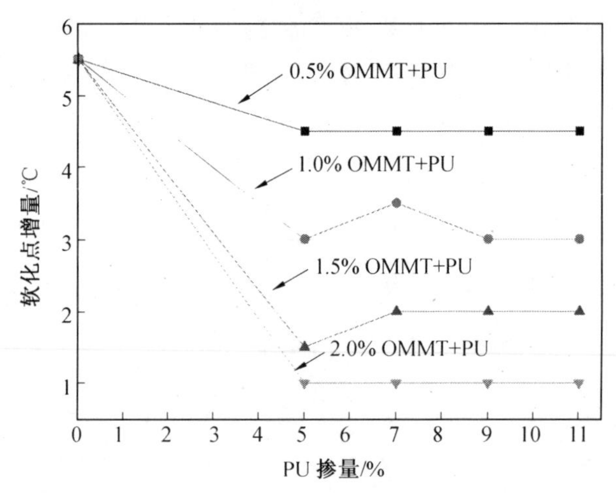

图 5.15　复合改性沥青 ΔT 随聚氨酯掺量的变化情况

由图 5.15 可知，所有复合改性沥青老化后的 ΔT 均小于基质沥青，与老化前相比，老化后所有沥青的软化点均升高，说明老化对沥青的高温性能起到一定程度的提升作用。这一结果表明聚氨酯掺量与复合改性沥青在同一老化条件下发生老化的严重程度关系不大。

(3)延度保留率。

复合改性沥青的延度保留率 DRR 随 OMMT、聚氨酯掺量的变化情况如图 5.16 和图 5.17 所示。由图可知，RTFOT 老化后所有沥青的延度值均有所下降，说明老化使沥青变得硬、脆，降低了沥青的柔韧性。然而老化后复合改性沥青的延度保留率远高于基质沥青，表明聚氨酯、OMMT 能有效改善沥青老化后的柔韧性和抗裂性。

由图 5.16 得出，掺入相同质量比例的聚氨酯时，聚氨酯/OMMT 复合改性沥青的延度保留率 DRR 随 OMMT 掺量的增大而迅速增长。这一结果表明 OMMT 能延缓沥青在热、氧老化过程中低温性能衰减的程度，也进一步说明 OMMT 的掺入使沥青老化变硬的过程得到缓解，耐老化性能得到提升。

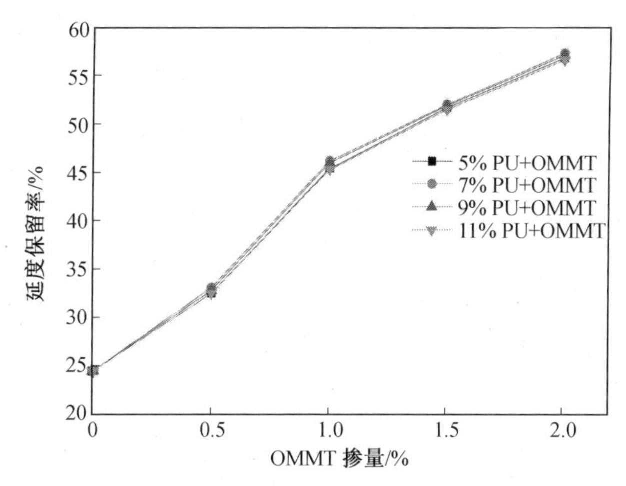

图 5.16　复合改性沥青的延度保留率随 OMMT 掺量的变化情况

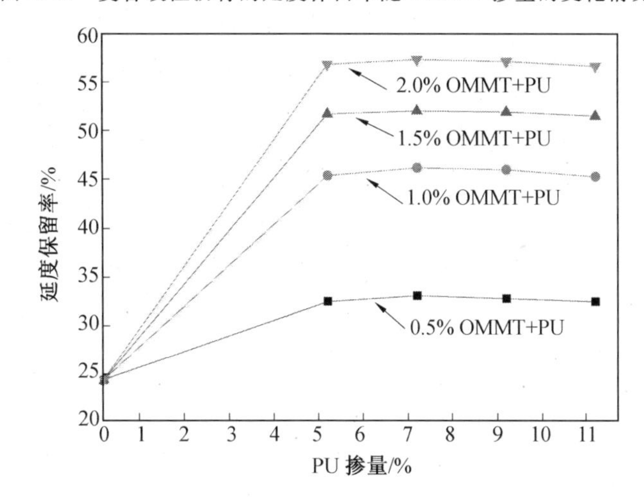

图 5.17　复合改性沥青的延度保留率随聚氨酯掺量的变化情况

加入聚氨酯后,复合改性沥青延度保留率的变化情况如图 5.17 所示。由图可得,固定 OMMT 掺量,增大聚氨酯掺量,复合改性沥青的延度保留率基本不变,说明聚氨酯对复合改性沥青的抗热、氧老化性能几乎没有影响。

(4)黏度老化指数。

RTFOT 老化对所有沥青样品黏度老化指数 VAI 的影响如图 5.18 和图 5.19 所示。所有聚氨酯/OMMT 复合改性沥青的黏度老化指数 VAI 均小于基质沥青,表明聚氨酯/OMMT 提高了沥青的耐热、氧老化能力。

图 5.18 所示为复合改性沥青的 VAI 与 OMMT 掺量的关系。由图可知,当聚氨酯掺量一定时,随 OMMT 掺量的增大,复合改性沥青的 VAI 迅速减小。

图 5.19 所示为复合改性沥青的 VAI 与聚氨酯掺量的关系。由图可知,同一 OMMT 掺量下,随聚氨酯掺量的增大,复合改性沥青的 VAI 变化很小。表明复合改性沥青的抗热、氧老化性能与聚氨酯掺量无相关关系。

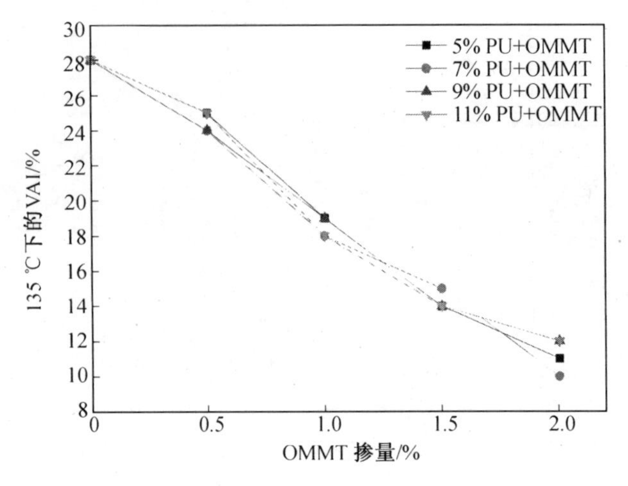

图 5.18　复合改性沥青 VAI 随 OMMT 掺量的变化情况

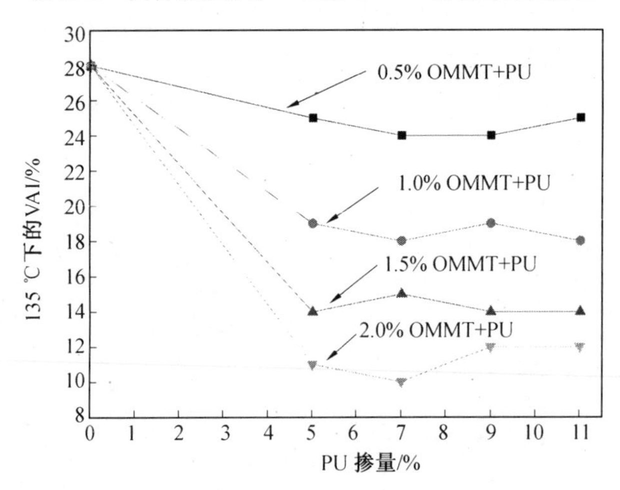

图 5.19　复合改性沥青 VAI 随聚氨酯掺量的变化情况

5.3.3　聚氨酯/有机蒙脱土复合改性沥青高温流变性能

本节采用 DSR 测试聚氨酯/OMMT 复合改性沥青和基质沥青老化前后的流变参数，采用复数剪切模量(G^*)、相位角(δ)、储能模量(G')、损耗模量(G'')、抗车辙因子($G^*/\sin\delta$)等作为评价沥青流变性能的指标。

1. 复数剪切模量和相位角分析

荷载频率为 10 rad/s 条件下，不同种类复合改性沥青和基质沥青老化前的 G^* 与温度的关系曲线如图 5.20 所示。由图可知，复合改性沥青与基质沥青存在相似的线性黏弹行为，G^* 均随着温度的升高而减小。

复合改性沥青和基质沥青的 δ 与温度的关系曲线如图 5.21 所示。δ 较复数剪切模量对沥青的物理和化学结构更为敏感。基质沥青在低温条件下具有较好的弹性性质，在高温条件下显示黏性性质，而在正常使用温度下具有复杂的黏弹性。较基质沥青，复合改性沥青的 δ 较小，温度越低，二者差值越明显，这与 G^* 的变化相反。随着温度的持续上

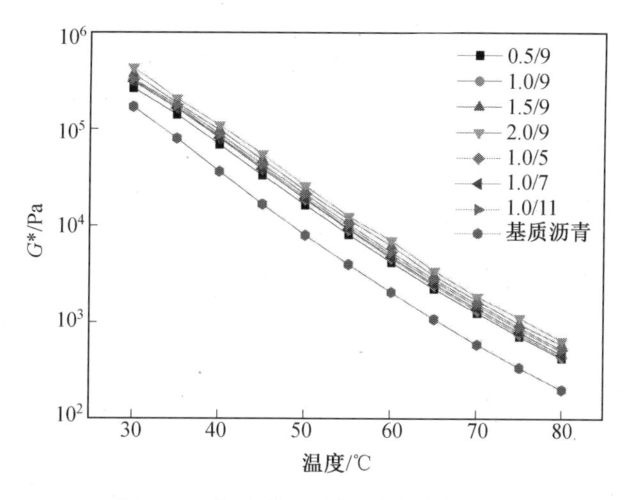

图 5.20 沥青的 G^* 随温度的变化情况

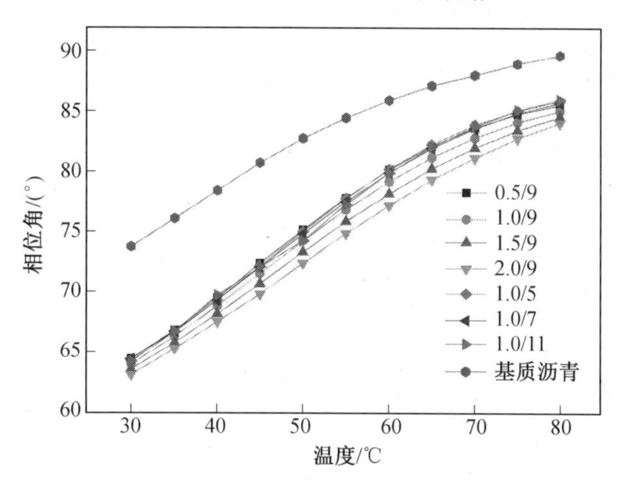

图 5.21 沥青的 δ 随温度的变化情况

升，基质沥青的 δ 接近于 90 ℃，而复合改性沥青的 δ 不到 85 ℃，此时沥青的黏性性质起主要作用。

本章所研究的复合改性沥青的流变性能在很大程度上取决于 OMMT 和聚氨酯的掺量。图 5.22 所示为相同聚氨酯掺量下，不同 OMMT 掺量的复合改性沥青和基质沥青的 G^* 和 δ 随 OMMT 掺量的变化情况。分析图可知，当 OMMT 的掺量较低时(0.5%)，复合改性沥青的流变性能已明显优于基质沥青。随着 OMMT 掺量的增加，复合改性沥青的 G^* 显著增大、δ 变小。相同测试温度下，复合改性沥青较基质沥青拥有更高的 G^*、更低的 δ，这说明 OMMT 的掺入对沥青的流变性能有较为显著的提升作用。

图 5.23 所示为相同 OMMT 掺量下，不同聚氨酯掺量的复合改性沥青与基质沥青的 G^* 和 δ 随聚氨酯掺量的变化情况。从整个扫描的温度区间来看，复合改性沥青的 G^*、δ 均与基质沥青存在较大的差别。基质沥青随着温度的升高直接过渡到黏流区域，而复合改性沥青呈现出非常不同的线性黏弹响应。

RTFOT 老化后复合改性沥青和基质沥青的 G^*、δ 随温度的变化情况如图 5.24 所

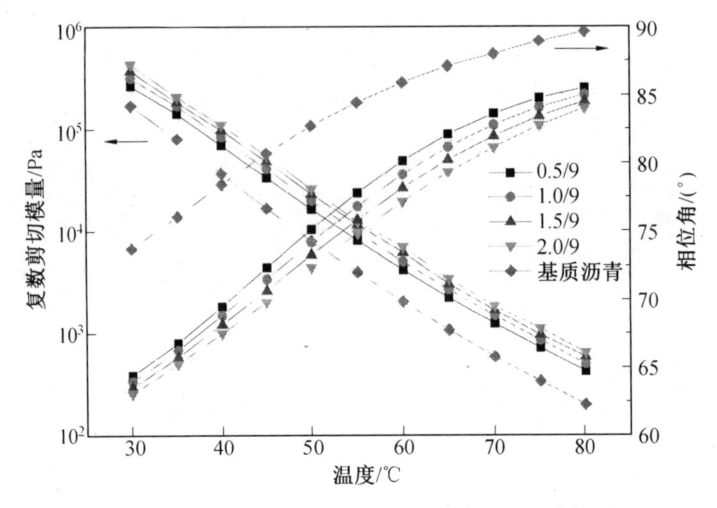

图 5.22 沥青的 G^*、δ 随 OMMT 掺量的变化情况

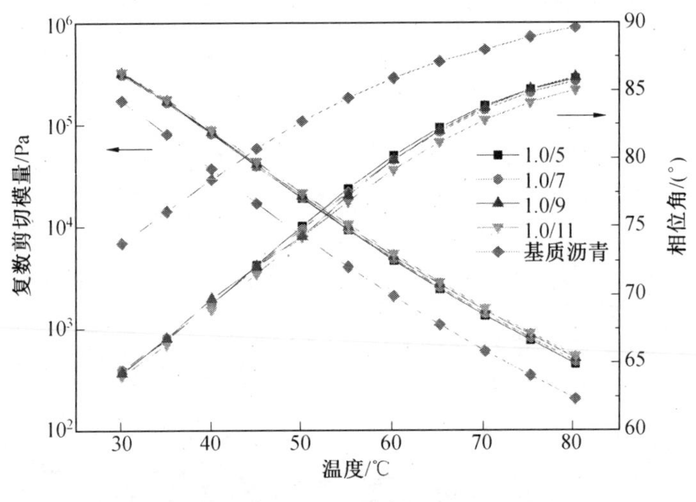

图 5.23 沥青的 G^*、δ 随聚氨酯掺量的变化情况

示。图 5.24 表明,老化前后的复合改性沥青与基质沥青的 G^*、δ 随温度的升高呈现出相同的走势。随测试温度的升高,老化后沥青的弹性比例缓慢下降,黏性起主导作用,高温抗变形能力不断下降。

图 5.25 所示为基质沥青和复合改性沥青老化前后 G^*、δ 随温度的变化对比。由图可知,与老化前相比,老化后复合改性沥青和基质沥青的 G^* 变大、δ 变小,这说明老化使沥青变硬、黏度增大,能赋予沥青更好的弹性性能。当温度低于 50 ℃时,老化对沥青的 G^* 没有太大影响;当温度高于 80 ℃时,老化前后沥青的相位角值差距很小,此时老化前后的沥青都由高弹态向黏流态转变。老化前后复合改性沥青的变化比基质沥青要小很多,表明聚氨酯/OMMT 复合改性沥青的抗老化性能更优异,聚氨酯/OMMT 的加入对沥青的抗热、氧老化性能有提高作用。

图 5.26 所示为相同聚氨酯掺量、不同 OMMT 掺量的复合改性沥青老化前后的 G^*、δ 随 OMMT 掺量的变化对比。从图可以看出,聚氨酯/OMMT 复合改性沥青老化后流

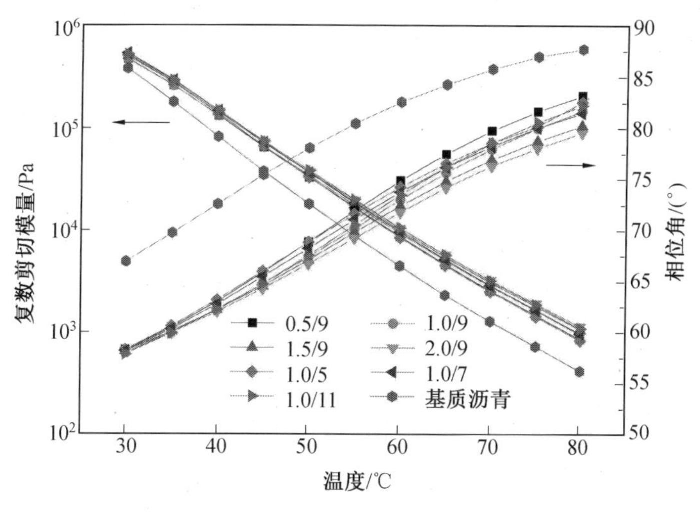

图 5.24 老化后沥青的 G^*、δ 随温度的变化情况

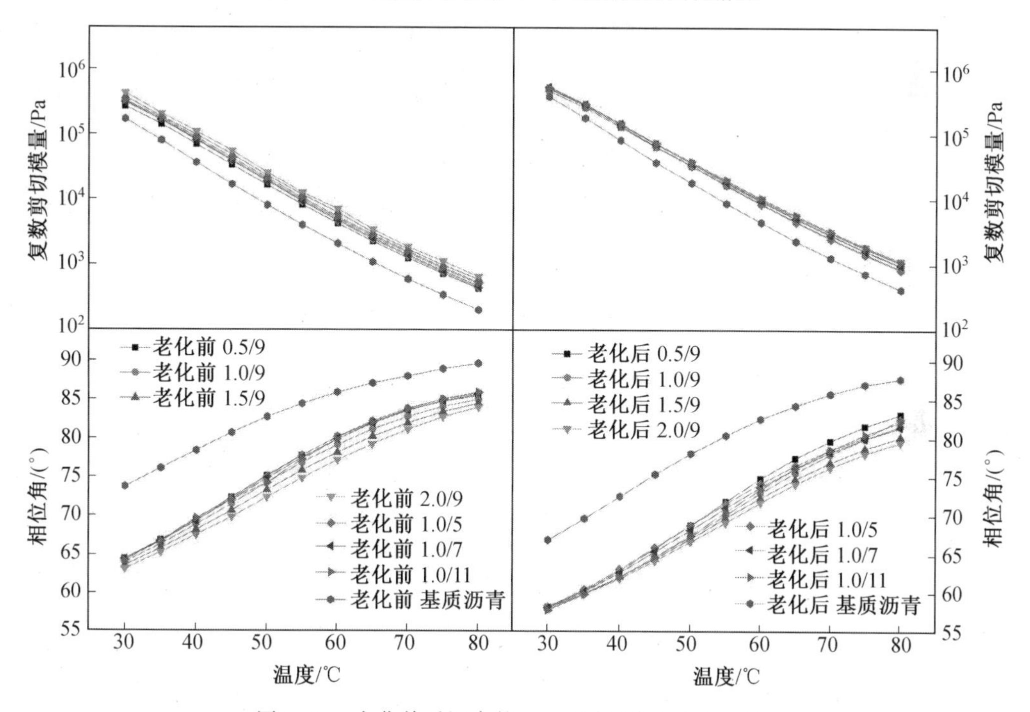

图 5.25 老化前后沥青的 G^*、δ 随温度的变化对比

变性能的改变幅度小于基质沥青。与老化前相比，复合改性沥青老化后 G^* 的增量、δ 的差值均随 OMMT 掺量增大而减小，OMMT 掺量为 1%时的差值最小。但是过多增加 OMMT 掺量来提升沥青的抗老化性能是不合理的。

图 5.27 所示为相同 OMMT 掺量的聚氨酯/OMMT 复合改性沥青老化前后的 G^*、δ 随聚氨酯掺量的变化对比。固定 OMMT 掺量，老化后不同聚氨酯掺量的复合改性沥青的 G^* 的增加幅度或 δ 的减小幅度大致相同；且老化后不同聚氨酯掺量的复合改性沥青的 G^*、δ 趋于相等。这一结果表明聚氨酯的加入并没有改变沥青老化后的流变行为，增大

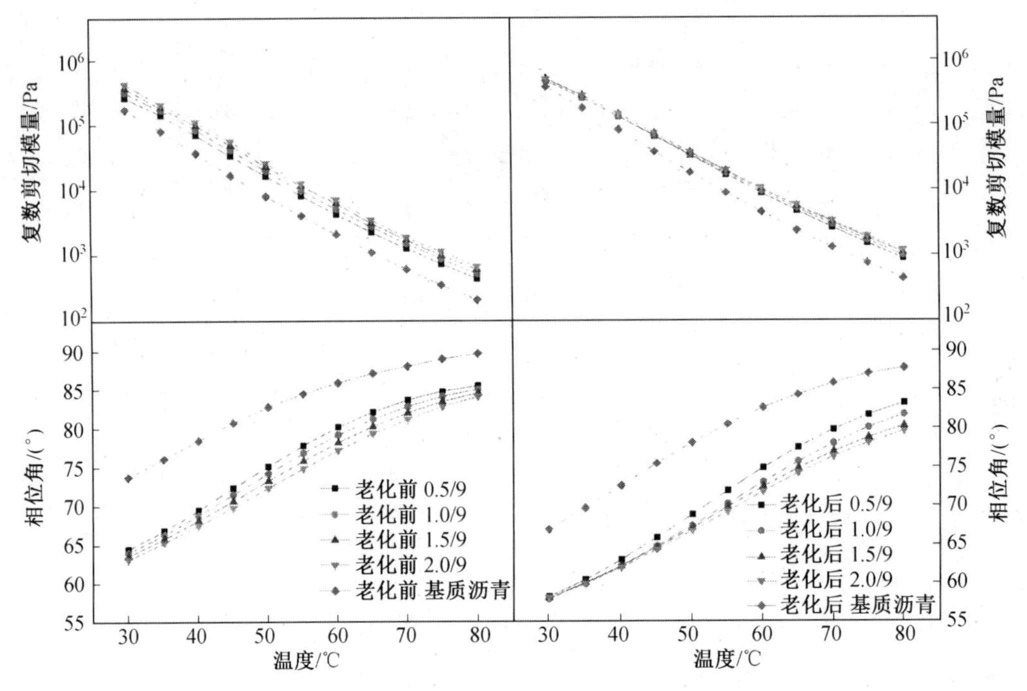

图 5.26 老化前后沥青的 G^*、δ 随 OMMT 掺量的变化对比

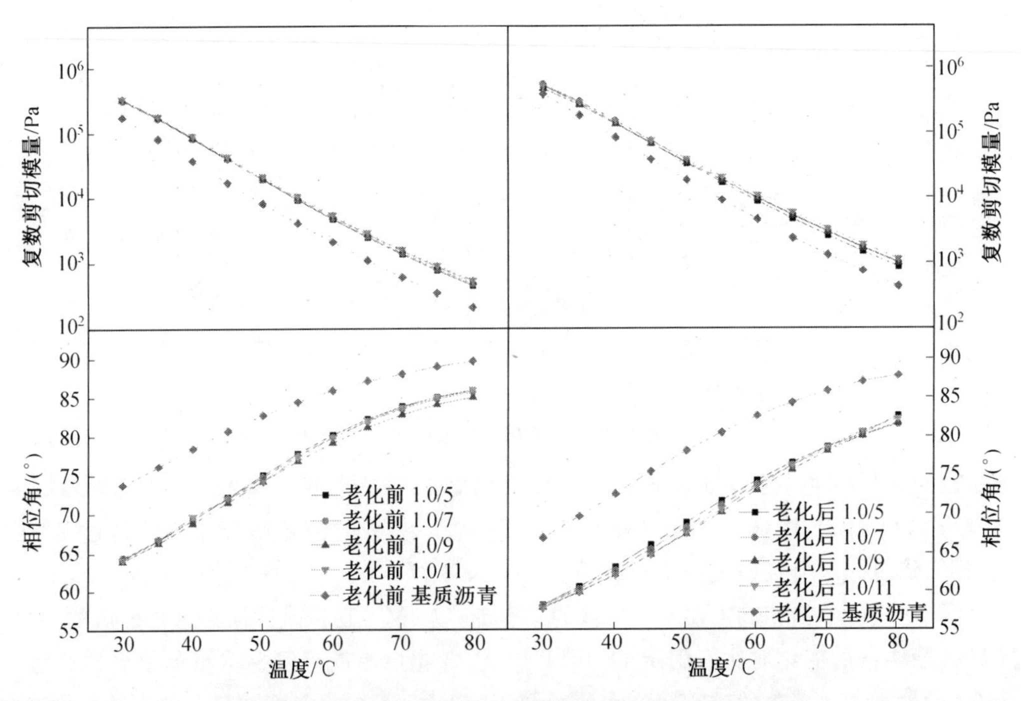

图 5.27 老化前后沥青的 G^*、δ 随聚氨酯掺量的变化对比

聚氨酯的掺量不能显著提升沥青的抗老化性能。

2. 储能模量和损耗模量分析

不同种类复合改性沥青和基质沥青老化前的储能模量(G')、损耗模量(G'')随温度的变化情况如图5.28所示。由图可知,所有沥青在温度范围的终端均呈流动状,这是黏性反应的普遍特征。基质沥青和复合改性沥青的G'、G''均随测试温度的升高而减小,聚氨酯/OMMT的加入并不能改变沥青流变性能的黏性特性。随温度的升高,复合改性沥青的G'、G''始终大于基质沥青,且差值越来越大。同时也可以观察到,在整个测试温度区间,所有沥青的G''均大于G',这是因为沥青的黏性占主导作用。此外,随着温度的升高,基质沥青直接由玻璃态转变成黏流态,而聚氨酯/OMMT复合改性沥青的储能模量出现转折,缩小了G'和G''之间的差值,增大了沥青在高温状态下弹性成分的比例。这一结果说明OMMT和聚氨酯能增加沥青在高温下的弹性响应,提高了沥青的高温抗变形能力。

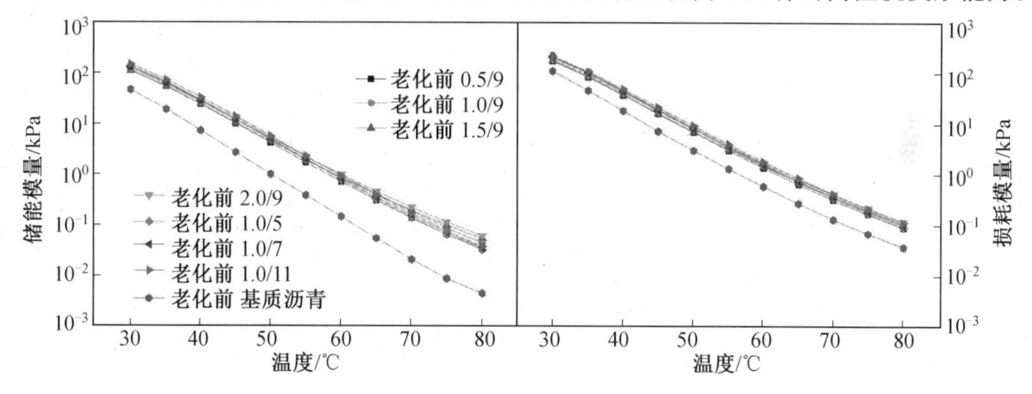

图5.28 老化前沥青的G'、G''随温度的变化情况

老化前聚氨酯/OMMT复合改性沥青的G'、G''随OMMT、聚氨酯掺量的变化情况如图5.29和图5.30所示。由图5.29可知,0.5%OMMT的加入显著提高了沥青的黏、弹性模量,但聚氨酯/OMMT复合改性沥青G'、G''随温度的变化趋势与基质沥青并没有呈现出很大的差异。当温度低于50 ℃时,基质沥青的G'、G''与复合改性沥青的差值基本不随温度变化;当温度高于50 ℃后,模量增幅逐渐增大。

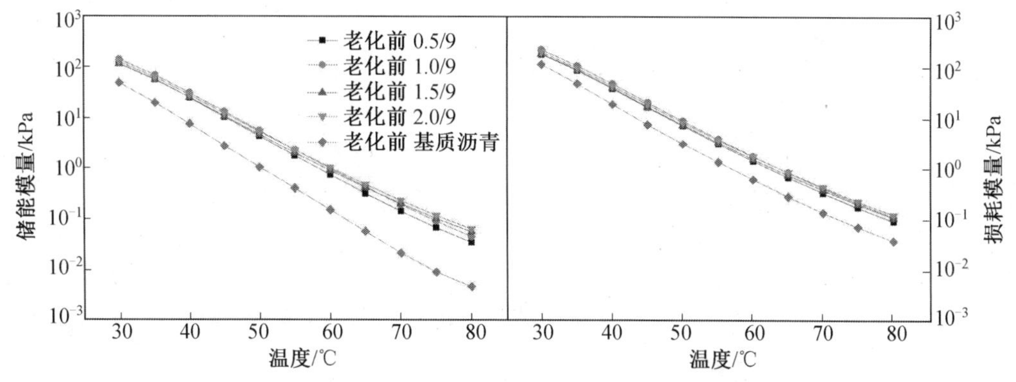

图5.29 老化前沥青的G'、G''随OMMT掺量的变化情况

观察图5.30发现,聚氨酯的加入导致沥青出现更为复杂的流变行为,但并未显著改

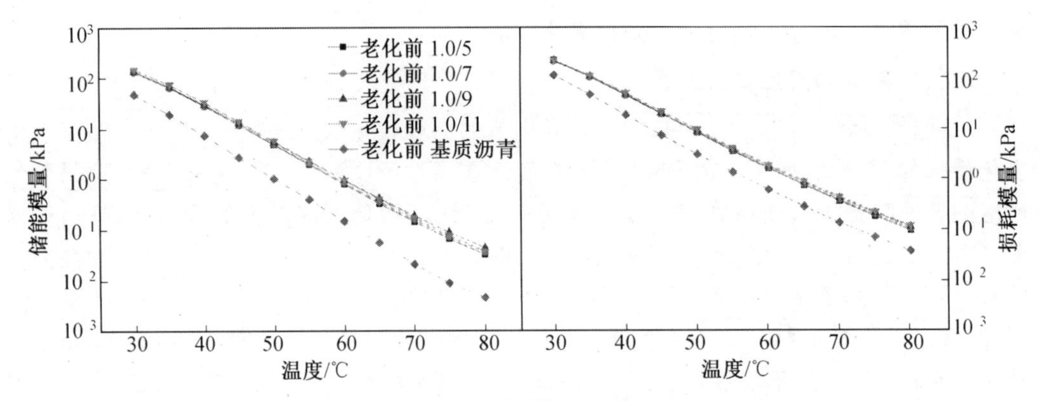

图 5.30　老化前沥青的 G'、G''随聚氨酯掺量的变化情况

变整体体系的流变响应。在整个测试温度区间，所有沥青的 G'、G''呈直线下降。65 ℃以上的温度范围内，与基质沥青相比，复合改性沥青的 G'显著增大，G''的增值较少；在低温区域，G'的增幅保持不变。当掺量超过 9%时，聚氨酯对沥青 G'的提高值反而变小，表明 9%为其临界掺量。

图 5.31 所示为老化后聚氨酯/OMMT 复合改性沥青和基质沥青 G'、G''随温度的变化情况。观察图可知，所有沥青老化前后的 G'、G''随测试温度的上升呈现相同的走势，随温度的升高而直线下降，但 G''的下降速率小于 G'。在整个测试温度区间，同一温度下的 G''始终高于 G'，说明老化后沥青的黏性成分仍然大于弹性成分，老化不能改变沥青的黏性性质。复合改性沥青老化后 G'和 G''的差值小于基质沥青。较基质沥青，复合改性沥青老化后的弹性性能衰减较少，聚氨酯和 OMMT 能改善沥青的抗热、氧老化性能。

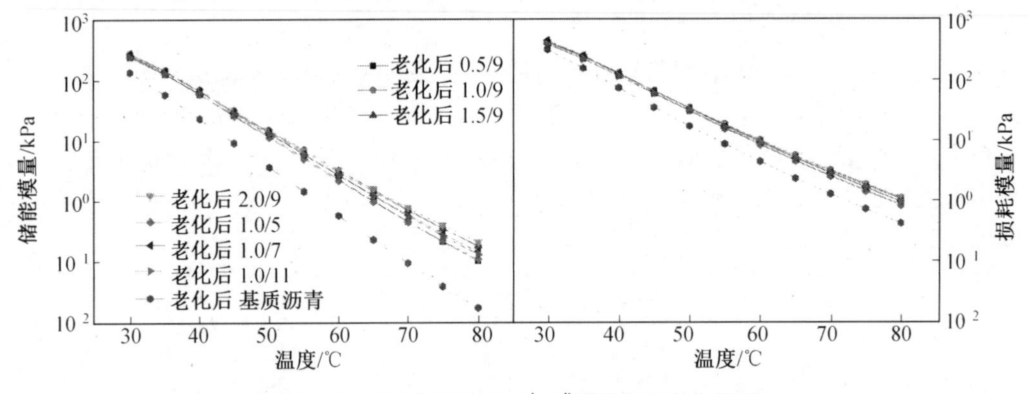

图 5.31　老化后沥青的 G'、G''随温度的变化情况

图 5.32 所示为复合改性沥青经过 RTFOT 老化前后的 G'、G''随温度变化的对比。通过对老化前后沥青在同一测试温度下的 G'、G''的对比发现，老化后所有测试沥青的 G'、G''均有所增长，说明老化能提高沥青的高温性能。与基质沥青相比，复合改性沥青的增长幅度较小，说明复合改性沥青的抗老化性能优于基质沥青，聚氨酯/OMMT 能赋予沥青较优异的抗热、氧老化性能。

图 5.33 和图 5.34 所示为复合改性沥青老化前后 G'、G''随 OMMT、聚氨酯掺量变化的对比。分析图 5.33 可知，与老化前相比，所有沥青老化后的 G'、G''均有所增加。相同

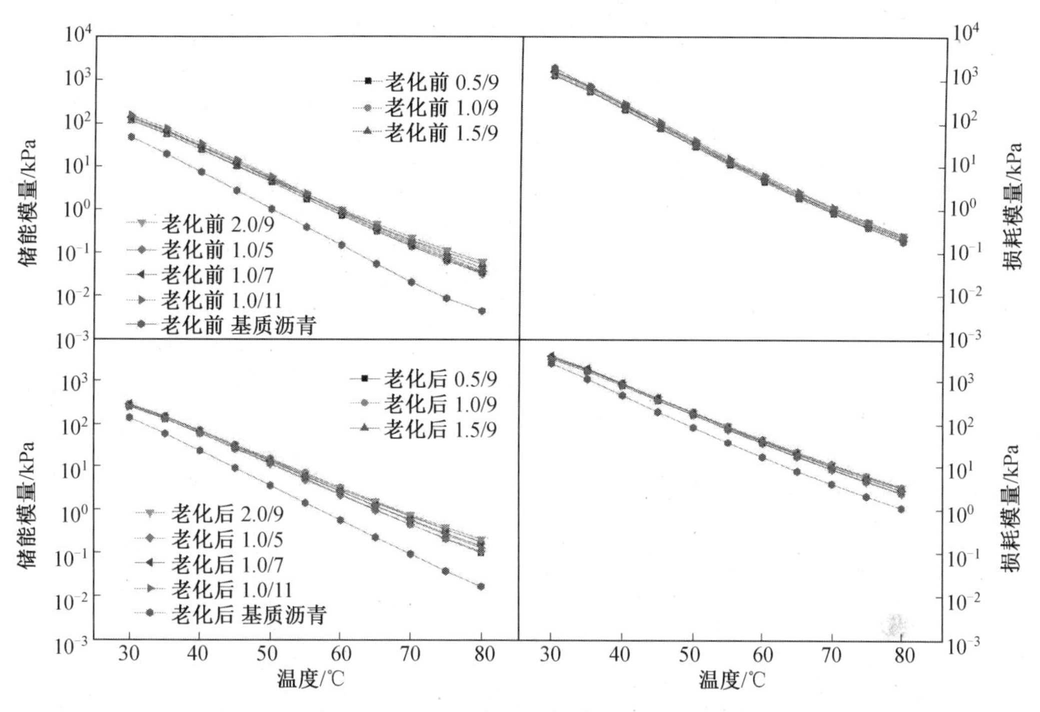

图 5.32　老化前后沥青的 G'、G''随温度的变化对比

测试温度下，基质沥青的增幅较大，复合改性沥青 G'、G''的增幅随 OMMT 掺量的增加逐渐减小。结果表明老化对基质沥青黏弹性能的影响最大，基质沥青的抗老化性能最差。老化后基质沥青的 G'、G''与复合改性沥青的差值缩小，说明 OMMT 的加入改善了沥青的抗老化性能。观察图 5.34 发现，老化后复合改性沥青的 G'、G''仍然高于基质沥青，且随温度的升高而下降。相同 OMMT 掺量下，不同聚氨酯掺量的复合改性沥青老化后的 G'、G''随温度升高逐渐靠近，说明聚氨酯对沥青老化后流变性能的改善效果并不显著，尤其在温度较高时，因此不能通过增加聚氨酯掺量提高沥青的抗老化性能。

3. 抗车辙因子分析

抗车辙因子可以反映聚氨酯/OMMT 复合改性沥青的高温抗车辙性能。$G^*/\sin\delta$ 值越大，表示沥青的高温抗车辙能力、抗疲劳开裂能力越强。SHRP 规范还提出了原样沥青在路面设计温度下的 $G^*/\sin\delta$ 大于 1 kPa，RTFOT 老化后沥青的 $G^*/\sin\delta$ 大于 2.2 kPa 的规定。老化前后复合改性沥青和基质沥青在测试温度范围内 $G^*/\sin\delta$ 的变化对比如图 5.35 所示。

从图 5.35 得知，所有沥青的 $G^*/\sin\delta$ 均随温度的升高而减小，老化并不能改变 $G^*/\sin\delta$随温度的变化趋势。这一结果表明，温度升高增大沥青的流动变形能力，减弱弹性性能，导致其易在重复荷载作用下产生不可恢复的永久变形，老化不能改变沥青的这种黏温特性。在整个测试温度区间，所有复合改性沥青的 $G^*/\sin\delta$ 均大于基质沥青，说明 OMMT/聚氨酯的加入对沥青的高温抗变形能力有提升作用。经过 RTFOT 老化后，所有被测样品的 $G^*/\sin\delta$ 值均出现一定程度的增大。对于所有沥青而言，老化都会使其变硬，提升高温抗车辙能力，但对疲劳开裂能力不利。复合改性沥青在老化前后的$G^*/\sin\delta$

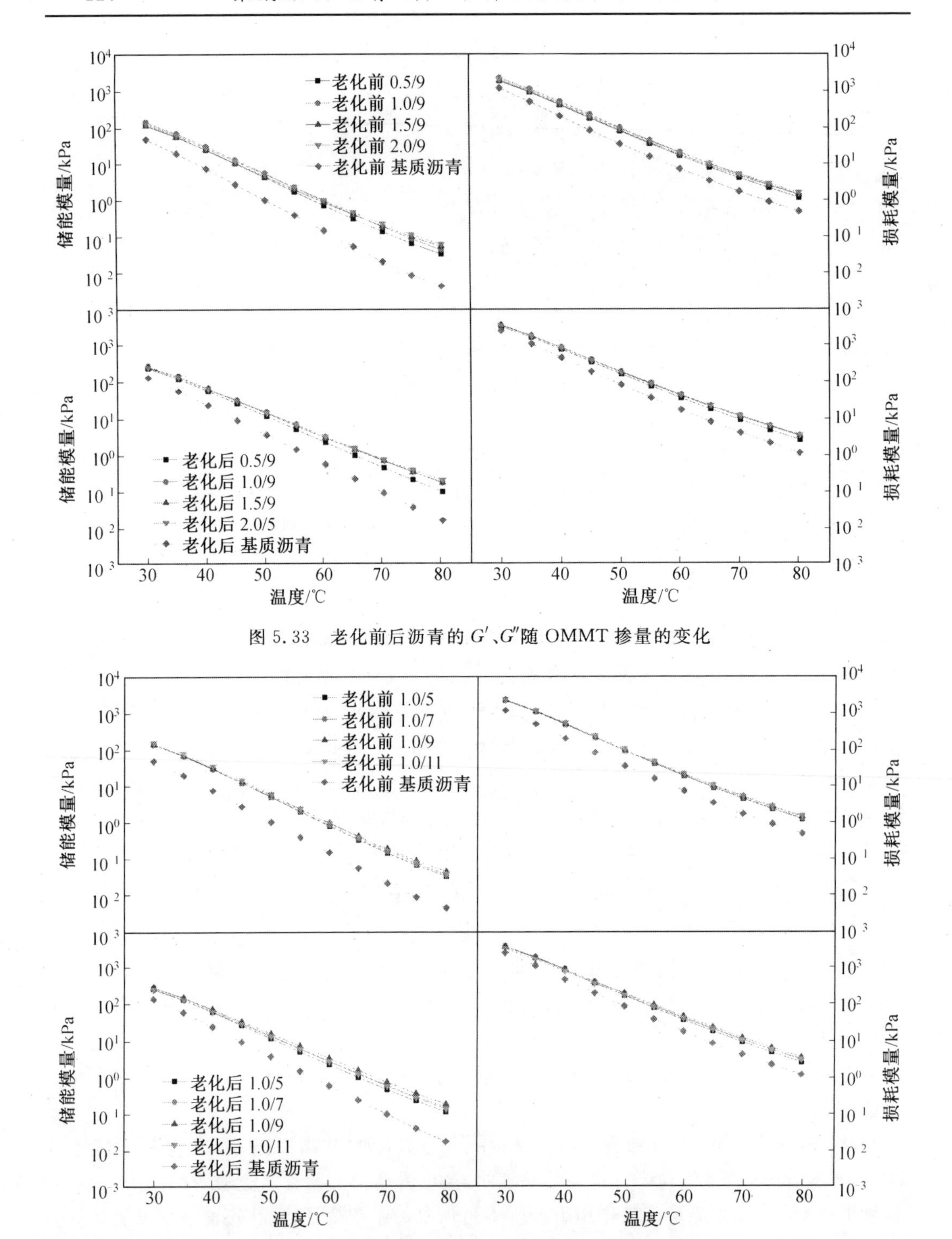

图 5.33　老化前后沥青的 G'、G''随 OMMT 掺量的变化

图 5.34　老化前后沥青的 G'、G''随聚氨酯掺量的变化

增值小于基质沥青，说明基质沥青的老化程度较深，而 OMMT/聚氨酯对沥青抗老化性能的提高有积极作用。

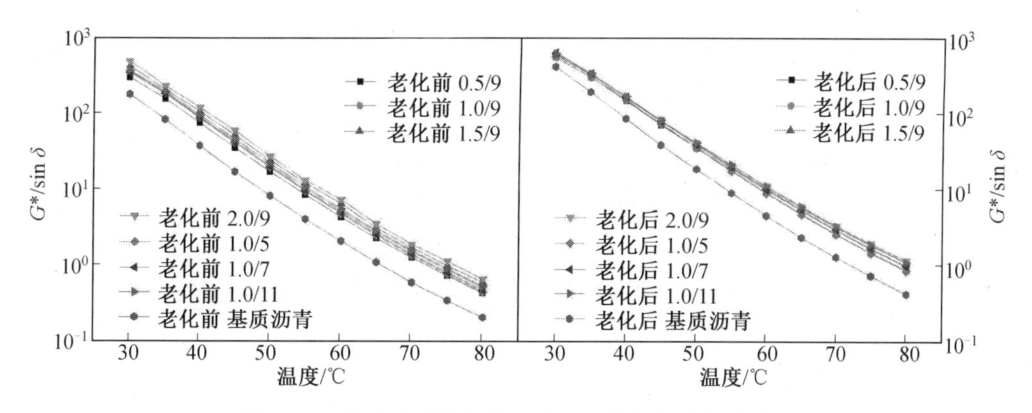

图 5.35　老化前后沥青的 $G^*/\sin\delta$ 随温度的变化对比

老化前后所有沥青 $G^*/\sin\delta$ 随 OMMT、聚氨酯掺量的变化对比如图 5.36 和图 5.37 所示。图 5.36 表明，在 30～80 ℃范围内，相同聚氨酯掺量下，不同 OMMT 掺量的复合改性沥青老化前的 $G^*/\sin\delta$ 大于基质沥青，且随 OMMT 掺量的增加，$G^*/\sin\delta$ 逐渐增大。这是由于 OMMT 掺量的增加，导致沥青 G^* 增加、δ 减小。图 5.36 还显示了 $G^*/\sin\delta$ 在不同温度下的等值线，可以很明显地观察出基质沥青与复合改性沥青 SHRP 温度的差值。当 $G^*/\sin\delta=1$ 时，复合改性沥青所对应的温度明显高于基质沥青，OMMT 掺量越多，所对应的 SHRP 温度越高。说明 OMMT 的加入可大幅提升沥青的高温抗车辙能力，掺量越多，提升效果越显著。1.5%OMMT 掺量的复合改性沥青的 $G^*/\sin\delta$ 小于1.0%、2.0%掺量的，这可能是由于沥青在制备过程中部分搅拌不均匀，导致 OMMT 在沥青基体中结团，进而影响了其性能。

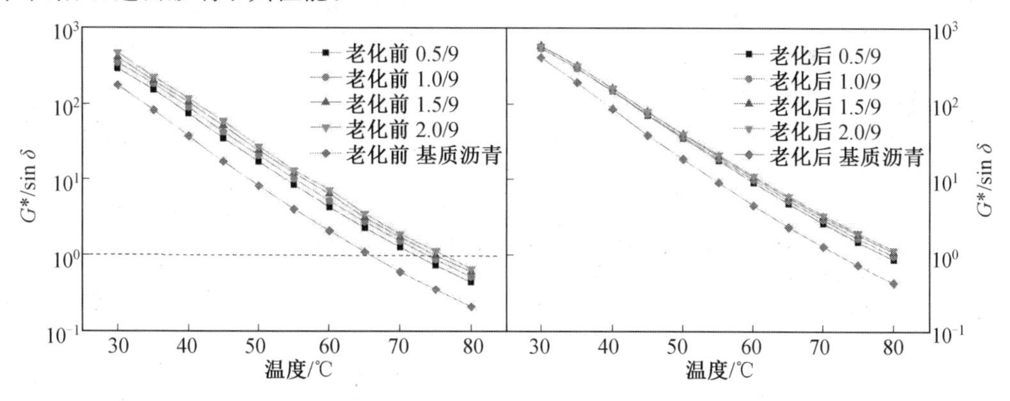

图 5.36　老化前后沥青的 $G^*/\sin\delta$ 随 OMMT 掺量的变化对比

所有复合改性沥青在老化后的 $G^*/\sin\delta$ 仍然大于基质沥青，说明老化后复合改性沥青的高温抗永久变形能力仍然优于基质沥青的。与老化前相比，所有沥青老化后的 $G^*/\sin\delta$均有所增长，复合改性沥青的增长幅度较小，基质沥青的增值最大，说明基质沥青的抗老化性能最差，OMMT 的加入增强了沥青的抗热、氧老化性能。老化前后复合改性沥青 $G^*/\sin\delta$ 的增值随 OMMT 掺量的增大而减小，说明其抗老化性能与 OMMT 掺量呈正相关。

由图 5.37 可知，相同 OMMT 掺量下，不同聚氨酯掺量的复合改性沥青老化前后在

相同温度下测定的 $G^*/\sin\delta$ 均大于基质沥青的，所有被测样品的 $G^*/\sin\delta$ 均随测试温度的升高逐渐减小。$G^*/\sin\delta$ 随温度变化的速率可用来表征沥青感温性，速率越大，沥青的感温性就越差。而老化前复合改性沥青的 $G^*/\sin\delta$ 随温度的变化速度小于基质沥青的，说明老化前复合改性沥青的感温性能较差，聚氨酯改善了沥青的感温性。当聚氨酯掺量低于 7%时，复合改性沥青的 $G^*/\sin\delta$ 随聚氨酯掺量的增加呈减小趋势，说明其高温抗车辙能力有所下降。当掺量高于 7%时，$G^*/\sin\delta$ 随聚氨酯掺量的增加逐渐变大，但增幅不大，说明聚氨酯能增强沥青的高温抗永久变形能力，增强效果不是特别显著。

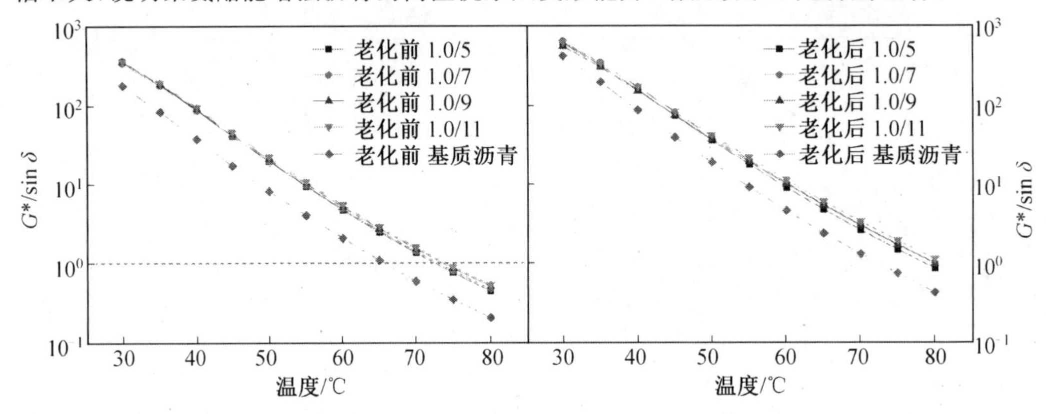

图 5.37 老化前后沥青的 $G^*/\sin\delta$ 随聚氨酯掺量的变化对比

与老化前相比，老化后沥青的 $G^*/\sin\delta$ 均变大，老化对沥青高温抗永久变形能力的提高有利。相比于复合改性沥青，老化后基质沥青的 $G^*/\sin\delta$ 随温度的下降速率较快，说明老化赋予了基质沥青更好的感温性，这可能取决于它们不同的老化机理。观察图 5.37还发现，老化后基质沥青的 $G^*/\sin\delta$ 逐渐向聚氨酯/OMMT 复合改性沥青靠近，说明基质沥青的老化程度更为严重。当聚氨酯掺量超过 7%，复合改性沥青 $G^*/\sin\delta$ 的增幅随聚氨酯掺量的增加逐渐下降，说明聚氨酯能改善沥青的抗老化性能，但通过加入大掺量的聚氨酯去提升沥青的抗老化性能是不经济的。

5.3.4 聚氨酯/有机蒙脱土复合改性沥青低温流变性能

采用 BBR 测试不同聚氨酯和 OMMT 掺量的沥青的劲度模量(S)和蠕变速率(m)，研究聚氨酯和 OMMT 掺量对聚氨酯/OMMT 复合改性沥青低温性能的影响。

S 值越大，沥青越硬，低温抗裂性越差；m 越大，沥青的韧性越好，应力松弛能力越好，在低温环境中越不易开裂。将由 BBR 在加载 60 s 时测得的不同种类复合改性沥青和基质沥青的 S 和 m 的测试结果绘制出来，如图 5.38、图 5.39 所示。

1. 劲度模量和蠕变速率分析

图 5.38 和图 5.39 是复合改性沥青的 S 和 m 随 OMMT 掺量的变化情况。由图可知，温度为−12 ℃时，所有沥青都满足 S 不大于 300 MPa、m 不小于 0.300 的要求。当温度降低到−18 ℃时，基质沥青的 S 和 m 已经接近规范上限；而−24 ℃时，只有 OMMT 掺量为 0.5%的复合改性沥青能满足要求。随着温度的降低，基质沥青和复合改性沥青的 S 均增加、m 均下降，说明基质沥青和复合改性沥青的应力松弛能力受环境温度的影

响均较大。随着温度的降低，沥青的应力松弛能力逐渐变差，开裂的风险逐渐升高。

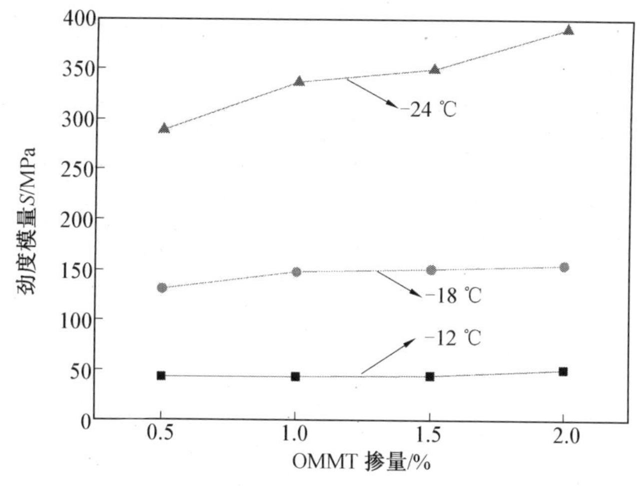

图 5.38　复合改性沥青的 S 随 OMMT 掺量的变化情况

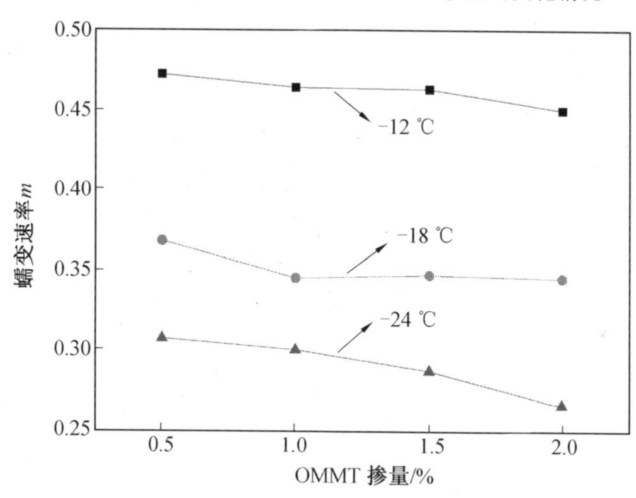

图 5.39　复合改性沥青的 m 随 OMMT 掺量的变化情况

较基质沥青，复合改性沥青具有较小的 S 值，较大的 m 值，说明聚氨酯/OMMT 的加入增强了沥青的韧性，降低了沥青路面低温开裂的可能性。从图中还可以看出，复合改性沥青的劲度模量随 OMMT 掺量的增加逐渐变大，温度越低，增量越大；蠕变速率呈现出不规律的变化。S 值增加，路面由于温度应力会引起更为严重的收缩现象，开裂的可能性增加。此外，随着蠕变速率的减小，应力松弛能力下降，沥青路面缓解温度应力的能力变弱。因此 S 越小、m 越大，沥青结合料在低温环境中抵抗开裂的能力就越强。这一结果也说明 OMMT 的加入对沥青的低温抗开裂性能产生了不利的影响，在较低温度和 OMMT 掺量较大的情况下，表现得更明显。这是由于 OMMT 的加入增大了沥青的刚度，降低了沥青的柔韧性，导致沥青变得硬、脆。

由图 5.40 和图 5.41 可知，与基质沥青相比，聚氨酯的加入显著减小了沥青的 S，增大了沥青的 m，表明聚氨酯能显著提升沥青路面的低温抗裂性。对于聚氨酯掺量为 5%

的复合改性沥青而言，当测试温度为－12 ℃、－18 ℃时，其劲度模量已减小到了基质沥青的50％。随着聚氨酯掺量的持续增加，三个测试温度下，复合改性沥青 S 的下降速度逐渐变大，蠕变速率 m 也缓慢增加，表明复合改性沥青的低温抗裂性能受聚氨酯掺量影响很大；温度越低，受掺量的影响越明显。因此有必要在此研究的基础上再增加聚氨酯掺量、降低测试温度，更深入地研究聚氨酯掺量对沥青低温抗裂性能改善效果的影响。从图中还可以看出，不同测试温度下，所有沥青 S 的差值基本相等，说明不能通过添加聚氨酯来降低沥青的感温性能。这是由于聚氨酯也是感温性材料，其流动性会随温度的上升而增强。

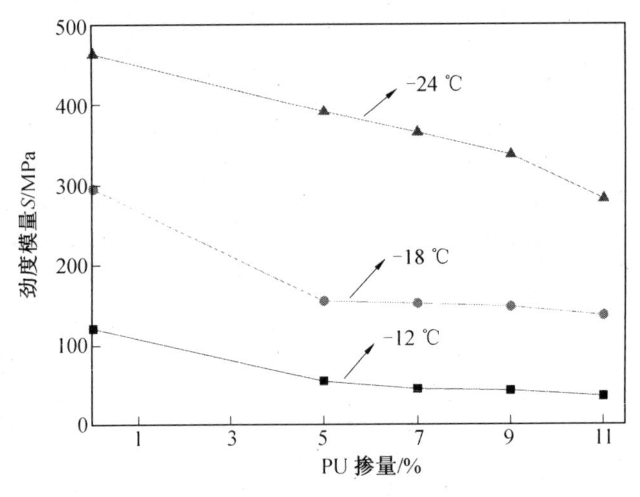

图 5.40　复合改性沥青的 S 随聚氨酯掺量的变化情况

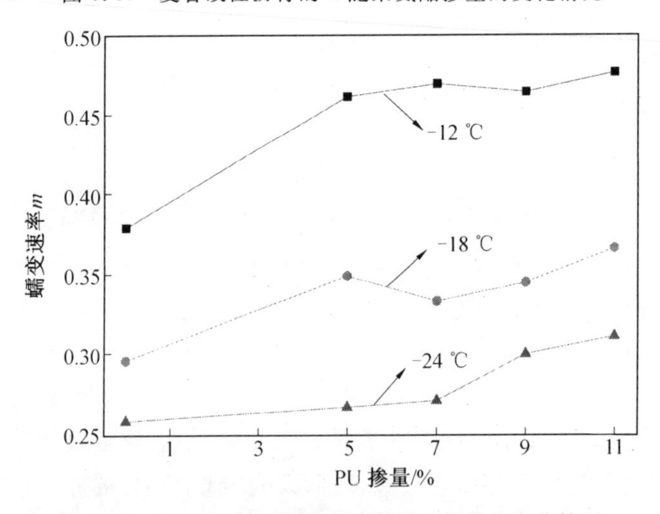

图 5.41　复合改性沥青的 m 随聚氨酯掺量的变化情况

2. 劲度模量主曲线分析

沥青结合料的 S 会随着加载时间的推移逐渐衰减，而后趋于稳定。其在开始加载时间内衰减得越快，沥青的低温变形能力越强，抗开裂性能越好。基质沥青和复合改性沥青在不同温度下的低温劲度模量 S 随加载时间的衰减曲线如图 5.42～5.44 所示。

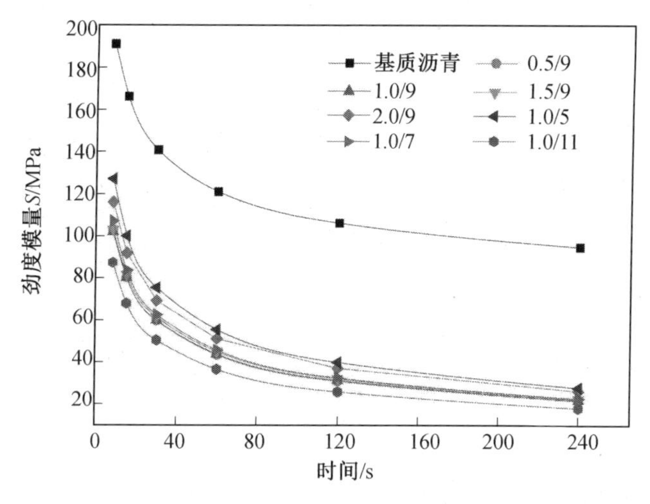

图5.42 −12 ℃时沥青的劲度模量 S 随加载时间的衰减曲线

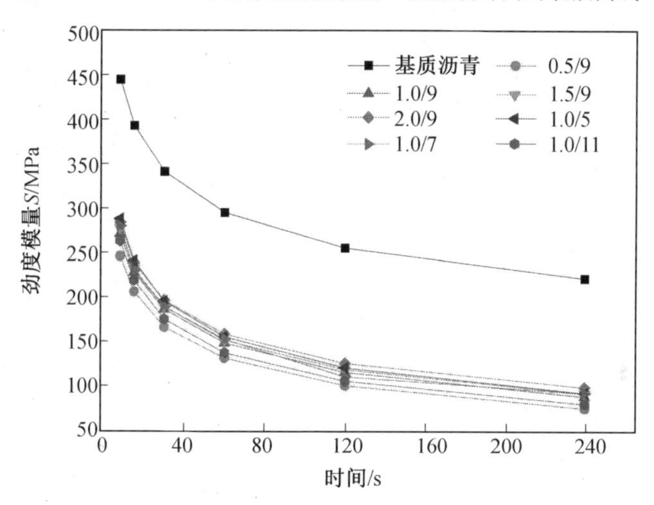

图5.43 −18 ℃时沥青的劲度模量 S 随加载时间的衰减曲线

分析三个温度的图可知，沥青劲度模量 S 的衰减速率取决于测试温度和加载时间。对于同一种沥青而言，其 S 值的衰减速度会随着测试温度的升高、加载时间的缩短而加快。这是由于沥青在高温状态下具有较好的应力松弛能力，能够快速地松弛掉所受的荷载应力。此外，沥青在高温条件下的流动变形能力较强，受到荷载应力时会产生较大的应变，导致应变与应力的比值变大，即具有较大的蠕变柔量，因此 S 随加载时间的衰减速度较快，低温抗裂性能较好。

观察图5.42可知，−12 ℃下加载240 s时，沥青的 S 值逐渐趋于稳定，这说明温度越高，沥青的劲度模量 S 趋于稳定所需时间越短，蠕变行为可以在较短的加载时间内发展得比较完全。而当测试温度降低到−18 ℃时，沥青的劲度模量 S 在整个加载时间范围内逐渐衰减，但并未出现稳定的趋势。这一结果表明温度越低，沥青的 S 值要达到稳定状态所需的时间越长，此时需要延长加载时间才能观察到较为完整的蠕变行为。

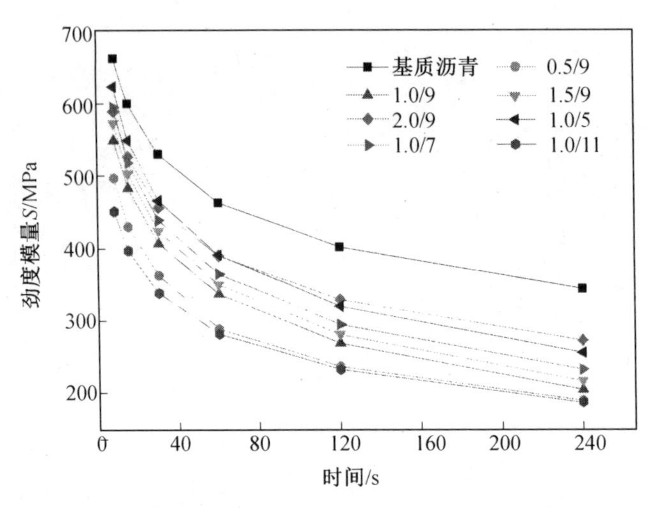

图 5.44 －24 ℃时沥青的劲度模量 S 随加载时间的衰减曲线

对比三个不同测试温度下沥青的 S 值与加载时间的关系可知，聚氨酯/OMMT 及掺量对沥青抗裂性能的影响在低温条件下较为显著。OMMT 掺量越大，复合改性沥青的低温性能越差，劲度模量 S 越大，其随加载时间的衰减速度越缓慢；相反 OMMT 掺量越少、聚氨酯掺量越多，复合改性沥青的低温性能就越好，劲度模量 S 越小，其随加载时间的衰减速度越快。以－12 ℃为例，劲度模量 S 若要衰减到加载 8 s 时所测模量的 50%，基质沥青需要 235 s；相同聚氨酯掺量的复合改性沥青随 OMMT 掺量的增加，分别需要 75.4 s、82 s、83 s、89 s；同一 OMMT 掺量的复合改性沥青随聚氨酯掺量的增加，分别需要 78 s、77 s、75 s、70 s。这也进一步说明 OMMT 不利于沥青低温性能的提升，而聚氨酯能有效提升沥青的低温性能。

5.4 本章小结

本章采用长链段且带有苯环的十八烷基二甲基苄基氯化铵(1827)作为有机化试剂对 Na－MMT 进行有机改性处理，制得与沥青相容性较好的 OMMT。采用熔融插层法制备聚氨酯/OMMT 复合改性沥青，研究复合改性沥青的路用性能，主要结论如下：

(1)在最佳的制备工艺下制备不同聚氨酯/OMMT 掺量的复合改性沥青，并研究其高低温性能和存储稳定性。结果表明，OMMT 能提高沥青的高温性能，聚氨酯能改善沥青的低温性能。当 OMMT 掺量低于 1%时，随 OMMT 掺量的增加，复合改性沥青的软化点和黏度值提高幅度较大；聚氨酯的最佳掺量为 9%，超过该掺量，复合改性沥青延度的增长速度逐渐放缓。

(2)聚氨酯对复合改性沥青的耐热、氧老化性能的提升作用较小，而 OMMT 能显著提高复合改性沥青的抗老化性能，且随着 OMMT 掺量的增加，复合改性沥青的抗老化性能越来越好。

(3)DSR测试结果表明,OMMT的加入提高了复合改性沥青的高温抗变形能力。随着OMMT掺量的增加,复合改性沥青的复数剪切模量、储能模量、损耗模量及抗车辙因子逐渐增大,相位角逐渐减小。对比所有沥青老化前后的流变性能指标发现,复合改性沥青老化前后流变性能的改变幅度均小于基质沥青,表明复合改性沥青的抗老化性能较好,1%为OMMT的最佳掺量。

(4)采用劲度模量、蠕变速率、劲度模量主曲线等指标评价复合改性沥青的低温性能。研究结果表明,聚氨酯的加入能显著提升复合改性沥青的低温性能。随着聚氨酯掺量的增加,复合改性沥青的劲度模量逐渐减小,蠕变速率逐渐增大,劲度模量在开始加载时间内衰减的速率越快,复合改性沥青的低温变形能力和抗开裂性能越强。

本章参考文献

[1] YU Jianying,ZENG Xuan,WU Shaopeng,et al. Preparation and properties of montmorillonite modifiedasphalts[J]. Materials Science and Engineering,2007,447(1-2):233-238.

[2] FANG Changqing,ZHANG Ying,YU Ruien,et al. Effect of organic montmorillonite on the hot storage stability of asphalt modified by waste packaging polyethylene[J]. Journal of Vinyl and Additive Technology,2015,21(2):89-93.

[3] HEINZ L. Single component polyurethane-modified bitumen compositions: US4795760[P]. 1989.

[4] SMITH J D,MELLOTT I J W,MELISSA R,et al. Active polymer modification of bitumen for use in roofing materials: US9745473[P]. 1998.

[5] 班孝义. 聚氨酯(PU)改性沥青的制备与性能研究[D]. 西安:长安大学,2017.

[6] SADEGHPOUR G S,BAHRAM D,EHSAN N A,et al. Rheological properties and storage stability of bitumen/SBS/montmorillonite composites[J]. Construction and Building Materials,2010,24(3):300-307.

[7] CORTIZO M S,LARSEN D O,BIANCHETTO H,et al. Effect of the thermal degradation of SBS copolymers during the ageing of modified asphalts[J]. Polymer Degradation and Stability,2004,86(2):275-282.

[8] YU Jianying,FENG Pengcheng,ZHANG Henglong,et al. Effect of organo-montmorillonite on aging properties of asphalt[J]. Construction and Building Materials,2009,23(7):2636-2640.

[9] ZHANG Henglong,YU Jianying,WU Shaopeng. Effect of montmorillonite organic modification on ultraviolet aging properties of SBS modified bitumen[J]. Construction and Building Materials,2012,27(1):553-559.

[10] OUYANG Chunfa, WANG Shifeng, ZHANG Yong, et al. Thermo-rheological properties and storage stability of SEBS/kaolinite clay compound modified asphalts[J]. European Polymer Journal,2006,42(2): 446-457.
[11] 王立志,魏建明,张玉贞.用弯曲梁流变仪评价道路沥青的低温性能[J].中国石油大学学报:自然科学版,2009,33(1): 150-153.

第 6 章　聚氨酯改性乳化沥青

6.1　背景及研究现状

目前，乳化沥青以其优异的使用性能和节能环保、可常温拌和铺筑等特点，在公路工程领域得到广泛的应用。因此，如何在保证其使用性能的同时，提高和改善其路用性能具有意义重大的研究价值。改性乳化沥青是在改性沥青基础上通过加入乳化剂形成的一种新型的沥青道路材料，实际上是对改性沥青应用范围的扩大，改变其应用状态。20 世纪 70 年代，德国道路工作者将改性乳化沥青成功在工作中实践；80 年代，许多发达国家将改性乳化沥青作为主要的道路养护手段。如今，有些国家在改性乳化沥青的制备、旧路维修与养护、机械设备、残余寿命的评定等方面已经形成了一整套全面的技术。

国内外研究人员常采用高分子聚合物作为乳化沥青的改性剂，例如采用 SBR 改性剂胶乳与乳化沥青混合，通过一定的工艺，使获得的改性乳化沥青低温抗裂性能得到了大幅度提升；采用高分子 SBS 制备的改性乳化沥青，能够赋予乳化沥青较好的高低温性能，综合性能较佳；采用水性环氧树脂乳液与固化剂两种试剂，通过环氧树脂分子结构中环氧基团与固化剂发生交联反应形成三向网状结构的高聚物制备改性乳化沥青，能够获得力学性能好、附着力强、固化收缩率低的环氧树脂乳化沥青。经过改性的乳化沥青，能够大幅度提高其路用性能，提高路面结构的耐久性，减少病害和养护费用，延长使用寿命，在一定程度上能减少事故发生率、保证交通安全以及获得经济效益等。

虽然 SBR/SBS 改性剂改性效果良好，但也存在缺陷以及使用过程中会出现一些问题。PU 作为一种广泛用于多个领域的新兴材料，具有强度高、弹性好、抗撕裂及抗拉强度大、耐滑动磨耗及耐高低温等优异性能。近几年多位学者将 PU 用来改性乳化沥青，改性后的乳化沥青路用性能相较于普通基质沥青均有明显改善。鉴于此，本章采用新型材料 PU 树脂通过先改性后乳化的方法制备改性乳化沥青，分析改性工艺条件对改性沥青制备的影响并优化改性工艺，研究了 PU 改性乳化沥青的各项性能，并对最佳乳化工艺及配方和乳化过程可能对改性沥青性能的影响进行了探究。

6.2　材料制备

6.2.1　原材料

采用三种品牌的基质沥青制备 PU 改性乳化沥青，研究其不同基质沥青对 PU 改性沥青以及改性乳化沥青性能的影响。三种基质沥青分别为韩国 SK－90＃、克拉玛依－90＃、国创－90＃。PU 的制备方面，采用聚醚型预聚体，并以 MOCA 为 PU 预聚体的扩链剂。制备过程中采用的相容剂为马来酸酐，采用 A、B、C 三种乳化剂进行对比，助剂则选用 NH_4Cl 与羧甲基纤维素钠作为稳定剂。

6.2.2 聚氨酯改性沥青的制备

合成 PU 一般有两种方法，即“一步法”和“两步法”。一步法是指将全部原料一次混合反应；两步法又称预聚体法，是指将低聚物多元醇和多异氰酸酯反应制备分子量较低的预聚物，然后加入扩链剂和预聚物反应生成 PU。考虑到生产设备昂贵与一步法在试验室进行反应不好控制等因素，本章采用两步法工艺，即将 PU 预聚体、扩链剂及相容剂加入到基质沥青中，制备 PU 改性沥青。

在 PU 改性沥青制备中，假设 PU 改性剂掺量为 $X\%$（占改性沥青总质量的百分比），基质沥青的比例为$(100-2-X)\%$，马来酸酐掺量为 2%。根据本章采用的聚醚预聚体操作工艺以及物理指标，100 g PU 中 MOCA 用量为 8 g，因此 PU 改性剂中，预聚体与 MOCA 配比为 100∶8。

PU 改性沥青制备步骤如下：

(1)按照比例称取试验所需预聚体、MOCA、相容剂及基质沥青，将称量好的基质沥青放到金属容器中，并放置于 130 ℃烘箱中约 100 min，预聚体、MOCA、马来酸酐分别进行干燥处理；

(2)将电炉放置在平整牢固的平台上，电炉上必须放置石棉垫网(保证受热均匀)，然后把盛有基质沥青的金属容器放在石棉垫网上保温加热，用玻璃棒不断搅拌；

(3)待达到指定温度，将高速剪切仪的转头放入基质沥青中，并使用温度计来检测实时温度；

(4)设置剪切速率，开动高速剪切机，进行计时剪切搅拌；

(5)同时先后加入马来酸酐、MOCA、PU 预聚体等试剂；

(6)待达到指定剪切时间后取出，放置在一定温度下发育一定时间，即制备完成。

6.3 研究内容

6.3.1 聚氨酯改性沥青制备工艺条件优化

改性沥青的性能受改性工艺条件的影响尤为显著，较好的改性工艺能够实现改性剂与基质沥青均匀混溶于有效改性，且有利于获得性能更好的改性乳化沥青。考虑到我国采用 PU 改性沥青的研究较少，因此对 PU 改性沥青制备工艺条件的优化，具有重要的意义。本节以韩国 SK－90＃基质沥青为例制备 PU 改性沥青，以沥青软化点、5 ℃延度、25 ℃针入度作为衡量指标，对改性沥青的剪切温度、剪切速率、剪切时间、发育时间进行研究，提出 PU 改性沥青的最佳工艺条件。

1. 剪切温度

在制备改性沥青过程中，剪切温度起着至关重要的作用。无论是对聚合物改性剂及其助剂还是对基质沥青而言，温度过高或者过低都会引起其本身状态及性质的变化。因此,研究其在不同温度下PU改性沥青的性状,确定最佳温度保证搅拌、剪切、细度分散、扩链、接枝等化学反应较好地进行,制备综合性能好的PU改性沥青具有重要意义。

根据PU改性沥青的相关文献初步拟定试验条件:剪切温度分别为110 ℃、120 ℃、130 ℃、140 ℃、150 ℃;剪切时间为100 min,剪切速率为1 500 r/min,在100 ℃条件下发育时间为120 min。PU改性沥青总质量为600 g,其中改性剂占6%(MOCA占8%、预聚体占92%),马来酸酐占2%,基质沥青占92%。按照确定的室内试验室制备改性沥青步骤,研究剪切温度工艺条件对PU改性沥青性能的影响,其规律如图6.1所示。

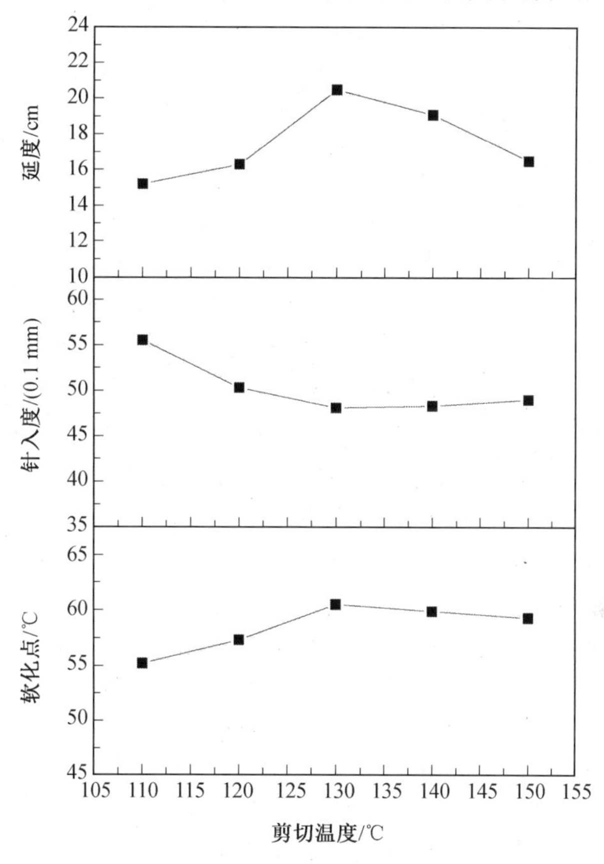

图6.1　剪切温度对改性沥青性能的影响

由图6.1可知,剪切温度在110～150 ℃变化过程中,通过试验室制备PU改性沥青试样的三大指标规律如下:

(1)5 ℃延度呈先增加后减小,变化幅度为5.3 cm;在达到最大值之前,温度在110～120 ℃区间,变化幅度较慢,而在120～130 ℃区间,变化幅度很大;在130～150 ℃过程变化时,幅度呈逐渐变大趋势减小。

(2)25 ℃针入度在温度为110～120 ℃变化幅度最大,差值为5.2(0.1)mm,在120～150 ℃变化过程中,软化点有轻微的浮动,呈逐渐减小趋势。

(3)软化点呈增加趋势,最后保持平稳,但变化不大。在110～130 ℃增加幅度基本相同,当温度在130 ℃以后,软化点基本保持稳定,降幅较小,其值为1.2 ℃。

(4)在沥青与PU体系中，剪切温度在不断升高有利于剪切和搅拌等机械运动、物理化学反应的进行。适宜的高温使沥青与PU等分子更加活跃，沥青与PU更好地相互渗透，溶胀和吸附作用更强，易形成连续的网状结构。在温度达到110～130 ℃左右时，各项指标性能均有所增加，说明在适宜的温度下，PU改性沥青能够改善沥青的高低温性能，但温度超过130 ℃时，5 ℃延度指标性能开始下降，幅度较大，说明过高的温度有可能破坏PU的分子结构或PU与基质沥青形成的结构。

鉴于PU改性沥青在130 ℃左右三大指标性能最好，确定PU改性沥青的剪切温度为130 ℃。

2. 剪切速率

在相同的剪切时间内，剪切速率越大，高速剪切机对沥青与PU体系剪切机会就越大，PU改性剂分散更细，比表面积越大，能够增强PU分子基质沥青的相互作用；但剪切速率也需要一个适宜的值，剪切速率过大，会破坏PU分子链，使其分子量下降，造成PU分子所提供给沥青材料的延性降低。

初步拟定试验条件：剪切速率分别为1 100 r/min、13 00 r/min、1 500 r/min、1 700 r/min、1 900 r/min；剪切温度为130 ℃，剪切时间为100 min，在100 ℃条件下发育时间为120 min。PU改性沥青总质量为600 g，其中改性剂占6%(MOCA占8%、预聚体占92%)，马来酸酐占2%，基质沥青占92%。按照确定的室内试验室制备改性沥青步骤，研究剪切速率工艺条件对PU改性沥青性能的影响，其规律如图6.2所示。

由图6.2可知，剪切速率在1 100～1 900 r/min变化过程中，通过试验室制备PU改性沥青试样的三大指标规律如下：

(1)5 ℃延度和软化点均呈先增大后减小的趋势，剪切速率在1 500 r/min左右时5 ℃延度和软化点达到最大值，此时高温和低温性能较好。

(2)25 ℃针入度以不同的幅度逐渐增大，说明在剪切速率逐渐增大过程中，改性沥青逐渐变软；当剪切速率为1 700 r/min时，出现最高值，说明剪切速率增大过程中，粒径不断减小，能够在沥青相中分散更加均匀。在1 700～190 r/min，针入度下降，下降幅度较大。

由以上分析得出，PU改性沥青的剪切速率确定为1 500 r/min。

3. 剪切时间

在一定的剪切速率范围内，剪切时间与剪切速率有一定的互补作用，都是对机械功的一种呈现。时间与速率的增加均会实现机械功的积累，使改性剂分散得更细，比表面积增大，增加改性剂与沥青网络结构的形成。

初步拟定试验条件：剪切时间分别为60 min、80 min、100 min、120 min、140 min；剪切温度为130 ℃，剪切速率为1 500 r/min，在100 ℃条件下发育时间为120 min。PU改性沥青总质量为600 g，其中改性剂占6%(MOCA占8%、预聚体占92%)，马来酸酐占2%，基质沥青占92%。按照确定的室内试验室制备改性沥青步骤，研究剪切时间工艺条件对PU改性沥青性能的影响，其规律如图6.3所示。

由图6.3可知，剪切时间在60～140 min过程中，通过试验室制备PU改性沥青试样

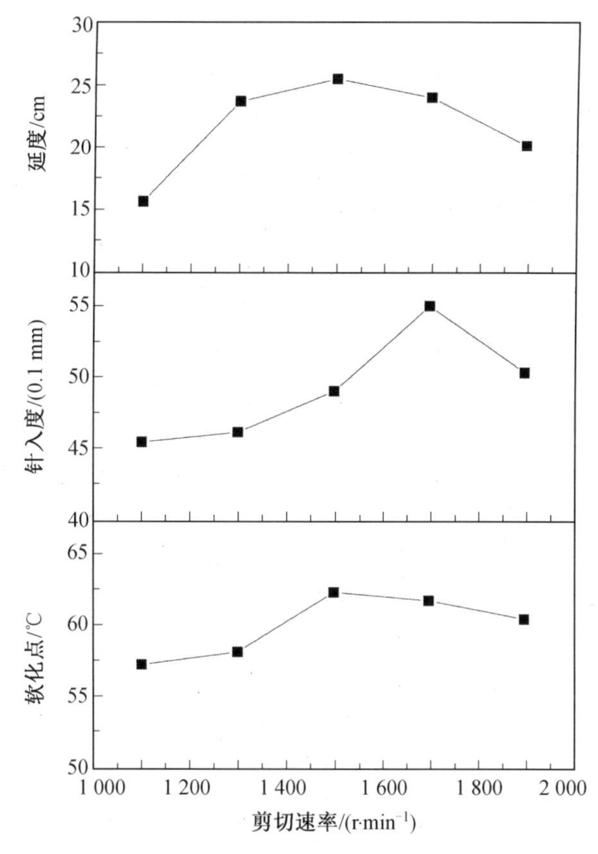

图 6.2　剪切速率对改性沥青性能的影响

的三大指标规律如下：

(1)三个指标整体幅度变化较大，分别为：延度与软化点呈现增加后减小趋势，针入度呈现先降低后增大趋势。

(2)三个指标极值都是在 100 min 左右，其延度和软化点到达极大值，针入度达到极小值。

(3)说明在前 100 min，PU 与沥青体系性能不断增强，超过 100 min 指标性能有所降低，高速剪切机在不断地对 PU—沥青体系做功，会造成体系的破坏。

由以上得出，PU 改性沥青剪切时间确定为 100 min。

4. 发育时间

在制备 PU 改性沥青的过程中，发现在温度达到 120～140 ℃时，PU 改性沥青中产生大量气泡；在 PU 改性沥青制备完成以后，其试样体积远大于最初原材料体积。出现以上现象有两方面原因：

(1)在一定的条件下，异氰酸酯与水、酸酐均能发生反应生成二氧化碳气体。

(2)随着温度升高，PU—沥青体系黏度降低，表层及体系表面张力变小，二氧化碳气体能够排除；而 PU 改性沥青制备完成之后，放置于室温，温度降低，体系黏度增大，不利于剩余气泡的排除。

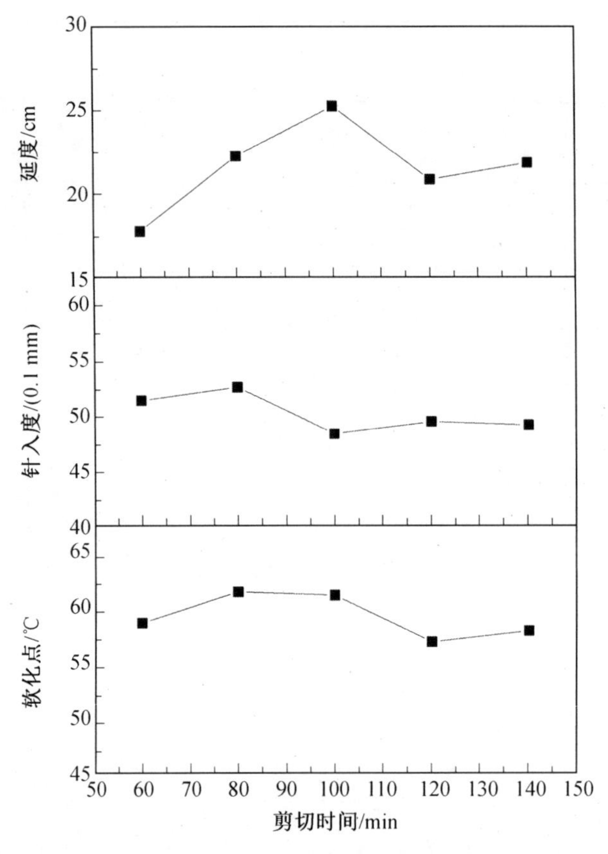

图 6.3 剪切时间对改性沥青性能的影响

鉴于以上原因，将制备好的改性沥青放置于一定温度下发育一段时间，可排除体系气泡制备质量较好的改性沥青。

根据预聚体与 MOCA 共混温度，确定发育温度为 100 ℃。发育时间分别为 80 min、100 min、120 min、140 min、160 min。剪切温度为 130 ℃，剪切速率为 1 500 r/min，剪切时间为 100 min。PU 改性沥青总质量为 600 g，其中改性剂占 6%（MOCA 占 8%、预聚体占 92%），马来酸酐占 2%，基质沥青占 92%。按照确定的室内试验室制备改性沥青步骤，研究发育时间工艺条件对 PU 改性沥青性能的影响，其规律如图 6.4 所示。

由图 6.4 可知，发育时间在 80～160 min 过程中，通过试验室制备 PU 改性沥青试样的三大指标规律如下：

(1)三个指标整体幅度变化不大，分别为：延度升高了 1.5 cm，软化点上升了 0.8 ℃，针入度降低了 1.3(0.1 mm)。

(2)三个指标变化都是在 120 min 之前发生的，在 120 min 之后几乎不变。

(3)说明在前 120 min，PU 改性沥青处于动态，而在 120 min 之后处于平稳状态。

(4)在发育过程中发现，120 min 之后 PU 改性沥青体积不再发生明显变化，说明气泡基本排除。

由以上分析得出，在制备 PU 改性沥青完成以后，建议在烘箱中发育 120 min 来获得成品。

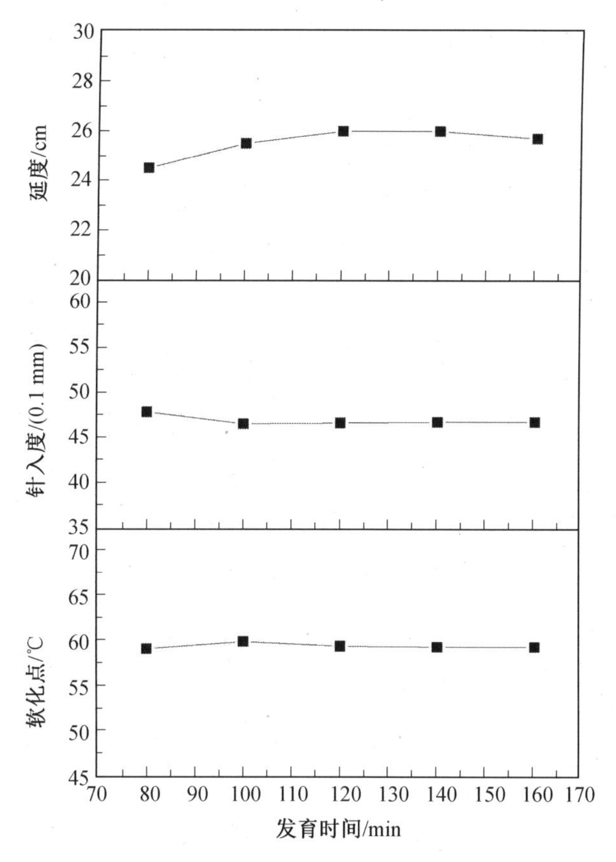

图 6.4　发育时间对改性沥青性能的影响

6.3.2　聚氨酯改性沥青的性能研究

根据单因素试验确定的制备工艺参数,本章采用一种聚醚型 PU 与三种不同品牌(韩国 SK、克拉玛依、国创)的 90#基质沥青进行改性,制备得到了 PU 改性沥青。分别采用了沥青三大指标试验、离析试验、布洛克菲尔德黏度计、荧光显微镜、傅里叶红外光谱仪、差示扫描量热仪等测试手段,研究了 PU 改性沥青常规性能、热存储稳定性、黏温特性、微观形态、微观结构等性能。

1. 常规性能

本节采用 25 ℃针入度、软化点、5 ℃延度三个指标研究聚氨酯改性沥青常规性能。

(1)25 ℃针入度。

在拟定 PU 改性剂掺量下,三种不同品牌 90#基质沥青制备的 PU 改性沥青 25 ℃针入度变化规律曲线如图 6.5 所示。

根据图 6.5 可以看出,PU 掺量在 0%~9%变化过程中,三种改性沥青针入度变化规律相近,呈先减小后平稳趋势。掺量在 1%时,基本不改变沥青的针入度;掺量达到 3%时,三种改性沥青针入度有了一定提升,但改善幅度不大;当掺量在 3%~7%区间时,改善幅度最大;超过 7%时,达到平稳状态。这说明 PU 改性剂能够增大针入度,使基质沥

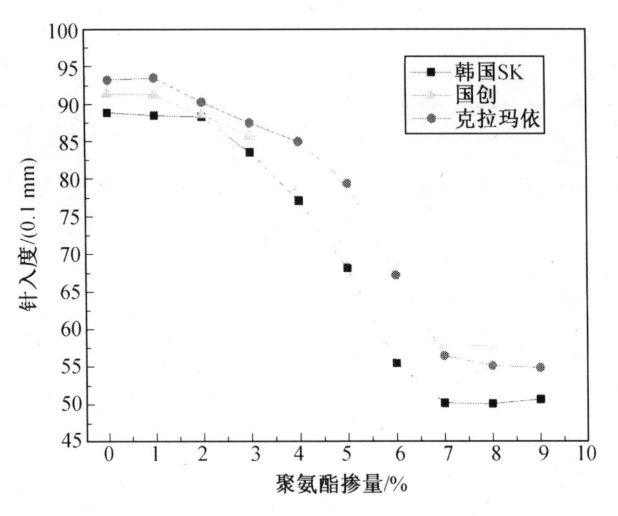

图 6.5　改性沥青 25 ℃针入度与 PU 掺量的关系

青变得更加稠硬，三种改性沥青达到最大针入度时，其 PU 掺量为 7%左右。

(2)软化点。

在拟定 PU 改性剂掺量下，三种不同品牌 90＃基质沥青制备的 PU 改性沥青软化点变化规律曲线如图 6.6 所示。

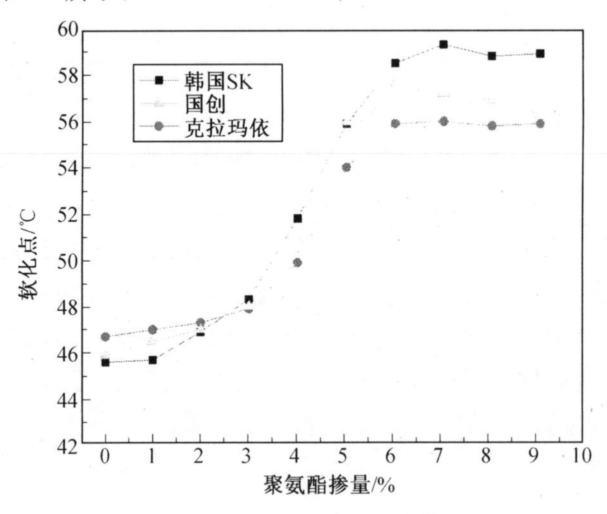

图 6.6　改性沥青软化点与 PU 掺量的关系

根据图 6.6 可以看出，PU 掺量在 0%～9%变化过程中，三种改性沥青变化规律基本相同，呈先增加后平稳减小趋势。随着掺量不断增加，在 0%～3%时，变化缓慢，软化点提升效果不显著；掺量超过 3%以后，变化幅度明显提高，韩国 SK 软化点增加幅度为 7%左右，达到最大值 59.3 ℃，而克拉玛依与国创软化点增加幅度为 6%时，达到最大值，其值分别为 56 ℃、57.6 ℃。通过对比得出改性剂掺量一样的情况下，不同品牌的改性沥青乳化点改善情况不同，其规律为：韩国 SK＞国创＞克拉玛依。PU 改性剂的加入，使三种改性沥青软化点都有所改善，说明该 PU 改性剂能够改善沥青高温稳定性。

(3)5 ℃延度。

在拟定 PU 改性剂掺量下，三种不同品牌 90＃基质沥青制备的 PU 改性沥青 5 ℃延度变化规律曲线如图 6.7 所示。

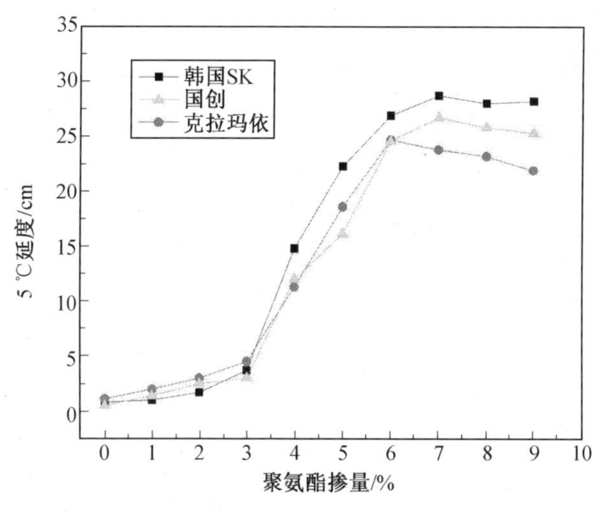

图 6.7　改性沥青 5 ℃延度与 PU 掺量的关系

根据图 6.7 可以看出，PU 掺量在 0%～9%变化过程中，三种改性沥青 5 ℃延度呈先增加后降低的趋势。掺量在 0%～3%时，延度改善幅度较小；掺量在 3%～6%时，改善幅度最大；掺量在 6%～9%时，韩国 SK 与国创达到平稳而克拉玛依有所降低。三种改性沥青延度最大值不同，其规律为：韩国 SK＞国创＞克拉玛依。这能够说明 PU 在不同品牌沥青中，达到各自最佳掺量情况下，分散状态、形成结构、沥青吸附情况以及组分变化是有一定区别的。对比三种改性沥青延度与掺量关系曲线，克拉玛依改性沥青改性剂掺量在 6%以后，延度有所下降，幅度明显，说明与其他两种沥青相比，克拉玛依基质沥青与改性剂相容性不是很好。掺量在 3%～6%变化过程中，延度增加幅度较大，说明 PU 改性剂在基质沥青中逐渐形成了一定的结构，增大了延度的变化率。PU 改性剂加入后，三种改性沥青延度整体增幅很大，均近似达到 25 cm 左右，说明该 PU 改性剂能够大幅度提高沥青延度。

2. 热存储稳定性

热存储稳定性好坏能够评价聚合物改性剂与基质沥青的相容性，本章采用离析试验来评价改性沥青热存储稳定性的优劣。改性沥青的离析试验软化点增量越小，其热稳定性越好，改性剂与沥青之间的相容性越好。三种改性沥青的离析试验软化点增量随 PU 掺量变化曲线如图 6.8 所示。

根据图 6.8 可以看出，PU 掺量在 0%～9%变化过程中，三种改性沥青的软化点增量随着 PU 掺量的增加，大致规律相同，PU 掺量越大，改性沥青软化点增量越大，但变化幅度差别较大。掺量在 0%～2%时，三种沥青软化点增量基本不变；掺量超过 2%以后，软化点增量逐渐增大，韩国 SK 变化幅度最小，国创次之，克拉玛依最大，说明克拉玛依与 PU 改性剂存储稳定性最差，韩国 SK 最好；当掺量超过 7%时，韩国 SK、国创、克拉玛依

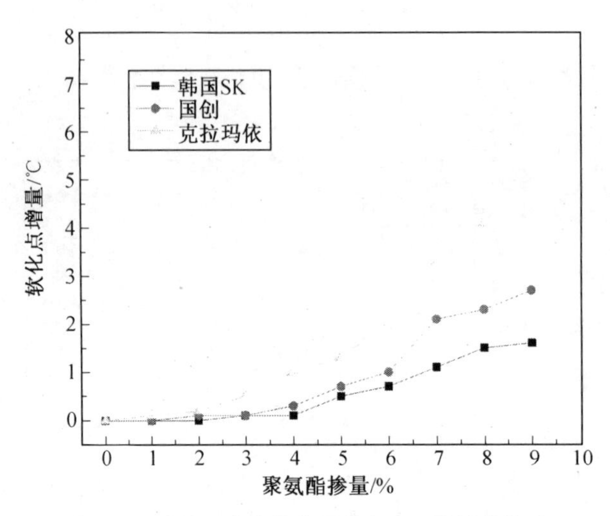

图 6.8　改性沥青软化点增量与 PU 掺量的关系

软化点增量分别为 1.1 ℃、2.1 ℃、3.3 ℃，其中克拉玛依软化点增量超出了规范不得大于 2.5 的要求。

3. 黏温特性

本节试验原材料包括韩国 SK、克拉玛依、国创三种基质沥青与三种 PU 改性沥青，其中三种改性沥青 PU 改性剂的掺量为 6%，仪器采用 Brookfield DV－Ⅱ型旋转黏度仪。

(1)沥青的黏度测试与研究。

考虑到沥青拌和、摊铺与乳化温度一般都在 120 ℃以上，故本节只研究基质沥青与 PU 改性沥青在 120 ℃、135 ℃、150 ℃、165 ℃和 180 ℃高温状态下沥青黏度与温度的关系，不同温度条件下各种沥青黏度的测试结果见表 6.1。沥青黏度随温度的变化曲线如图 6.9 所示。不同温度下三种沥青黏度的变化情况如图 6.10 所示。

表 6.1　不同温度条件下各种沥青黏度的测试结果

温度/℃	韩国 SK/(mPa · s)		克拉玛依/(mPa · s)		国创/(mPa · s)	
	基质	改性	基质	改性	基质	改性
120	747	1 170	1 120	3 260	802	1 420
135	338	526	508	1 320	362	626
150	170	257	256	610	186	309
165	92.2	144	140	304	109	170
180	55.5	81.9	82.7	185	62.3	99

通过表 6.1 以及图 6.12～6.13 可知：

①PU 作为改性剂掺配到沥青中，提高了沥青的黏度，大小关系为：克拉玛依＞国创＞韩国 SK。

②不同温度下，三种沥青黏度增幅都不相同，随着温度升高增幅程度逐渐降低。

(2)根据沥青黏度确定 PU 改性沥青施工温度与乳化温度。

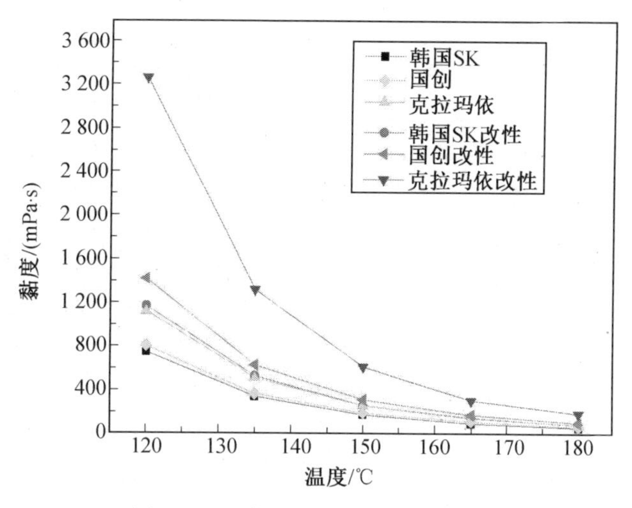

图 6.9　沥青黏度随温度的变化曲线

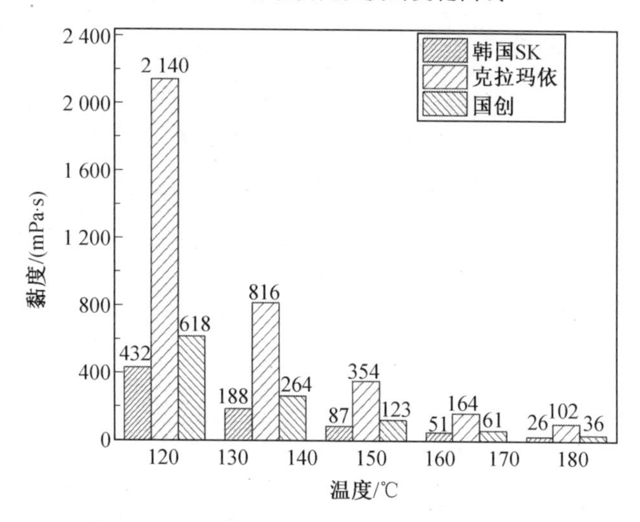

图 6.10　不同温度下三种沥青黏度的变化情况

普通沥青路面沥青结合料施工温度根据 135 ℃与 175 ℃条件测定的黏度一温度曲线按照表 6.2 进行确定。对于改形沥青的乳化应以乳化容易且不出现沸腾为原则来确定改性沥青的温度，当沥青的黏度大于 0.5 Pa · s 时，沥青黏度大，研磨后无法分散成均匀乳液，乳化难以成功；当黏度小于 0.2 Pa · s 时，制备出的改性乳化沥青黏度低，不满足规范要求。

表 6.2　沥青混合料拌和与施工沥青适宜黏度

黏度	适宜拌和的沥青黏度	适宜压实的沥青黏度	测试方法
表观黏度	(0.17±0.02)Pa · s	(0.28±0.03)Pa · s	T0625

根据试验测得的不同温度下沥青的黏度，绘制黏温曲线并拟合回归公式，如图 6.11 所示。

通过分析三种沥青黏温曲线按照指数方程回归出的曲线方程得出：

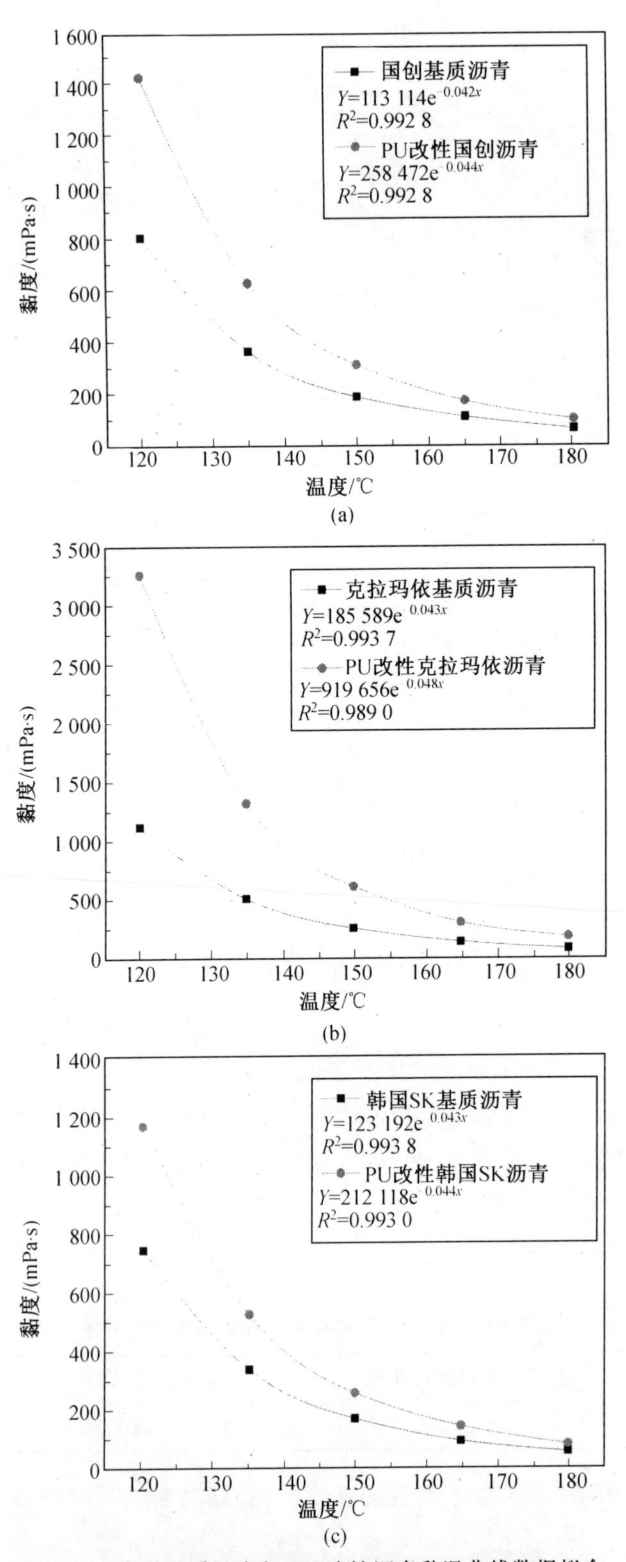

图 6.11 各种基质沥青与 PU 改性沥青黏温曲线数据拟合

①基质沥青相关系数大于 0.990，具有较高的可靠度；

②改性沥青相关系数除克拉玛依略小于 0.990 以外，均大于 0.990，也具有非常高的可靠度；

③基质沥青相关系数略大于改性沥青。

通过分析，利用以上回归方程能够准确地通过给定的黏度计算相应的温度，可靠度较高，具体计算结果见表 6.3。

表 6.3　沥青施工温度和乳化温度计算结果

沥青类型	韩国 SK		克拉玛依		国创	
	基质沥青	改性沥青	基质沥青	改性沥青	基质沥青	改性沥青
乳化/℃	128～149	138～158	138～159	157～176	129～151	142～163
拌和/℃	151～156	159～165	160～166	177～182	152～158	164～169
碾压/℃	139～144	148～153	149～154	167～171	140～146	153～158

4. 微观形态

本节采用荧光显微镜对 PU 掺量为 1%～9%的三种 PU 改性沥青进行拍照，如图 6.12～6.14所示。在荧光显微镜照片中，图像放大 400 倍，荧光显微照片中的亮点为 PU 改性剂，背景为基质沥青。

(1)韩国 SK 改性沥青在不同 PU 掺量下的微观形态。

图 6.12 所示为不同 PU 掺量韩国 SK 改性沥青的荧光显微镜照片，由图中 9 幅照片的分析和对比可以看出，在确定的制备工艺和条件下，PU 能够在基质沥青中分散得比较均匀，颗粒大小相近。掺量在 1%～6%范围 PU 颗粒细小而均匀，能够很好地分散在基质沥青中，没有发生结团和团聚，说明相容性好；掺量在 7%～8%出现少量“线形”的团聚，在某些区域各个 PU 颗粒连接在一起，但是并没有影响其物理性能；在掺量达到 9%以后，“线形”的团聚越来越严重，并逐渐形成“块状”PU，PU 改性沥青物理指标开始下降。

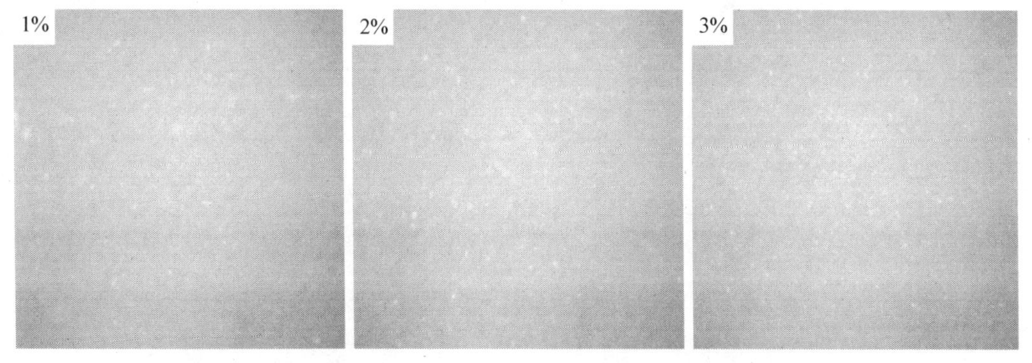

图 6.12　不同 PU 掺量韩国 SK 改性沥青荧光显微镜照片(×400)

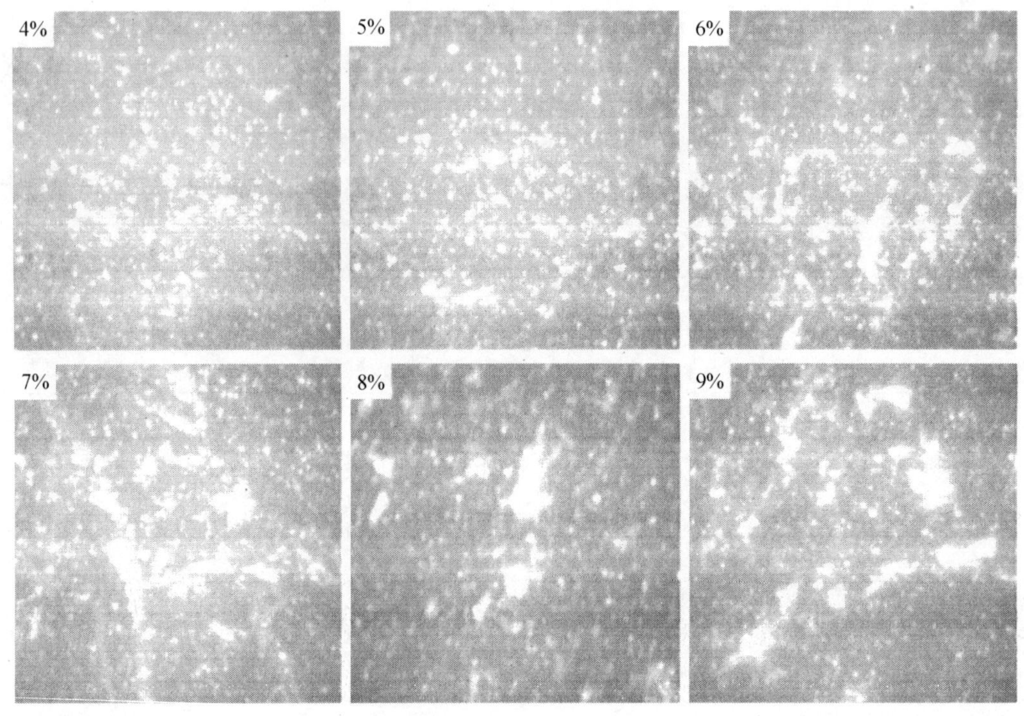

续图 6.12

(2)国创改性沥青在不同 PU 掺量下的微观形态。

图 6.13 所示为不同 PU 掺量的国创改性沥青的荧光显微镜照片,由图中 9 幅照片的分析和对比可以看出,在确定的制备工艺和条件下,PU 能够在基质沥青中分散,但不是很均匀,颗粒较大。掺量在 1%～7%范围 PU 颗粒发生就出现较少的团聚现象;掺量在 8%出现大量的团聚现象,且粒径较大,说明出现这种现象对 PU 改性沥青的物理性能会有一定程度的影响;在掺量达到 9%以后,“块状”的团聚越来越严重,并逐渐形成大条状的 PU,PU 改性沥青物理指标开始下降,与改性沥青随 PU 掺量变化的物理指标相符。

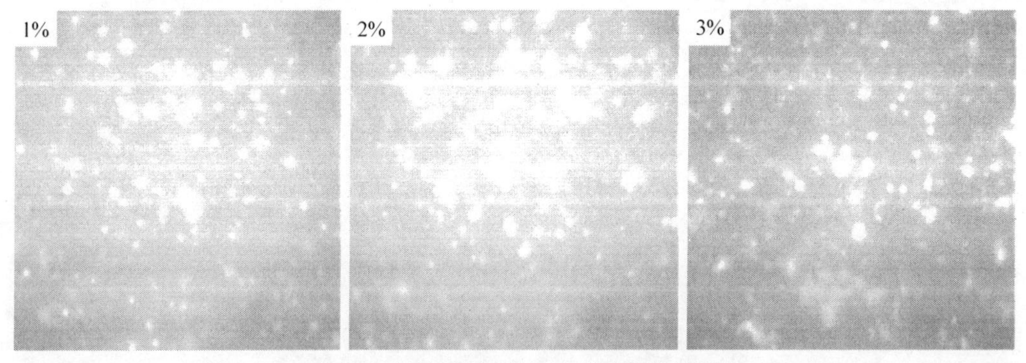

图 6.13 不同 PU 掺量国创改性沥青荧光显微镜照片(×400)

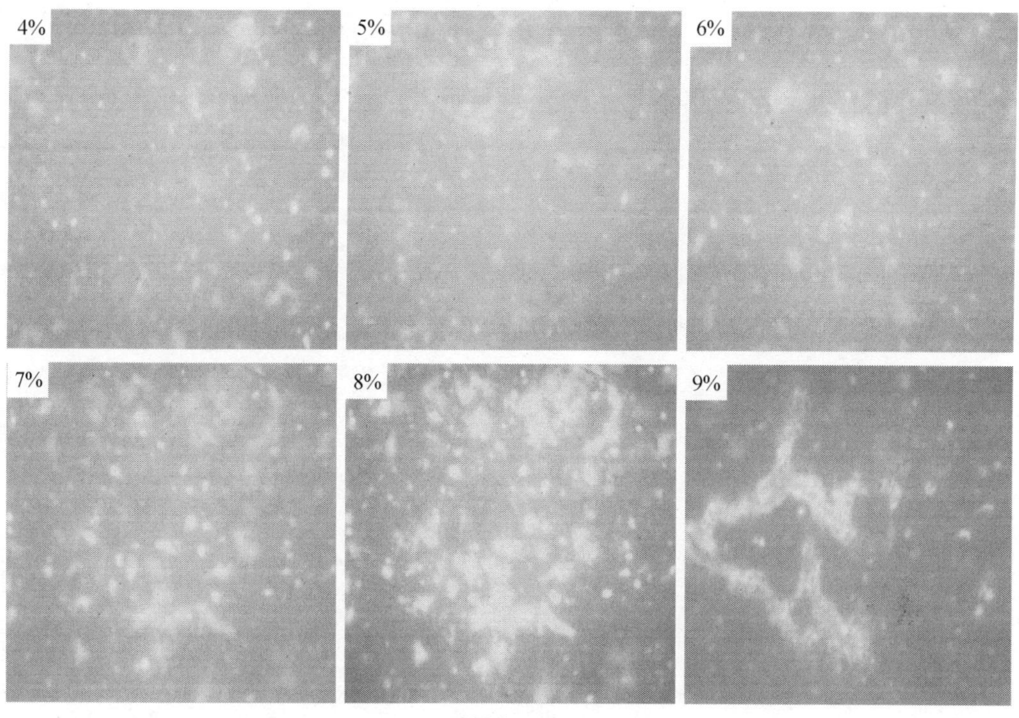

续图 6.13

(3)克拉玛依改性沥青在不同 PU 掺量下的微观形态。

图 6.14 所示为不同 PU 掺量的克拉玛依改性沥青的荧光显微镜照片。由图中 9 幅照片的分析和对比可以看出,在确定的制备工艺和条件下,掺量在 1%～6%范围 PU 能够在基质沥青中分散,但分散性相比于其他两种沥青来说不是很好,有一定的团聚现象,但是颗粒较大,少数粒径达到 5 μm;掺量在 7%～9%时,团聚粒径越来越大,说明 PU 与克拉玛依沥青相容性不好,沥青组分比例不能很好地相容 PU。

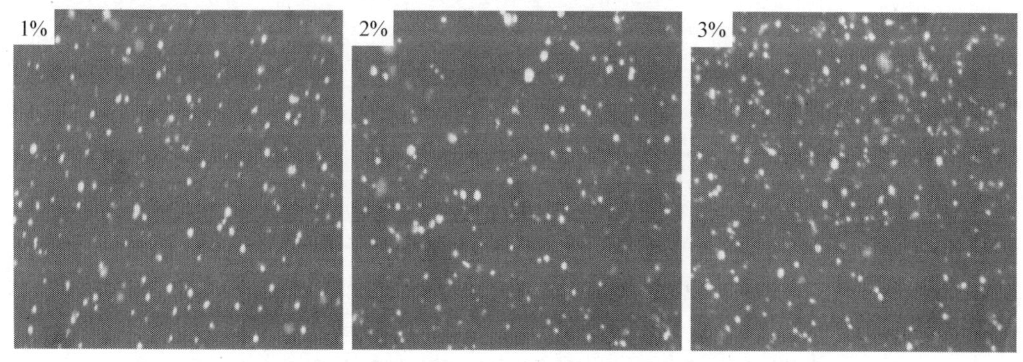

图 6.14　不同 PU 掺量克拉玛依改性沥青荧光显微镜照片(×400)

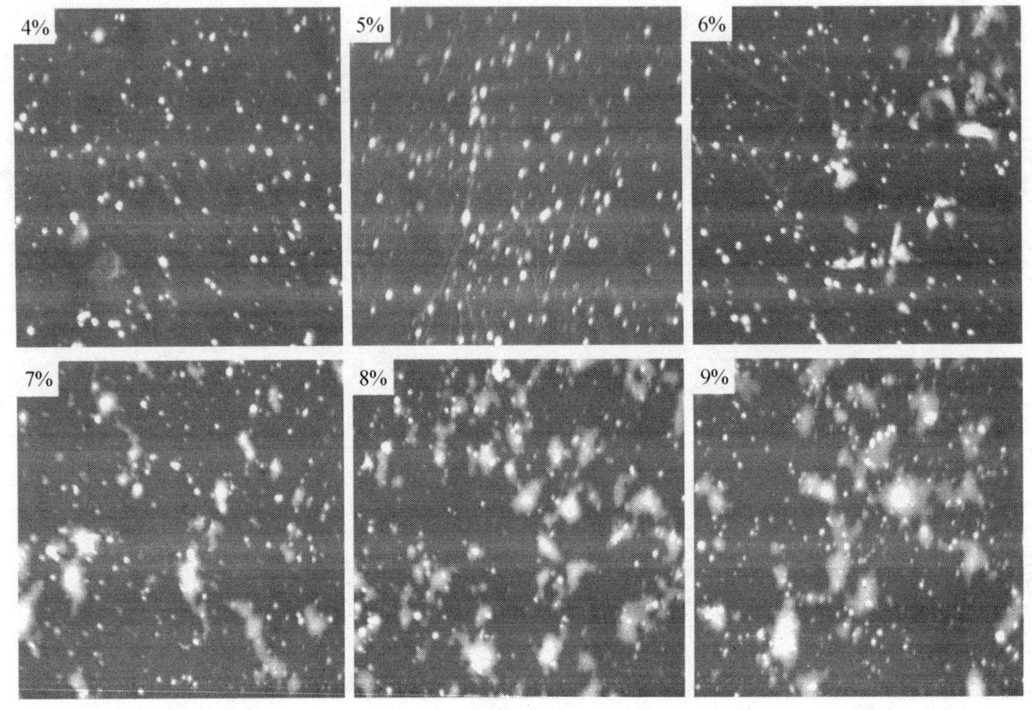

续图 6.14

5. 微观结构

本节试验原材料包括韩国 SK、克拉玛依、国创三种基质沥青与三种 PU 改性沥青，其中三种改性沥青 PU 改性剂的掺量为 6%。

(1)基质沥青表征。

韩国 SK、克拉玛依、国创基质沥青红外光谱对比图如图 6.15 所示，三种基质沥青的大部分峰的位置基本相同，只是峰的强度有差别。对比三种基质沥青在 759 cm^{-1} 与 2 953 cm^{-1} 处峰的强弱能够得出，韩国 SK 处峰最强，国创次之，克拉玛依最小，说明韩国 SK 沥青芳香分的质量分数最大，国创次之，克拉玛依最小。

基质沥青主要红外峰的归属见表 6.4。在 2 800～3 000 cm^{-1} 处出现强的红外光谱吸收峰，主要是由环烷烃和烷烃的 C—H 振动的结果，其中以—CH_2—的吸收最强；2 923 cm^{-1} 和 2 853 cm^{-1} 的吸收峰认为是—CH_2—伸缩振动的结果；1 650～1 450 cm^{-1} 是苯环的共轭双键 C═C 骨架振动，一般有 2～4 个峰，1 600 cm^{-1} 和 1 463 cm^{-1} 就是此波数范围内苯环的 2 个特征吸收峰；1 463 cm^{-1} 的较强吸收峰一部分是 C═C 骨架振动引起的，另一部分是—CH_3 中 C—H 面内弯曲振动和—CH_2—中 C—H 面内伸缩振动引起的；1 377 cm^{-1} 较强吸收峰也是—CH_3 中 C—H 的面内弯曲振动引起的；指纹区中 650～910 cm^{-1} 区域又称为苯环取代区，苯环的不同取代位置会在这个区域内有所反映，在这个区域出现的几个峰都是苯环上 C—H 面外摇摆振动的结果；由于沥青中硫化物主要是亚砜，1 032 cm^{-1} 处应是亚砜的 S═O 弯曲振动峰。

从基质沥青红外光谱图能够得出：基质沥青中主要由烷烃、环烷烃、芳香族以及杂原子硫化物等构成。沥青是一种混合物，其组成复杂，一些官能团的特征吸收峰可能会因其

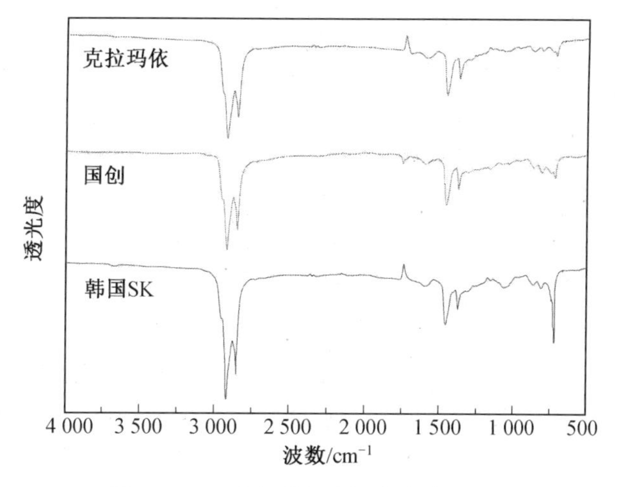

图 6.15　三种基质沥青红外光谱对比图

他吸收峰所存在而受到影响，因此，仅靠红外光谱无法获得沥青组成与结构的所有信息。本章采用基质沥青与改性沥青的红外光谱做对比，来分析其结构的改变以及改性机理的研究。

表 6.4　基质沥青主要官能团的特征吸收峰

吸收峰/cm^{-1}	相对强度	官能团归属
2 953,2 923,2 853	很强	—CH_2—的 ν_{C-H}(伸缩振动)
2 728,2 679	弱	羧基中 O—H 的伸缩振动
1 600	弱	芳香烃 $\nu_{C=C}$
1 463	强	$\leftarrow CH_2 \rightarrow_n$ 的 δ_{C-H}(面内弯曲)
1 377	中强	—CH_3 的 δ_{C-H}
1 312	弱	C$=CH_2$ 的 CH_2 面内变形
1 215,1 167	弱	—$C(CH_3)_3$ 的骨架振动
1 032	弱	亚砜的 $\delta_{S=O}$
864,810,787,760,723	弱、弱、中强、强弱	苯环的多种取代方式

PU 的红外光谱如图 6.16 所示。PU 主要官能团的特征吸收峰见表 6.5。

由图 6.16 以及表 6.5 能够得出：3 250～3 500 cm^{-1}间为—OH 伸展振动、—NHCO 的顺式 NH 伸展振动特征吸收峰，峰强度为中强；2 940 cm^{-1}、2 860 cm^{-1}处为—CH_3、—CH_2的对称与不对称伸缩振动吸收峰；1 715～1 750 cm^{-1}处为酯基—C=O 的特征吸收峰；1 689～1 710 cm^{-1}处为异氰脲酸酯—C=O 的特征吸收峰；1 376～1 601 cm^{-1}处为苯环的骨架伸缩振动，为五指峰型。1 101.0 cm^{-1}左右处为较强的氨基甲酸酯(NH—CO—O)吸收峰；一般在 3 367 cm^{-1}处左右的宽峰，都是—OH 的特征吸收峰，但是在图 6.16 峰位处，并没有明显的峰出现，这也印证了改性材料属于聚醚型端—NCO 预聚体。

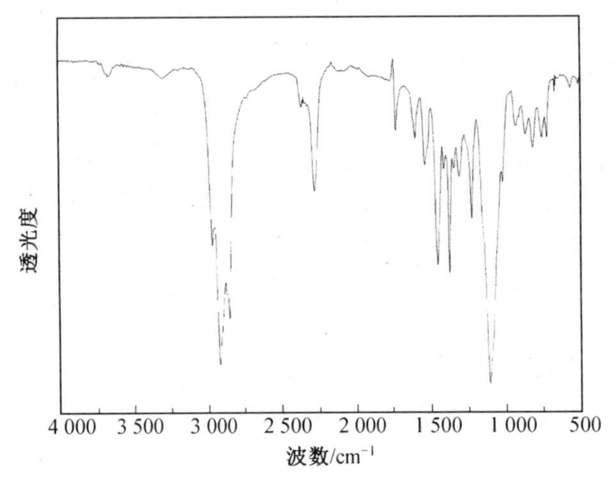

图 6.16　PU 红外光谱

表 6.5　PU 主要官能团的特征吸收峰

吸收带/cm^{-1}	相对强度	官能团归属
3 250～3 500	中强	—OH 伸展振动、—NHCO 的顺式 NH 伸展振动
2 940,2 860	强	$—CH_2$、$—CH_3$ 伸缩振动
2 240～2 280	强	—N═C═O 特征吸收峰
2 120	强	碳化二亚胺—N═C═N—
1 770～1 785	强	脲二酮环中—C═O
1 715～1 750	很强	酯基—C═O
1 689～1 710	强	异氰脲酸酯—C═O
1 600～1 615		苯环 C═C 骨架伸展运动
1 520～1 560	较强	酰胺Ⅱ键(N—H 振动)
1 450～1 470		
1 380		CH_2、CH_3 非变形振动 CH_3 对称变形振动
1 225～1 235		聚酯 C—O 伸展、OH 变形振动
1 060～1 150	宽强	C—O—C 脂肪族醚吸收峰

三种沥青改性前与改性后红外光谱的对比如图 6.17～6.19 所示，能够得出：PU 中 2 275 cm^{-1}处的吸收峰为 PU 中 NCO 基团的特征吸收峰，PU 掺配到沥青中，该处的吸收峰消失，峰的强度几乎为“零”。这说明 PU 掺配到沥青中，该处 NCO 基团与沥青中某些基团产生化学反应，从而使 NCO 基团消失。通过研究分析得出，NCO 基团与沥青中活化氢组分发生了反应。

通过对比改性与基质红外光谱图得出，在改性沥青的图谱上出现了一些改性剂存在的峰，例如 1 101 cm^{-1}处的氨基甲酸酯(NH—CO—O)的吸收峰，说明体系中已经存在氨基甲酸酯链段，PU 改性沥青存在物理改性；并且不同沥青在相同掺量的改性剂存在下，

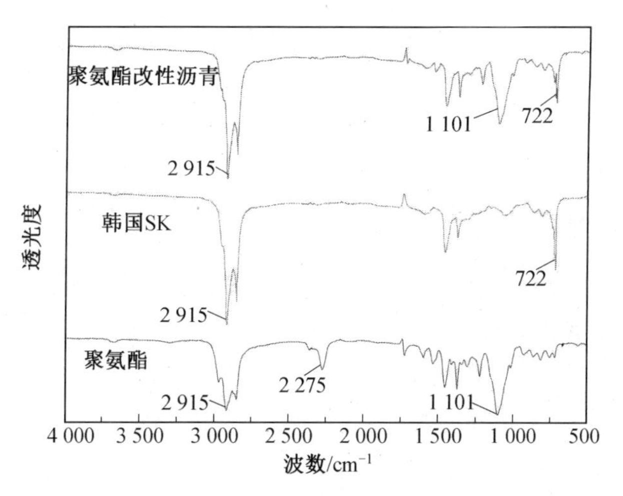

图 6.17　韩国 SK 基质沥青与改性沥青红外光谱对比

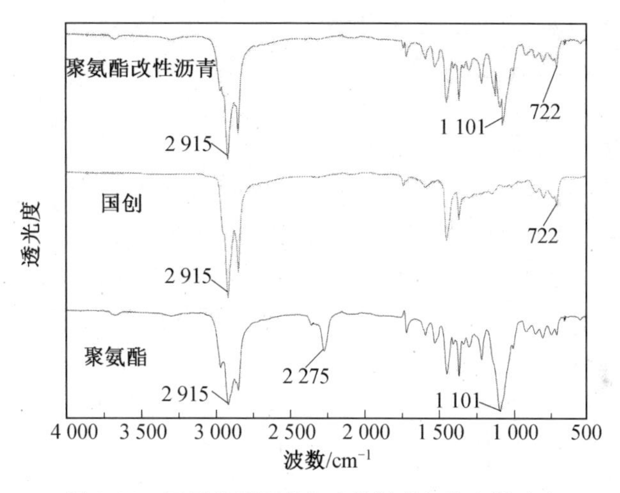

图 6.18　国创基质沥青与改性沥青红外光谱对比

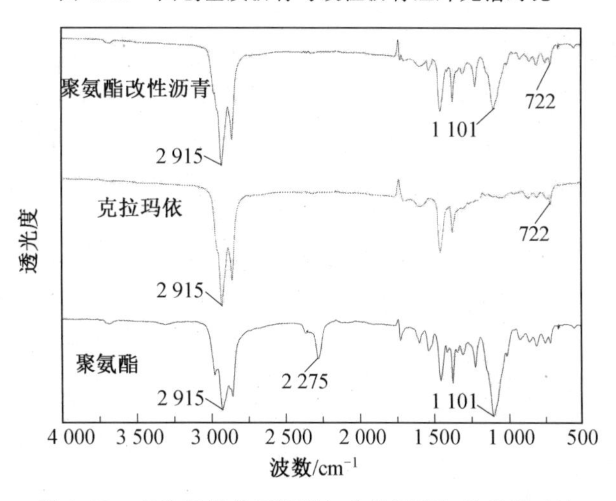

图 6.19　克拉玛依基质沥青与改性沥青红外光谱对比

1 101 cm^{-1}处峰的强度有所不同，这也证实了 PU 在不同组成的基质沥青中，分散状态与相容性不同；其 1 101 cm^{-1}处的 NH—CO—O 吸收峰峰强大小为 SK 最强、国创次之、克拉玛依最小，说明 SK 沥青相容性最好，国创次之，克拉玛依最差，这与荧光显微镜观察的微观形貌以及表现出的相容性是吻合的。

6.3.3 聚氨酯改性沥青的乳化

本节以自制的三种 PU 改性沥青为基础材料，以乳化剂为参数变量对 PU 改性沥青进行乳化，分别测定改性乳化沥青的筛上剩余量、5 d 存储稳定性、改性乳化沥青的粒径等指标确定乳化剂的最佳用量。

1. 改性乳化沥青工艺条件的确定

(1)影响因素分析。

在 PU 改性乳化沥青制备过程中，无论是材料还是设备都会对其产生影响，具体主要影响因素如下：改性剂分散状态、改性剂粒径大小、乳化剂乳化能力、乳化剂剂量、稳定剂种类、胶体磨、试验温度、pH 调试等。因此对以上因素的把握对制备改性乳化沥青至关重要。

(2)工艺条件确定。

胶体磨作为制备改性乳化沥青的反应釜，其内的温度对制备改性乳化沥青起着重要作用。温度过高会造成成品爆沸，严重影响其存储稳定性，会造成结皮和团聚现象；温度过低黏度大，会造成改性沥青流动性差，增加乳化及研磨负担，影响乳化效果。为此应控制影响胶体磨温度的每一个因素。影响胶体磨内温度的因素主要有：胶体磨自身温度、乳液温度、改性沥青温度。经过大量试验决定将胶体磨温度控制在 75 ℃左右，乳液温度为 60～70 ℃，制备出成品温度在 75 ℃左右，乳化及成品状态良好。

在制备 PU 改性乳化沥青中，一般有以下步骤：

①在制备改性乳化沥青之前，取 80 ℃热水倒置于胶体磨中，进行循环作用，保证胶体磨内表面温度在 70～80 ℃之间。

②称取计量好的乳化剂、稳定剂放入 800 mL 烧杯中，加入 95%的水，加入水过程中用玻璃棒不断搅拌，使其尽快溶解，待达到完全溶解，采用 pH 试纸测定其 pH 情况，采用 pH 调试液进行调试，直至达到规定值，最后采用洗耳球滴加剩余水。

③将制备好的乳化液倒进胶体磨中，打开胶体磨制动开关，将事先准备好的改性沥青以一定的流速倒进胶体磨中，在倒入过程中应用温度计不断搅拌，使改性沥青快速穿过乳液进入剪切装置进行剪切；改性沥青倒入速度应根据胶体磨中乳化现象而定，避免出现剪切速度小于改性沥青流入速度而出现“结团”现象。

④待改性沥青倒完，在一定的时间范围内观察其剪切情况及颜色变化，判断乳化情况，测定改性乳化沥青的温度。

(3)样品制备。

取一定量代表性试样放置于 200 mL 烧杯中，加入一定量水进行稀释至沥青微粒质量分数为 0.3%，取一滴稀释液放置在洁净的载玻片上，并立即放置盖玻片，允许在盖玻片上轻轻按压，但不能用力过大，以免粒径被压扁增大粒径直径；每个样品做成 2 个试样，分布在载玻片的左右两侧，每个试样采集 5 个代表性的图像。

放置在载玻片上的改性乳化沥青处于极不稳定的布朗运动状态，整个观察拍摄过程必须在其破乳前进行，为统计粒径大小提供可靠性资料，具体流程如图 6.20 所示。

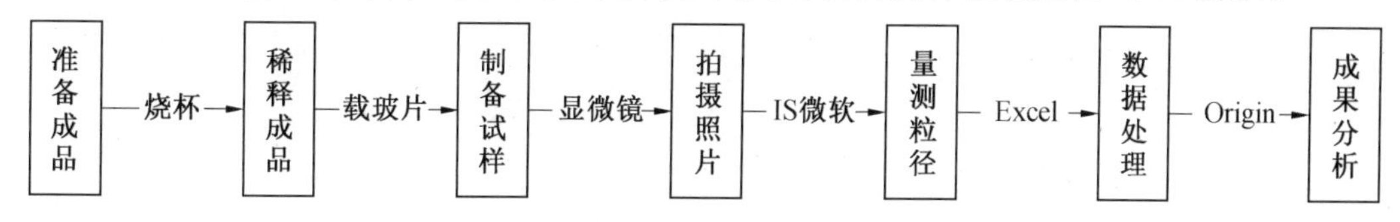

图 6.20　乳化沥青粒径试样准备、拍摄、分析流程图

2. 改性沥青乳化配方设计

按照上述确定工艺条件，以乳化剂为参数变量制备 PU 改性乳化沥青，分别测定改性乳化沥青的筛上剩余量、5 d 存储稳定性、改性乳化沥青的粒径分布与平均粒径等指标，确定最佳配方。为了考察乳化剂对 PU 改性乳化沥青的影响，本章下述试验乳液 pH、稳定剂剂量均为固定值。

(1)乳化剂筛选与用量范围确定。

经过多次试验对比分析，乳化剂 A 与乳化剂 B 能够对 PU 改性沥青进行乳化，但需要较大剂量的乳化剂且乳化粒径较大，造成浪费，使用性能也较差。为解决因 PU 的存在而产生的上述问题，本章选用了一种试剂 K 与单一乳化剂进行复配，试剂 K 的存在大大改善了乳化能力，经过试验对比，确定复配比例为 A/B/C：K＝4：1，复配的乳化剂与乳化剂 A 相比具有较好的乳化效果。B 乳化剂制备的改性乳化沥青颗粒粒径依旧较大，乳化剂 C 效果较差，难以微球液滴，故本章采用 A 乳化剂与试剂 K 进行复配制备 PU 改性乳化沥青，乳化剂用量范围为 1.2%～2.6%。

(2)乳化剂用量与筛上剩余量、5 d 存储稳定性关系。

三种 PU 改性乳化沥青筛上剩余量、5 d 存储稳定性随乳化剂用量变化的规律曲线如图 6.21 和图 6.22 所示。

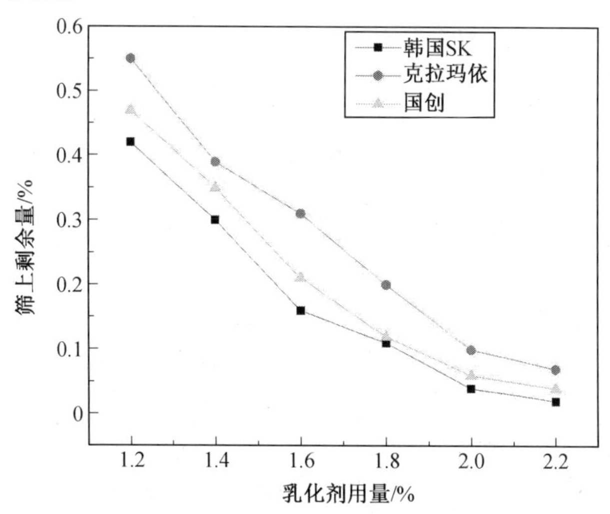

图 6.21　乳化剂用量与筛上剩余量关系曲线

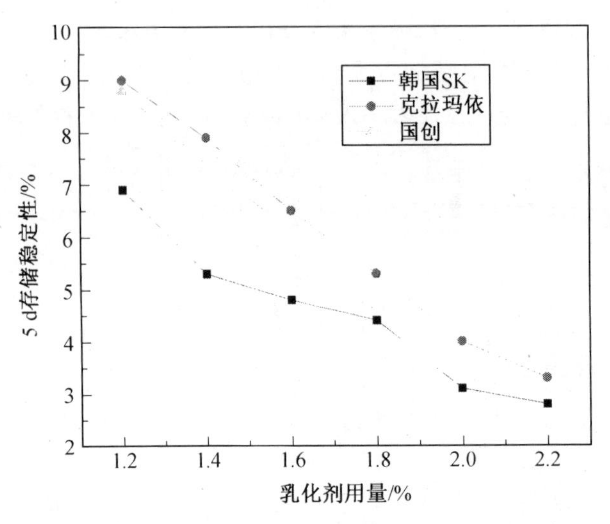

图 6.22　乳化剂用量与 5 d 存储稳定性关系曲线

试验过程中发现，当乳化剂用量小于 1.0％时，改性沥青和水是直接接触的，乳化剂的量不能把改性沥青乳化，其形态为“渣渣”状，当乳化剂用量达到 1.2％时，发现改性沥青能够被乳化，但其颜色发黑，说明乳化剂的用量刚好达到临界状态，随着乳化剂用量继续增加，乳化效果越来越好，呈“乳液”状，颜色由其原来的黑色逐渐变为棕黄色，说明沥青乳液中乳化剂质量分数已经达到临界胶束质量分数，乳化剂能够以一定膜包围沥青颗粒，形成以沥青为胶核的沥青乳化剂胶束，也就是成品改性乳化沥青。

由图 6.21 和图 6.22 可知：

①三种改性乳化沥青筛上剩余量随乳化剂用量变化规律大致相同，呈逐渐减小最后稳定的趋势。

②乳化剂用量在 1.2％～2.2％过程中，三种改性乳化沥青相比，克拉玛依筛上剩余量整体略大，国创改性乳化沥青次之，韩国 SK 改性乳化沥青最小，说明克拉玛依改性乳化沥青颗粒均匀程度差，可能存在较大颗粒和团聚，而韩国 SK 和国创改性乳化沥青颗粒小且均匀程度高。

③在乳化剂用量为 2.0％时，三种改性乳化沥青筛上剩余量分别为：国创（0.05％）、韩国 SK（0.04％）、克拉玛依（0.1％），均能满足规范要求。在乳化剂用量为 2.6％时，筛上剩余量分别为克拉玛依（0.08％）、国创（0.03％）、韩国 SK（0.01％）。通过对比能够得出，乳化剂用量在超过 2％时，筛上剩余量变化不大，说明用量达到 2.0％时，再继续增加乳化剂用量，不满足经济性的要求。

④鉴于此，三种改性乳化沥青筛上剩余量与乳化剂关系存在差异的根本原因可能与不同品牌的基质沥青与改性剂的相容性以及改性剂在三种基质沥青中分散状态与粒径大小有关。

（3）乳化剂用量与粒径分布的关系。

通常，乳化沥青微粒粒径大小采用显微镜、测微尺与自动粒度分析仪测定。鉴于测微尺存在局限性以及自动粒度分析仪价格昂贵，本章采用荧光显微镜进行拍照并采用 ISCapture 软件进行粒径抓取并测量，每张荧光显微镜照片抓取 200 个代表性改性乳化沥青微球。最后,采用 Excel 软件进行统计,绘制粒径分布图和计算平均粒径,研究其粒径大小和分布均匀性与乳化剂剂量的关系。三种 PU 改性乳化沥青粒径分布随乳化剂用量变化的规律如图 6.23～6.25 所示。

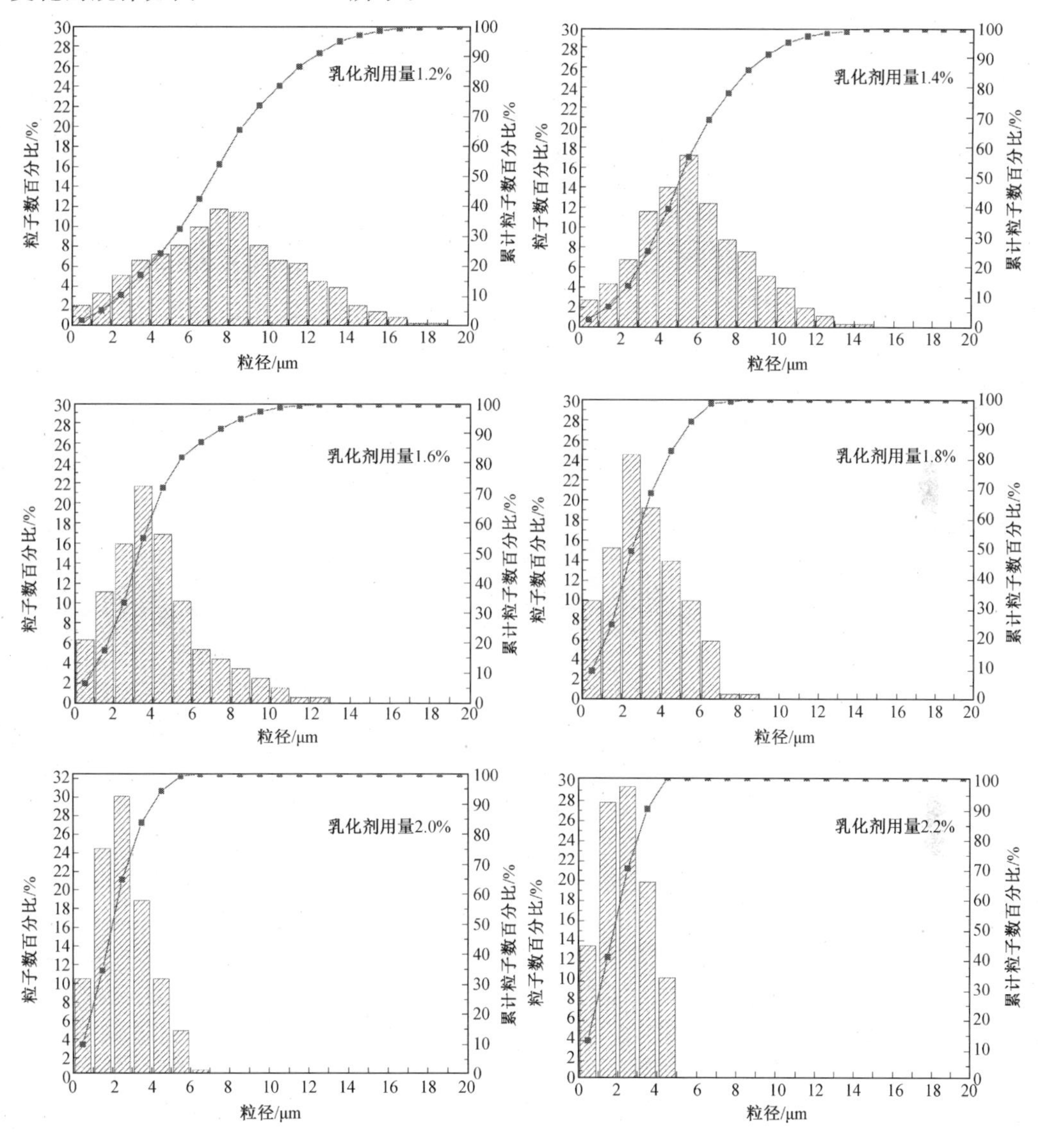

图 6.23　韩国 SK 改性乳化沥青粒径分布与乳化剂用量的关系图

由图 6.23 可知:

①乳化剂用量在 1.2%时,改性乳化沥青粒径范围为 0～19 μm,其中 5～19 μm 范围占比较大,比例为 75.7%,使用性能和存储性能较差。

②随着乳化剂用量不断增加,大颗粒沥青逐渐减少(10～19 μm),乳化剂用量在 1.2%～2.2%过程中,大颗粒占比分别为 26.4%、8.1%、2.4%、0%、0%、0%,说明乳化剂增加能够使乳化沥青粒径细化,改善其使用性能。

③乳化剂用量在 2.0%时,粒径 0～5 μm 的乳化沥青比例为 94.4%,能够对韩国 SK

改性沥青产生较好的乳化效果，此时在乳化及粒径方面经济性最好。

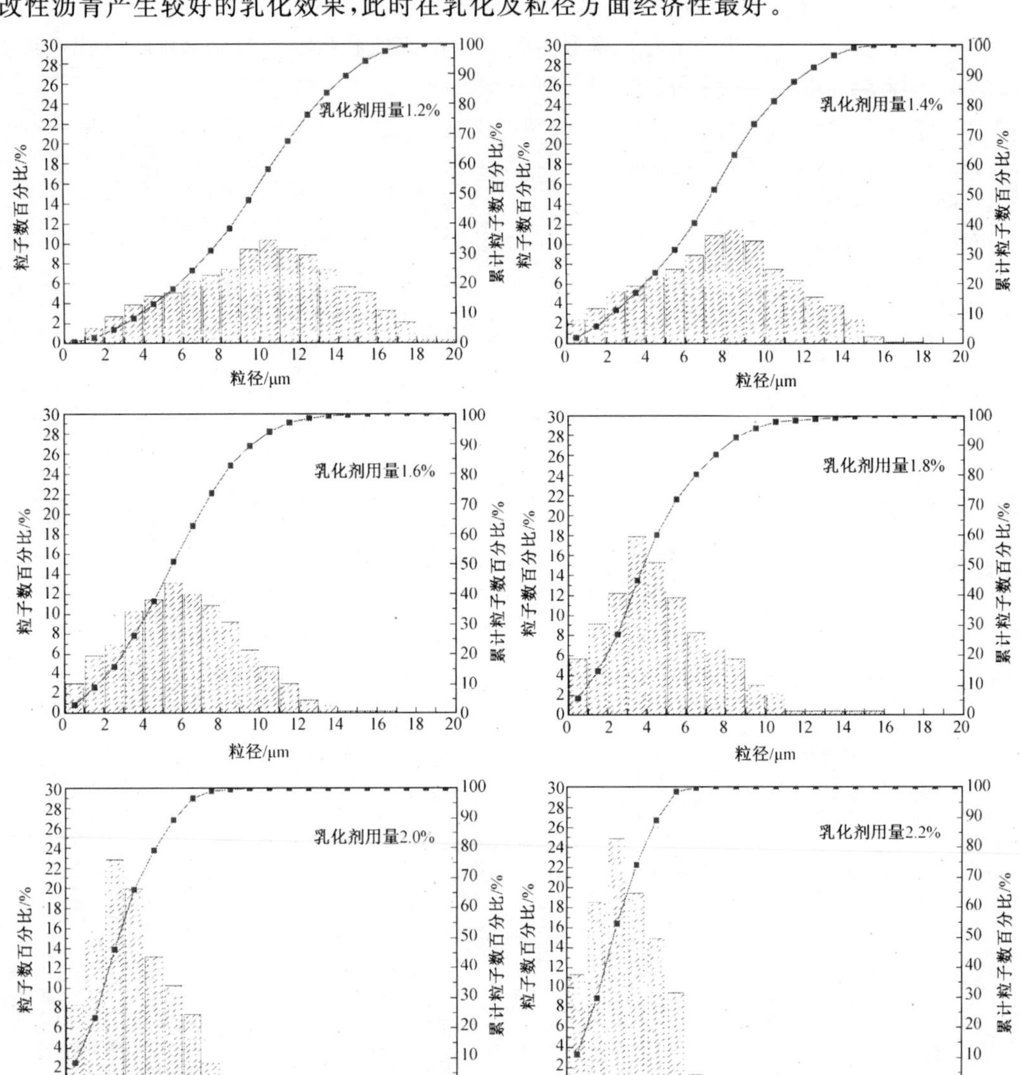

图 6.24　克拉玛依改性乳化沥青粒径分布与乳化剂用量的关系图

由图 6.24 可知：

①乳化剂用量在 1.2%时，克拉玛依型的改性乳化沥青粒径范围为 0～20 μm，其中 5～20 μm范围占比较大，比例为 87.1%，大于 75.7%，说明乳化剂用量同样的情况下，克拉玛依改性沥青乳化效果不如韩国 SK 型改性沥青。

②随着乳化剂用量不断增加，大颗粒沥青也呈逐渐减少（10～20 μm）趋势，乳化剂用量在 1.2%～2.2%过程中，大颗粒占比分别为 52.4%、26.6%、10.9%、4.4%、0%、0%，说明乳化剂增加能够使乳化沥青粒径细化，改善其使用性能，但整体上改性乳化沥青粒径与韩国 SK 相比偏大。

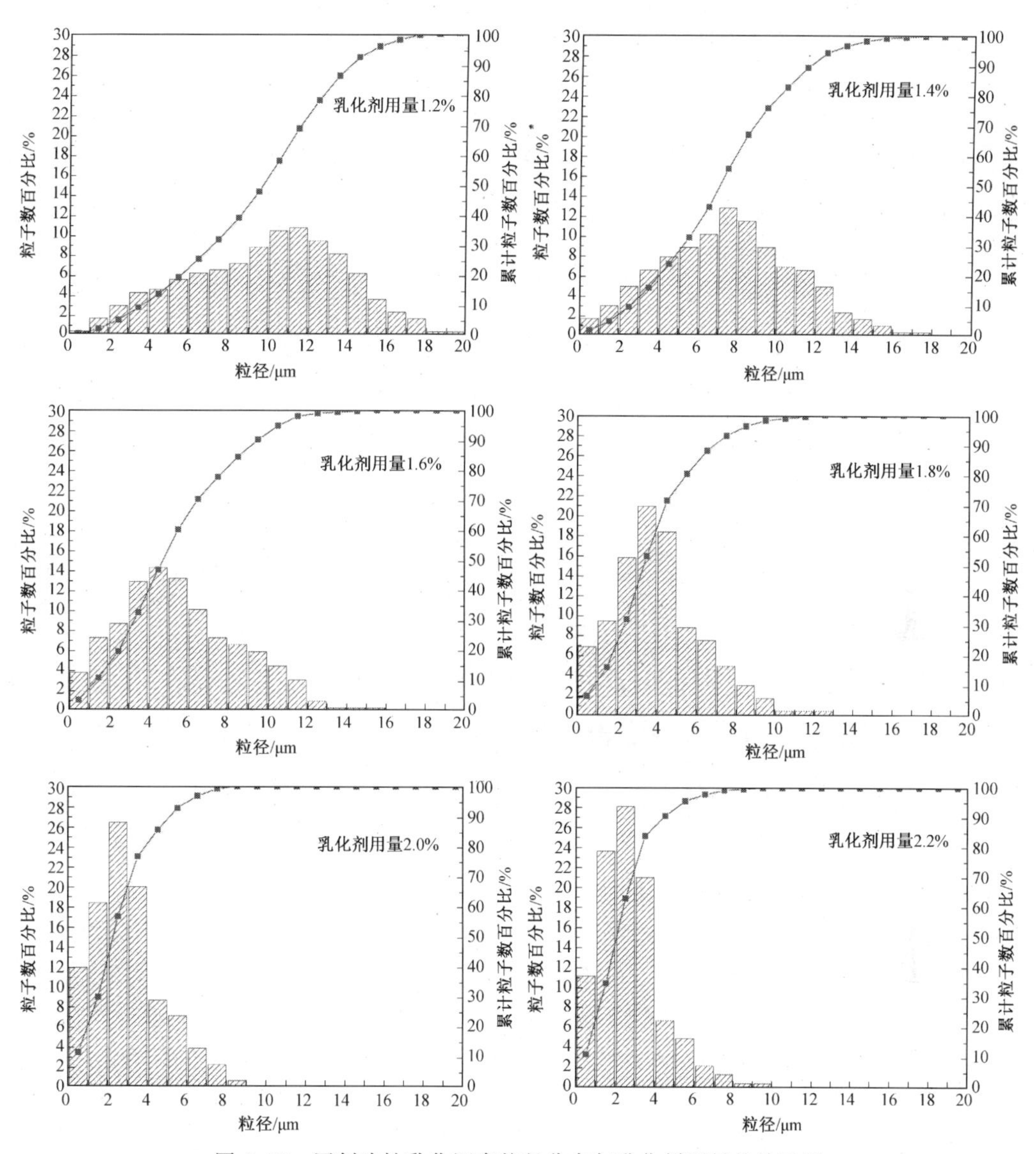

图 6.25　国创改性乳化沥青粒径分布与乳化剂用量的关系图

由图 6.25 可知：

①乳化剂用量在 1.2%时，克拉玛依型的改性乳化沥青粒径范围为 0～20 μm，其中 5～20 μm范围占比较大，比例为 86.5%，大于 75.7%，说明乳化剂用量同样的情况下，国创改性沥青乳化效果也不如韩国 SK 型改性沥青。

②随着乳化剂用量不断增加，大颗粒沥青也呈逐渐减少(10～20 μm)趋势，乳化剂用量在 1.2%～2.2%过程中，大颗粒占比分别为 52.6%、23.9%、9.8%、1.9%、0%、0%，说明乳化剂增加能够使乳化沥青粒径细化，改善其使用性能，但整体上改性乳化沥青粒径与韩国 SK 相比偏大。

乳化剂用量与平均粒径关系曲线如图 6.26 所示。从图 6.26 可知：

①三种改性乳化沥青的平均粒径大小关系是：韩国 SK<国创<克拉玛依。

②平均粒径随着乳化剂用量增加不断减小，最后趋于平稳。

③通过以上能够得出，克拉玛依改性沥青相对于其他两种沥青更难以乳化是PU改性剂在克拉玛依中分散状态以及沥青大小所导致的。

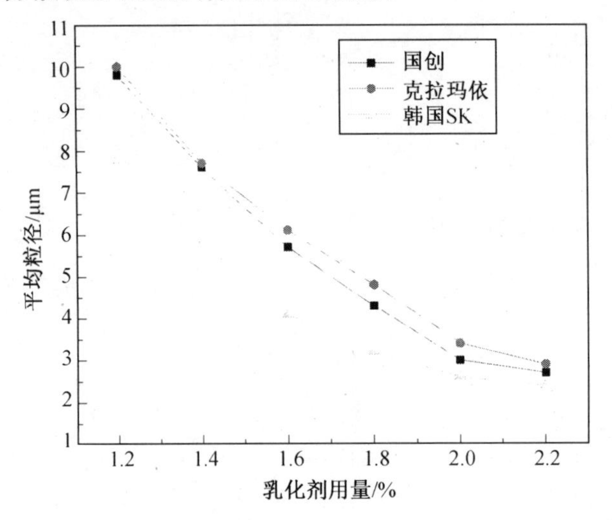

图6.26 乳化剂用量与平均粒径关系曲线

6.3.4 乳化过程对改性沥青性能的影响

在制备PU改性乳化沥青过程中，PU改性沥青需经历加热、剪切、研磨以及乳化剂和稳定剂相互作用等过程，微观上势必会影响PU在改性沥青中形成的结构以及分散状态，宏观上也会对PU改性沥青的物理性能产生一定的影响。

本节通过对比三种PU改性沥青与三种PU改性乳化沥青蒸发残留物软化点、25 ℃针入度、5 ℃延度、5 d存储稳定性等指标进行对比研究，评价PU改性沥青乳化前后的物理性能变化，并辅助傅里叶红外光谱、差示扫描量热等手段对改性沥青乳化前后的微观结构、玻璃化转变温度及吸热量进行研究，从微观的角度解析宏观性能变化的原因。

1. 原材料及技术指标值

改性沥青与改性乳化沥青的制备采用前述较好的制备工艺，分别制备PU改性沥青与PU改性乳化沥青，其基本性质见表6.6和表6.7。

表6.6 三种PU改性沥青的基本性能指标值

项目	韩国SK	克拉玛依	国创
25 ℃针入度/(0.1 mm)	50.1	55	57
软化点/℃	59	56	57.2
5 ℃延度/cm	28.7	24.9	26.5
软化点增量/℃	0.9	2.1	1.2

表 6.7　三种改性乳化沥青的基本性能指标值

试验项目	乳化沥青	试验结果		
		韩国 SK	克拉玛依	国创
破乳速度	慢裂	慢裂	慢裂	慢裂
粒子电荷	(+)	(+)	(+)	(+)
筛上剩余量(1.18 mm)/%	≤0.1	0.04	0.07	0.06
蒸发残留物				
测定值	≥60	61	62	61.5
针入度/(0.1 mm)	40～100	48	53	53
软化点/℃	≥53	56	55.7	55.5
5 ℃延度/cm	≥20	24	21.9	23.1
软化点增量/℃	≤2.5	1.3	2.5	1.8
5 d 存储稳定性/%	≤5	2.8	3.3	3.0

2. 对物理性能的影响

三种 PU 改性沥青的 25 ℃针入度、软化点、5 ℃延度、5 d 存储稳定性的乳化前后对比如图 6.27～6.30 所示。

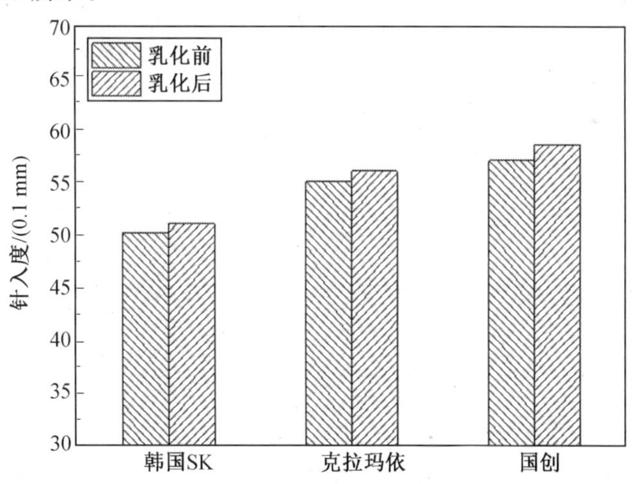

图 6.27　乳化过程对改性沥青针入度的影响

由图 6.27～6.30 可知，三种改性沥青乳化前后 25 ℃针入度及软化点增量具有不同程度的升高，而软化点与 5 ℃延度具有不同程度的下降；依照韩国 SK、克拉玛依、国创顺序，软化点分别降低了 3 ℃、0.3 ℃、1.7 ℃；5 ℃延度分别降低了 4.7 cm、3.0 cm、3.4 cm；针入度分别升高了 0.9(0.1 mm)、1.0(0.1 mm)、1.5(0.1 mm)；软化点增量提高了 0.4 ℃、0.4 ℃、0.4 ℃。通过对比以上数据，物理性能及存储性能都有一定的下降，通过分析，有以下原因：

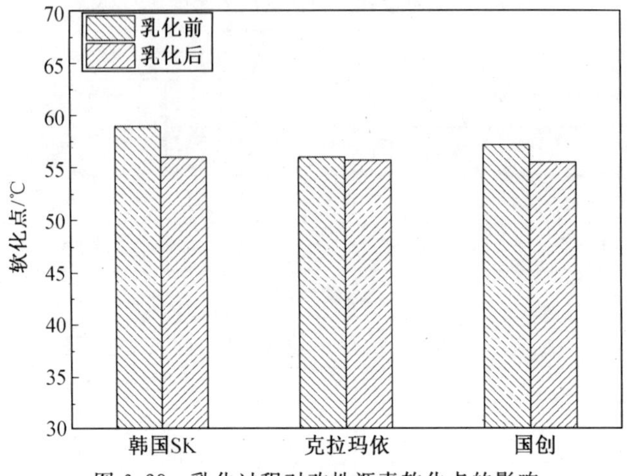

图 6.28 乳化过程对改性沥青软化点的影响

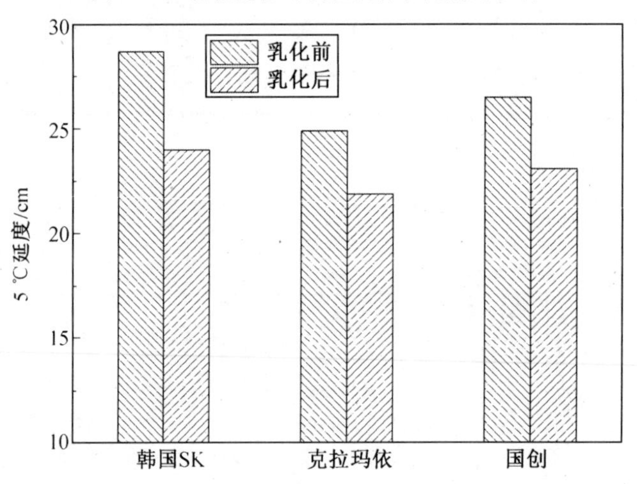

图 6.29 乳化过程对改性沥青 5 ℃延度的影响

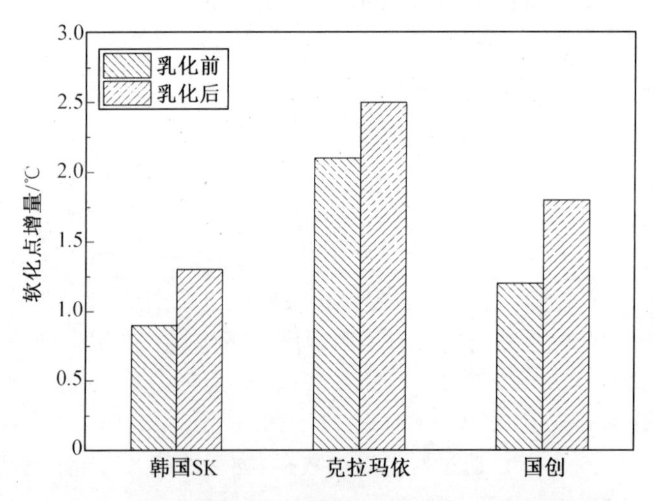

图 6.30 乳化过程对改性沥青存储稳定性的影响

(1)为保证改性沥青处于可乳化状态,改性沥青需二次加热,可能改变 PU 在沥青质中的分散状态,使沥青质中发生不同程度的聚集,尤其是相容性较差的 PU 与沥青的组合。

(2)较大粒径的 PU 会被进行第二次研磨,原始状态遭到改变,并且颗粒较大的 PU 更容易进行移动而聚集。

(3)改性乳化沥青加热获得残留物过程中,会再改变 PU 在沥青中的结构与状态。

(4)乳化剂的存在,也会影响其改性沥青的性质。

虽然改性沥青经过乳化过程常规指标值下降,物理性能降低,但是 PU 改性乳化沥青除了克拉玛依改性沥青相容性刚好满足指标以外,其他指标各项指标均满足《规范》的要求,因此,通过确定的配方与工艺制备的 PU 改性乳化沥青具有较好的使用性能与路用性能。

3. 对微观结构的影响

韩国 SK、国创、克拉玛依 PU 改性沥青乳化前后红外光谱对比如图 6.31～6.33 所示。对比乳化前后红外光谱图可以看出,各个基团峰的位置并没有改变,仅仅是峰的强度上有所变化。峰强度的变化除了取样与人为试验误差有关,其最主要的是基团的量变而导致的。

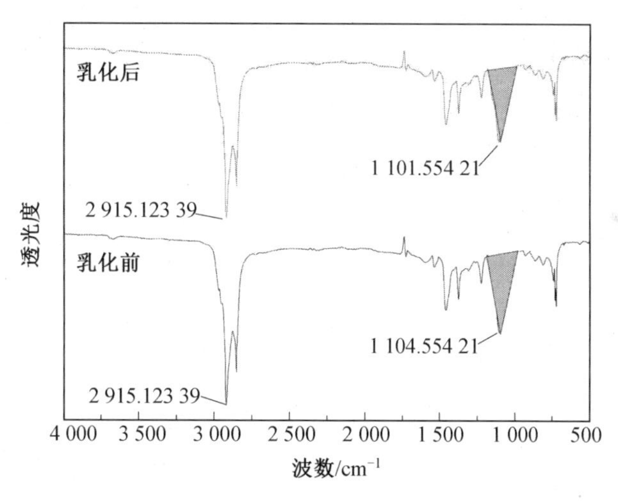

图 6.31　韩国 SK 改性沥青乳化前后红外光谱对比

根据朗伯一比尔定律,通过计算峰的积分面积来表示峰的强度。PU 基本原料为异氰酸酯与聚合物多元醇,进行化学反应生成氨基甲酸酯基团(NH—CO—O),本章采用端基为—NCO 的预聚体制备改性沥青。在制备改性沥青过程中,—NCO 的消失也说明了 PU 分子中只存在 NH—CO—O,而—NCO 与—OH 不存在,故本章以 NH—CO—O 的强度变化来微观表征乳化作用对 PU 改性沥青的影响。

对乳化前后三种改性沥青氨基甲酸酯基团(NH—CO—O)峰强度范围进行面积积分,具体积分面积与强度比如表 6.8 与图 6.34 所示。

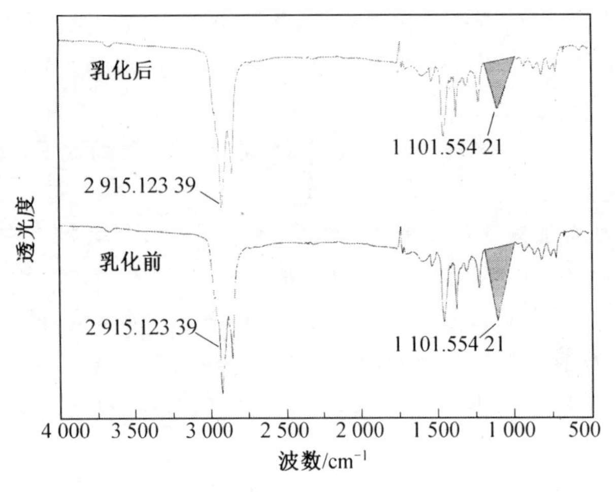

图 6.32　国创改性沥青乳化前后红外光谱对比

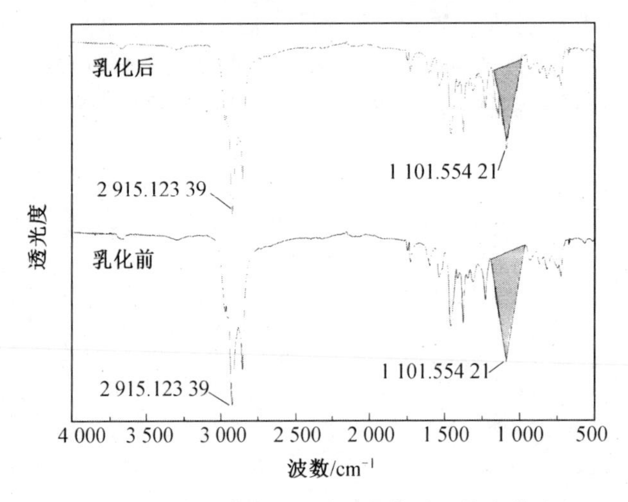

图 6.33　克拉玛依改性沥青乳化前后红外光谱对比

表 6.8　改性沥青氨基甲酸酯基团乳化前后积分面积

改性沥青	乳化状态	NH—CO—O 积分面积	强度比(乳化前后)
韩国 SK	乳化前	29.7	1.04
	乳化后	28.5	
国创	乳化前	27.3	1.09
	乳化后	25.1	
克拉玛依	乳化前	26.5	1.33
	乳化后	19.9	

根据表 6.8 与图 6.34 可知，三种改性沥青经过乳化作用，氨基甲酸酯基团峰的面积均有一定变小，变化幅度均不是很大，其规律为：韩国 SK＜国创＜克拉玛依。说明乳化作用对克拉玛依改性沥青影响最大，韩国 SK 影响最小，与常规指标变化相符。对以上结

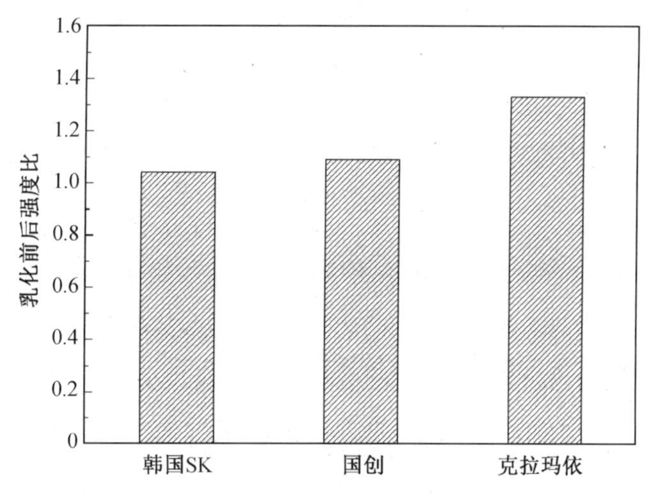

图 6.34　改性沥青氨基甲酸酯基团乳化前后强度比

果进行分析能够得出：

(1)改性沥青经过胶体磨的研磨、剪切作用以及乳化剂作用，基团积分面积比变化幅度较小，说明并没有改变氨基甲酸酯基团结构。

(2)乳化作用仅仅破坏了改性剂在沥青中的分散状态，较少的大颗粒改性剂被进行再次剪切与分散，但整体改变不是很大。

(3)根据以上原材与方法制备的 PU 改性沥青在乳化作用下，能够保持较好的路用性能，且使用性能也较佳。

6.4　本章小结

本章采用先 PU 改性后乳化的方法制备 PU 改性乳化沥青。通过测定针入度、软化点、5 ℃延度、存储稳定性、黏度等物理指标，配合傅里叶红外光谱、荧光显微镜、差示扫描热量等微观结构手段，以三种基质沥青、一种 PU 改性剂及乳化剂等参数变化为基础，研究其 PU 改性剂对沥青改性效果、PU 在沥青中微观形态结构、PU 改性沥青改性机理以及乳化对 PU 改性沥青的路用性能、微观形态及微观结构的影响，总结出以下结论：

(1)研究得出 PU 制备改性沥青较好的制备工艺及配方，通过测定三种基质沥青与三种改性沥青在不同温度下进行沥青黏度的测试得出，PU 作为改性剂掺配到沥青中，提高了沥青的黏度，大小关系为：克拉玛依＞国创＞韩国 SK。在不同温度下，三种沥青黏度增幅均不相同，随着温度升高增幅程度逐渐降低。通过黏温曲线，进行指数拟合，确定了 PU 改性沥青的拌和温度、摊铺温度及乳化温度。同时，采用红外光谱分析 PU 改性机理能够得出，PU 改性沥青同时存在物理改性及化学改性；其中化学改性不受 PU 与基质沥青相容性的限制，反应很充分，而物理改性受基质沥青相容性限制较大。

(2)通过对乳化剂进行选择与试验，确定了乳化剂 A 与试剂进行复配对 PU 改性沥青进行改性，再研究其筛上剩余量、5 d 存储稳定性、改性乳化沥青的粒径分布与平均粒径等指标确定最佳配方。得出韩国 SK、国创、克拉玛依的乳化剂掺量分别为 2.0%、

2.2%、2.2%。其中,韩国 SK 改性乳化沥青更容易乳化,克拉玛依沥青最难乳化,国创改性沥青在两者之间。

(3)对比改性前与改性后乳化沥青,三种改性乳化沥青使用性能与路用性能均能基本满足规范要求。再对比乳化前后 PU 改性沥青红外光谱图能够分析得出:PU 改性沥青再次经历加热、剪切、研磨以及乳化剂和稳定剂的作用,并没有改变 PU 改性沥青各个基团的消失,只是基团峰的强度有所变化,三种沥青变化程度不相同,SK 变化最小,克拉玛依变化最大。改性沥青经过胶体磨的研磨、剪切作用及乳化剂作用,基团积分面积比变化幅度较小,说明并没有改变氨基甲酸酯基团结构;乳化作用仅仅破坏了改性剂在沥青中的分散状态,较少的大颗粒改性剂被进行再次剪切与分散,但整体改变不是很大。

本章参考文献

[1] DERUITER D J, FAIRLEY D P. Method of producing bituminous/polymer emulsion and product: US4722953[P]. 1988-2-2.

[2] GELLES R. Water-based emulsions and dispersions of bitumen modified with a functionalized block copolymer: US5212220[P]. 1993-5-18.

[3] 虎增福. 乳化沥青及稀浆封层技术[M]. 北京: 人民交通出版社, 2001: 4-21.

[4] SYLVESTER L M, STEVENS J L. Quick-setting cationic aqueous emulsions using pre-treated rubber modified asphalt cement: US7087665[P]. 2006-8-8.

[5] 沈金安, 李福晋. 改性乳化沥青在高速公路沥青路面维修养护中的应用前景[J]. 石油沥青, 2000, 14(1): 33-43.

[6] 张敬义, 高淑美, 何宗华. 化学改性对 SBR 胶乳改性乳化沥青性能的影响[J]. 石油沥青, 2007, 21(3): 24-27.

[7] KHADIVAR A, KAVUSSI A. Rheological characteristics of SBR and NR polymer modified bitumen emulsions at average pavement temperatures[J]. Construction and Building Materials, 2013, 47: 1099-1105.

[8] ISACSSON U, LU X. Testing and appraisal of polymer modified road bitumens-state of the art[J]. Materials and Structures, 1995, 28(3): 139-159.

[9] 王锋. 水性环氧乳化沥青的制备及其混合料性能研究[D]. 重庆: 重庆交通大学, 2014.

[10] 韩森, 张彩利, 薛生高, 等. SBS 改性克拉玛依沥青相容性的改善[J]. 公路交通科技, 2004, 21(10): 22-25.

[11] 刘益军. PU 树脂及其应用[M]. 北京: 化学工业出版社, 2012, 24(4): 3-5.

[12] 中华人民共和国行业标准. JTG F40—2004 公路沥青路面施工技术规范[M]. 北京: 交通部公路科学研究所, 2004.

[13] 刘建民. SBS 乳化改性沥青性能与工程应用[D]. 天津: 天津大学, 2013.

[14] 肖鹏, 康爱红, 李雪峰, 等. 基于红外光谱法的 SBS 改性沥青共混机理[J]. 江苏大学学报(自然科学版), 2005, 26(6): 530-532.

[15] 程国香,沈本贤,李海彬,等.沥青硫化改性生成的硫化物类型及其反应机理[J].华东理工大学学报(自然科学版),2008,34(3):319-323.
[16] 詹成根,郝增恒,李璐.改性乳化沥青性能影响因素研究[J].中国建筑防水,2011(20):7-10.
[17] 左文军.乳化沥青颗粒大小的显微摄影测试法[J].筑路机械与施工机械化,1990(1):30-34.
[18] 沈振.傅里叶红外光谱分析测定尼龙材料中玻纤含量[J].中国测试技术,2004,30(5):69-70.

第7章 适用于桥面铺装体系的聚氨酯改性沥青研究

7.1 背景及研究现状

随着我国经济实力的不断提高，公路作为基础设施之一，其建设得到了迅速发展。截至2021年底，国家高速公路已建成11.7万km，普通国道车里程25.77万km。然而随着交通量的迅速增长，桥面铺装层普遍出现了严重的裂缝、车辙、水损害等病害，极大地影响了桥梁的使用寿命。另外，桥面铺装层过早地出现病害与防水黏结层的破坏有着较大的关系。

国内外在大量研究和应用过程中，发现环氧树脂改性沥青在桥面防水、层间黏结以及沥青层铺装方面均具有较好的使用性能。但是其价格昂贵且施工工艺较为复杂，对施工技术要求较高，难以广泛地推广应用。

聚氨酯是一种新型的有机高分子材料，具有耐磨损、耐老化、耐高温、强度高低温柔性好等优点，且聚氨酯和环氧树脂具有相似的性质，同为热固性材料，其和沥青在高温及加入扩链交联剂的条件下会发生固化反应，形成交联网状结构，形成一种全新的聚合物改性沥青。因此，研发一种新型的聚氨酯改性沥青应用于桥面铺装体系具有非常高的应用价值。

目前，桥面铺装材料主要分为GA(浇注式沥青)、改性沥青SMA(沥青玛蹄脂碎石混合料)和环氧沥青混凝土三类。三类桥面铺装材料各有其优缺点：GA的优点为防水性能及低温性能良好，缺点为高温性能较差；改性沥青SMA的优点为强度高、柔韧性和耐久性能较好且不易产生车辙，缺点为铺装层较厚，对集料的要求高，使用年限较短；环氧沥青混凝土的优点为高低温性能均较好，缺点为成本较高且施工工艺复杂。

此外，我国桥梁的防水黏结层材料主要有三种，即热熔性、溶剂型和热固性。热熔型黏结材料具有一定的变形能力及防水作用，但其高温性能较差；溶剂型黏结材料在高温时也容易软化从而使得桥面铺装层发生病害；热固性黏结材料一般指环氧沥青，其黏结性能及热稳定性能均较好，但其价格较高且施工复杂，对施工技术要求较高，难以广泛应用。因此开发造价低廉、性能良好的新型材料显得尤为重要。

聚氨酯是一种正在蓬勃兴起的新型材料，其具有良好的耐油性、耐磨性、韧性，强度高，弹性恢复好等特点。因其具有良好的性能，在许多领域都得到广泛应用，也因此成为众多国内外材料领域学者研究的热点。

本章对改性沥青体系中PU的掺量、PU改性沥青流变性能、改性机理、路用性能及PU改性沥青防水黏结层性能进行了相应的试验，并且对试验结果进行分析。

7.2 材料制备

7.2.1 原材料

本章采用的基质沥青为韩国SK－90#沥青;PU预聚体为购买自济宁华凯树脂有限公司的聚醚型聚氨酯预聚体(JM－PU),按照—NCO浓度的不同分为H2133A(2133AJM－PU)和H2143(2143JM－PU)两种;粗集料为陕西生产的一种玄武岩碎石;细集料为陕西生产的一种石灰岩机制砂;矿粉为陕西生产的一种石灰岩矿粉。

7.2.2 聚氨酯改性沥青制备工艺

参考已有研究,PU改性沥青的制备过程如下:

(1)将定量的基质沥青置于烘箱中加热至120 ℃。

(2)待沥青加热至120 ℃后,将沥青放在加热炉上,以温度计进行控温,以高速剪切机对基质沥青进行搅拌。

(3)将定量MOCA加热至120 ℃后加入沥青中,剪切搅拌5 min。

(4)将定量的稀释剂加入沥青中,剪切搅拌5 min。

(5)将定量的预聚体预热至90 ℃后加入到沥青中,剪切搅拌5 min,从而制备好PU改性沥青。

7.3 研究内容

7.3.1 聚氨酯用量对聚氨酯改性沥青体系性能的影响

1. 拉伸试验结果及分析

将五种掺量的2133AJM－PU、2143JM－PU改性沥青制备成哑铃形试件进行试验,结果如图7.1和图7.2所示。

由图7.1和图7.2可知:

(1)当2133AJM－PU掺量由40%增长到50%时,改性沥青体系的抗拉强度变化较小,但其断裂伸长率减小较大,因此考虑两方面对改性沥青的要求,确定2133AJM－PU的最佳掺量为40%。

(2)2143JM－PU改性沥青的PU掺量由30%增加至35%时,其抗拉强度增长迅速;当PU掺量由35%变化为50%时,其增长趋势变缓。其断裂伸长率变化趋势保持不变。因此,确定2143JM－PU的最佳掺量为35%。

7.3.2 聚氨酯改性沥青的流变性能研究

1. DSR试验结果及分析

(1)储能模量和损耗模量温度结果分析。

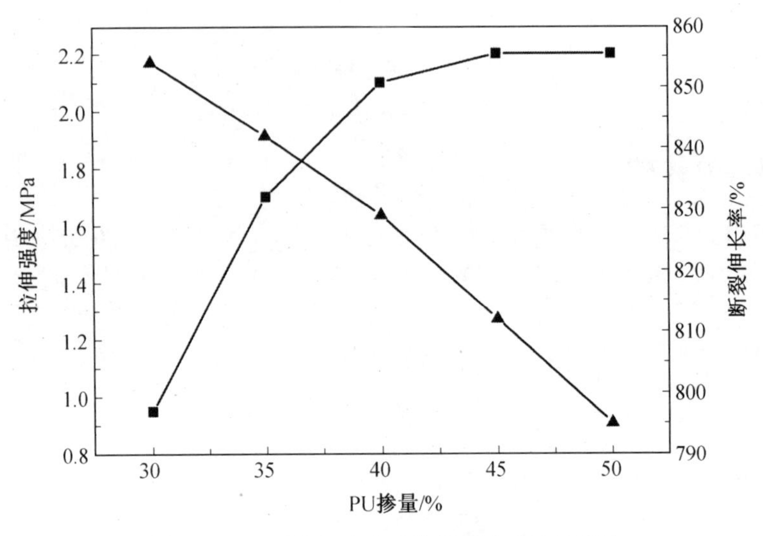

图 7.1　2133AJM－PU 改性沥青拉伸试验结果

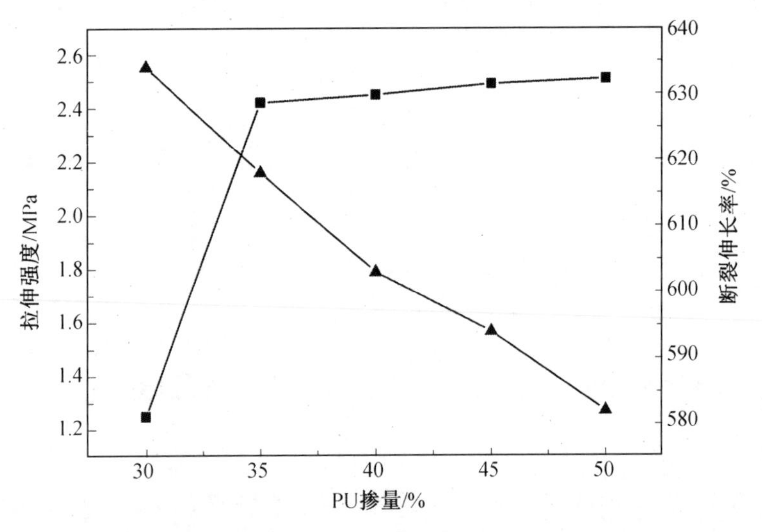

图 7.2　2143JM－PU 改性沥青拉伸试验结果

对两种不同掺量的 PU 改性沥青进行温度扫描试验，并对基质沥青进行温度扫描试验与两种 PU 改性沥青进行对比，得到储能模量 G' 随温度变化的试验结果，如图 7.3 和图 7.4 所示。

由图 7.3 和图 7.4 可知：

①温度升高，两种 PU 改性沥青和基质沥青的储能模量 G' 均减小。说明高温下，沥青弹性性能降低；温度相同，基质沥青的储能模量 G' 最小，2143JM－PU 改性沥青的储能模量 G' 最大，两种 PU 改性沥青的储能模量 G' 较基质沥青提升较为明显。

②在相同温度下，两种 PU 改性沥青的储能模量 G' 均随着 PU 掺量的增加而增大，这说明聚氨酯的加入改善了沥青的弹性性能。

对两种不同掺量的 PU 改性沥青进行温度扫描试验，得到损耗模量 G'' 随温度变化的试验结果，如图 7.5 和图 7.6 所示。

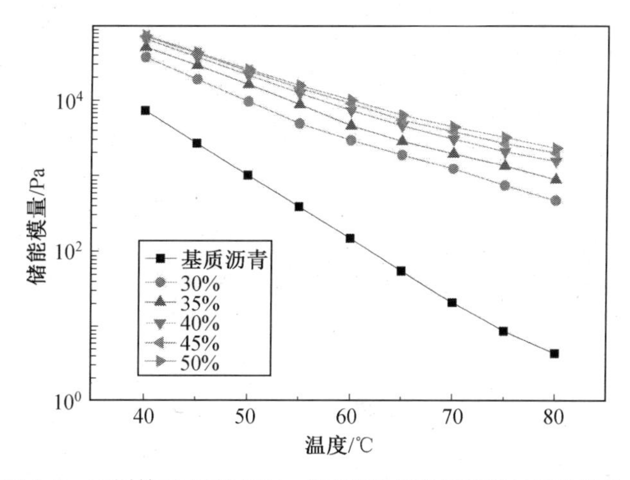

图 7.3　不同掺量 2133AJM－PU 改性沥青储能模量试验结果

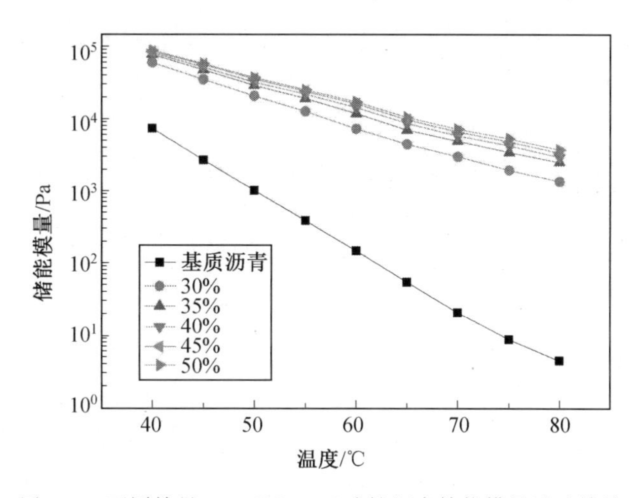

图 7.4　不同掺量 2143JM－PU 改性沥青储能模量试验结果

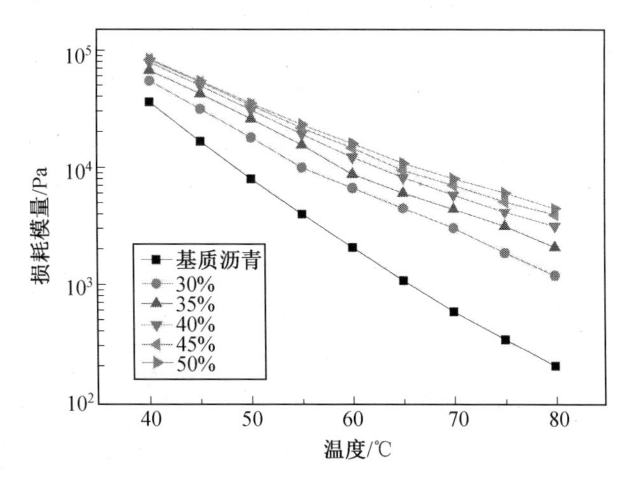

图 7.5　不同掺量 2133AJM－PU 改性沥青损耗模量试验结果

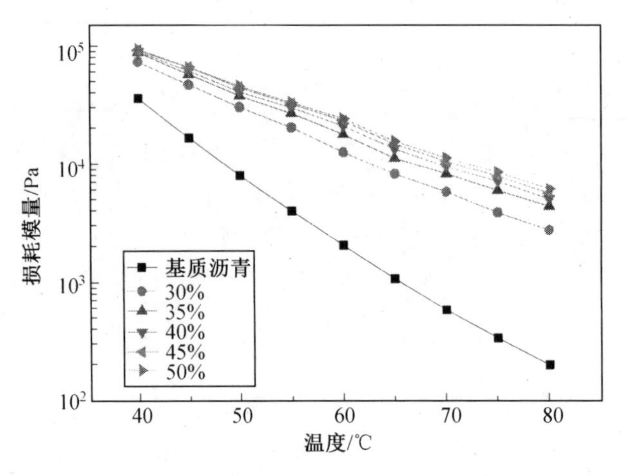

图 7.6 不同掺量 2143JM－PU 改性沥青损耗模量试验结果

由图 7.5 和图 7.6 可知：

在相同温度下，基质沥青的损耗模量 G'' 最小，2143JM－PU 改性沥青的损耗模量 G'' 最大。这是因为在测试过程中，荷载作用下产生的能量分为三部分，分别为弹性能、延迟黏弹性、黏性能。对于基质沥青，其黏性能较大，弹性能较小，发生变形后可恢复的部分较少。而 PU 加入后，改善了沥青的弹性性能及延迟黏弹性，其可恢复变形增加，因此两种 PU 改性沥青的损耗模量 G'' 远大于基质沥青的。

将两种最优掺量下的 PU 改性沥青和 SBS 改性沥青进行温度扫描试验，将三者的储能模量 G' 和损耗模量 G'' 进行对比。试验结果如图 7.7 和图 7.8 所示。

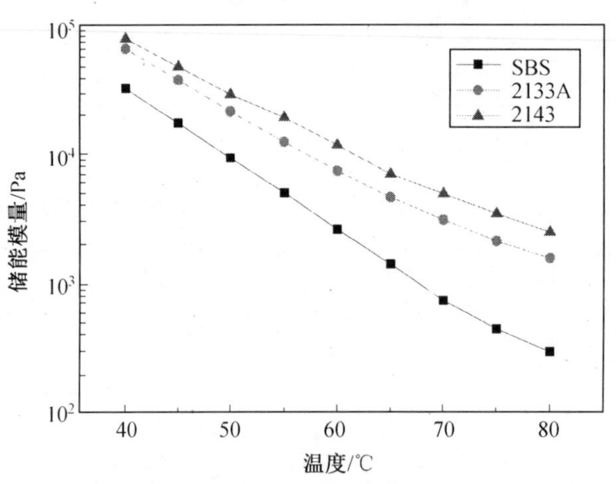

图 7.7 不同改性沥青的储能模量随温度变化试验结果

由图 7.7 和图 7.8 可知：

温度升高，两种 PU 改性沥青和 SBS 改性沥青的储能模量 G' 均减小。两种 PU 改性沥青的储能模量 G' 均大于 SBS 改性沥青；两种 PU 改性沥青和 SBS 改性沥青的损耗模量 G'' 均减小。两种 PU 改性沥青的损耗模量 G'' 均大于 SBS 改性沥青；相比于 SBS 改性沥青，聚氨酯具有较好的弹性性质，对沥青的弹性提升效果更明显。

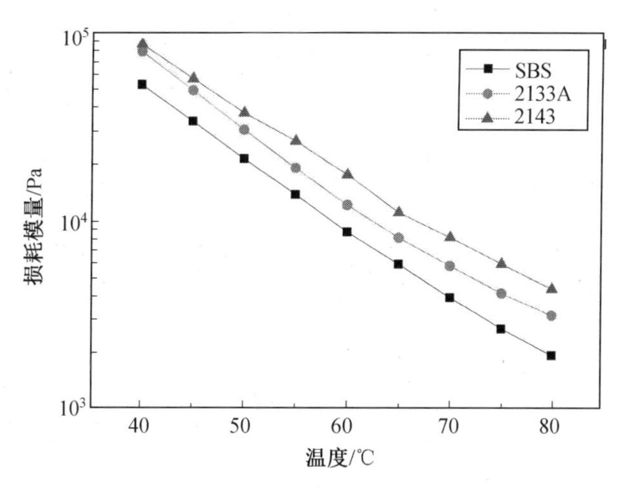

图 7.8　不同改性沥青的损耗模量随温度变化试验结果

(2)温度对抗车辙因子的影响。

本章通过不同温度的 DSR 试验研究 PU 改性沥青的抗变形性能。将其结果与基质沥青对比分析。三种沥青的抗车辙因子 $G^*/\sin\delta$ 试验结果如图 7.9 和图 7.10 所示。

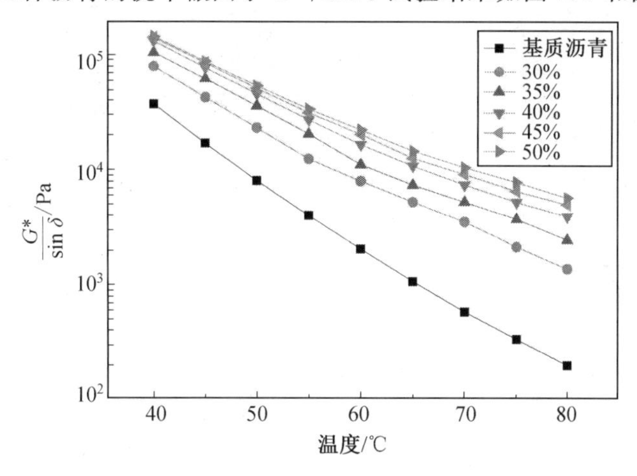

图 7.9　不同掺量 2133AJM－PU 改性沥青抗车辙因子试验结果

由图 7.9 和图 7.10 可知：

①两种 PU 改性沥青和基质沥青的抗车辙因子 $G^*/\sin\delta$ 均减小，说明温度升高，三种沥青的抵抗变形的能力均变差；两种 PU 改性沥青的抗车辙因子 $G^*/\sin\delta$ 较基质沥青提升明显，表明 PU 的加入改善了沥青的高温性能。

②当 PU 达到一定的掺量后，其抗车辙因子 $G^*/\sin\delta$ 的值增长得不再明显。这说明存在 PU 的最佳掺量。由图中数据趋势可知 2133AJM－PU 的最佳掺量为 40%，2143JM－PU 的最佳掺量为 35%。

将两种最优掺量下的 PU 改性沥青和 SBS 改性沥青进行温度扫描试验，将三者的抗车辙因子 $G^*/\sin\delta$ 进行对比分析。试验结果如图 7.11 所示。

由图 7.11 可知：温度升高，两种 PU 改性沥青和 SBS 改性沥青的抗车辙因子 $G^*/\sin\delta$ 均

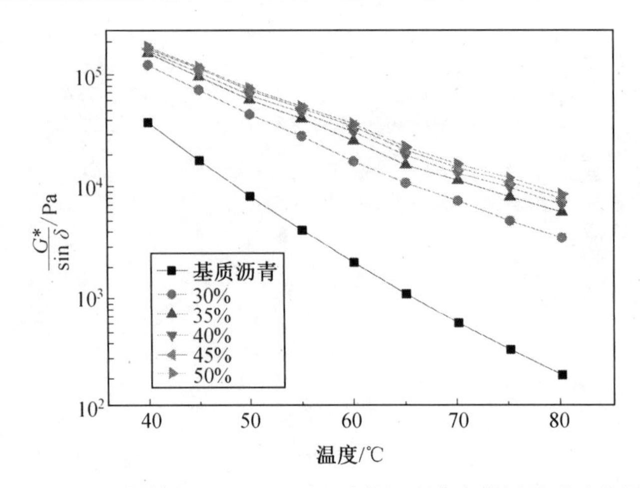

图 7.10 不同掺量 2143JM－PU 改性沥青抗车辙因子试验结果

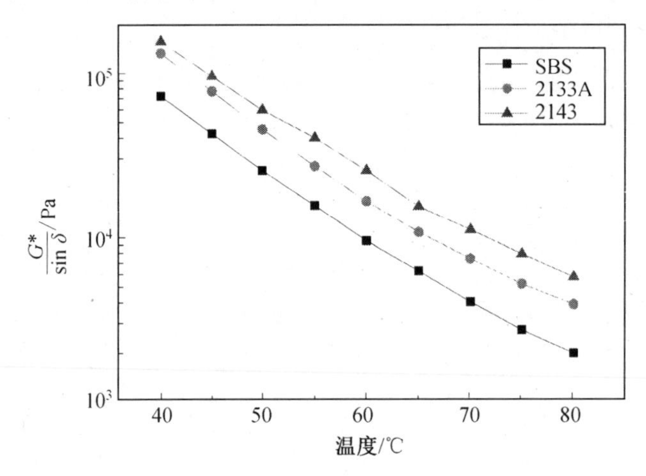

图 7.11 不同改性沥青的抗车辙因子试验结果

减小。两种 PU 改性沥青的抗车辙因子 $G^*/\sin\delta$ 均大于 SBS 改性沥青的，其中 2143JM－PU 改性沥青的抗车辙因子 $G^*/\sin\delta$ 最大。表明 2143JM－PU 改性沥青的高温性能最好，且相较于 SBS 改性剂，PU 对沥青的高温性能提升效果更好。

(3)储能模量和损耗模量频率结果分析。

将两种不同掺量的 PU 改性沥青进行频率扫描试验，并对基质沥青进行频率扫描试验与两种 PU 改性沥青进行对比，得到储能模量 G' 随频率变化的试验结果，如图 7.12 和图 7.13 所示。

由图 7.12 和图 7.13 可知：

①在相同荷载作用频率下，基质沥青的储能模量 G' 最小，2143JM－PU 改性沥青的储能模量 G' 最大，两种 PU 改性沥青的储能模量 G' 较基质沥青提升较为明显。

②在相同荷载作用频率下，两种 PU 改性沥青的储能模量 G' 的增长趋势较基质沥青的小，说明聚氨酯的加入可以降低沥青对频率的敏感性。

对两种不同掺量的 PU 改性沥青进行频率扫描试验，并对基质沥青进行频率扫描试验与两种 PU 改性沥青进行对比，得到损耗模量 G'' 随频率变化的试验结果，如图 7.14 和

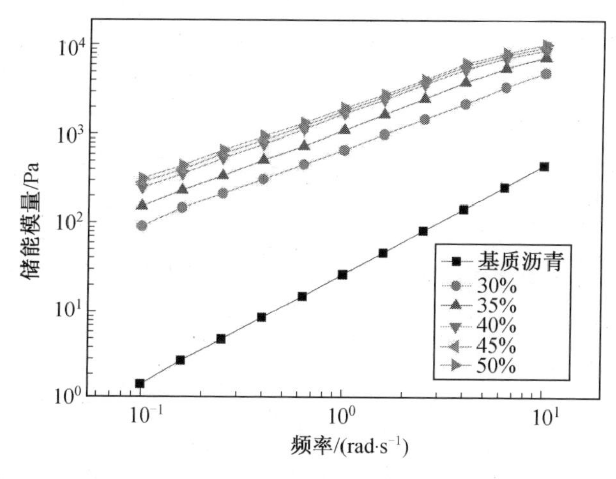

图 7.12　不同掺量 2133AJM－PU 改性沥青储能模量随频率变化试验结果

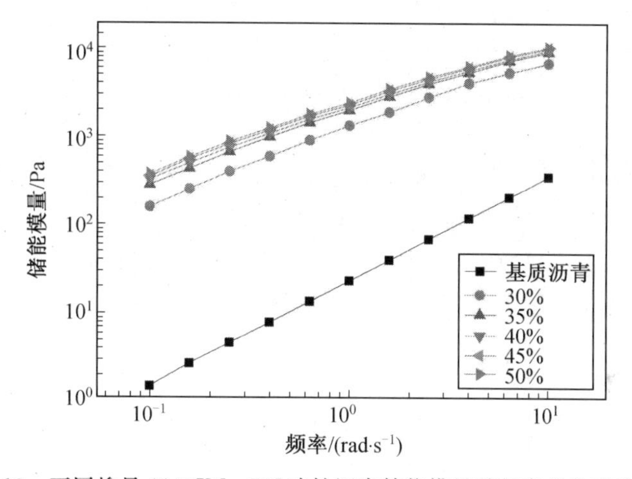

图 7.13　不同掺量 2143JM－PU 改性沥青储能模量随频率变化试验结果

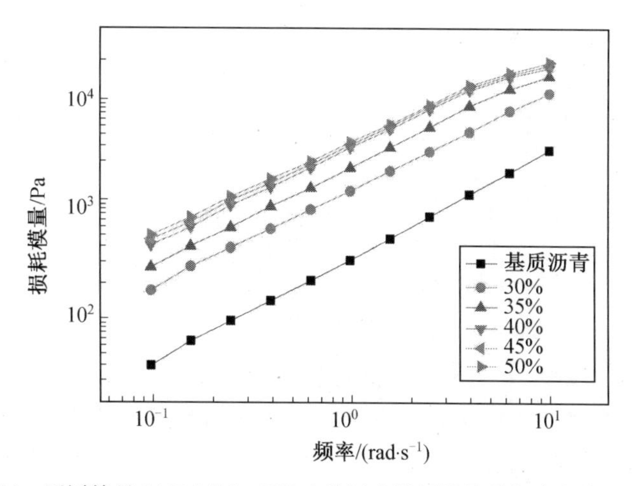

图 7.14　不同掺量 2133AJM－PU 改性沥青损耗模量随频率变化试验结果

图 7.15 所示。

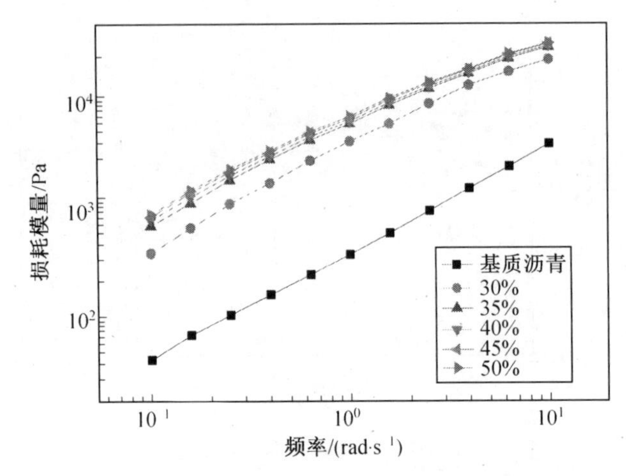

图 7.15 不同掺量 2143JM－PU 改性沥青损耗模量随频率变化试验结果

由图 7.14 和图 7.15 可知：

①在相同荷载作用频率下，基质沥青的损耗模量 G''最小，2143JM－PU 改性沥青的损耗模量 G''最大。

②在相同荷载作用频率下，两种 PU 改性沥青的损耗模量 G''的增长趋势较基质沥青的小，说明聚氨酯的加入可以降低沥青对频率的敏感性。

将两种最优掺量下的 PU 改性沥青和 SBS 改性沥青进行频率扫描试验，将三者的储能模量 G'和损耗模量 G''进行对比。试验结果如图 7.16 和图 7.17 所示。

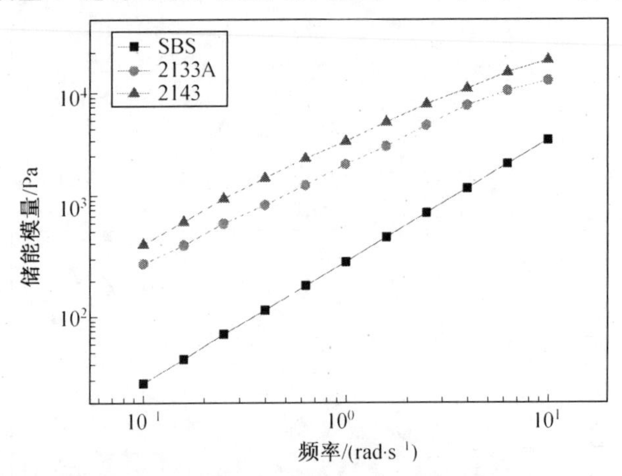

图 7.16 不同改性沥青的储能模量随频率变化试验结果

由图 7.16 和图 7.17 可知：

①两种 PU 改性沥青和 SBS 改性沥青的损耗模量 G''均呈现出随着频率的增大而增加的趋势。两种 PU 改性沥青的损耗模量 G''均大于 SBS 改性沥青的，其中 2143JM－PU 改性沥青的损耗模量 G''最大。

②两种 PU 改性沥青的储能模量 G'和损耗模量 G''的增长速率小于 SBS 改性沥青的，说明 PU 改性沥青对荷载频率的敏感性低于 SBS 改性沥青的。

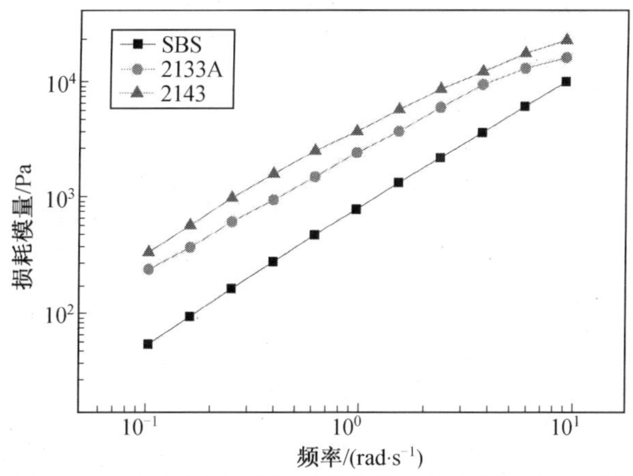

图 7.17　不同改性沥青的损耗模量随频率变化试验结果

7.3.3 聚氨酯改性沥青改性机理研究

1. 红外光谱试验结果及分析

基质沥青、2133AJM－PU、2133AJM－PU 改性沥青的红外光谱图如图 7.18 和图 7.19所示。

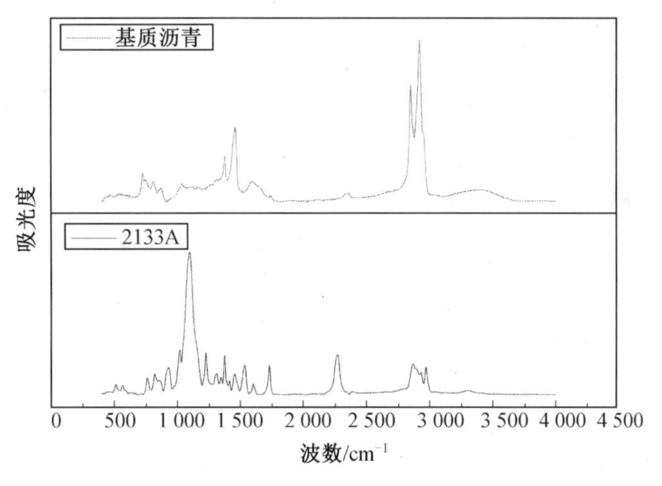

图 7.18　基质沥青和 2133AJM－PU 的红外光谱图

由图 7.18 和图 7.19 可知：

2133AJM－PU 改性沥青红外光谱图与基质沥青的相比，基质沥青的特征吸收峰均在 2133AJM－PU 改性沥青红外光谱图中出现，在 2133AJM－PU 改性沥青红外光谱图中的 1 780 cm^{-1}处出现了新的特征吸收峰，对应了 2133AJM－PU 中的酯基—C ═O 的伸缩振动，与 2133AJM－PU 的红外光谱图相比，其在 2 274 cm^{-1}处的特征峰消失，表明 2133AJM－PU 中的—N ═C ═O 官能团与基质沥青中的活性羟基反应生成氨基甲酸酯。这说明 2133AJM－PU 在改性基质沥青的过程中发生了反应。

基质沥青、2143JM－PU、2143JM－PU 改性沥青的红外光谱图如图 7.20 和图 7.21 所示。

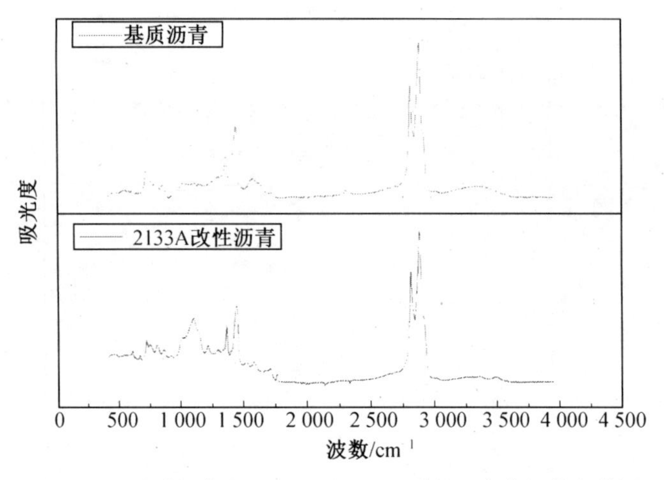

图 7.19　基质沥青和 2133AJM－PU 改性沥青的红外光谱图

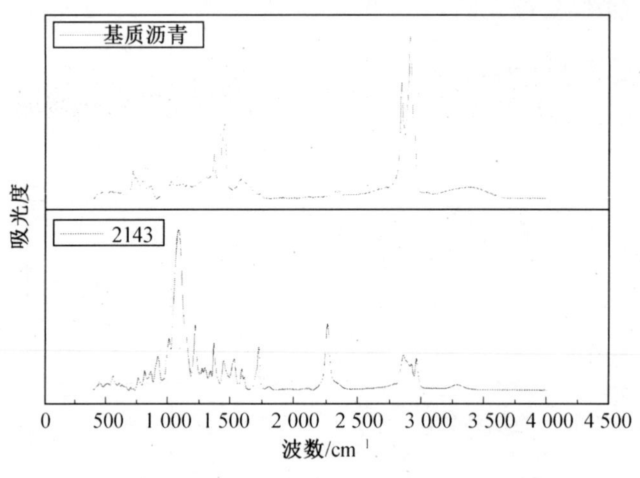

图 7.20　基质沥青和 2143JM－PU 的红外光谱图

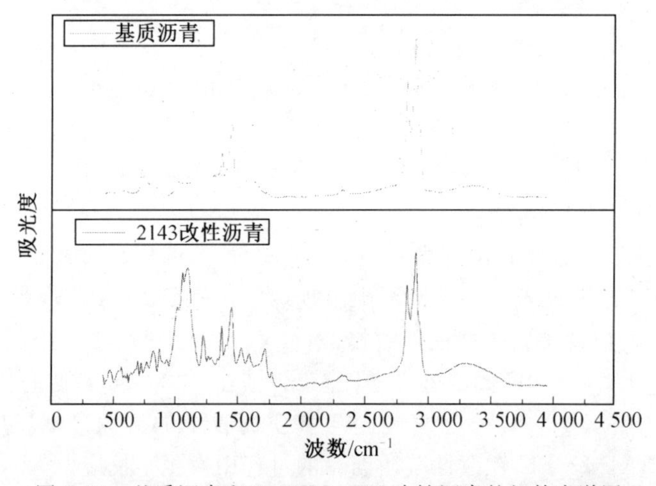

图 7.21　基质沥青和 2143JM－PU 改性沥青的红外光谱图

由图 7.20 和图 7.21 可知：

2143JM－PU 改性沥青的红外光谱图和 2133AJM－PU 改性沥青的具有相似的特征吸收峰，与基质沥青的红外光谱图对比，2143JM－PU 改性沥青在 1 780 cm^{-1} 处现了新的特征吸收峰，与 2133AJM－PU 改性沥青的特征吸收峰相比，2143JM－PU 改性沥青的特征吸收峰的强度稍高。这说明 2143JM－PU 在改性基质沥青的过程中发生了反应。

2. 原子力显微镜试验结果及分析

基质沥青与两种 PU 改性沥青 AFM 二维形貌图如图 7.22 所示。

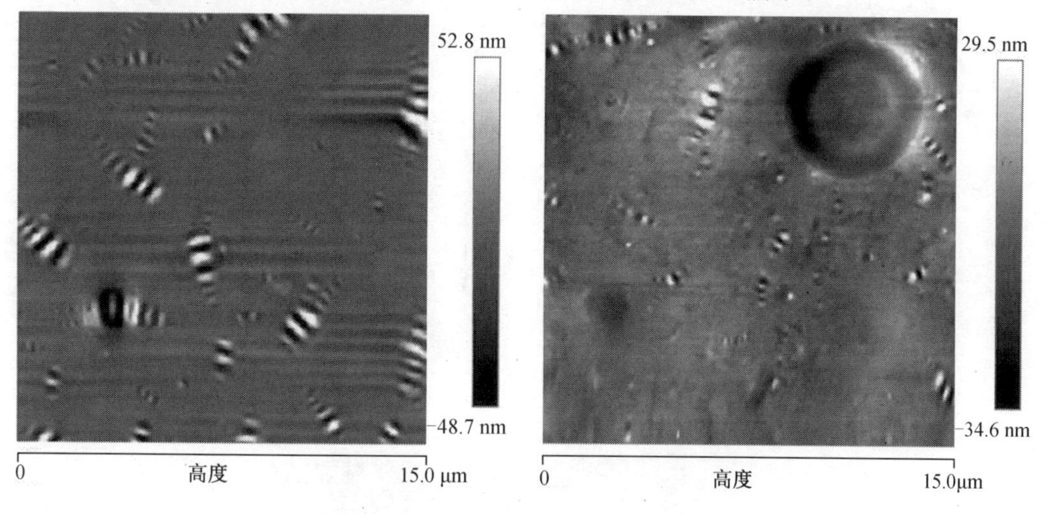

(a) 基质沥青形貌图　　(b) 2133AJM-PU改性沥青形貌图

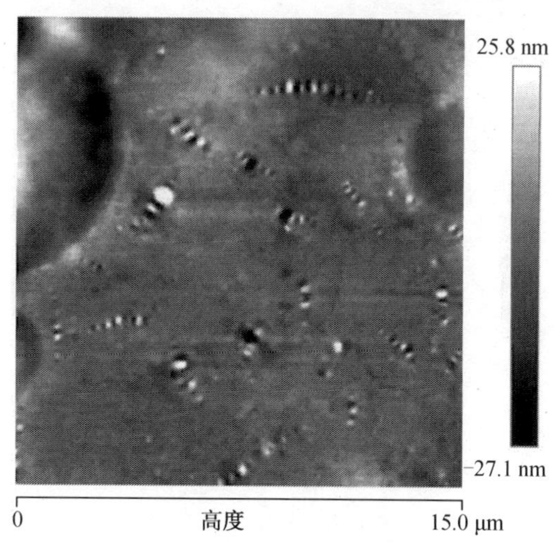

(c) 2143JM-PU改性沥青形貌图

图 7.22　基质沥青与两种 PU 改性沥青 AFM 二维形貌图

由图 7.22 可知：

基质沥青和两种 PU 改性沥青的形貌图中均分布有“蜂型”结构，基质沥青的“蜂型”结构多且分布较为密集，两种 PU 改性沥青的“蜂型”结构的形态相比于基质沥青显得更为狭长，可能的原因为沥青和 PU 改性的过程中发生了反应，从而使得沥青分子发生了变化影响了“蜂型”结构的形态。

基质沥青与两种 PU 改性沥青的 AFM 物相图如图 7.23 所示。

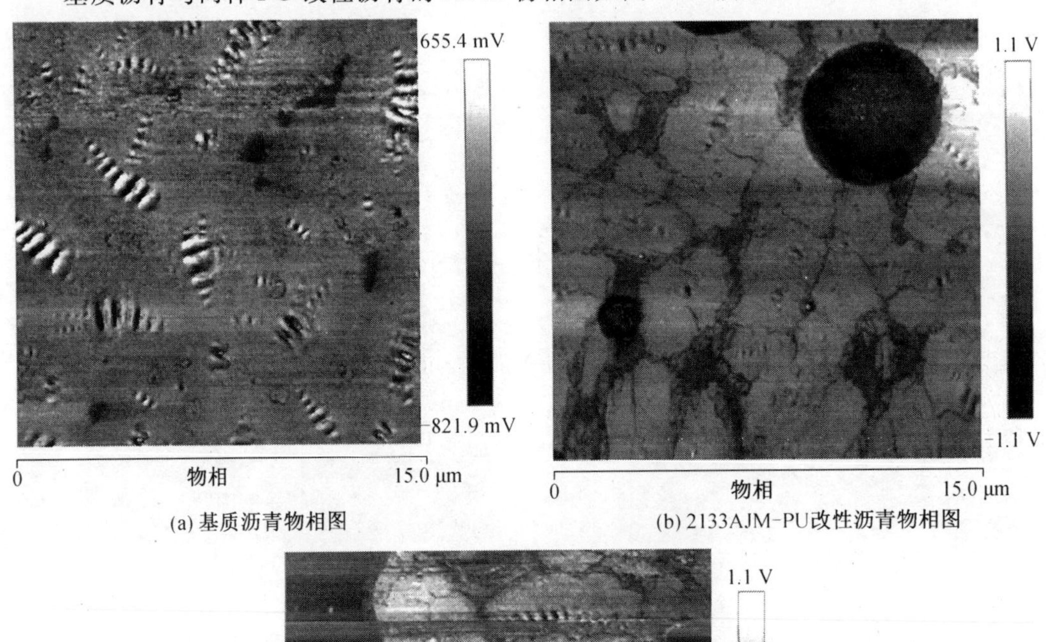

(a) 基质沥青物相图　　(b) 2133AJM-PU改性沥青物相图

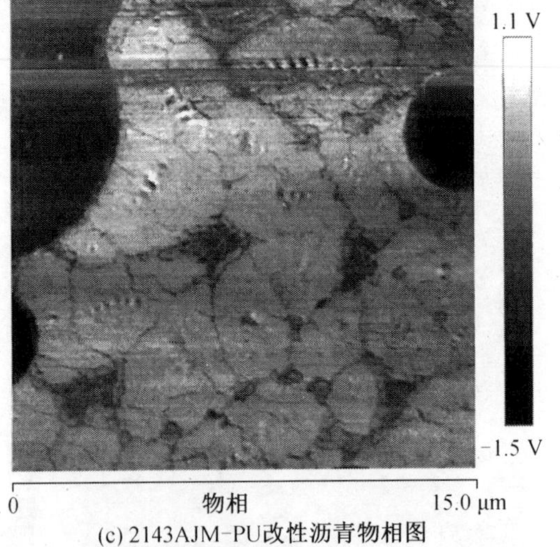

(c) 2143AJM-PU改性沥青物相图

图 7.23　基质沥青与两种 PU 改性沥青 AFM 物相图

由图 7.23 中三种沥青的物相图对比可知：

基质沥青的物相图中的“蜂型”结构更加清晰，分散相和连续相有着清晰的区分。两种 PU 改性沥青的物相图中的“蜂型”结构较为模糊，且两种 PU 改性沥青的连续相和基质沥青有着一定的区别，两种 PU 改性沥青的连续相中存在着一些暗区域，AFM 物相图中暗区域的刚性大于亮区域的刚性，因此两种 PU 改性沥青连续相的刚性得到了提高。

基质沥青与两种 PU 改性沥青的 AFM 三维立体图如图 7.24 所示。

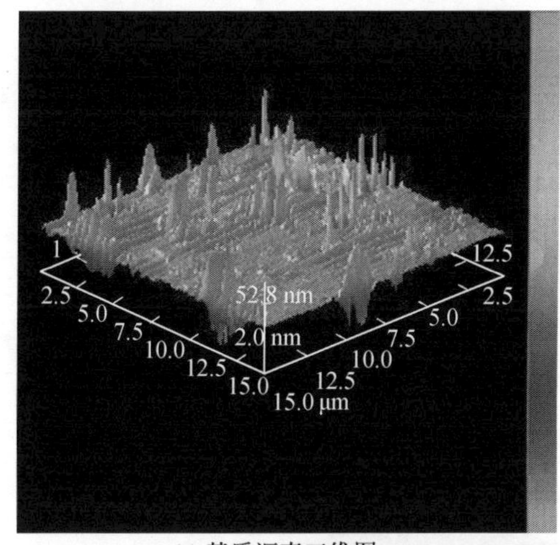

(a) 基质沥青三维图

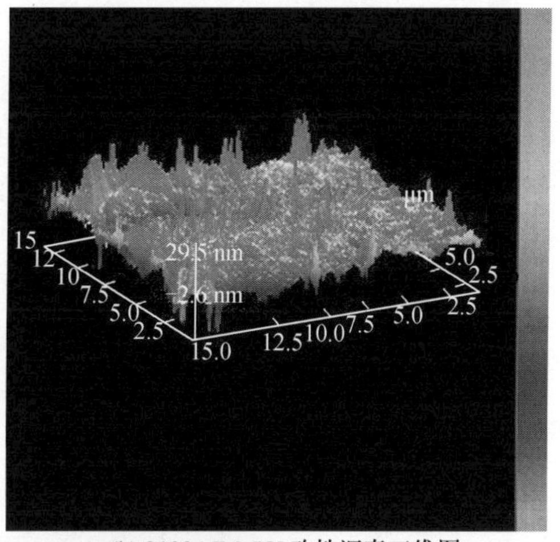

(b) 2133AJM-PU 改性沥青三维图

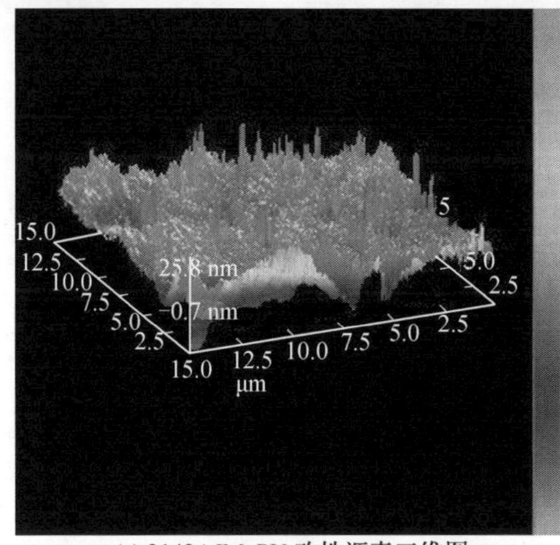

(c) 2143AJM-PU 改性沥青三维图

图 7.24　基质沥青与两种 PU 改性沥青的 AFM 三维立体图

由图 7.24 中三种沥青的三维图对比可知：基质沥青和两种 PU 改性沥青的三维图中均存在分散不均、高低不同的柱状凸起结构，该结构为“蜂型”结构。基质沥青“蜂型”结构体积较大且基质沥青的“蜂型”结构凸起高度明显高于两种 PU 改性沥青，其中 2143JM-PU 改性沥青的“蜂型”结构凸起高度最低，原因是 PU 的加入阻碍了沥青中其他组分向沥青质的转变，从而使得两种 PU 改性沥青的“蜂型”结构凸起高度较低、体积较小。

7.3.4　聚氨酯改性沥青混合料路用性能研究

本章从高温稳定性、低温抗裂性及水稳定性对 PU 改性沥青混合料进行研究，并与基质沥青混合料、SBS 改性沥青混合料进行对比，综合评价 PU 改性沥青混合料的路用性能。

1. PU 改性沥青混合料配合比设计

(1)矿料级配设计。

结合实际桥面铺装结构,桥面铺装采用双层式铺装结构。因此本章选用 AC—13 和 AC—20 两种级配进行试验。其级配组成如图 7.25、图 7.26 和表 7.1、表 7.2 所示。

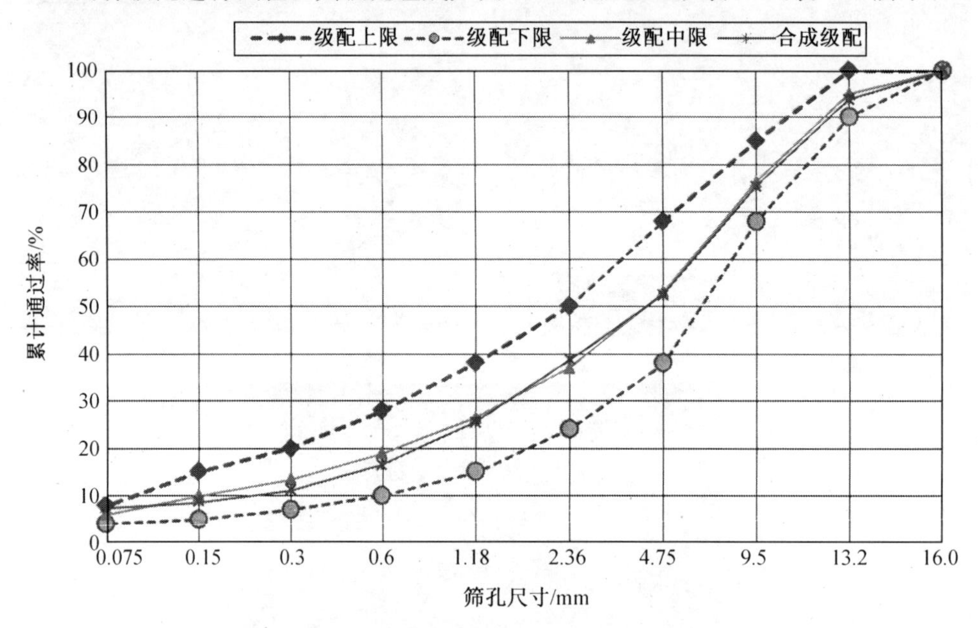

图 7.25 AC—13 矿料级配图

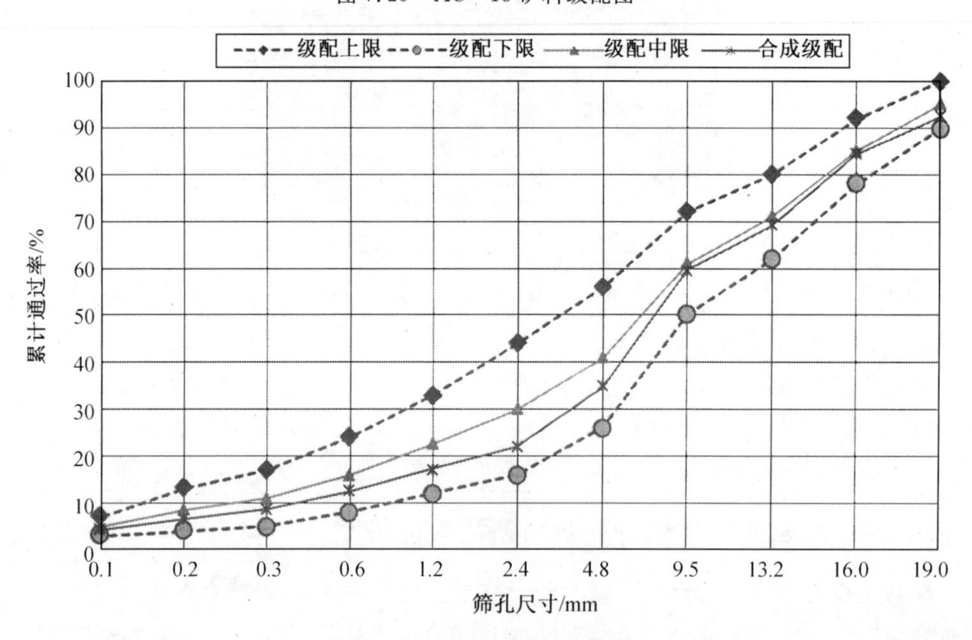

图 7.26 AC—20 矿料级配图

表 7.1　AC—13 矿料级配

筛孔尺寸/mm	通过质量百分率/%			
	级配上限	级配下限	级配中值	采用级配
16.0	100.0	100.0	100.0	100.0
13.2	100.0	90.0	95.0	93.8
9.5	85.0	68.0	76.5	75.6
4.75	68.0	38.0	53.0	52.5
2.36	50.0	24.0	37.0	38.8
1.18	38.0	15.0	26.5	25.5
0.6	28.0	10.0	19.0	16.6
0.3	20.0	7.0	13.5	11.2
0.15	15.0	5.0	10.0	8.7
0.075	8.0	4.0	6.0	7.5

表 7.2　AC—20 矿料级配

筛孔尺寸/mm	通过质量百分率/%			
	级配上限	级配下限	级配中值	采用级配
19.0	100.0	90.0	95.0	92.5
16.0	92.0	78.0	85.0	84.3
13.2	80.0	62.0	71.0	69.2
9.5	72.0	50.0	61.0	59.7
4.75	56.0	26.0	41.0	34.9
2.36	44.0	16.0	30.0	21.9
1.18	33.0	12.0	22.5	17.2
0.6	24.0	8.0	16.0	12.5
0.3	17.0	5.0	11.0	8.7
0.15	13.0	4.0	8.5	6.5
0.075	7.0	3.0	5.0	4.3

(2)最佳油石比确定。

①AC—13 沥青混合料最佳油石比的确定。

预估一个最佳油石比 5.5%，以5.5%为中值，油石比间隔取±0.5，成型 5 组马歇尔试件并进行试验，结果见表 7.3。

表 7.3　未固化的 AC－13 2143JM－PU 改性沥青混合料马歇尔试验结果

油石比/%	4.5	5.0	5.5	6.0	6.5	规定范围
毛体积密度/($g \cdot cm^{-3}$)	2.435	2.454	2.486	2.505	2.491	—
稳定度/kN	7.67	8.71	9.24	9.42	9.13	≥8
孔隙率/%	6.9	5.8	4.7	4.1	3.3	3～5
流值/mm	1.92	2.56	3.06	3.45	4.12	2～4
矿料间隙率/%	15.2	14.7	14.5	14.8	15.1	≥14
饱和度/%	52.3	59.8	65.1	71.5	77.8	65～75

密度最大值对应 6.1%，稳定度最大值对应 6.0%，目标孔隙率对应 6.1%，沥青饱和度范围中值对应 5.9%，则

$$OAC_1=(6.1\%+6.0\%+6.1\%+5.9\%)/4=6.03\%$$

以满足要求的沥青用量范围 OAC_{min}～OAC_{max}的中值作为 OAC_2：

$$OAC_2=(5.5\%+6.4\%)/2=5.95\%$$

最佳沥青油石比 OAC：

$$OAC=(OAC_1+OAC_2)/2=6.0\%$$

②AC－20 沥青混合料最佳油石比的确定。

预估一个最佳油石比 5.5%，以 5.5%为中值，油石比间隔取±0.5，成型 5 组马歇尔试件并进行试验。结果见表 7.4。

表 7.4　未固化的 AC－20 2143JM－PU 改性沥青混合料马歇尔试验结果

油石比/%	4.5	5.0	5.5	6.0	6.5	规定范围
毛体积密度/($g \cdot cm^{-3}$)	2.384	2.415	2.445	2.456	2.441	—
稳定度/kN	7.24	8.18	8.67	8.45	8.16	≥8
孔隙率/%	7.1	6.0	4.9	3.7	2.8	3～5
流值/mm	1.81	2.35	2.89	3.21	3.67	2～4
矿料间隙率/%	14.5	14.2	14.3	14.7	14.9	≥13
饱和度/%	49.6	58.3	67.2	73.7	79.2	65～75

密度最大值对应 6.0%，稳定度最大值对应 5.6%，目标孔隙率对应 5.8%，沥青饱和度范围中值对应 5.7%，则

$$OAC_1=(6.0\%+5.6\%+5.8\%+5.7\%)/4=5.78\%$$

以满足要求的沥青用量范围 OAC_{min}～OAC_{max}的中值作为 OAC_2：

$$OAC_2=(5.5\%+6.1\%)/2=5.8\%$$

最佳沥青油石比 OAC：

$$OAC=(OAC_1+OAC_2)/2=5.8\%$$

③基质沥青和 SBS 改性沥青最佳油石比的确定。

以上述方法确定出 AC－13 基质沥青混合料的最佳油石比为 4.7%；AC－13 SBS 改性沥青混合料的最佳油石比为 4.9%；AC－20 基质沥青混合料的最佳油石比为 4.2%；AC－20 SBS 改性沥青混合料的最佳油石比为 4.4%。

2. PU 改性沥青混合料固化时间的确定

(1)AC－13 改性沥青混合料固化时间的确定。

制备五组马歇尔试件，每组试件为 4 个，放置在 120 ℃的烘箱中固化，固化时间分别为 0 h、2 h、4 h、6 h、8 h。测算固化后的马歇尔试件的毛体积密度、孔隙率、60 ℃马歇尔稳定度。测算结果见表 7.5。

表 7.5　不同固化时间的 AC－13 改性沥青混合料马歇尔试验结果

固化时间/h	毛体积密度/($g \cdot cm^{-3}$)	孔隙率/%	马歇尔稳定度/kN
0	2.497 5	4.41	9.24
2	2.495 8	4.43	18.87
4	2.494 2	4.46	24.69
6	2.493 5	4.45	25.21
8	2.493 7	4.44	25.16

对表 7.5 分析可知：

AC－13 2143JM－PU 改性沥青混合料的稳定度随着固化时间的增加而增大。未固化的和固化 8 h 的对比相差了 15.92 kN，相差近 1.7 倍，由此可知高温固化会对 AC－13 2143JM－PU 改性沥青混合料的性能产生较大幅度的提升。以表 7.5 的马歇尔稳定度数据绘制曲线图，结果如图 7.27 所示。

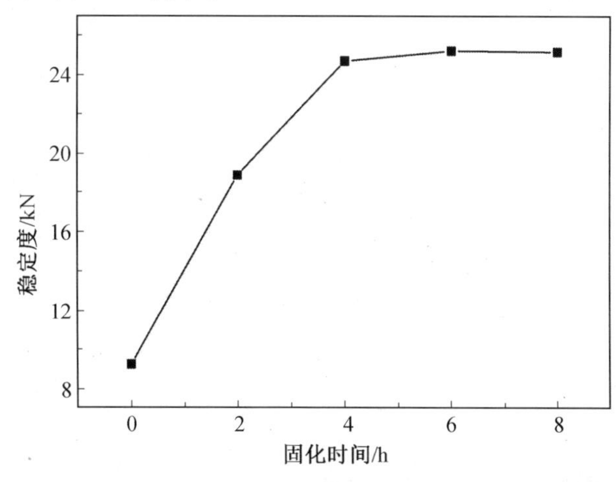

图 7.27　AC－13 2143JM－PU 改性沥青混合料稳定度增长曲线

由图 7.27 可知：未固化到 120 ℃下固化 4 h，AC－13 2143JM－PU 改性沥青混合料稳定度的增长速率较快，4～8 h 稳定度增长速率平缓，稳定度相差较小，因此将 AC－13 2143JM－PU 改性沥青混合料在 120 ℃条件下的固化时间确定为 4 h。

(2)AC—20 改性沥青混合料固化时间的确定。

AC—20 改性沥青混合料的固化时间确定过程为:制备五组马歇尔试件,每组试件为 4 个,放置在 120 ℃的烘箱中固化,固化时间分别为 0 h、2 h、4 h、6 h、8 h。测算固化后的马歇尔试件的毛体积密度、孔隙率、60 ℃马歇尔稳定度。测算结果见表 7.6。

表 7.6 不同固化时间的 AC—20 改性沥青混合料马歇尔试验结果

固化时间/h	毛体积密度/(g · cm^{-3})	孔隙率/%	马歇尔稳定度/kN
0	2.450 5	4.16	8.62
2	2.449 1	4.18	13.23
4	2.447 8	4.22	16.62
6	2.447 2	4.23	17.13
8	2.447 5	4.21	17.28

对表 7.6 分析可知:AC—20 2143JM—PU 和 AC—13 2143JM—PU 改性沥青混合料的稳定度呈现相似的情况,也是随着固化时间的增加而增大。未固化的和固化 8 h 的对比相差了 8.66 kN,相差 1 倍。以表 7.6 的马歇尔稳定度数据绘制曲线图,结果如图 7.28所示。

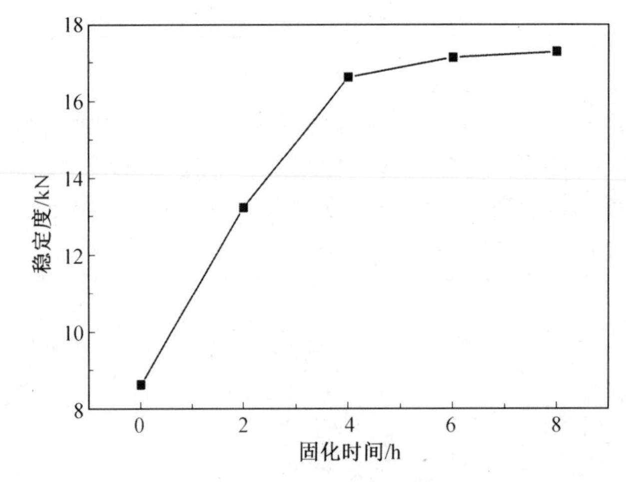

图 7.28 AC—20 2143JM—PU 改性沥青混合料稳定度增长曲线

对图 7.28 分析可知:AC—20 2143JM—PU 改性沥青混合料 4 h 到 8 h 稳定度的增长速率平缓,稳定度相差较小,因此将 AC—20 2143JM—PU 改性沥青混合料在 120 ℃条件下的固化时间确定为 4 h。

综上所述,在测定 AC—13 2143JM—PU 改性沥青混合料和 AC—20 2143JM—PU 改性沥青混合料的各项路用性能之前,均将其成型的试件放置在 120 ℃烘箱中固化 4 h。

3. 路用性能试验分析

(1)高温车辙动稳定度试验结果及分析。

试验结果如表 7.7、表 7.8 和图 7.29、图 7.30 所示。

表 7.7　AC—13 混合料试验结果

混合料类型	45 min 时的车辙深度/mm	60 min 时的车辙深度/mm	动稳定度/(次·mm^{-1})
基质沥青	4.235	4.524	2 180
2143JM—PU 改性沥青	0.75	0.779	21 724
SBS 改性沥青	3.054	3.176	5 164

表 7.8　AC—20 混合料试验结果

混合料类型	45 min 时的车辙深度/mm	60 min 时的车辙深度/mm	动稳定度/(次·mm^{-1})
基质沥青	4.571	4.928	1 765
2143JM—PU 改性沥青	1.125	1.164	16 154
SBS 改性沥青	3.549	3.723	3 621

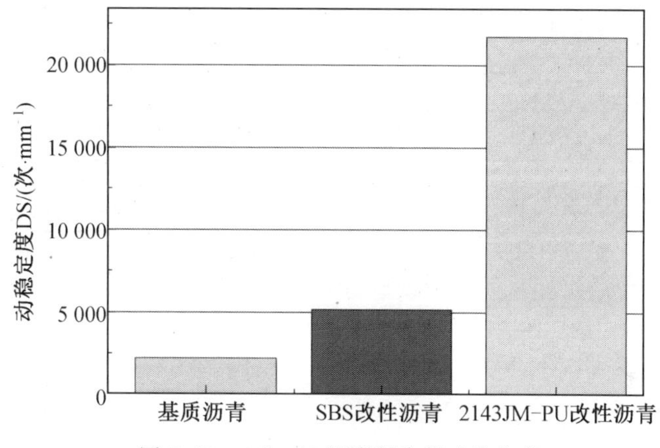

图 7.29　AC—13 沥青混合料动稳定度

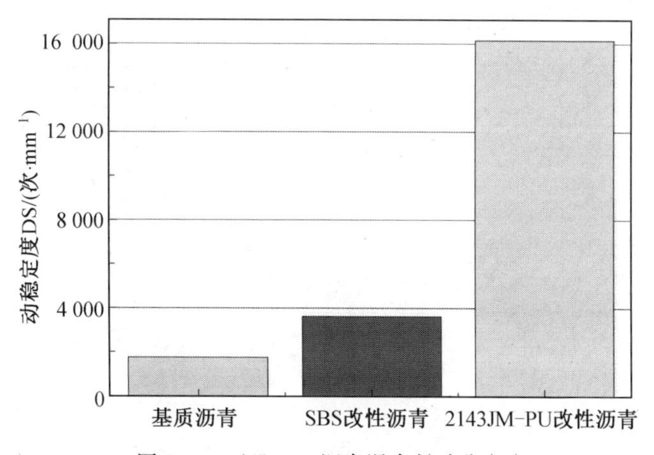

图 7.30　AC—20 沥青混合料动稳定度

由表 7.7 和图 7.29 可知，AC—13 沥青混合料的动稳定度最小，且其车辙深度最大；AC—13 2143JM—PU 改性沥青混合料的动稳定度最大，且其车辙深度最小；AC—13

2143JM－PU 改性沥青混合料的动稳定度分别是基质沥青和 SBS 改性沥青混合料的 9.97 倍和 4.17 倍，且 AC－13 2143JM－PU 改性沥青混合料的车辙深度远小于基质沥青和 SBS 改性沥青混合料的车辙深度，表明 2143JM－PU 的掺加对 AC－13 沥青混合料的高温稳定性有较大的提升。

由表 7.8 和图 7.30 可知，AC－20 2143JM－PU 改性沥青混合料的动稳定度分别是基质沥青和 SBS 改性沥青混合料的 9.15 倍和 4.46 倍，AC－20 2143JM－PU 改性沥青混合料的车辙深度远小于基质沥青和 SBS 改性沥青混合料的车辙深度，表明 2143JM－PU 的掺加对 AC－20 沥青混合料的高温稳定性有较大的提升。

(2)小梁低温弯曲试验结果及分析。

试验结果如表 7.9、表 7.10 和图 7.31、图 7.32 所示。

表 7.9　AC－13 混合料小梁低温弯曲试验结果

混合料类型	最大荷载/N	破坏时跨中挠度变形/mm	抗弯拉强度/MPa	最大弯拉应变/$\times10^{-3}$	弯曲劲度模量/MPa
基质沥青	879.34	0.439 4	7.42	2.32	3 193
聚氨酯改性沥青	1 534.28	1.033 3	11.76	5.43	1 873.8
SBS 改性沥青	1 176.54	0.567 5	10.61	3.14	2 642

表 7.10　AC－20 混合料小梁低温弯曲试验结果

混合料类型	最大荷载/N	破坏时跨中挠度变形/mm	抗弯拉强度/MPa	最大弯拉应变/$\times10^{-3}$	弯曲劲度模量/MPa
基质沥青	812.54	0.4025	7.23	2.08	3 254
聚氨酯改性沥青	1 420.3	0.783 3	11.31	4.12	2 159
SBS 改性沥青	1 105.67	0.513 5	10.36	2.76	2 852

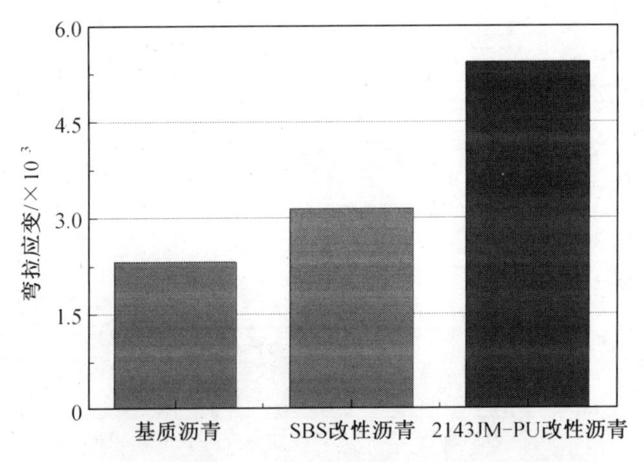

图 7.31　AC－13 混合料小梁低温弯曲试验结果

由表 7.9 和图 7.31 可知：AC－13 2143JM－PU 改性沥青混合料在－10 ℃下破坏时的跨中挠度变形和弯拉应变均为最大；基质沥青混合料的跨中挠度变形和弯拉应变均为

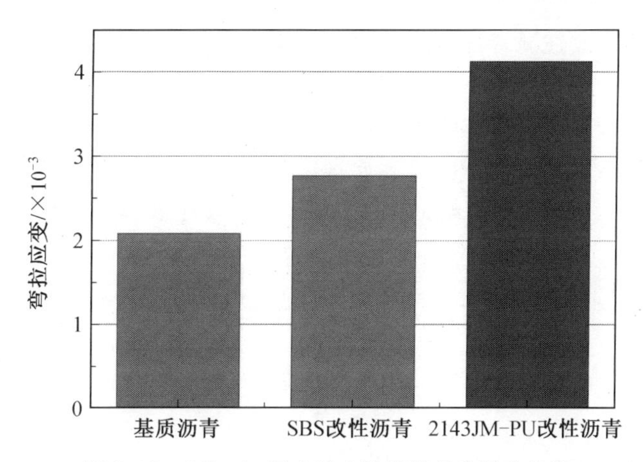

图 7.32　AC－20 混合料小梁低温弯曲试验结果

最小；SBS 改性沥青混合料的值在两者之间。表明 2143JM－PU 改性沥青对 AC－13 沥青混合料的低温性能有较大幅度的改善，且效果要优于 SBS 改性沥青。

由表 7.10 和图 7.32 可知：AC－20 2143JM－PU 改性沥青混合料在－10 ℃下破坏时的跨中挠度变形和弯拉应变均为最大；基质沥青混合料的跨中挠度变形和弯拉应变均为最小；SBS 改性沥青混合料的值在两者之间。表明 2143JM－PU 改性沥青对 AC－20 沥青混合料的低温性能有较大幅度的改善。

(3)浸水马歇尔试验结果及分析。

残留稳定度计算如下：

$$MS_0=\frac{MS_2}{MS_1}\times 100\% \tag{7.1}$$

式中，MS_0 为试件浸水残留稳定度，%；MS_1 为试件的稳定度，kN；MS_2 为试件浸水 48 h 后的稳定度，kN。

结果见表 7.11 和表 7.12。

表 7.11　AC－13 沥青混合料浸水马歇尔试验结果

混合料类型	MS_1/kN	MS_2/kN	MS_0/%
基质沥青	9.72	8.09	83.2
聚氨酯改性沥青	27.09	24.76	91.4
SBS 改性沥青	11.76	10.37	88.2

表 7.12　AC－20 沥青混合料浸水马歇尔试验结果

混合料类型	MS_1/kN	MS_2/kN	MS_0/%
基质沥青	9.23	7.71	83.5
聚氨酯改性沥青	16.62	15.31	92.1
SBS 改性沥青	11.12	9.83	88.4

由表 7.11 可知，三种 AC－13 沥青混合料均满足规范中对沥青混合料残留稳定度的

要求。2143JM－PU 改性沥青混合料的残留稳定度最大，基质沥青混合料的残留稳定度最小，表明 2143JM－PU 和 SBS 改性剂的加入对混合料的抗水损害均有一定的提升，2143JM－PU 的加入对混合料抗水损害性能的提升效果较 SBS 改性沥青更好。

由表 7.12 可知，2143JM－PU 改性沥青混合料的残留稳定度最大，基质沥青混合料的残留稳定度最小。AC－20 级配的 2143JM－PU 改性沥青混合料的抗水损害性能最好。

7.3.5 聚氨酯改性沥青防水黏结层性能研究

本节主要对 PU 改性沥青防水黏结层的界面黏结强度、抗渗水性能、抗施工损伤性能进行试验分析研究。

1. 桥面铺装层沥青混合料的配合比设计

本试验沥青混合料中采用的沥青为前文试验确定的 2143JM－PU 改性沥青；粗集料为陕西生产的一种玄武岩碎石；细集料为陕西生产的一种石灰岩机制砂；矿粉为陕西生产的一种石灰岩矿粉。试验采用 AC－20 2143JM－PU 改性沥青混合料作为铺装下层；采用 AC－20 2143JM－PU 改性沥青混合料的最佳油石比为 5.8%，级配采用 AC－20 沥青混合料级配。

2. 桥面板水泥混凝土的配合比设计

本试验所用水泥为陕西省秦岭牌复合硅酸盐水泥；集料为陕西生产的一种玄武岩碎石；砂为陕西生产的一种河沙；选用聚羧酸高效减水剂作为水泥混凝土的减水剂，通过水泥混凝土的试配，确定减水剂的用量为水泥用量的 1.2%，水泥混凝土配合比见表 7.13。

表 7.13 水泥混凝土配合比

水灰比	密度/(kg · m⁻³)	单位体积材料用量/(kg · m⁻³)			
		水	水泥	砂	集料
0.42	2 338.7	140	333	722	1 283

3. 黏结层界面黏结强度研究

(1)垂直拉拔试验和直接剪切试验结果及分析。

参考已有的文献，初步选定防水黏结层材料的洒布量为 0.6、0.8、1.0、1.2 kg/m²，在室温下对四种不同的防水黏结层材料进行剪切、拉拔试验，结果如图 7.33 和图 7.34 所示。

由图 7.33 可知，基质沥青的层间抗剪强度最低；2143JM－PU 改性沥青的层间抗剪强度最大，是基质沥青最大抗剪强度的 1.6 倍，是 SBS 改性沥青最大抗剪强度的 1.3 倍；2133AJM－PU 改性沥青的层间抗剪强度稍低于 2143JM－PU 改性沥青，是基质沥青最大抗剪强度的 1.2 倍，是 SBS 改性沥青最大抗剪强度的 1.3 倍；SBS 改性沥青的层间抗剪强度稍高于基质沥青。

由图 7.34 可知，基质沥青的拉拔强度最低；2143JM－PU 改性沥青的拉拔强度最大，是基质沥青最大拉拔强度的 1.6 倍，是 SBS 改性沥青最大拉拔强度的 1.3 倍；2133AJM－PU

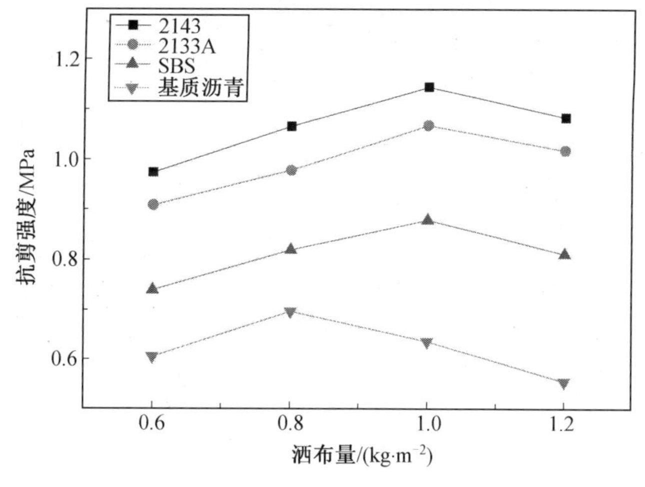

图 7.33　不同洒布量的剪切试验结果

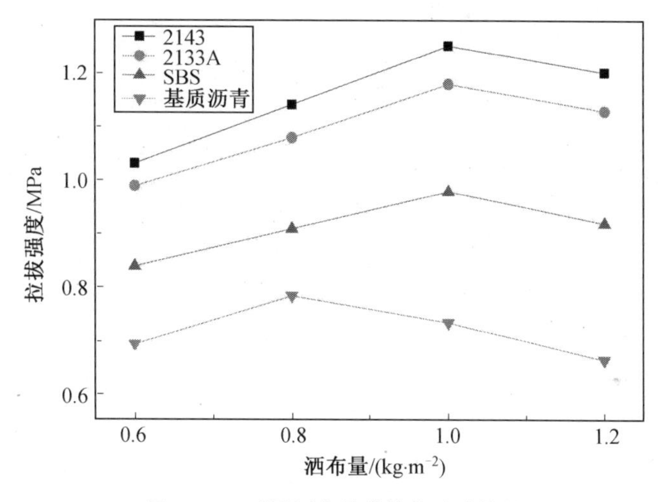

图 7.34　不同洒布量的拉拔试验结果

改性沥青的拉拔强度稍低于 2143JM－PU 改性沥青，是基质沥青最大拉拔强度的 1.5 倍，是 SBS 改性沥青最大拉拔强度的 1.2 倍；SBS 改性沥青的拉拔强度稍高于基质沥青。

综合考虑防水黏结层的抗剪强度和拉拔强度两方面因素的影响，确定 2143JM－PU 改性沥青、2133AJM－PU 改性沥青和 SBS 改性沥青的最佳洒布量均为 1.0 kg/m^2，基质沥青的最佳洒布量为 0.8 kg/m^2。

4. 防水黏结层抗渗水性能研究

(1)渗水试验结果及分析。

分别对基质沥青、SBS 改性沥青、2133AJM－PU 改性沥青和 2143JM－PU 改性沥青进行渗水试验，试验结果见表 7.14。

表 7.14　渗水试验结果

黏结材料种类	时间/min	渗水高度/mm
基质沥青	20	0
	40	0
	60	1
SBS 改性沥青	20	0
	40	0
	60	0
2133AJM－PU 改性沥青	20	0
	40	0
	60	0
2143JM－PU 改性沥青	20	0
	40	0
	60	0

由表 7.14 中数据可知，SBS 改性沥青、2133AJM－PU 改性沥青和 2143JM－PU 改性沥青均没有出现渗水的情况，具有较好的抗渗水性能。基质沥青在 60 min 时出现了 1 mm的渗水高度，其抗渗水性能较其他三种沥青略差。

7.4　本章小结

(1)确定 2133AJM－PU 的最佳掺量为 40%，2143JM－PU 的最佳掺量为 35%；通过 DSR 温度扫描试验分析发现，两种 PU 改性沥青的抗变形能力相较于基质和 SBS 改性沥青有明显的提升，其效果随着 PU 掺量的增加而增大，通过 DSR 频率扫描试验分析发现，两种 PU 改性沥青对荷载作用频率的敏感性低于基质沥青和 SBS 改性沥青，聚氨酯的加入可以降低沥青对荷载作用频率的敏感性。

(2)通过红外光谱试验发现：两种 PU 改性沥青红外光谱图相较于基质沥青均出现了新的特征吸收峰，说明聚氨酯改性沥青的改性机理为化学改性。通过原子力显微镜试验可以发现：在二维形貌图中，基质沥青的“蜂型”结构多且分布较密集，其分散相和连续相具有清晰的区分，两种 PU 改性沥青的“蜂型”结构较基质沥青显得更为狭长；并且其连续相中存在着一些暗区域，提高了连续相的刚性；三维立体图中，两种 PU 改性沥青的“蜂型”结构凸起高度较基质沥青的低，且体积较小。

(3)通过车辙试验、小梁低温弯曲试验及浸水马歇尔试验发现，两种级配的 2143JM－PU 改性沥青混合料高温稳定性得到明显改善，改善效果明显好于 SBS 改性沥青；两种级配的 2143JM－PU 改性沥青混合料低温性能也得到提高，效果好于 SBS 改性沥青，两种级配的 2143JM－PU 改性沥青混合料水稳定性相较于基质沥青有一定提升，其效果与 SBS

改性沥青相差无几。

(4)通过对不同防水黏结层的直接剪切试验和拉拔试验,发现最佳洒布量下的四种黏结材料的抗剪切性能和抗拉拔性能从大到小依次是2143JM－PU改性沥青、2133AJM－PU改性沥青、SBS改性沥青、基质沥青;通过渗水试验对比了基质沥青、SBS改性沥青、2133AJM－PU改性沥青和2143JM－PU改性沥青四种防水黏结材料的抗渗水性能,SBS改性沥青、2133AJM－PU改性沥青和2143JM－PU改性沥青的抗渗水性能最优,基质沥青的抗渗水性能最差。

本章参考文献

[1] SAEEDI A. Gussasphalt in urban roadconstruction[J]. Bitumen,1968,30(4):89.

[2] ZHU Cheng. Japan TAF epoxy asphalt concrete design and steel bridge deck pavement construction technology[J]. Applied Mechanics and Materials,2013,330: 905-910.

[3] HUANG Wei,QIAN Zhendong,CHEN Gang,et al. Epoxy asphalt concrete paving on the deck of long-span steel bridges[J]. Science Bulletin,2003,48(21): 2391-2394.

[4] SMITH J D,MELLOTT J W,RUS M,et al. Active polymer modification of bitumen for use in roofing materials: US20150240082[P]. 2015.

[5] MIN K Y,HYUK I J,DO H S. Evaluation of emergency pothole repair materials using polyurethane-modified asphalt binder[J]. 2015,17(1): 43-49.

[6] 陈利东,李璐,郝增恒.聚氨酯—环氧树脂复合改性沥青混合料的研究[J].公路工程,2013,38(2): 214-218.

[7] 曾保国.聚氨酯改性沥青混合料路用性能研究[J].湖南交通科技,2017,43(1): 70-72,176.

[8] 班孝义.聚氨酯(PU)改性沥青的制备与性能研究[D].西安:长安大学,2017.

[9] 祁冰.适用于桥面铺装的聚氨酯(PU)改性沥青及混合料性能研究[D].西安:长安大学,2018.

[10] 郭根才,夏磊,张宏宝.聚氨酯改性沥青混合料路用性能研究[J].公路交通科技,2018,35(12): 1-6,13.

[11] PARVEZ M A,HAMAD I,AL-ABDUL W,et al. Asphalt modification using acid treated waste oil fly ash[J]. Construction and Building Materials,2014(70): 201-209.

[12] CUADRI A A,GARCIA-MORALES M,et al. Enhancing the viscoelastic properties of bituminous binders via thiourea-modification[J]. Fuel,2012(97): 862-868.

[13] BONATI A,MERUSI F,POLACCO G,et al. Ignitability and thermal stability of asphalt binders and mastics for flexible pavements in highway tunnels[J]. Construction and Building Materials,2012(37): 660-668.

[14] 王俊. 原子力显微镜在材料成像和光存储中的应用[D]. 大连：大连理工大学，2010.

[15] DAS P K，KRINGDOS N，BIRGISSON B. Microscale investigation of thin film surface ageing of bitumen[J]. Journal of Microscopy，2014，254(2)：95-107.

[16] PAULI A T，GRIMES R W，BEEMER A G，et al. Morphology of asphalt，asphalt fractions and model wax-doped asphalts studied by atomic force microscopy[J]. International Journal of Pavement Engineering，2011，12(4)：291-309.

[17] 钱振东，王亚奇，沈家林. 国产环氧沥青混合料固化强度增长规律研究[J]. 中国工程科学，2012，(5)：90-95.

[18] 朱义铭. 国产环氧沥青混合料性能研究[D]. 南京：东南大学，2006.

[19] 沈金安. 沥青及沥青混合料的路用性能[M]. 北京：人民交通出版社，2001.

第8章 聚氨酯改性沥青路面实体工程应用

8.1 背景及研究现状

随着我国经济的快速增长，车流量变多等一系列情况导致路面问题频发。以上情况的发生亟待解决，人们对于高性能的路面需求迫切。本书课题组在2020年平镇项目中铺筑了国内外首个聚氨酯改性沥青路面。该路段采用双向四车道高速公路标准建设，设计车速80 km/h。

国外对于聚氨酯改性沥青的应用侧重于防水，并且由于聚氨酯材料具有良好的抗紫外线、防水和耐化学腐蚀性能，因此还被广泛用作高性能屋顶修复涂层。

我国聚氨酯工业在1950年开始发展，1990年全国消耗聚氨酯总量为11.7万t，在短短七年的时间里消耗量迅速增长到56万t，数据显示全国的聚氨酯产量得到较大提高。

夏磊以蓖麻油为多元醇，液化甲苯二异氰酸酯(MDI)为原料，通过对改性工艺的研究改进，制备了一种分散均匀稳定的聚氨酯改性沥青并通过试验分析确定出30%聚氨酯改性剂掺量的最优掺量，在该掺量下聚氨酯改性沥青混合料表现出较好的性能。班孝义选取了三种由不同多元醇和异氰酸酯组合的聚氨酯预聚体制备了聚氨酯改性沥青并对聚氨酯改性沥青做出了系统的分析研究。根据沥青的基本性能指标，确定了三种改性剂的最优掺量。试验表明，三种类型的聚氨酯改性沥青均提高了基质沥青的综合性能。沥青混合料性能研究数据显示，聚氨酯改性沥青混合料路用效果好，其低温柔韧性能和水稳定性能优于SBS。

湿拌法有以下优势：性能稳定、工艺成熟、有仪器可以自动化。但是湿拌法也存在一些劣势，如成本高、污染环境、不利于监管等。

干拌法的优点如下：实际工程中对于部分改性剂可以直接投入到拌和楼中，减少了湿拌法改性中的资源消耗。对于交通不便利的地区，干拌法的使用可以减少交通运输的压力、提高质量监控的力度，减少因监管不足引起质量的问题。干拌法的劣势：对于部分沥青混合料的路用性能效果较差、操作上有一些难度、投放改性剂的量不精确、人为因素影响较大。综上所述，本章采用干拌法。

8.2 材料制备

1. 原材料

本章试验采用密级配AC—13型沥青混合料，所用的粗集料为斜长角闪岩碎石，取自湖北省房县华生建材有限公司，为9.5～13.2 mm、4.75～9.5 mm、2.3～4.75 mm，细集料由镇坪县钟宝镇叫花子料场生产，矿粉由镇坪县钟宝镇瓦子坪料场生产。试验数据均符合规范要求。

2. 沥青性质指标

本次研究所用的基质沥青为中石化齐鲁石化东海牌 90＃A 道路石油沥青，项目所用的改性沥青为 SBS 改性沥青，技术指标均符合规范要求。

3. 聚氨酯体系指标

聚氨酯体系由多种材料组成，在本次试验研究中聚氨酯体系包含聚氨酯预聚体、稀释剂、MOCA。各种材料性质不同，当按照一定比例进行混合时，混合后的聚氨酯体系表现出不同的性能，对基质沥青的改性也起到不同的作用。因此，以最佳的聚氨酯体系比例对基质沥青进行改性可以得到较好的路用性能。

(1)聚氨酯预聚体。

本章所用的是 PU 预聚体，该型号预聚体是淄博华天橡塑科技有限公司所提供的 PU－2143预聚体，其简称为“PU－2143”，该预聚体特点是流动性好、易加工、耐水解性优异。

(2)扩链交联剂。

本章试验所用扩链交联剂为 MOCA。

(3)聚氨酯稀释剂。

在制备聚氨酯改性沥青时，为防止聚氨酯预聚体与 MOCA 反应速度过快，以及改性沥青的黏度迅速增长，因此加入稀释剂来减缓反应速度，同时这也是试验或者实际工程中防止聚氨酯改性沥青混合料产生固化而添加的试剂。该聚氨酯稀释剂是一种直链烷基聚合物。

4. 聚氨酯改性沥青混合料级配的确定

选择适当的沥青混合料级配，能够对混合料的力学指标、路用性能等产生较好的作用。选用 AC－13 密级配。试验依据 JTG F40－2004 的要求，通过马歇尔试验配合比设计方法对混合料进行设计，AC－13 矿料级配如图 8.1 所示。经过马歇尔试验最终确定最佳油石比为 4.8%。

8.3　研究内容

8.3.1　聚氨酯改性沥青混合料中改性剂的组成优化

聚氨酯改性沥青混合料根据制备方法可以分为湿拌法制备和干拌法制备，制备方法的不同，导致为了获得最佳的混合料性能，湿拌法和干拌法混合料的结合料中聚氨酯改性剂的掺量不一定相同。下面对两种不同方法下的改性剂掺量进行确定，以使聚氨酯改性沥青混合料的性能达到最佳效果。

1. 湿拌法工艺下聚氨酯体系掺量的确定

由于聚氨酯材料多种多样，因此聚氨酯体系也种类繁多。聚氨酯用途较为广泛，在改性沥青道路材料中，室内试验用量较多的为聚氨酯预聚体，因为聚氨酯预聚体是聚氨酯的半成品材料，使用聚氨酯预聚体可以更好地改变聚氨酯的某项指标和成分，以此获得某项

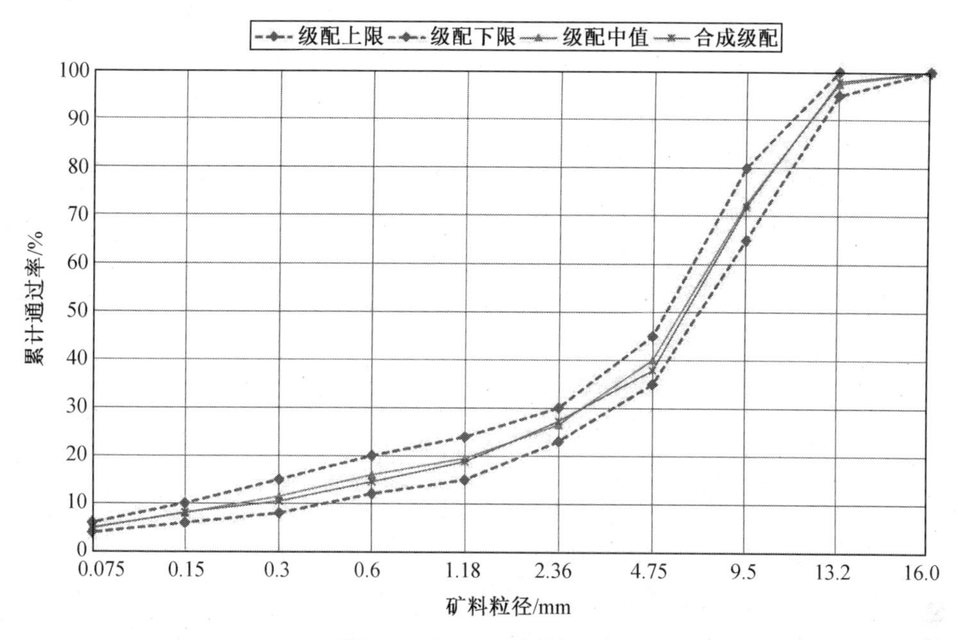

图 8.1　AC—13 矿料级配图

性能的聚氨酯改性沥青，从而获得相应性能的聚氨酯改性沥青混合料。一般道路材料中聚氨酯体系包含聚氨酯预聚体、聚氨酯稀释剂、扩链剂、交联剂以及聚氨酯改性剂等。

湿拌法聚氨酯改性沥青混合料的研究较多，其中本书课题组通过微观试验和性能试验确定了两种聚氨酯改性沥青中各个改性剂的最佳掺量，最终确定两种聚氨酯改性沥青中各个材料的最佳掺量。对改性沥青混合料进行了强度研究，如抗拉强度、抗弯拉强度等，同时对混合料的路用性能也进行了研究，数据见表 8.1。

表 8.1　湿拌法聚氨酯改性沥青性能指标

试验项目	试验指标	试验数据
高温车辙试验	动稳定度 DS/(次 · mm^{-1})	8 087
低温弯曲试验	弯拉应变/$\mu\varepsilon$	3 126.4
汉堡车辙试验	最终车辙深度/mm	6.24
浸水马歇尔试验	残留稳定度/%	87.9
抗疲劳试验	疲劳寿命均值/次	15 703

本书课题组已经通过拉伸试验来检验聚氨酯的性质，试验方法为选取不同比例的聚氨酯掺量进行试验，通过断裂伸长率的变化来进一步确定掺量，最终试验确定的 2143 聚醚型聚氨酯预聚体的掺量为基质沥青的 35%；对于扩链交联剂 MOCA 质量的确定方法为同样的拉伸试验，采用控制变量法确定 MOCA 的最佳掺量为基质沥青掺量的 8%；对于稀释剂掺量确定的方法为在适宜温度下进行沥青的黏度试验，对比不同掺量的稀释剂，掺量越高越能延长改性沥青 1 000 mPa · s 黏度所用的时间，然后结合抗拉强度的结果综合考虑聚氨酯改性沥青的性能和实际施工两方面的要求，最终确定出稀释剂的最佳掺量

为基质沥青的6%。在最佳掺量下制备聚氨酯改性沥青混合料，对混合料进行性能试验，数据见表8.2。

表8.2　湿拌法聚氨酯改性沥青混合料性能指标

试验项目	试验指标	试验数据
高温车辙试验	动稳定度 DS/(次·mm^{-1})	12 684
低温弯曲试验	弯拉应变/$\mu\varepsilon$	3 128.6
浸水马歇尔试验	残留稳定度/%	90.4
冻融劈裂试验	冻融劈裂强度/%	85.3

本书课题组前期通过改性沥青的基本指标对JM－PU改性沥青和JZ－PU改性沥青进行对比，通过基本的性能试验，确定了不同类型改性沥青的最优掺量，其中聚醚型聚氨酯改性沥青、聚酯型聚氨酯改性沥青的最佳掺量分别为11%、7%。本书课题组将掺量为7%的聚醚型聚氨酯预聚体掺加到不同的基质沥青中观察针入度、软化点等的变化，得出聚氨酯预聚体对基质沥青的针入度等指标产生了影响，同时通过数据的变化得知改性沥青的性能，加入聚氨酯预聚体后软化点升高，说明聚氨酯预聚体的加入可以提高沥青的高温稳定性。

但是聚氨酯与基质沥青的介电常数之差大于1.5，两者共混在一起不相容，所以需要相容剂来改变两者的相容性，而MOCA的加入改变沥青与聚氨酯的相容性。聚氨酯稀释剂的加入也有助于改变聚氨酯改性沥青的相容性。根据文献显示确定了聚醚型聚氨酯性能更加优良，并且进一步确定了聚醚型聚氨酯改性沥青中聚氨酯体系的掺量。湿拌法掺量的确定方法一般是对不同掺量的改性沥青进行常规试验，即针入度试验、软化点试验、布氏黏度试验、离析试验等最终求得改性剂的最佳掺量，或者通过反应机理来确定改性剂的掺量，最终通过混合料的性能表征改性沥青的性能。

由于聚氨酯改性材料的种类不同，相容剂、稀释剂的化学成分不同，因此，选取了本课题组的试验材料进行延伸，对聚氨酯比例进行了相关试验，通过试验设计，研究了聚氨酯掺量、掺加剂用量对聚氨酯改性沥青及其混合料的影响，如通过沥青基本路用性能试验、黏度试验、测力延度试验确定出最优配方。最终聚氨酯掺量比例为沥青质量的35%(掺量相当于结合料的23%)，扩链交联剂MOCA的掺量为基质沥青质量的8%(掺量相当于结合料的5%)，稀释剂掺量为基质沥青质量的6%(掺量相当于结合料的4%)，制备改性沥青混合料时的最佳试验温度为120 ℃。

2. 干拌法工艺下聚氨酯体系掺量的确定

对于干拌工艺进行聚氨酯改性沥青混合料的制备尚没有可以借鉴的文献资料，一般来说，在相同的配合比下马歇尔试件的稳定度与混合料的路用性能呈现较好的相关性，即马歇尔稳定度越高，其混合料的路用性能也越好。因此，以马歇尔稳定度为指标，对聚氨酯改性沥青混合料中的聚氨酯体系掺量进行优选。

(1)聚氨酯预聚体掺量的确定。

由于聚氨酯种类多种多样，稀释剂、MOCA的种类较多，因此聚氨酯体系的掺量也各不相同。基于本书课题已有的研究成果，并参考相关文献，开始时按照湿拌法的最佳比例进行马歇尔试件的制作。保温一段时间后出现了固化现象，因此将聚氨酯体系等进行初步的拟定，将改性沥青温度拟定为 170 ℃，扩链交联剂拟定沥青结合料的 5%，稀释剂拟定沥青结合料的 5%，聚氨酯预聚体拟定为沥青结合料的 15%。采用干拌的方法进行混合料马歇尔试验，并验证混合料的马歇尔指标，主要根据马歇尔稳定度的大小来判断混合料路用性能的好坏。试验先暂定 MOCA、稀释剂的质量分数不变，改变聚氨酯预聚体的掺量，聚氨酯的掺量每隔 5%的比例进行试验。为模拟混合料在运输过程中的状态，试验结束后，均在相同温度下保温 2 h，每组三个试件，选择其中一个进行记录，试验结果如图 8.2 所示。

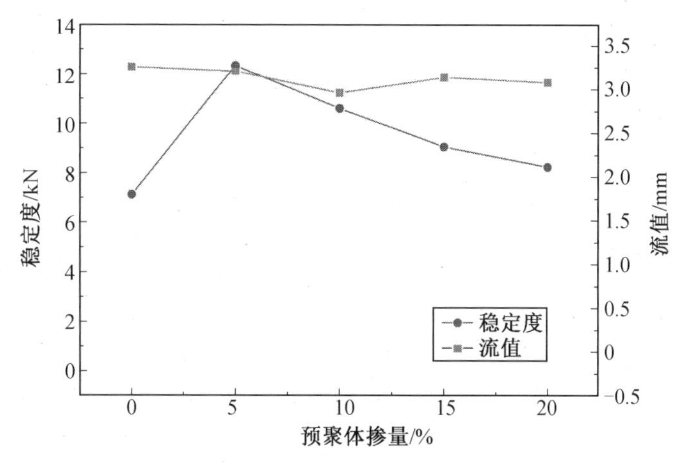

图 8.2　稳定度和流值随聚氨酯掺量(0%～20%)的变化

在 170 ℃，聚氨酯预聚体掺量为结合料的 25%时，对拌和后的混合料在烘箱中保温 3 h后，发现聚氨酯混合料已经粘在锅底，出现了严重的固化现象，因此不能对混合料进行马歇尔试件的成型，所以当聚氨酯预聚体掺量为 25%时因固化现象没有试验数据，当掺量较大时混合料的和易性较差，不利于混合料路用性能的提高。因此，采用改变聚氨酯预聚体掺量的方法来缓解固化现象的产生。由图表可知当聚氨酯掺量较小时掺量从 5%开始，稳定度达到了较高的水平，流值也在规范的要求范围之内，说明聚氨酯的掺量应与 MOCA 稀释剂的掺量相差无几，在干拌工艺之下会有较好的性能。由于开始聚氨酯的掺量比例间隔较大，无法准确得知聚氨酯的掺量，所以接下来还需进行试验，以聚氨酯预聚体的 1%间隔进行六组试验，即试验时聚氨酯的掺量从 3%到 8%变化，试验结果及数据如图 8.3 所示。

根据数据显示，聚氨酯预聚体的最佳掺量为沥青结合料质量的 6%，在此条件下聚氨酯改性沥青混合料的稳定度达到 13.41 kN，远超规范 8 kN 的要求，其稳定度与 SBS 改性沥青混合料的指标相似，聚氨酯改性沥青混合料的性能也较优越。

(2)稀释剂掺量的确定。

在聚氨酯预聚体最佳掺量的条件下进行试验，基于本课题已有的研究成果，并参考相关文献，将稀释剂的掺量按照 1%的间隔进行试验，共进行八组试验，每组试验四个试件，求其平均值，试验数据如图 8.4 所示。

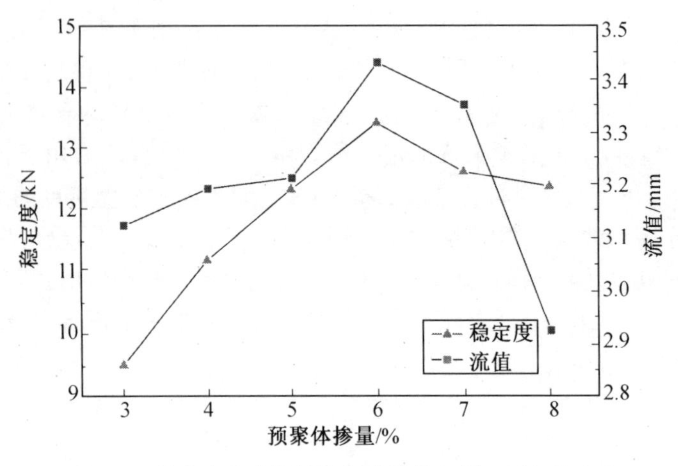

图 8.3 稳定度和流值随聚氨酯掺量(3%～8%)的变化

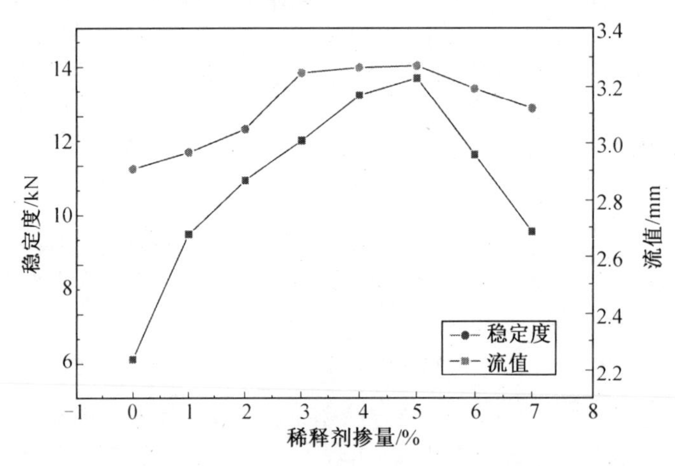

图 8.4 稳定度和流值随稀释剂掺量的变化

试验数据显示当稀释剂掺量占结合料质量的5%时,沥青混合料的稳定度达到最大,为14.03 kN,所以当采用干拌法进行混合料的制作时,稀释剂的掺量为5%。图8.4显示当稀释剂的掺量较大超过5%时,混合料的稳定度下降,关于流值则在规范的要求范围之内,所以对于聚氨酯改性沥青混合料,稀释剂最佳掺量为5%。

(3)MOCA 掺量的确定。

MOCA 在稀释剂掺量5%、聚氨酯预聚体6%的情况下进行试验,拟定的 MOCA 的掺量为5%,则按照1%的间隔进行七组试验,每组试验结果如图8.5所示。

根据数据显示,当加入 MOCA 后混合料的稳定度有所升高,但当 MOCA 的量超过一定数量后,稳定度基本不变,所以 MOCA 的量选择最优即可,MOCA 掺量为3%时可以达到要求,MOCA 的最佳掺量为3%。

(4)拌和温度的确定。

拌和温度的确定对于混合料的性能起着至关重要的作用,搅拌时间是影响搅拌质量和生产率的决定性因素。当拌和温度较高时会引起沥青的固化,当温度过高时会引起混合料的废弃,造成不必要的损失;然而当温度过低时并不能发挥沥青的作用,从而引起混

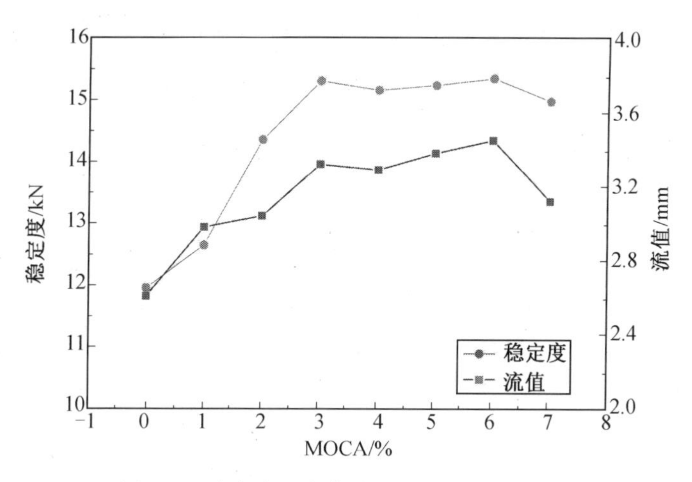

图 8.5　稳定度和流值随 MOCA 掺量的变化

合料性能的降低。现对聚氨酯体系最佳掺量下进行不同温度下的测定，现拟定六组试验，试验温度分别为 130 ℃、140 ℃、150 ℃、160 ℃、170 ℃、180 ℃，试验结果如图 8.6 所示。

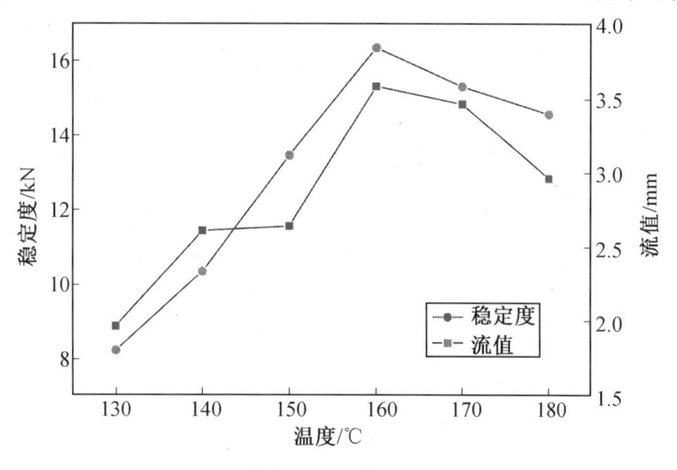

图 8.6　稳定度和流值随温度的变化

由数据可知，当采用干拌方法时，随着温度的升高，聚氨酯改性沥青混合料的稳定度逐步上升。当拌和温度为 160 ℃时混合料的稳定度达到最大值，为 16.35 kN，混合料的流值也符合改性沥青的规范要求；但是当混合料的拌和温度继续升高时，混合料的稳定度随着温度的升高出现了下降的趋势。这说明当温度较高时聚氨酯改性沥青混合料中的聚氨酯出现了部分固化，影响了混合料的性能。因此，聚氨酯改性沥青混合料当采用干拌方法时的最佳拌和温度为 160 ℃。

(5)干拌方法下改性剂的添加顺序。

对于干拌法，试剂的添加顺序也较为重要，当采用湿拌法制备聚氨酯改性沥青时，改性剂的添加顺序不同，顺序依次为 MOCA、稀释剂、聚氨酯预聚体，当采用干拌方法制备聚氨酯改性沥青混合料时改性剂的添加顺序可能对混合料的路用性能产生影响，所以调整改性剂的添加顺序验证混合料的性能。将聚氨酯改性剂添加顺序分为 10 种方案，并分别对这 10 种方案进行马歇尔试验，各种改性剂的掺量为最佳掺量，试验在 160 ℃情况下进行。改性剂添加顺序方案见表 8.3。马歇尔试验数据见表 8.4。

表 8.3 改性剂添加顺序方案

编号	首次添加	二次添加	三次添加
1	聚氨酯预聚体	MOCA	稀释剂
2	聚氨酯预聚体	稀释剂	MOCA
3	聚氨酯预聚体	稀释剂和 MOCA	—
4	MOCA	稀释剂	聚氨酯预聚体
5	MOCA	聚氨酯预聚体	稀释剂
6	MOCA	聚氨酯预聚体和稀释剂	—
7	稀释剂	MOCA	聚氨酯预聚体
8	稀释剂	聚氨酯预聚体	MOCA
9	稀释剂	聚氨酯预聚体和 MOCA	—
10	聚氨酯预聚体、MOCA、稀释剂	—	—

表 8.4 添加顺序不同对混合料稳定度的影响

编号	空中质量/g	水中质量/g	表干质量/g	相对密度	MS/kN	流值/mm
1	1 328.8	826.8	1 329.7	2.642	15.29	2.56
2	1 326.4	824.2	1 328.1	2.632	16.32	3.45
3	1 325.9	823.6	1 326.3	2.638	16.25	2.64
4	1 327.5	822.5	1 328.3	2.625	16.45	2.93
5	1 327.7	823.2	1 328.6	2.627	16.58	2.48
6	1 327.1	823.0	1 327.5	2.631	15.97	2.37
7	1 326.3	823.3	1 327.1	2.633	16.53	4.06
8	1 326.8	823.0	1 327.6	2.629	16.87	3.24
9	1 329.9	825.0	1 330.7	2.630	15.67	2.51
10	1 330.9	828.1	1 331.4	2.644	16.35	2.98

由试验数据可知，当调整改性剂的添加顺序后，混合料的性能并无太大的改变，结果不同可能是由于试验的偶然性，所以试验改性剂的添加顺序为一同加入。在开始试验时将改性剂一起加入到混合料中，改性剂和沥青一同加入到搅拌锅内，搅拌一段时间以后加入矿粉继续进行搅拌。在实际的施工过程中，也是将改性剂与沥青一同加入因为实际施工中搅拌时间相对于室内试验的搅拌时间来说较短，若分次序加入不仅会增加施工的成本，而且也会耽误施工进度，影响施工效率，所以，将改性剂沥青一同加入到拌和锅内最为合理。

根据以上不仅可以得出聚氨酯改性沥青最佳的施工条件、最佳掺量，也可以看出对聚氨酯改性沥青混合料稳定度的影响从大到小依次为:温度、聚氨酯预聚体掺量、稀释剂和MOCA 掺量、添加顺序。在以后的工程应用中,需注意影响因素的大小,以确保聚氨酯沥青混合料的路用性能。

8.3.2　改性沥青混合料的路用性能

不同工艺下结合料中聚氨酯体系的掺量不同,可能会引起聚氨酯改性沥青混合料路用性能的不同。将干拌方法制备的聚氨酯改性沥青混合料、湿拌法制备的聚氨酯改性沥青混合料与 SBS 改性沥青混合料做对比,比较这三种混合料的优劣以及确定混合料的最佳条件,对于聚氨酯改性沥青混合料的应用与研究有较大的科研意义。

为了确定干拌方法下聚氨酯改性沥青混合料的路用性能与混合料稳定度的关联性,在检验混合料路用性能的同时增加了最佳掺量比例下稳定度相近的两组试验,以此来减少试验的误差,根据 8.3.1 节影响因素大小选择出如表 8.5 所示的结果。

表 8.5　混合料稳定度三组最佳的试验掺量和条件

方法	试验掺量	试验条件
干拌 PU-1	聚氨酯预聚体 6%、MOCA 为 3%、稀释剂为 5%	160 ℃
干拌 PU-2	聚氨酯预聚体 6%、MOCA 为 6%、稀释剂为 5%	160 ℃
干拌 PU-3	聚氨酯预聚体 6%、MOCA 为 3%、稀释剂为 5%	170 ℃

1. 混合料高温稳定性

对聚氨酯改性沥青进行高温车辙试验,在试验中采用干拌方法和湿拌方法成型聚氨酯改性沥青混合料,采用湿拌方法制备 SBS 改性沥青混合料,在相同的环境下对试件进行检测,以验证混合料的高温稳定性能。由于聚氨酯具有热固性的性质,所以为保证混合料的施工和易性,在室内试验时采用保温时间模拟混合料的运输过程,以便更好地发挥混合料的性能。首先对混合料在不同保温条件进行试件的制作,因为聚氨酯是一种热固性材料,每组试验为了模拟混合料运输的状态,在混合料拌和完成后再将混合料放置在烘箱中。设置此时的温度与拌和温度相同,保温一段时间后按照试验规程进行制作试件。将制作好的试件进行常温养护,在达到养护时间以后进行高温车辙试验以验证混合料的高温稳定性能。

由图 8.7 中的试验数据和图例可知:在五种混合料中,随着保温时间的增加混合料的高温稳定性能也是变化的。根据不同施工工艺,不同保温时间,分别进行车辙板的制作:①不进行保温,直接进行车辙板的制作;②在烘箱或者搅拌锅保温 1 h 后进行车辙板的制作;③在烘箱或者搅拌锅保温 2 h 后进行车辙板的制作;④对混合料保温 4 h 后进行车辙板制作。

当达到相应的检测时间时,对试件的动稳定度进行检测,当对不保温情况下的车辙板进行检测时,车辙板的动稳定度较高,达到 15 344 次/mm,高于 SBS 改性沥青混合料车辙板的 6 134 次/mm 和干拌方法下聚氨酯改性沥青混合料车辙板的 7 296 次/mm,几乎是干拌法聚氨酯改性沥青混合料车辙板动稳定度的两倍。当对在烘箱或者搅拌锅内保温

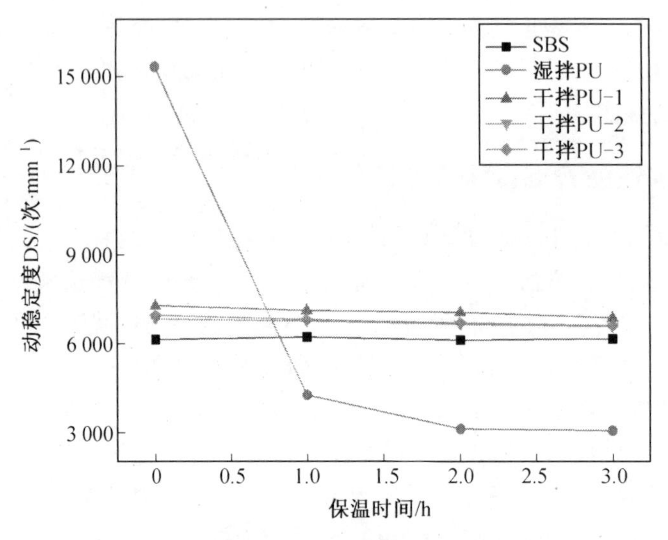

图 8.7　不同混合料动稳定度随保温时间的变化

1 h 的车辙板进行检测时，发现湿拌工艺下成型的车辙板动稳定度急剧减少，湿拌法混合料车辙板的动稳定度与起始动稳定度相比下降了 72%，然而 SBS 改性沥青混合料和干拌法下的聚氨酯改性沥青混合料车辙板的动稳定度均有所增加。当检验保温 2 h 的车辙板时，湿拌法制成的车辙板动稳定度仍然减小，已经不符合改性沥青对于高温稳定性的要求，检验完成后的车辙板轮迹较深。然而另外两种改性沥青混合料的车辙板动稳定度较高，当保温时间为 3 h 后各种混合料车辙板的动稳定度相对于保温 2 h 的车辙板动稳定度有着微小的变化，几乎持平。所以当在最佳掺量下采用干拌法制成的车辙板在保温2 h 后动稳定度达到最大。

随着保温时间的增加，当采用干拌法工艺制备聚氨酯改性沥青混合料时，由图 8.7 可知，干拌工艺下聚氨酯的动稳定度大于 SBS 改性沥青混合料的动稳定度和湿拌方法下聚氨酯改性沥青混合料的动稳定度，在干拌条件下聚氨酯体系最佳掺量下混合料的高温稳定性较好，说明当采用干拌法时在最佳掺量的条件下聚氨酯改性沥青混合料具有较高的高温稳定性，干拌法高温稳定性能优于 SBS 改性沥青。

2. 混合料水稳定性

对不同工艺下的改性沥青混合料及 SBS 改性沥青混合料进行水稳定性试验，判断各种混合料的抗水损害的能力。常用的试验为混合料的冻融劈裂试验和浸水马歇尔试验。

(1)混合料冻融劈裂试验。

对试件采用冻融劈裂试验验证混合料水稳定性。首先进行试件的成型。依据《规程》试验步骤进行相关试验。在达到检测条件后对试件进行检测，测量冻融前后的劈裂强度，根据试件劈裂荷载计算劈裂强度比：

$$\mathrm{TSR}=\frac{R_{\mathrm{T2}}}{R_{\mathrm{T1}}}\times 100\% \tag{8.1}$$

式中，TSR 为劈裂强度比，%；R_{T1} 为第一组未经过冻融试件的劈裂强度，MPa；R_{T2} 为第二组经过冻融试件的劈裂强度，MPa。

对不同工艺下的聚氨酯改性沥青混合料和SBS改性沥青混合料拌和完成后，在烘箱或者搅拌锅内进行保温，保温时间分别为 0 h、1 h、2 h、3 h，然后再成型试件，并按规范对试件进行检测。五组试验的结果如图 8.8 所示。

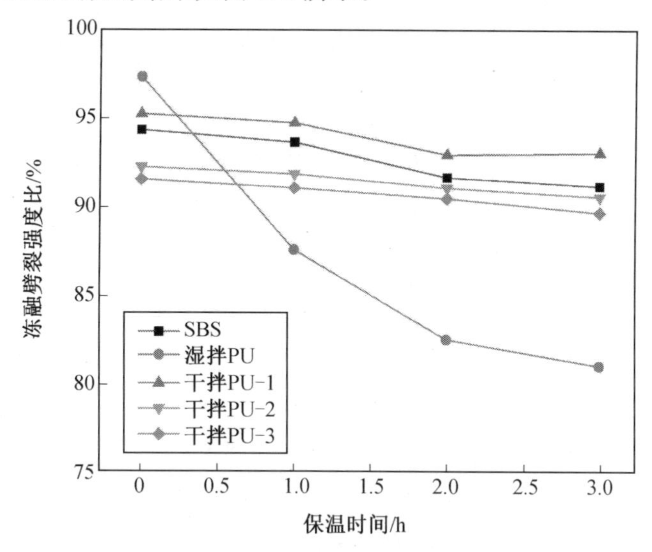

图 8.8　冻融劈裂强度比与保温时间的关系

由图 8.8 可知：湿拌法聚氨酯改性沥青混合料试件的劈裂强度比变化较大，呈现降低的趋势，最终低于规范的标准，然而 SBS 改性沥青混合料和干拌法聚氨酯改性沥青混合料的劈裂强度比在一定的范围内波动且满足规范的要求。

当混合料试件未进行保温时，湿拌法工艺下的聚氨酯改性沥青混合料劈裂强度比高达 97.4%，高于 SBS 改性沥青混合料和干拌工艺下的聚氨酯改性沥青混合料的试件。这说明湿拌法工艺下的聚氨酯改性沥青混合料具有较好的水稳定性。但是随着保温时间的增加，湿拌法下的混合料劈裂强度及劈裂强度比呈现下降趋势，说明随着保温时间的增长混合料的水稳定性出现不足。

然而 SBS 改性沥青以及干拌法工艺下的聚氨酯改性沥青混合料在未经保温时，冻融劈裂强度比会大于经过保温的冻融劈裂强度比，说明保温会对混合料的水稳定性产生影响。但是当保温时间达到一定程度时，保温时间对混合料的影响有限，保温 3 h 的状态与保温 2 h 的强度相比变化不大，冻融劈裂强度也是在合理范围内变化。试验数据显示，干拌方法下聚氨酯改性沥青混合料的水稳定性比较好，且干拌方法下最佳掺量的聚氨酯改性沥青混合料的水稳定性最好，符合工程实际应用的标准。

(2)混合料浸水马歇尔试验。

对拌和好的改性沥青进行保温，保温时间分别为 0 h、1 h、2 h、3 h，保温结束后进行马歇尔试件的制作。将马歇尔试件在不同条件下进行试验，最终计算试件的浸水残留稳定度。

由图 8.9 中的数据可知，在未经保温时湿拌法聚氨酯改性沥青混合料的残留稳定度较高，为 94.1%，此时的稳定度值也高于 SBS 改性沥青混合料和干拌法下的聚氨酯改性沥青混合料。在保温一段时间后混合料的残留稳定度和稳定度数值急剧下降，最终低于另外两种混合料的残留稳定度。虽然 SBS 改性沥青混合料和干拌法下的聚氨酯改性沥青混合料的残留稳定度下降，但是两者降幅较小，在保温 3 h 后几乎不再下降。干拌方法下最佳掺量的聚氨酯改性沥青混合料的残留稳定度和稳定度均高于 SBS 改性沥青混合料，而在三种不同干拌法下，最佳掺量的聚氨酯改性沥青混合料的水稳定性较好，在保温一段时间后也高于湿拌法下的聚氨酯改性沥青混合料。这说明干拌下的聚氨酯改性沥青具有较好的水稳定性。

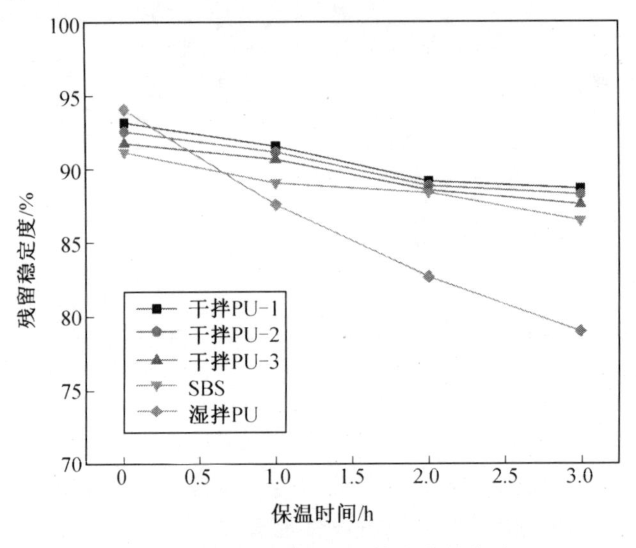

图 8.9 保温时间与残留稳定度的关系

两个试验均证明干拌方法下的混合料具有较好的水稳定性，满足试验要求，可以运用于工程应用中。

3. 混合料低温抗裂性

沥青混合料的低温抗裂性较差是寒区沥青路面面临的重要难题。低温抗裂性不足会导致沥青路面出现细微裂缝，在荷载和温度循环作用下，细微裂缝逐渐扩张使道路出现较大的横向裂缝，降低道路性能，影响道路使用安全。现通过小梁低温弯曲试验对混合料低温抗裂性进行检验。小梁低温弯曲试验是在规定的温度下，对保温后的棱柱体试件跨中施加垂直集中荷载，通过显示的数据确定各种混合料在不同条件下的低温抗裂性能的强弱。按照《规程》中的方法成型棱柱形小梁，在一定温度下进行小梁低温弯曲试验来对比评价聚氨酯改性沥青混合料和 SBS 改性沥青混合料的低温抗裂性。试验加载的速率为 50 mm/min，试验仪器为 MTS 万能试验机，试验方法均按照相关标准规定。计算公式如下：

$$R_B=\frac{3\times L\times P_B}{2\times b\times h^2} \tag{8.2}$$

$$\varepsilon_B=\frac{6\times h\times d}{L^2} \tag{8.3}$$

$$S_B=\frac{R_B}{\varepsilon_B} \tag{8.4}$$

式中，R_B 为试件破坏时的抗弯拉强度，MPa；ε_B 为试件破坏时的最大弯拉应变，$\mu\varepsilon$；S_B 为试件破坏时的弯曲劲度模量，MPa；b 为跨中断面试件的宽度，mm；h 为跨中断面试件的高度，mm；L 为试件的跨径，mm；P_B 为试件破坏时的最大荷载，N；d 为试件破坏时的跨中挠度变形，mm。

由试验曲线和试验公式得出的数据见表 8.6。

表 8.6　低温弯曲试验结果(保温 2 h)

试件类型	断面高度/mm	试件跨径/mm	跨中挠度变形/μm	破坏应变/με	技术要求/$\times10^{-6}$
干拌法 PU－1	35.2	200	688.2	3 633.7	≮2 800
干拌法 PU－2	35.3	200	624.6	3 307.3	
干拌法 PU－3	35.5	200	609.3	3 244.5	
湿拌法 SBS	34.9	200	565.5	2 960.4	
湿拌法 PU	35.4	200	520.1	2 761.7	

图 8.10 数据显示，当采用干拌法工艺制备聚氨酯改性沥青混合料时，混合料的低温抗裂性始终高于 SBS 改性沥青混合料和湿拌法制备的聚氨酯改性沥青混合料，说明干拌方法下聚氨酯改性沥青混合料的低温抗裂性能较好。当采用干拌法制备聚氨酯改性沥青混合料时，在聚氨酯最佳掺量下，混合料的低温抗裂性最好。虽然干拌工艺下的聚氨酯改性沥青混合料有较好的性能，但随着保温时间的增长，混合料的破坏应变数值呈现降低的趋势。这说明拌和好的沥青混合料要减少运输时间，缩短沥青混合料的保温时间，才能使得混合料的低温抗裂性达到最佳。

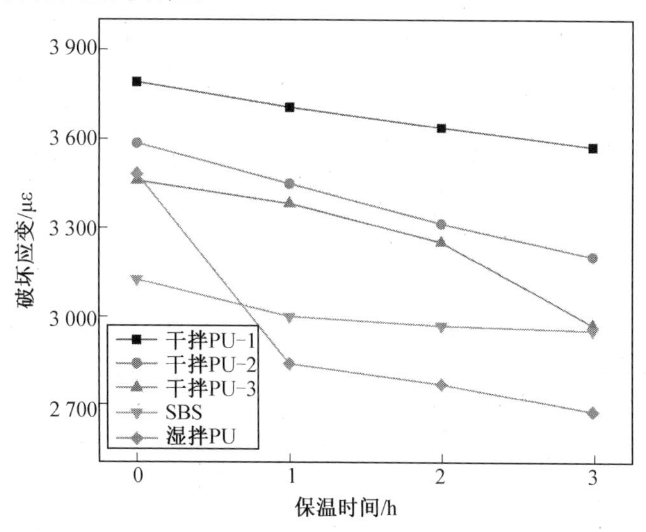

图 8.10　破坏应变与保温时间的关系

湿拌工艺下聚氨酯改性沥青的破坏应变初期高于 SBS 改性沥青混合料的应变，但随着保温时间的增加，SBS 改性沥青混合料的破坏应变高于湿拌法制备的聚氨酯改性沥青混合料的破坏应变，并且 SBS 改性沥青混合料的低温抗裂性能较稳定，湿拌法下的聚氨酯改性沥青混合料变化程度较大，不太适合运用于实际工程中。发生这种情况的原因还有混合料内聚氨酯发生了固化反应，使得混合料的施工和易性变差。

从以上图表中也可以看到，干拌法制备的聚氨酯改性沥青混合料的跨中挠度变形也比较大，在保温 2 h 后，干拌下的聚氨酯改性沥青混合料的跨中挠度变形为 688.2 μm，而 SBS 改性沥青混合料的跨中挠度变形为 565.5 μm，湿拌下的聚氨酯改性沥青混合料的跨中挠度变形为 520.1 μm，高于 SBS 改性沥青混合料变形量的 21.7% 和湿拌工艺下聚氨酯改性沥青混合料的 32.3%。这说明采用干拌法制备的聚氨酯改性沥青混合料具有优良的变形能力，而这种变形能力能更好地适应有较大变形的路面和天气严寒的地区，进一步防止路面的开裂情况。

8.3.3 基于混合料疲劳试验下改性沥青混合料挠度变形的研究

对于小梁的疲劳试验较多采用三点弯曲疲劳试验和四点弯曲疲劳试验，本章试验采用的四点弯曲疲劳试验。

1. 改性沥青混合料疲劳指标对比研究

在此试验中，将干拌法制备的聚氨酯改性沥青混合料与 SBS 改性沥青混合料进行疲劳指标的对比，试验分别在 600 με、700 με、800 με 的应变条件下进行，在试验之前需要量取每根小梁的宽度和高度六次，每次量取距离间隔为 40 mm，标记量取距离，用宽度和高度计算小梁的模量。

在试验中，当小梁放置在夹具内需要对小梁的位置进行调整，使小梁处在夹具中间，然后对小梁夹紧，并手动调节使小梁各个点处的位移相同，最终对小梁的疲劳进行检测。

(1)改性沥青混合料疲劳寿命对比。

在三种不同的应变水平下，对干拌方法下聚氨酯改性混合料和 SBS 改性沥青混合料的疲劳次数进行试验，试验结果如表 8.7 和图 8.11 所示。

表 8.7 不同应变水平下混合料的疲劳寿命

混合料类型	疲劳寿命/次		
	600 με	700 με	800 με
干拌法 PU	189 750	146 400	106 170
SBS 改性	150 010	134 520	81 820

由表 8.6 和图 8.11 可知：在相同的应变水平下，采用干拌法制备的聚氨酯改性沥青混合料疲劳次数大于 SBS 改性沥青混合料的疲劳次数，说明干拌工艺下的聚氨酯改性沥青混合料有较好的抗疲劳性能；聚氨酯改性沥青混合料在高、中、低应变水平下的疲劳次数均高于 SBS 改性沥青混合料的疲劳次数，说明在三种不同的应变水平下两种混合料疲劳性能变化由大变小再变大；当应变水平为 700 με，两种改性沥青混合料的疲劳次数相差较小，说明此时的应变水平更加适合 SBS 改性沥青混合料的特性；在不同的应变水平之下，SBS 改性沥青混合料在中水平时表现较好的性能；在高应变时疲劳次数急剧下降，说明在此应变下 SBS 改性沥青混合料不适宜此应变水平。

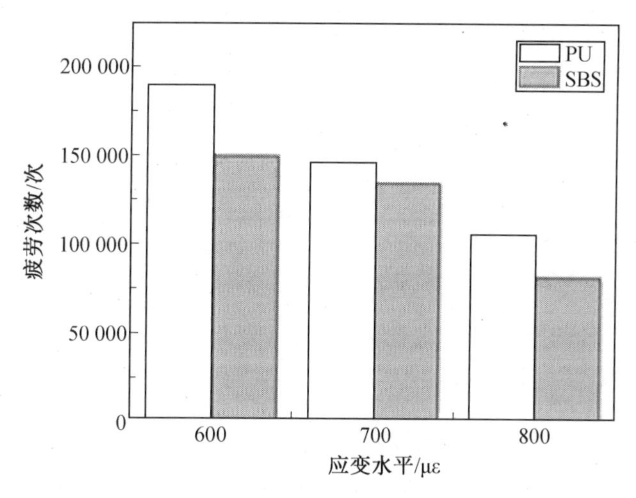

图 8.11　不同应变水平下混合料疲劳寿命柱状图

(2)劲度模量与相位角变化规律。

在四点弯曲疲劳试验中,劲度模量的变化与疲劳次数有很大的关系。当采用应变水平进行疲劳试验,混合料的劲度模量变为初始模量的 50%时,混合料疲劳试验停止。在不同应变条件下,对比干拌工艺下聚氨酯改性沥青混合料与 SBS 改性沥青混合料的疲劳寿命次数与劲度模量衰变关系曲线,判断两种材料疲劳性能的优劣。

图 8.12～8.14 所示为聚氨酯改性沥青混合料和 SBS 改性沥青混合料在不同应变水平下的疲劳次数与劲度模量衰变的曲线图。由图可以看出,在初始加载时,试件的劲度模量较大,衰减速率较快,随着疲劳次数的增加,混合料的劲度模量逐渐减小,最终几乎与 x 轴平行,当劲度模量减小到初始模量的一半时,沥青混合料进入破坏状态疲劳试验结束。在试验过程中干拌法聚氨酯改性沥青混合料的疲劳次数较 SBS 改性沥青混合料的疲劳次数多。

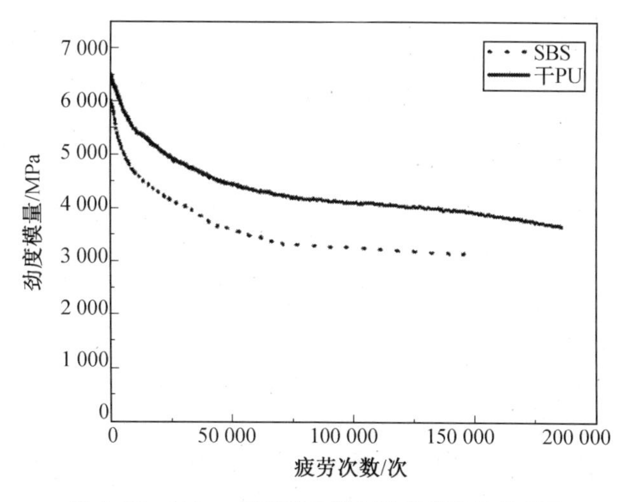

图 8.12　600 με 下疲劳次数与劲度模量的关系图

图 8.15～8.17 所示为在不同应变状态下疲劳次数与相位角的关系曲线。由于应变

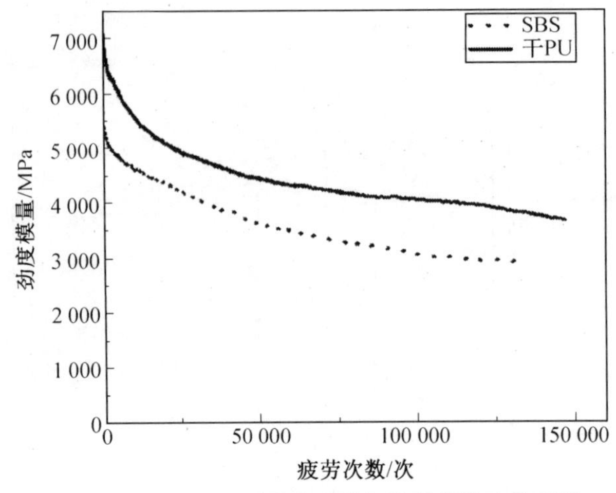

图 8.13 700 $\mu\varepsilon$ 下疲劳次数与劲度模量的关系图

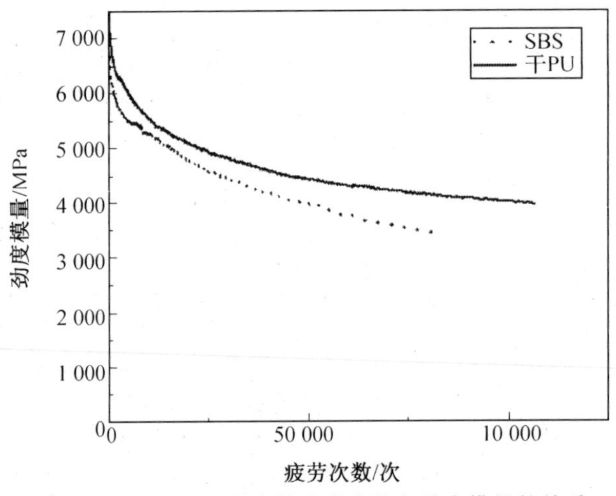

图 8.14 800 $\mu\varepsilon$ 下混合料疲劳次数与劲度模量的关系

滞后于应力，当沥青混合料受一个重复的正弦应力作用时，应变会以同样的频率产生一个的应变响应，即为应变滞后于应力的相位角，也称为耗散角。相位角的大小反映了材料黏弹性中黏性与弹性成分的比例与影响程度。材料黏性较强时，相位角相对较大；材料倾向于弹性时，相位角相对较小。本试验在不同应变条件下，研究聚氨酯改性沥青混合料、SBS 改性沥青混合料两种沥青混合料的相位角与疲劳寿命次数的变化关系。由图分析可知，在不同应变加载水平下，两种沥青混合料的相位角总趋势都随着疲劳作用次数增加而增加。相位角的增长速率会根据疲劳次数的改变而呈现不同状态。

在 600 $\mu\varepsilon$ 和 800 $\mu\varepsilon$ 的应力水平状态下，聚氨酯改性沥青混合料的相位角大于 SBS 改性沥青混合料的相位角，初始的相位角也大于 SBS 改性沥青混合料的相位角，说明在此应变水平下，聚氨酯改性沥青混合料有较好的黏性而弹性能力较弱；而 SBS 改性沥青有较好的弹性而黏性能力较弱。在 700 $\mu\varepsilon$ 的应力状态下，聚氨酯改性沥青混合料的初始相位角大于 SBS 改性沥青混合料的相位角；随着疲劳次数的增加，SBS 改性沥青混合料表现出较好的黏性，与 800 $\mu\varepsilon$ 应变水平状态下的相比有较好的抗疲劳性能。

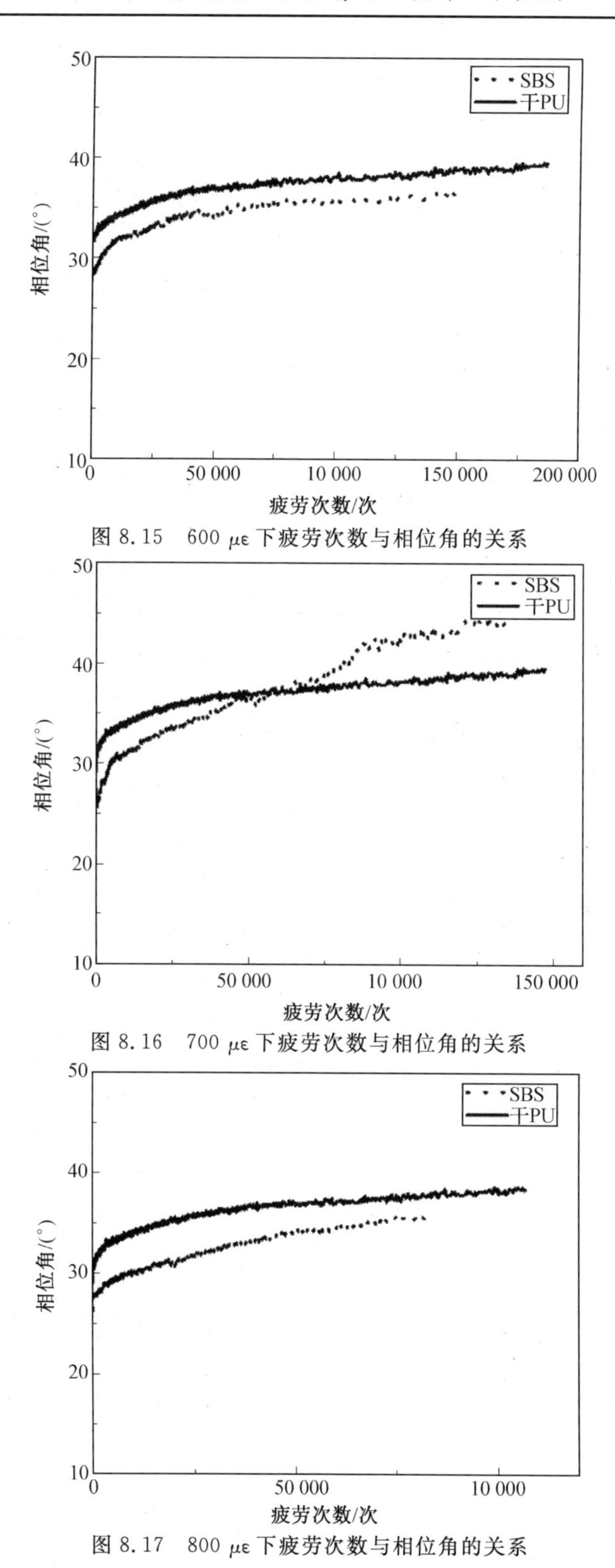

图 8.15　600 $\mu\varepsilon$ 下疲劳次数与相位角的关系

图 8.16　700 $\mu\varepsilon$ 下疲劳次数与相位角的关系

图 8.17　800 $\mu\varepsilon$ 下疲劳次数与相位角的关系

随着施加应变的提高，沥青混合料弹性成分逐渐下降，黏性成分逐渐加强。两种材料中聚氨酯改性沥青混合料在应变水平提升后相位角增幅较大，材料弹性成分衰减较快。SBS 改性沥青混合料在 700 με 的应力水平状态下相位角幅度变化最大，此时疲劳性能也较好，由此可以得出，当混合料的黏性性能增加时混合料的抗疲劳性能较好，聚氨酯改性沥青混合料在一定条件下具备较好的黏性性能和抗疲劳性能。

2. 疲劳次数与挠度关系

四点弯曲疲劳试验与挠度也存在一定的关系，而梁中心应变的大小也可以反映出挠度的变化，梁中心最大应变与挠度的变化一致，由公式可以推导出梁中心应变的大小，梁中心最大应变的大小为

$$\delta=\frac{L\times(3\times L^2-4\times a^2)}{12w\times h^3}\times\frac{P}{S}$$

图 8.18 所示为在 800 με 状态下最大荷载与循环次数的关系，最大荷载随着循环次

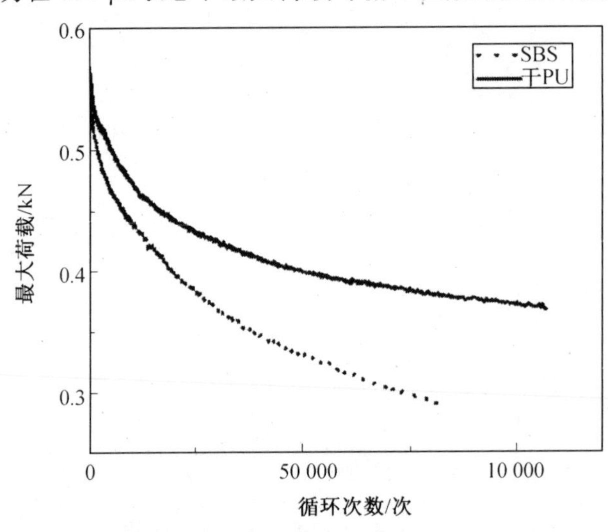

图 8.18　800 με 下混合料最大荷载与循环次数的关系

数的增多而减小，因为在应变的控制模式下，在最开始的情况下达到规定的应变需要的荷载较多，随着循环次数的增加小梁受到了部分破坏，达到相同的应变时则需要的最大荷载降低，所以如图 8.18 所示，在其他相同应变下，最大荷载仍是随着疲劳次数的增加而降低的，聚氨酯改性沥青混合料的最大荷载高于 SBS 改性沥青的最大荷载。

图 8.19 所示为在不同应变下疲劳次数与挠度的关系。如图所示，在不同应变下不同混合料的挠度基本不变，但是在相同应变下聚氨酯改性沥青混合料的挠度大于 SBS 改性沥青混合料的挠度，说明聚氨酯改性沥青混合料在相同的环境下有较好的变形能力。

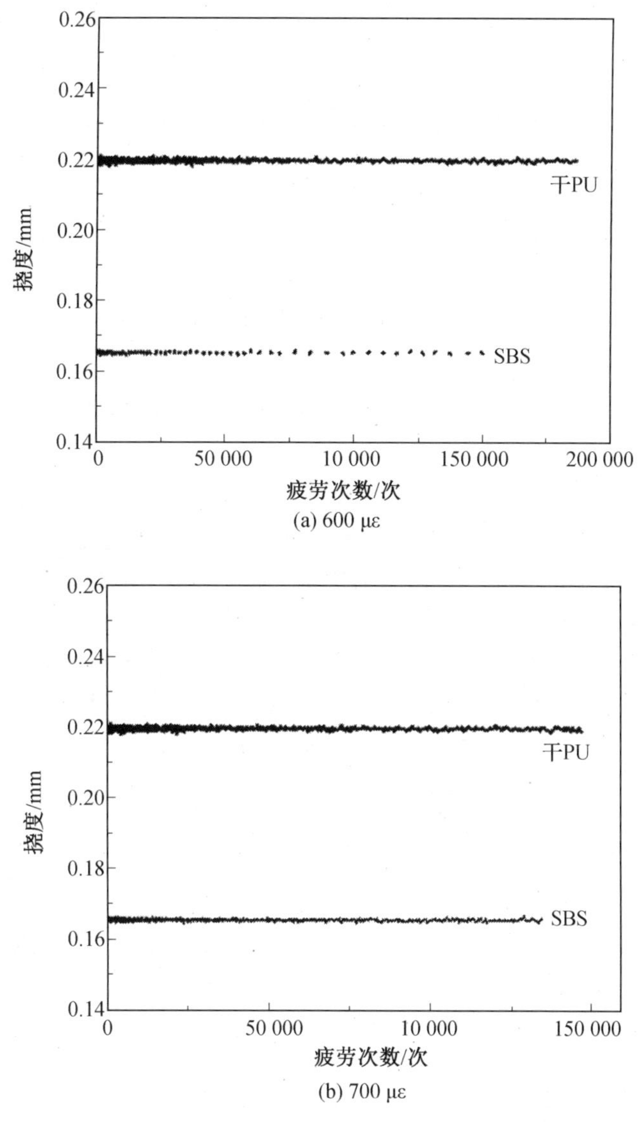

(a) 600 με

(b) 700 με

图 8.19　不同应变水平下疲劳次数与挠度的关系

8.3.4　实体工程情况

1. 工程概况

平利至镇坪(陕渝界)高速公路是国家高速公路联络线 G6911 安来高速的重要组成路段。该路段采用双向四车道高速公路标准建设,设计车速 80 km/h,起点位于平利县城关镇龙古村,于筒车坝附近进入省界鸡心岭隧道至重庆境,与重庆市规划的重庆巫溪至陕西镇坪高速公路(重庆段)相接,路线全长约 85.884 km。项目位于安康市平利县境内。平利县属亚热带湿润季风气候区。七月气温较高,极端最高气温 40.2 ℃,本章试验项目所在地全年平均气温 10～15 ℃,极端低温－13.9～－14.5 ℃,极端高温 37.1～39.8 ℃,

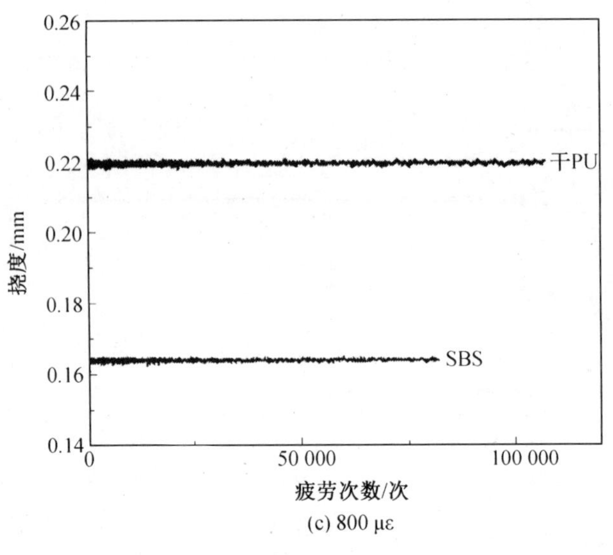

(c) 800 με

续图 8.19

属 1～3 区。全年积温 4 248 ℃，太阳总辐射量 443.24 kJ，日照时数 1 736.6 h。年降水量较大，本项目所在地年降雨量在 450～1 200 mm 之间，属于湿润区(2 区)。路面工程主要包括主线和立交路面路、服务区、收费广场路面、收费通道、沥青现场改性、路面排水及桥梁伸缩缝等工程。路面工程各结构层设计见表 8.8。

表 8.8 主线路面结构层与材料

层次	厚度/cm	结构类型	胶结材料
上面层	4	AC－13	SBS 改性沥青
黏层	—	—	SBR 改性乳化沥青
中面层	6	AC－20	SBS 改性沥青
黏层	—	—	SBR 改性乳化沥青
下面层	10	ATB－30	A－70＃沥青
同步碎石封层	1～1.5(不计厚度)	—	SBS 改性沥青
透层	0.5(透入)	—	高渗透乳化沥青
基层	36	水泥稳定碎石	—
底基层	18	水泥稳定碎石	—

桥隧比例高是平利至镇坪(陕渝界)高速公路的一大特点，桥隧总比例超过 80%。桥梁方面，由于钢混组合梁桥具有强度高、刚度大、延性好的优点，可以避免受拉开裂及失稳的问题，同时钢混组合梁与预制 T 梁、预制小箱梁相比经济造价低、结构自重轻、抗震性能好且有利于控制工程质量，所以平镇高速公路全线主线桥所设置的 7 座钢结构桥梁(四方石沟大桥、张家院子大桥、白土岭大桥、友谊村大桥、七坪村大桥、神州湾大桥和锦鸡洞大桥)均采用了钢混组合梁桥型。然而，钢混组合梁桥在陕西地区是一种新桥型，可借鉴的经验较少，与之相关的材料需要专门研究；而且，这种桥型的一个重要特点是荷载作用下挠度较大。计算表明，对于平利至镇坪高速公路上的 3 m×40 m 结构连续梁，采用钢混组合梁与预应力箱梁相比，边跨和中跨的挠度均增加了约 54%。所以钢混组合梁桥对

桥面铺装用的沥青混合料的性能(尤其是抗变形能力)提出了更高的要求。

桥面面层相对于普通的沥青面层受力更为复杂,环境影响因素较大,对于桥面层压实,为防止桥面出现病害,一般不采用大型振动压路机压实。现有的铺装技术各有优缺点,对施工要求较高而且抗变形能力较差。目前的防水黏结层由于材料本身的原因,或者由于设计和施工的原因,黏结能力不能满足要求。平镇高速是陕西省高速公路网在陕南地区的重要组成部分,该地区夏季降雨丰富、日照强烈,这种气候条件下对路面铺装材料提出了较高的要求,需要有较好的高温稳定性和水稳定性。

2. 试验段铺筑工艺

由于聚氨酯改性沥青混合料具有优越的变形能力,钢混组合梁桥变形较高,所以将试验段应用于钢混组合梁桥,试验段铺筑距离为 150 m,铺筑位置位于平镇高速七坪村大桥左幅。以下为施工流程及注意事项。

(1)施工工艺流程。

桥面处理、凿毛、清理 → 喷洒黏层油 → 均匀撒布碎石 → 碾压 → 封闭养生

(2)桥面处理。

桥面的处理原则应该使工作面保证清洁、无污染的特点。清扫的范围应大于喷洒黏结料的范围;为保证施工质量及工期要求,桥面处理应提前完成。在检查合格后方可施工。

(3)黏层油施工及撒布方式。

黏层施工:黏层油采用 SBR 改性乳化沥青,黏层油的洒布量为 0.4 kg/m^2,通过现场检测,其质量和外观均较好。

撒布方式:①采用智能撒布车辆进行撒布;②采用人工涂刷进行撒布。

(4)碎石撒布及碾压。

防水黏结层撒布完成后,在正午日光下照射 2 h 左右,使之固化,然后用碎石撒布车均匀撒布单一粒径的碎石,沥青的用量以刚好裹覆集料、撒布后不粘轮为标准。撒布过程中车辆不能进入到未撒布碎石区域,撒布过程中需要工人对不均匀地区进行处理,以保证撒布均匀。撒布完成后,采用轻型胶轮压路机进行碾压,每次碾压重叠 1/3 轮宽,两侧碾压到边,确保压实度,碾压顺序为先两边后中间。

(5)养护。

在聚氨酯改性沥青混凝土铺筑之前,任何车辆和个人都不能进入已洒好的沥青黏结层的区域,养护 24 h 以上再进行铺装层的施工。

3. 面层铺装工艺

(1)上面层施工前准备。

首先需要进行摊铺之前的准备以及材料的性能检查。改性剂材料准备:聚氨酯预聚体、MOCA、稀释剂。准备过程主要为:①购买原材料并对所购买的材料进行性能检验及查看相关合格证书;②对改性剂材料进行分装,分装质量根据聚氨酯改性沥青混合料中聚氨酯体系的比例进行称量并用聚乙烯塑料进行分装;③将分装好的改性材料搬运至拌和楼投料口旁边的平台处,平台必须保证平整,否则塑料袋破损材料流出会影响到聚氨酯体

系的掺量。

在试验路段铺设前的准备：

①确定拌和工艺、相关参数和产量；

②验证混合料配合比设计；

③检验机械设备运转情况；

④检验各个工艺流程；

⑤确定施工参数；

⑥检查料仓是否均衡，如不满足调整料仓比例。

在 AC－13 聚氨酯改性沥青上面层施工铺筑前，应已完成黏层施工，并对中面层表面应进行彻底清扫，喷洒区附近的结构物应加以防护，以免溅上沥青受到污染，在洒布黏层油之前，应预热并疏通油嘴，保证黏层油洒布的均匀性。

(2)AC－13 聚氨酯改性沥青混合料的拌和。

在拌和过程中保温温度、拌和时间以及运输均影响着混合料的质量与施工效率，试验表明沥青与集料的加热及拌和温度见表 8.9。

表 8.9　沥青与集料的加热及拌和温度

序号	工序	温度/℃	测量部位
1	沥青加热温度	140～155	沥青加热罐
2	集料加热温度	170～180	热料提升机
3	混合料出厂温度	160～170	运料车
4	混合料出厂废弃温度	高于 195 或低于 150	运料车
5	摊铺温度	不低于 150	摊铺机
6	碾压开始温度	不低于 150	摊铺层内部
7	碾压终了温度	不低于 100	碾压层表面
8	开放交通	不高于 50	路表温度

拌和时间与改性沥青的拌和时间相似，AC－13 聚氨酯改性沥青混合料的拌和时间应以混合料拌和均匀、所有集料颗粒全部裹覆沥青为标准。经试拌确定：试验段干拌时间为 5 s，湿拌时间为 45 s。在拌和过程中需要人力的密切配合，因为采用的是干拌的方法，所以改性剂需要人工的投入，投入过程需要时间的确定。因为沥青是直接被泵送到拌和楼内的，而改性剂在拌和楼外，需要通过投料口投入到拌和楼内，两者最佳的搅拌方式为共同加入。工人投料过程如图 8.20 所示。

聚氨酯改性沥青混合料的运输也影响着混合料的性能，在室内试验中，利用保温时间模拟混合料在运输过程中的状态，在实际工程中应满足以下要求：

①采用 25 t 以上的运料车装料前，车周壁及底板涂抹一层食用油水混合物，在装料过程中为减少离析应尽量“品字型”装车。

②运料车的车厢侧面以及装料完成后都应进行保温。

③料车出厂前应检测混合料出厂温度，并取样进行试验。

图 8.20　工人通过投料口投料

④采用数字显示插入式热电偶温度计检测混合料运至现场的温度。

⑤开始摊铺时，摊铺机前等候卸料的运输车不少于 5 辆。

装车、卸料过程如图 8.21 和图 8.22 所示。

图 8.21　车辆在出料口等待

图 8.22　车辆卸料过程

(3)聚氨酯改性沥青混合料摊铺及压实。

①摊铺。试验段采用一台中大 DT2000 型摊铺机单机摊铺，摊铺宽度 11.25 m，摊铺速度控制为 2.0～2.5 m/min，匀速前进。料车卸料过程中应缓慢匀速与摊铺机速度一致。

②确定松铺系数。试验段松铺系数为 1.18。

③桥面 AC－13 混合料的注意事项及压实方案。

注意事项：

a. 为确保桥面沥青铺装层的压实度和防水效果，摊铺速度按 1.5～1.8 m/min 控制。

b. 桥面沥青铺装层中面层施工，应按设计做好桥面碎石盲沟的预留，以保证桥面排水系统的完善。桥面排水盲沟处须支立模板，控制线形。

c. 对于平整度差的桥面铺装层，中面层施工时必须采用“挂钢丝”法引导高程，提高平整度。

d. 因桥面凌空，混合料温度散失较快，混合料摊铺温度适当比路基段提高 5～10 ℃，碾压时应紧跟摊铺机，应在最短时间内碾压密实。

e. 桥面铺筑的压实应采用振荡压路机、振动压路机与胶轮压路机组合碾压，如图8.23所示。

图 8.23　试验路碾压

压实方案：

桥面沥青混合料铺装压实时，采用振荡压路机，并根据混合料种类、温度和层厚选用适宜的振动频率和振幅，具体频率和振幅应在试验段上确定。碾压边部时，为避免对桥面混凝土护栏的碰撞，尽量采用小型压实设备，增加碾压遍数，确保边部密实。严禁多台压路机在同一断面碾压，防止"共振"。桥面铺装层施工时，严禁运输车辆在桥面调头。除非特殊情况，应尽可能避免紧急制动，以避免破坏桥面防水层。桥梁标高较高的一侧，中面层顶面层边部 20 cm 宽涂刷热沥青，防止边部碾压不密实导致渗水。碾压后的路面情况如图 8.24 所示。

图 8.24　碾压后的路面情况

(4)试验路检验。

在铺筑试验路时，取出拌和站拌好的聚氨酯改性沥青混合料进行了性能验证，通过马歇尔试验验证混合料稳定度、流值等，通过车辙板验证混合料的高温稳定性，验证数据见表 8.10。

表 8.10　路用性能检测结果

检测项目	试验结果	规范值/%
残留稳定度/%	94.2	≥85
冻融劈裂/%	93.0	≥85
动稳定度/(次 · mm^{-1})	7 096	≥2 400

对于已铺筑完成的试验段，除了测试基本的路用性能外还需要对试验段的平整度进行检测。平整度检测采用连续式平整度仪（八轮仪），如图 8.25 所示。分别对每个车道进行检测，检测结果符合项目≤0.8 mm 要求；对于路面的厚度、渗水、构造深度需要检测，检测数据见表 8.11。

图 8.25　连续式平整度仪

表 8.11　试验段检测数据

检测项目		检测结果	要求值
厚度/cm		4.1	4.0
压实度	马氏密度/%	98.8	≥98
	理论密度/%	94.8	≥94
构造深度/mm		1.0	≥0.6
平整度/mm		0.62	≤0.8
渗水/(mL · min^{-1})		57	≤100

检测结果显示，试验路的路用性能良好，对于构造深度、平整度、渗水等均满足规范要求。在通车一段时间后桥面仍运行良好，通车后桥面情况如图 8.26 所示。

图 8.26　通车后桥面情况

8.4 本章小结

8.4.1 主要结论

本章对比了不同工艺下聚氨酯改性沥青混合料的性能，在原材料相同的条件下，根据参考文献以及试验数据确定出不同工艺下聚氨酯改性沥青混合料中聚氨酯体系的掺量。得到的主要结论如下：

(1)通过控制变量法改变影响混合料稳定度的因素，如温度、改性剂的掺量、添加顺序等，初选出较好的聚氨酯体系掺量。

(2)通过对室内干拌法的操作过程及试验条件，确定出适合聚氨酯改性沥青混合料的施工工艺，从施工前的准备到混合料拌和、运输、摊铺、碾压等具体事项进行研究，使得制备的聚氨酯改性沥青混合料具有较好的路用性能。

(3)通过对拌和后的沥青混合料进行室内试验，验证混合料路用性能，通过数据分析，干拌工艺下的聚氨酯改性沥青混合料符合改性沥青的施工标准。

8.4.2 建议

本章通过研究不同工艺下聚氨酯改性沥青混合料的性能，确定干拌方法下聚氨酯改性沥青混合料具有较好的路用性能以及较好的挠度变形，适用于低温地区以及路面跨中挠度变形大的地方，本论文通过不同试验得出一定结论，但进一步总结考虑，仍有如下建议：

(1)混合料在工程运用中应改变投料的方式，会节省时间成本、提高效率，并且有助于提高混合料的性能。

(2)应加大对聚氨酯改性沥青混合料的研究和应用，出台相应的标准规范，提高聚氨酯改性沥青混合料的推广。

本章参考文献

[1] 乔银萍. 水性环氧一乳化沥青混合料路用性能研究[D]. 重庆：重庆交通大学，2017.
[2] 仝玎朔. 聚氨酯弹性材料组成设计及路用性能研究[D]. 西安：长安大学，2018.
[3] SAEEDI A. Gussasphalt in urban road construction[J]. Bitumen，1968，30(4)：89.
[4] 夏磊. 聚氨酯改性沥青的性能研究[D]. 青岛：中国石油大学(华东)，2016.
[5] 班孝义. 聚氨酯(PU)改性沥青的制备与性能研究[D]. 西安：长安大学，2017.
[6] 汪水银. 干拌橡胶沥青混合料抗剪能力试验分析[J]. 公路，2010(3)：134-140.
[7] 赵多能. 聚氨酯一环氧树脂改性沥青制备及性能研究[D]. 西安：长安大学，2018.
[8] 郑彦，王文忠. 聚氨酯树脂及其应用[J]. 化学教育，2003(4)：3-5，10.
[9] 张昊，吴世超，盛基泰，等. 道路沥青用复合聚氨酯改性剂：CN102464892A[P]. 2012-05-23.

[10] ZHANG Zengping, SUN Jia, HUANG Zhigang, et al. A laboratory study of epoxy/polyurethane modified asphalt binders and mixtures suitable for flexible bridge deck pavement[J]. Construction and Building Materials, 2021, 274, 122084.

[11] 田洋. 橡胶沥青混合料应用技术研究[D]. 兰州：兰州理工大学，2019.

[12] 阳佳丁. 佛山地区钢桥面铺装材料的对比设计与实验研究[D]. 广州：华南理工大学，2018.

[13] 方滢，谢玮珺，杨建华. 聚氨酯预聚物改性沥青的制备及其流变行为[J]. 功能材料，2019，50(6)：6197-6205.

[14] 朱永彪. 适用于桥面铺装沥青混合料及黏结层的聚氨酯(PU)改性沥青研究[D]. 西安：长安大学，2019.

[15] 祁冰. 适用于桥面铺装的聚氨酯(PU)改性沥青及混合料性能研究[D]. 西安：长安大学，2018.

[16] 李夏. 道路用聚氨酯改性沥青的制备工艺探讨[J]. 云南化工，2019，46(6)：162-163.

[17] 王朝辉，范巧娟，李彦伟，等. 拌和工艺对低碳多功能改性沥青混合料路用性能影响研究[J]. 中外公路，2016，36(6)：234-238.

[18] 许明娟. 废旧塑料橡胶复合改性沥青应用技术研究[D]. 南京：东南大学，2015.

[19] 杨盼盼. 玄武岩纤维沥青混合料高温及疲劳性能试验研究[D]. 扬州：扬州大学，2019.

[20] 徐宁. 湿法和干法 SBS 改性沥青混合料路用性能及改性机理对比研究[D]. 西安：长安大学，2019.

第 9 章 基于分子动力学对聚氨酯改性沥青性能的研究

9.1 背景及研究现状

分子动力学(Molecular Dynamics,MD)是建立在试验基础上,利用计算机对真实分子物质系统进行分子行为模拟的方法,利用分子模拟可以轻松获取许多通过试验无法获取的数据。分子动力学自 1957 年起发展至今,已受到材料、溶液、表面、生化、药物等方面研究的青睐。其作为精度较高的微观模拟方法之一,可以从分子层面探究材料的宏观物理性能。分子动力学利用计算机进行计算,在节省时间和避免材料浪费的同时,还可以增进对问题的理解、深入探究材料性能提高的原理。

随着模拟软件的成熟和计算机配置的发展,国内外学者争先将该方法应用于沥青性能的探究方面。沥青分子种类大约为 10^6,建立一种完全符合实际沥青的模型是不可能的。研究者通过测算沥青各组分分子的平均分子式,使之根据实际质量比随机组装形成基本分子结构模型。沥青模型建立经历了由单组分到三组分,再到四组分的演变过程,越来越接近真实沥青状态。美国罗德岛大学 Greenfild 课题组对沥青四组分模型进行深入探究,修正沥青模型,形成了较权威的沥青四组分分子模型,开辟了沥青模型新时代,为后续研究奠定了良好的基础。

聚氨酯作为性能优异的高分子材料之一,在改性沥青的制备、路面裂缝的修补、功能性道路铺筑等方面具有广阔的发展前景。目前,国内外关于聚氨酯改性沥青的改性机理研究,仍主要依赖傅里叶红外光谱仪、荧光显微镜、原子力显微镜等宏观试验,难以从根源上理解聚氨酯对沥青改性的机理。此外,尽管分子动力学对不同改性沥青开展了研究,但对于聚氨酯改性沥青性能研究方面报道很少。因此,有必要借助分子动力学模拟方法从分子层面揭示聚氨酯对沥青的改性机理。

本章基于分子动力学理论建立 PU 与沥青共混模型,模拟 PU 与沥青相容过程,以溶解度参数作为指标分析温度及掺量对 PU 改性沥青相容性的影响。通过模拟计算不同掺量下 PU 改性沥青共混模型的剪切模量、体积模量、弹性模量,量化 PU 掺量对 PU 改性沥青在高温状态下力学性能的影响。利用径向分布曲线、自由体积等表征 PU 改性剂对沥青分子微观变化的影响,揭示 PU 对沥青的改性机理,并且利用相关试验对模拟结果加以验证。

9.2　材料制备及模型构建

9.2.1　原材料及聚氨酯改性沥青制备

本章所采用的基质沥青为京博70#沥青；异氰酸酯为购于巴斯夫聚氨酯（中国）有限公司的二苯基甲烷二异氰酸酯（MDI）；多元醇为山东蓝星东大化学工业公司所生产的聚氧化丙烯多元醇（DL2000）；扩链剂为天津中和盛泰化工有限公司生产的1，4-丁二醇（BDO）。

为简化制备工艺，本章采用原位聚合法制备PU改性沥青，具体工艺如下：

（1）将定量的沥青在105 ℃条件下剪切20 min，以便与PU发生共混改性。

（2）在剪切后的基质沥青中加入MDI，剪切搅拌10 min。

（3）向沥青中缓慢滴加DL2000，剪切搅拌30 min，保证多元醇与异氰酸酯共混均匀。

（4）将扩链剂1，4-丁二醇加入沥青中，并剪切1.5 h。

（5）将制备好的PU改性沥青放入100 ℃烘箱中养护2 h，确保改性沥青充分改性。

9.2.2　沥青模型构建

参照已有的沥青模型相关研究，选择美国战略公路研究计划AAA－1体系构建沥青模型，模型确定了沥青四组分（沥青质、芳香分、饱和分、胶质）代表分子，总共包含12种分子，各组分代表分子结构如图9.1～9.4所示。

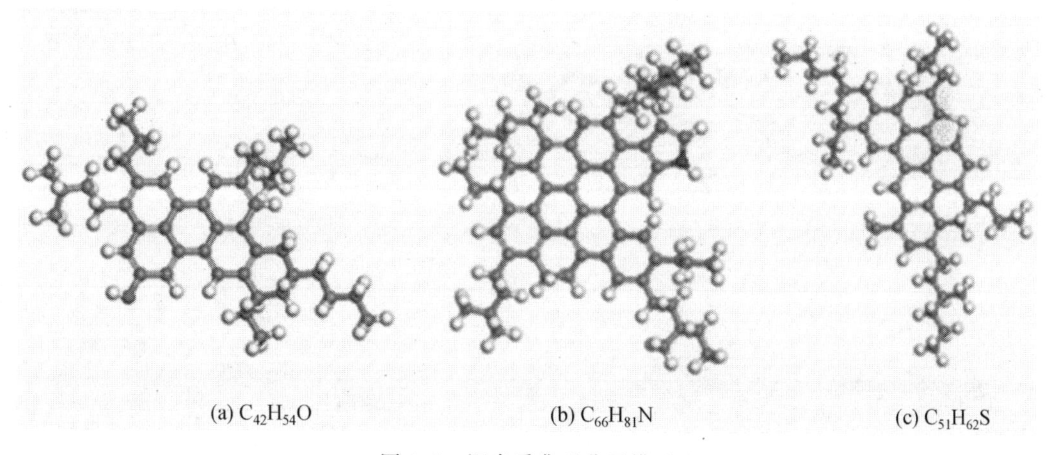

(a) $C_{42}H_{54}O$　(b) $C_{66}H_{81}N$　(c) $C_{51}H_{62}S$

图9.1　沥青质典型分子模型

根据实际沥青元素分析及各组分质量分数适配，确定12种分子质量分数及分子个数，各分子信息见表9.1。利用Material Studio 8.0软件中Amorphous Cell模块构建沥青分子模型。组装后的沥青晶胞模型如图9.5所示。

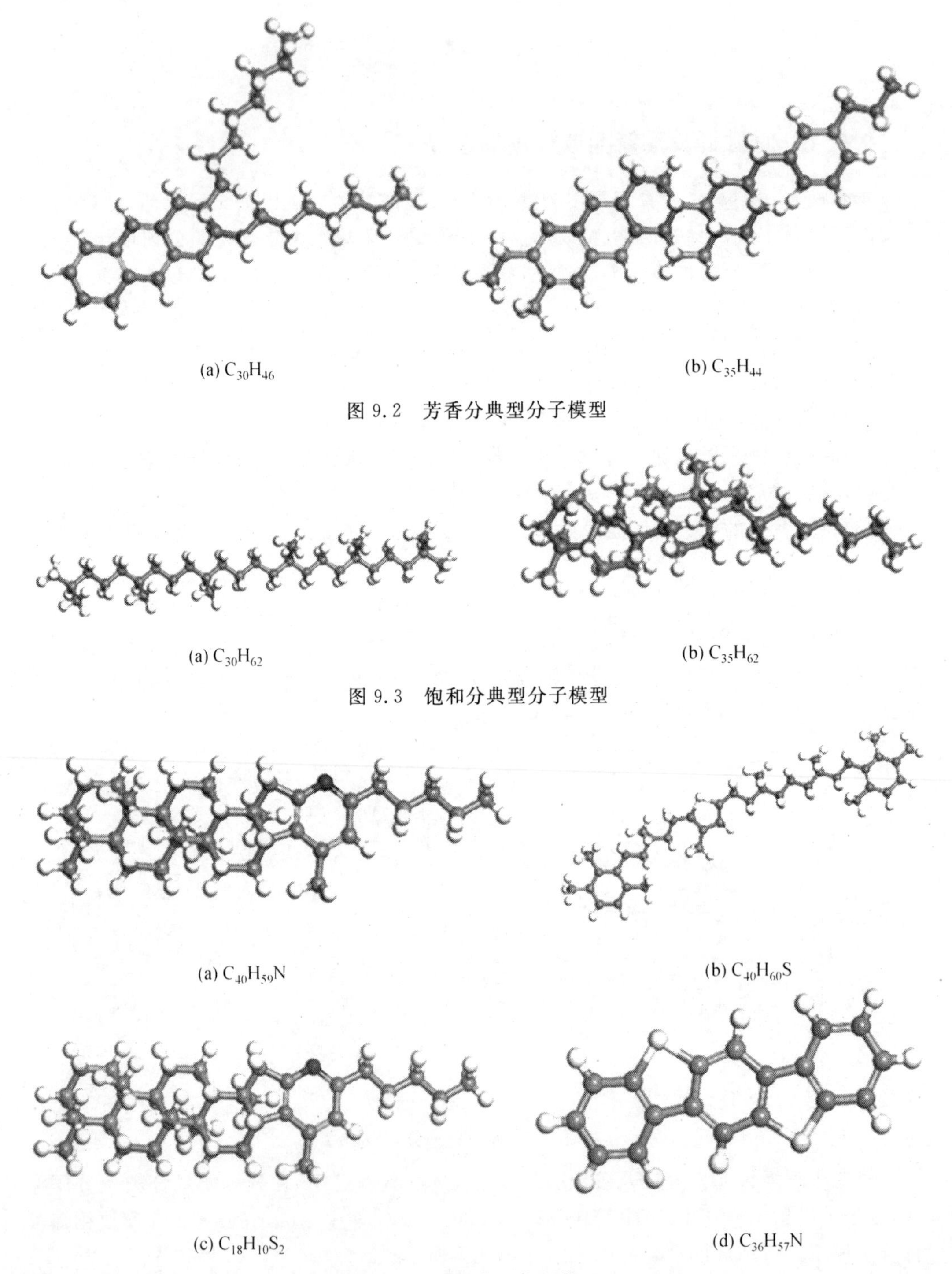

图 9.2 芳香分典型分子模型

图 9.3 饱和分典型分子模型

图 9.4 胶质典型分子模型

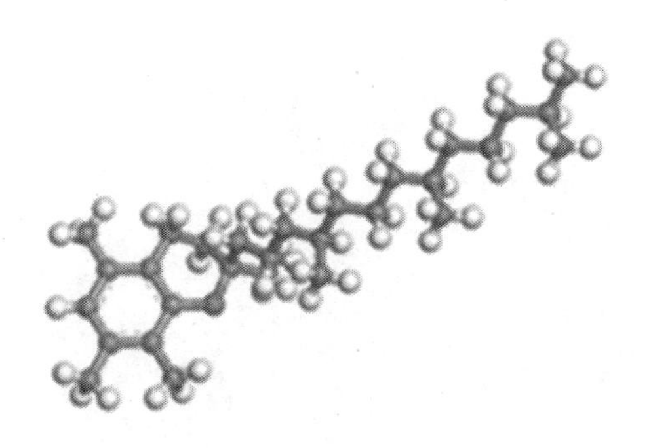

(e) $C_{29}H_{50}O$

续图 9.4

表 9.1　沥青分子模型四组分分子配比

组分名称	编号	化学式	质量分数/%	分子量	分子个数
沥青质	A	$C_{42}H_{54}O$	5.3	575	3
	B	$C_{66}H_{81}N$	5.5	888.5	2
	C	$C_{51}H_{62}S$	6.5	707.2	3
芳香分	A	$C_{35}H_{44}$	15.7	464.8	11
	B	$C_{30}H_{46}$	16.2	406.8	13
饱和分	A	$C_{30}H_{62}$	5.2	422.9	4
	B	$C_{35}H_{62}$	5.9	483	4
胶质	A	$C_{40}H_{59}N$	6.8	554	4
	B	$C_{40}H_{60}S$	7.0	573.1	4
	C	$C_{18}H_{10}S_2$	13.4	290.4	15
	D	$C_{36}H_{57}N$	6.2	504	4
	E	$C_{29}H_{50}O$	6.4	414.8	5

9.2.3　基质沥青模型合理性验证

径向分布函数($g(r)$)是指体系在参考粒子处区域密度与体系平均密度之比，反映体系内分子聚集程度大小及体系内部的微观结构。因此，通过径向分布曲线对基质沥青模型合理性进行验证。基质沥青模型径向分布函数如图 9.6 所示。

如图所示，当 r 在 2～8 Å(1 Å=0.1 nm)区间范围内，分子内径向分布函数数值逐渐增加，最终在 $r=8$ 附近趋于稳定。当 $r \geqslant 4$ Å 时，分子内径向分布函数数值均大于0.9。这表明，本章所构建的基质沥青晶胞模型的分子间相互作用主要在 $r=8$ Å 范围内。通常情况下，氢键的距离范围在 0.26～0.31 nm，范德瓦耳斯力较强区间为 0.31～0.50 nm。因此，本章基质沥青晶胞模型的分子间作用力主要为氢键和范德瓦耳斯力，这与实际沥青相符。进一步观察分子间径向分布函数 $g(r)$ 曲线可知，当 r 在 0～4 范围内时，分子间径向

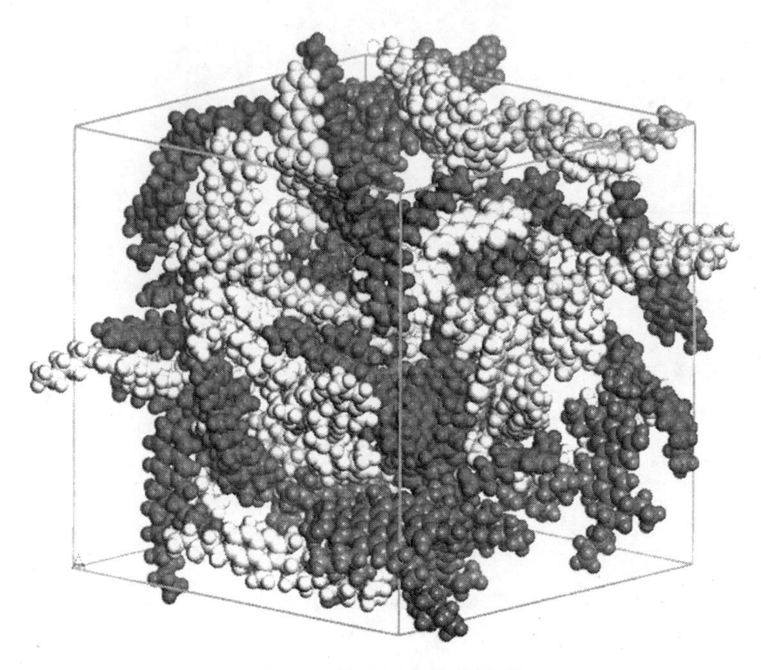

图 9.5 基质沥青晶胞模型

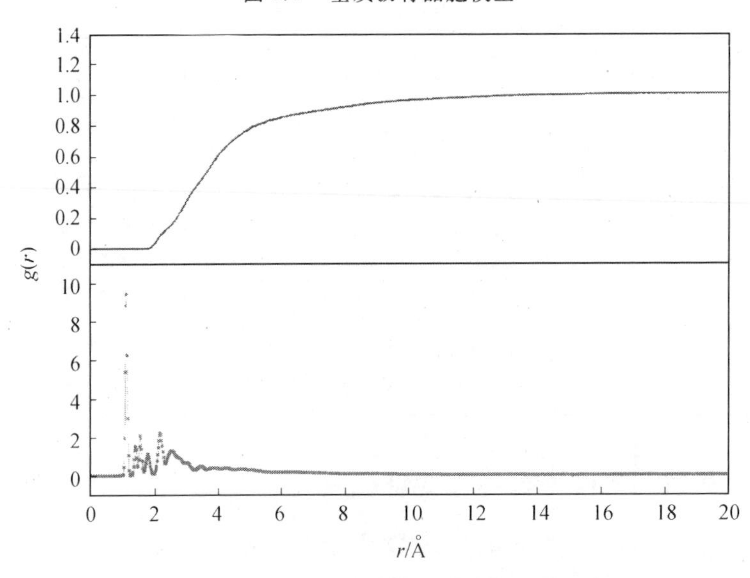

图 9.6 基质沥青模型径向分布函数

分布函数出现多个峰值，当 $r \geqslant 4$ Å 时，分子间径向分布函数逐渐接近于 0。这表明，本章所构建的基质沥青晶胞模型为一种近程有序、远程无序的非晶态结构，与实际沥青微观结构相吻合。

9.2.4 聚氨酯模型构建

依照原材料 MDI 及 DL2000 介绍构建 PU 模型(以下简称 DL－PU)。采用 Material Studio 8.0 建立 PU 重复单元的球棍模型，如图 9.7 所示。

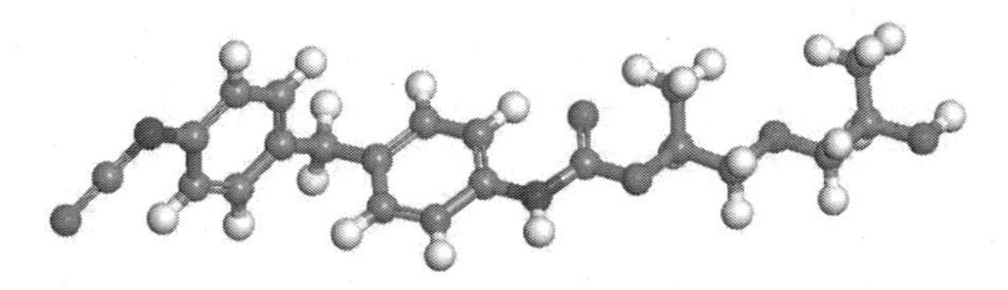

图 9.7　PU 重复单元球棍模型

在聚合物模型构建过程中，首先考虑聚合度(n)的选择。聚合度的选择应充分考虑如下两点因素：①可充分反映聚合物本身的特性；②模拟试验中的计算量。通常情况下，聚合度越高越可充分反映聚合物自身的特性，但相应的计算量也会因此提高，对计算机性能要求也更加苛刻。确定聚合物分子模型中聚合度最佳的方法就是计算聚合物在各类聚合度下的溶解度参数。当溶解度参数不随聚合度发生显著变化时，认为聚合物分子已达到最佳聚合度。使用 Material Studio 8.0 软件建立 15 种不同聚合度 PU 分子模型。利用 Material Studio 8.0 软件中的 Cohesive Energy Density 功能对 DL－PU 分子模型进行溶解度参数的求解，结果如图 9.8 所示。

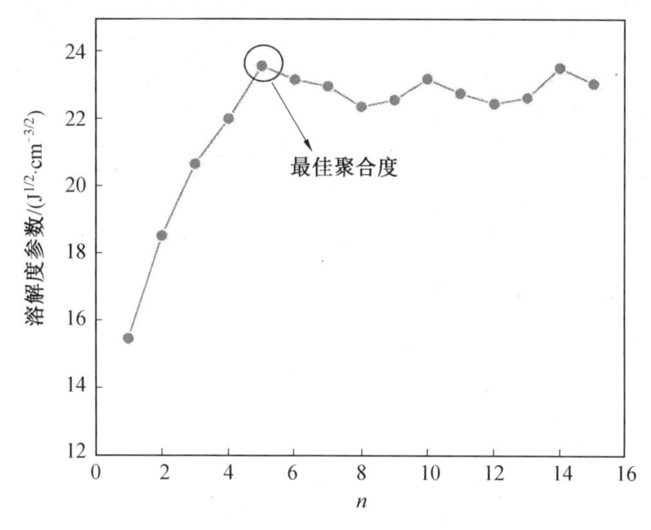

图 9.8　不同聚合度 PU 模型的溶解度参数

由图可知，PU 聚合物的溶解度参数在 $n=5$ 之前处于快速上升阶段；在 $n=5$ 之后在 22～24 $J^{1/2}/cm^{3/2}$ 之间波动，基本处于稳定状态。这表明 DL－PU 分子模型最佳聚合度为 5，因此本章选择 DL－PU 单链的聚合度为 5。使用 Material Studio 8.0 软件中的 Building Polymers 功能建立聚合度为 5 的 PU 单链，选择取向为 Head－to－Tail，扭转设置为 Random，立构规整度设置为 Isotactic，链长设置为 5。PU 单链模型如图 9.9 所示。

9.2.5　聚氨酯－沥青共混模型构建

利用 Material Studio 8.0 软件中的 Amorphous Cell 模块构建 PU 改性沥青模型。力场、系综及动态模拟恒温器分别设置为 COMPAASS、NPT 和 Nose。构建 PU 改性剂掺量为 5%、10%、15%和 20%，所构建的 PU 改性沥青晶胞模型如图 9.10 所示。

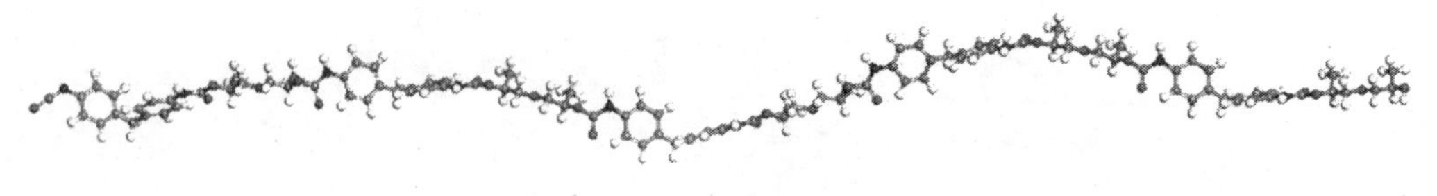

图 9.9 PU 单链模型

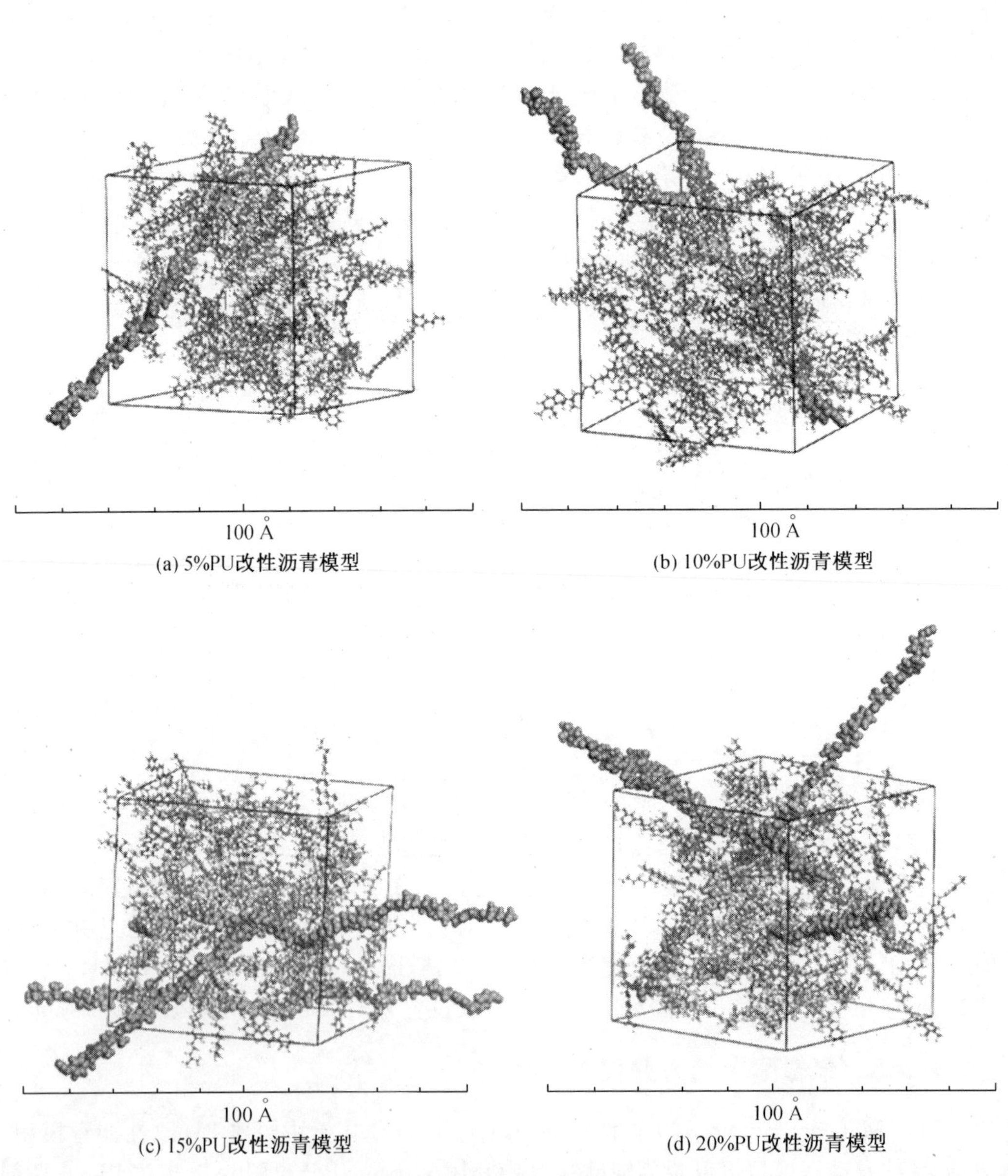

图 9.10 PU 改性沥青晶胞模型

9.2.6　模拟方法

（1）几何优化：由于沥青体系较为庞大，因此在进行分子动力学模拟前应先对沥青模型进行结构优化，查找局部最佳能量点。利用 Materials Studio 8.0 中的 Fortite 模块，进行 Geometry Optimization 运算，设置迭代步数为 200 ps。

（2）退火处理：通过退火处理后，沥青分子链发生松弛，晶胞体积减小、密度增加、消除局部能量最低点，更接近真实沥青分子状况。使用 Forcite 模块对沥青分子晶胞模型进行退火处理。选择系综为 NPT 系综，设置温度为 300～500 K，模型循环次数为 5 次，每次退火设置步数为 50 步，共计 2 500 步。

（3）动力学平衡：只有当模拟体系达到平衡状态时，对体系进行计算才有意义。首先，利用 Forcite 模块对沥青模型进行第一次分子动力学平衡计算，系综为 NPT，设置温度为 298 K，压力为标准大气压，力场采用 COMPASS，设置步数为 200 ps。之后，对沥青模型进行第二次分子动力学平衡计算，系综为 NVT，设置步数为 50 ps。以 5%PU 改性沥青为例，晶胞模型平衡过程尺寸变化如图 9.11 所示。

（4）分子动力学模拟：在此基础上，使用 Forcite 模块对各沥青体系的各指标进行计算和分析。

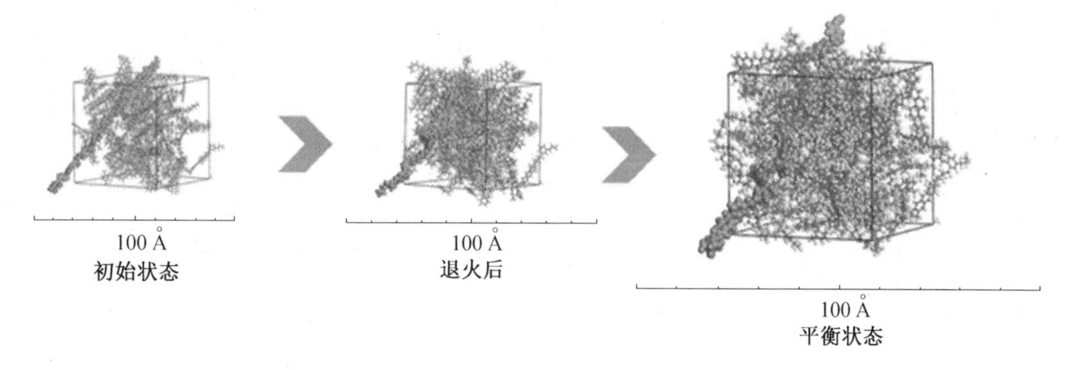

图 9.11　沥青模型平衡过程

9.2.7　模型平衡态判断

沥青模型构建后，由于其体系庞大，各分子间能量不稳定，如果直接进行分子动力学计算会导致计算结果不准确。因此，只有当模拟体系达到平衡状态时，对体系进行计算才有意义。当体系温度、密度和势能等参数随时间变化幅度在 5%～10%时，便认为体系达到平衡态。沥青模型在分子动力平衡过程中的能量变化如图 9.12 所示。由图可知，不同掺量下的 PU 改性沥青共混模型在分子动力平衡计算后 10 ps 左右，能量趋于稳定，这表明所有 PU 改性沥青共混模型已达到平衡状态。

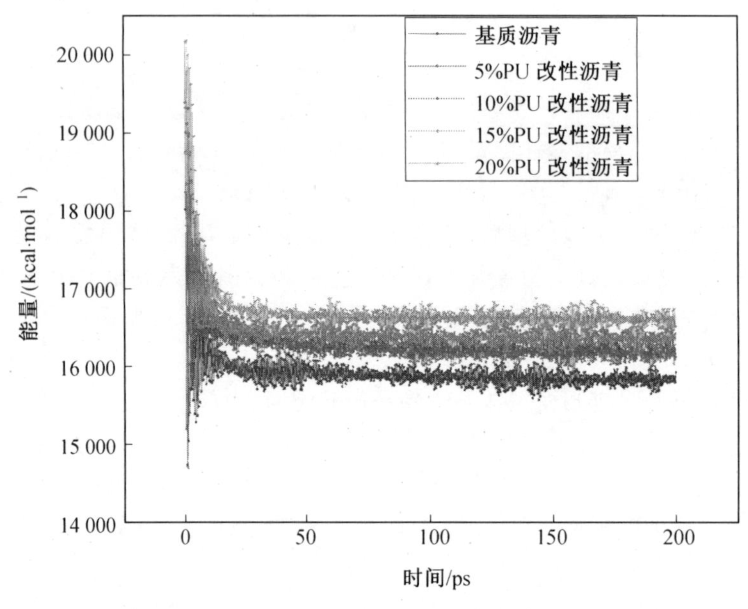

图 9.12　沥青分子动力平衡过程中能量变化曲线

(1 kcal＝4.186 8 kJ)

9.3　研究内容

9.3.1　聚氨酯改性沥青相容性分子动力学研究

聚合物改性沥青的宏观性能与其微观结构息息相关，聚合物改性材料的结构、掺量等因素影响着聚合物改性沥青的存储稳定性。本节采用分子动力学模拟分析 PU 微观结构对 PU 改性沥青相容性的影响。结合 PU 的结构、掺量及温度等，建立改性沥青宏、微观关系，揭示 PU 改性沥青微观结构对其相容性的影响机理。

9.3.2　温度对聚氨酯改性沥青相容性影响

溶解度参数(δ)法是用于表征物质分子间作用力大小的方法，是分析两组分共混物质相容性优异程度常用的方法之一。利用 Forcite 模块计算沥青及 PU 模型在 105 ℃、120 ℃、135 ℃、150 ℃、165 ℃下的溶解度参数，测算 PU 与沥青共混的最佳温度，模拟结果如图 9.13 所示。

由图 9.13 可知，在模拟温度下沥青分子模型 δ 随温度升高呈现减小的趋势，而 PU 分子链 δ 随温度升高呈现先减小后增大的趋势。溶解度参数为内聚能密度的平方根，两种物质溶解度差值($\Delta\delta$)越小，代表两者间相容效果越优异。当温度为 135 ℃时，沥青与 PU 分子之间 δ 最小。由此可预测在 135 ℃时沥青与 PU 分子两者所形成的共混体系处于最佳状态。

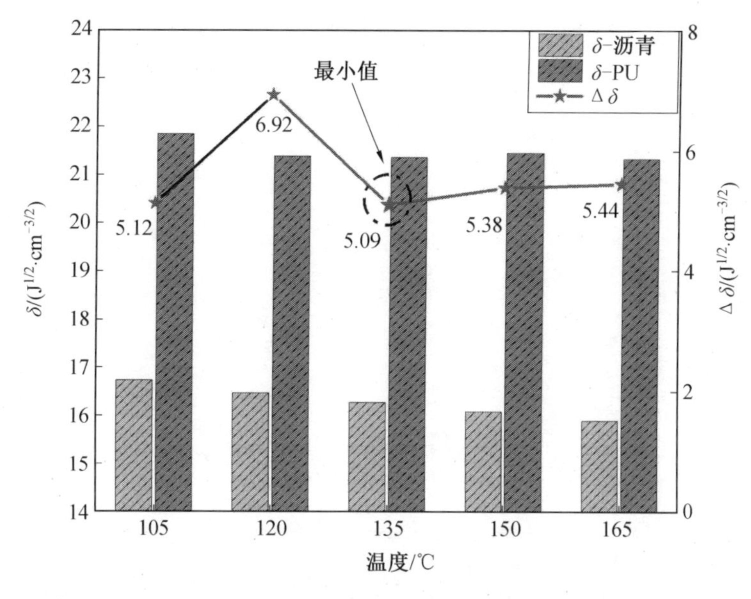

图 9.13　不同温度下的溶解度差值

9.3.3　聚氨酯掺量对改性沥青相容性影响

内聚能密度(Cohesive Energy Density,CED)则是指单位体积内的内聚能,用于评价分子间作用力大小。对于高聚物而言,内聚能则是指分子聚集在一起的能力,克服分子间作用力所需的能量值。在分子动力学研究中,可使用内聚能密度来表征沥青黏聚性能的优良性,内聚能密度越高,代表沥青内部分子之间的分离需要越多的能量,沥青结构越稳定、难以破坏。通过计算五种体系(基质沥青、5%PU 改性沥青、10%PU 改性沥青、15%PU 改性沥青、20%PU 改性沥青)内聚能密度,可判断 PU 改性沥青黏聚性能,进而判断 PU 与沥青的相容效果。模拟结果如图 9.14 所示。

由图 9.14 中可以看出,基质沥青 CED 模拟值为 $252.2\times10^6\ J/m^3$,PU 掺量为 5%、10%、15%及 20%时,CED 模拟值分别为 311.5×10^6、319.1×10^6、324.1×10^6、$325.3\times10^6\ J/m^3$)。随 PU 掺量增加,PU 改性沥青共混体系 CED 模拟值也随之增加。这表明 PU 填补了沥青分子之间的间隙,增强了沥青分子结构。当 PU 掺量为 15%时,PU 改性沥青 CED 增幅最大;继续添加 PU 掺量至 20%时,改善效果明显趋于缓慢,仅增加 $1.2\times10^6\ J/m^3$。因此,从提升改性沥青自身黏聚性及相容性效果上考虑,推荐 15%为 PU 改性沥青的最佳掺量。

9.3.4　聚氨酯改性沥青氢键作用

氢键通常是指电负性的原子上相连的氢原子与另一个电负性较大的原子之间所形成的相互作用力。氢键作为一种重要的分子间作用力,虽然弱于化学键,但仍强于范德瓦耳斯力。深入分析 PU 掺量对改性沥青体系分子间关联关系的影响,有利于深入理解 PU 掺量提升 PU 改性沥青相容性的根本原因。图 9.15 所示为不同掺量下 PU 与沥青各组分间所形成的氢键。

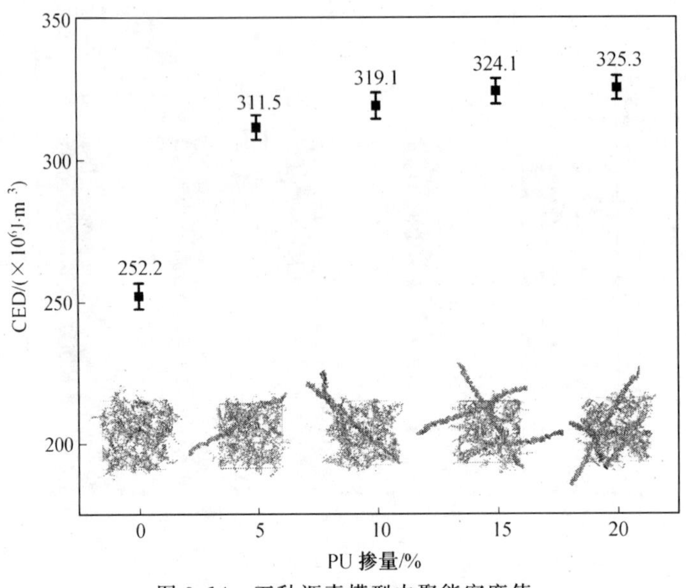

图 9.14　五种沥青模型内聚能密度值

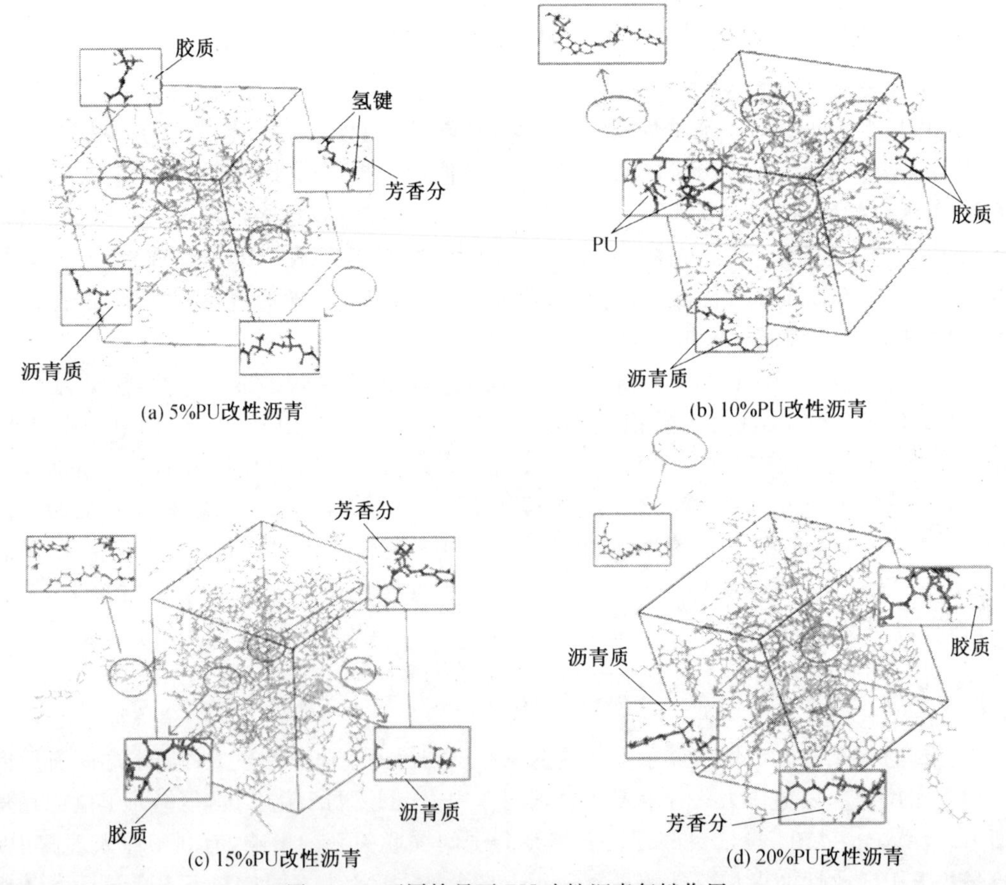

图 9.15　不同掺量下 PU 改性沥青氢键作用

从图中可以看出，PU分子链自身各类原子(如C、H、N)会产生部分氢键，如硬段中N原子与软段中O原子形成氢键。氢键有利于增强PU分子的结构强度，从而形成稳定的分子链段。PU分子还会同沥青质、饱和分、胶质和芳香分形成氢键，此类氢键有助于提升沥青与PU分子间相容性。沥青质分子量在沥青四组分中占比较大，且含有较多的多环结构，但沥青质中的C原子活性较低，不易与PU分子形成氢键。因此，PU分子多与沥青质中杂原子(如O、S、N)形成氢键。胶质与沥青质分子具备相同的杂原子，但与沥青质区别是，五种胶质分子中苯环相对分散，分子链细长，烷基支链上C原子具备较强的活性，可以同杂原子一样与PU分子间形成稳定的氢键作用。饱和分和芳香分作为轻质组分，体内并不包含任何杂原子。因此，PU分子只能与饱和分、芳香分中C原子和O原子形成氢键。研究表明分子间氢键可有效增强物质间的相容性。观察四种PU改性沥青氢键分布可发现，15%PU改性沥青内部氢键作用最多，且键长更短(2.2～2.5)，键能更强。在15%PU改性沥青晶胞模型中，PU与沥青质O原子形成氢键、与胶质烷基末端的C原子形成氢键、与芳香分侧链中C原子产生氢键。PU与沥青各组分间所形成的氢键，实现了PU与沥青分子的交联作用，增强了PU与沥青的相容性能。

9.4　聚氨酯改性沥青相容性试验

9.4.1　聚氨酯改性沥青常规性能测试

沥青三大指标可反应PU对沥青的改性效果，通过分析利用原位聚合法在不同温度(105 ℃、120 ℃、135 ℃、150 ℃、165 ℃)下所制备的PU改性沥青的三大指标，可判断温度对沥青性能的影响情况，并推测出最佳剪切温度。对基质沥青及5%PU改性沥青进行针入度、软化点、延度试验，结果如图9.16～9.18所示。

由图9.16～9.18可知：

(1)在任一温度下制备的PU改性沥青的针入度均大于基质沥青的，且随着剪切温度的升高呈增大趋势。

(2)软化点随剪切温度的升高呈先增加后减小的变化趋势，在剪切温度为135 ℃时软化点达到最大值。同时可发现，只有在135 ℃时，PU改性沥青的软化点才高于基质沥青的。

(3)延度变化趋势与软化点变化趋势一致，且PU的掺入大幅度提高了沥青的延度。在不同剪切温度下制备的5%PU改性沥青延度分别比基质沥青提升了91.8%、92.2%、92.6%、92.3%、92.3%，在剪切温度为135 ℃时提升效果最显著。这表明剪切温度为135 ℃时所制备的PU改性沥青具备更优异的低温性能。

综合分析，五种不同剪切温度下制备的PU改性沥青相对比，135 ℃时制备的PU改性沥青的软化点和延度大于基质沥青的，说明此剪切温度下制备的PU改性沥青相容性优异。

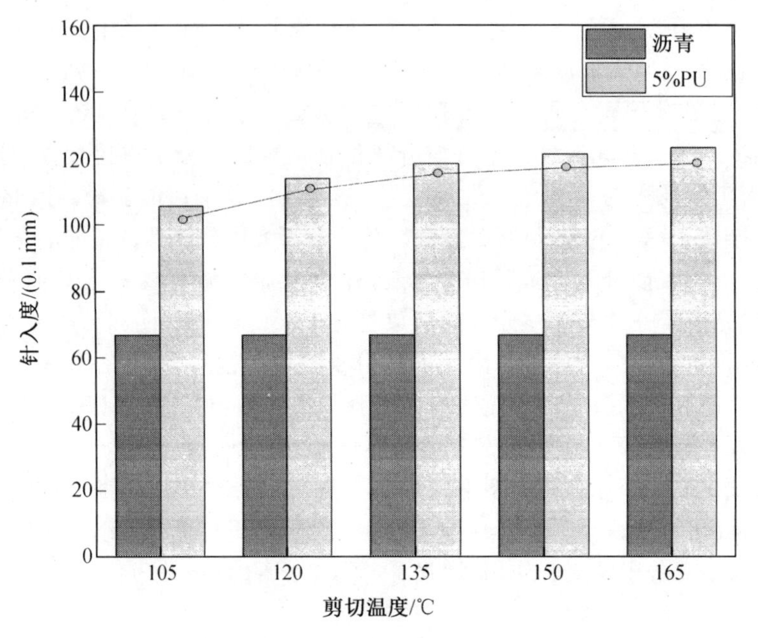

图 9.16 不同剪切温度下沥青针入度指标

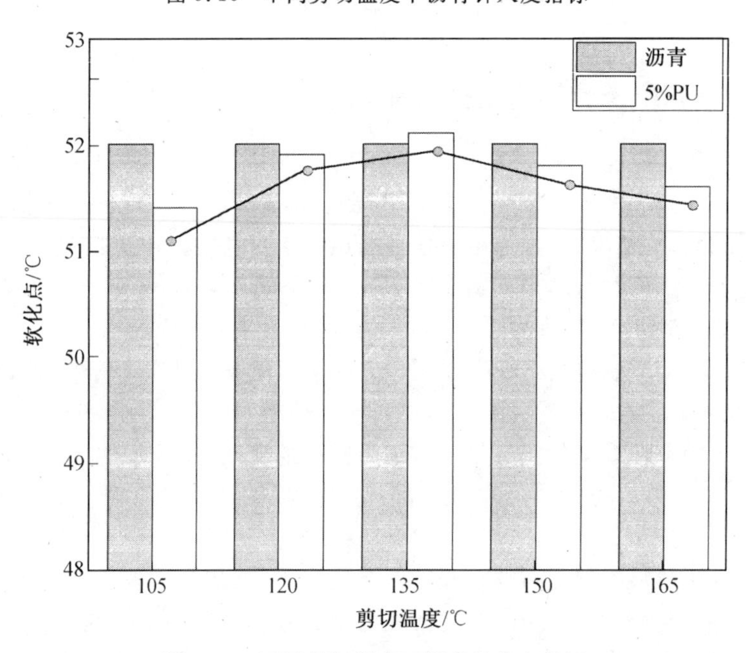

图 9.17 不同剪切温度下沥青软化点指标

9.4.2 离析试验

对四种掺量(5%、10%、15%、20%)PU 改性沥青进行离析试验,结果如图 9.19 所示。

从图中可以看出,四种不同掺量的 PU 改性沥青软化点增量(ΔS)随时间的推移呈现增加的趋势,在 4～12 h 区间内增加趋势最为明显。规范规定 163 ℃高温静置 48 h 软化

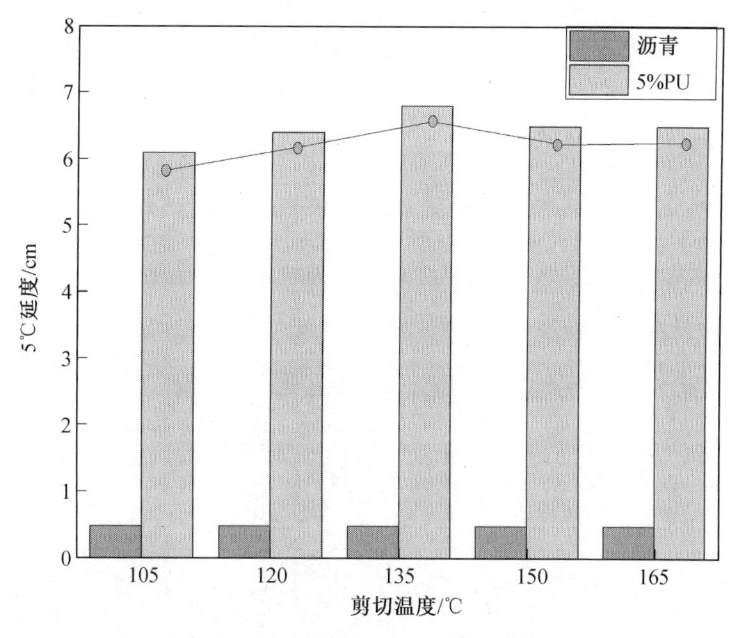

图 9.18　不同剪切温度下沥青延度指标

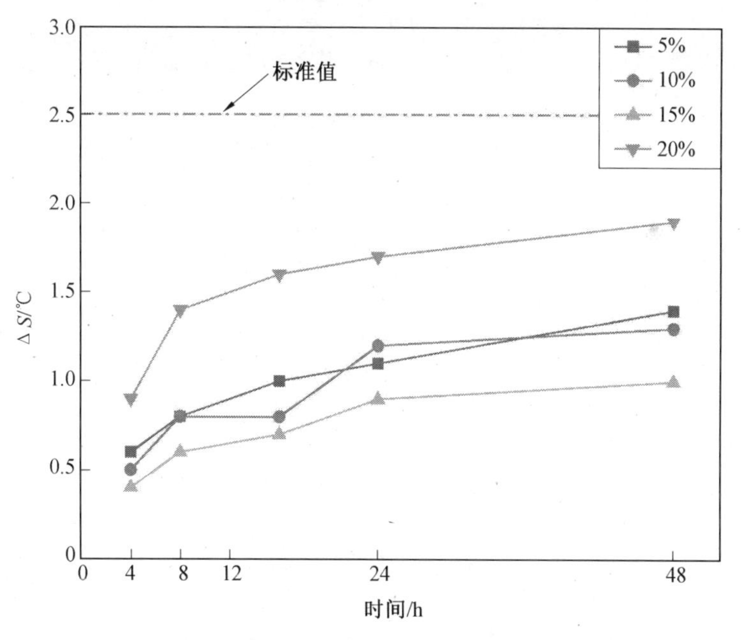

图 9.19　四种不同掺量 PU 改性沥青软化点增量

点增量不得大于 2.5 ℃，通过图 9.19 可以看出，四种不同掺量的 PU 改性沥青均满足规范要求，体现出 PU 改性沥青良好的高温存储稳定性。分析 48 h 下不同掺量 PU 改性沥青的 ΔS 可发现，PU 改性沥青 ΔS 随掺量的增加呈现先减小后增大的趋势。主要考虑 PU 与沥青两者极性存在差异，降低两者相容效果，同时改性沥青在经历 48 h 高温静置后，PU 的密度大于沥青的，受重力影响，PU 分子更多地沉淀于下部铝管中，从而导致底部铝管沥青软化点增大。在掺量为 15％时 ΔS 达到最小值。这表明 PU 掺量为 15％时，采用原位聚合法制备的 PU 改性沥青拥有优良的高温存储稳定性。结合模拟结果分析，在此掺量下氢键作用最为强烈，PU 与沥青充分交联。

9.4.3 荧光显微镜试验

荧光显微镜的紫外线光源照射在 PU 改性沥青制样上，PU 受到光照影响时会发生荧光，沥青则呈暗黑色。通过观察同视野下荧光显微镜对不同掺量的 PU 改性沥青成像，分析不同掺量下 PU 改性剂在沥青中的分散情况。试验采用的荧光显微镜放大倍数为 100 倍。基质沥青及不同掺量的 PU 改性沥青的荧光显微镜图像如图 9.20 所示。

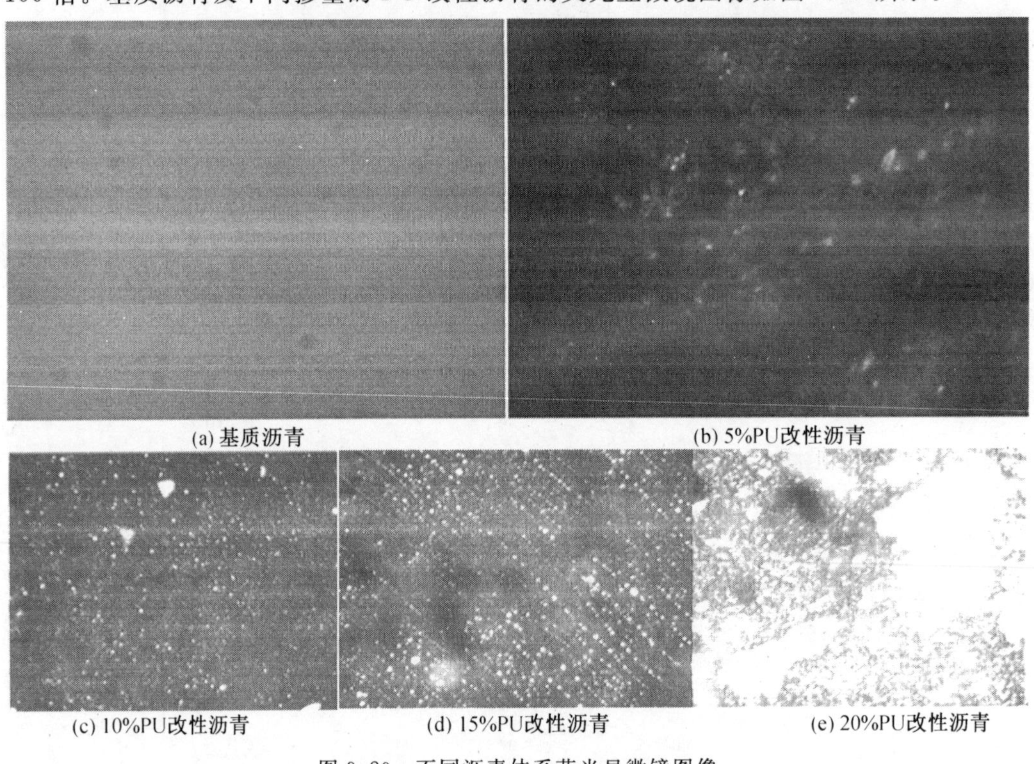
(a) 基质沥青　(b) 5%PU改性沥青
(c) 10%PU改性沥青　(d) 15%PU改性沥青　(e) 20%PU改性沥青

图 9.20　不同沥青体系荧光显微镜图像

由图可以看出，不同掺量 PU 改性沥青的荧光显微镜图像中改性剂颗粒明显，且随掺量增加而逐渐增多。观察掺量为 5%、10%及 15%的 PU 改性沥青荧光显微镜图像可发现，改性剂颗粒明显且分布均匀。说明在掺量为 5%、10%及 15%时，PU 与沥青相容性较好，PU 与沥青形成稳定的网状结构，有利于改性沥青的相容性。这是由于液体的 DL2000 更易与异氰酸酯发生化学反应，原位聚合法的制备工艺也促使 PU 更好地分散于沥青中。而在掺量为 20%时，PU 改性沥青荧光显微镜图像中出现明显的团聚现象，此掺量下 PU 与沥青相容性较差。这是由于在制备过程中，将大量的异氰酸酯、多元醇及扩链剂等 PU 原材料直接加入沥青中，大量的 PU 在合成过程中难以全部与沥青形成网络结构，部分 PU 发生团聚以小颗粒的形式分散于沥青中，产生离析现象。因此，在使用原位聚合法制备 PU 改性沥青时应合理选择 PU 掺量。

1. PU 改性沥青高温性能分子模拟研究

在分子模拟计算过程中，任何一个受到外力作用的体系模型均处于应力状态下，外力的施加会引起模型内部粒子位置发生相对改变。对于各向同性的材料，其应力一应变行为由拉梅常数即可描述，此时体系的弹性刚度矩阵 $\boldsymbol{c}$ 可通过拉梅常数将应力与应变联系起来，进而可计算体系的体积模量 K 及剪切模量 G。利用 Forcite 模块模拟对沥青施加较小的应力，计算各沥青体系的剪切模量(G)、体积模量(K)和弹性模量(E)等力学性能。设置温度为 337 K(64 ℃)，使用力场为 COMPASS。模拟结果如图 9.21 所示。

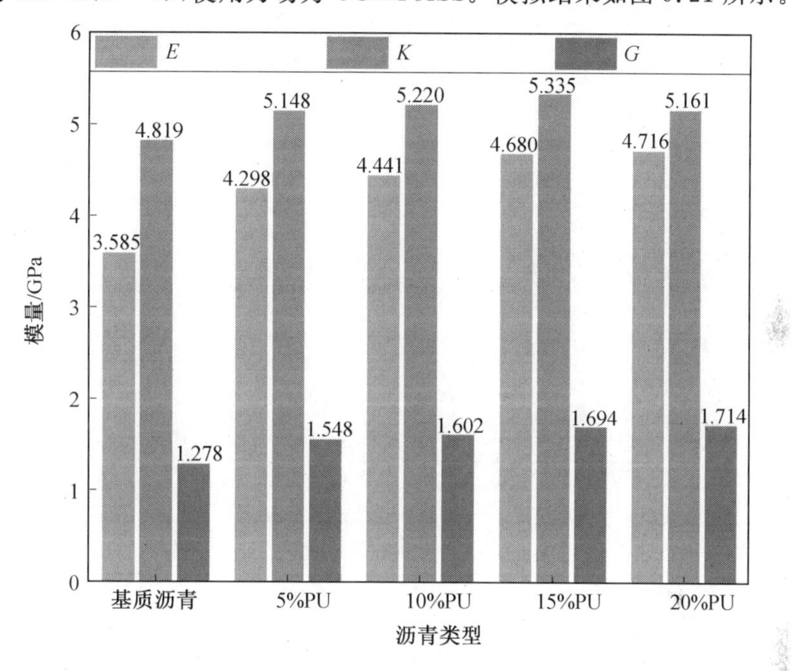

图 9.21 沥青物理性能

由图中可以看出，加入 PU 改性剂后，沥青 G、E、K 三个模量均发生不同程度的改变。与基质沥青相比，64 ℃下 PU 改性沥青(5%、10%、15%、20%)剪切模量分别增加了17.4%、20.2%、24.6%、25.5%，体积模量增长了 6.39%、7.67%、9.66%、6.63%，弹性模量提升了 16.6%、19.3%、23.4%、24.0%。这表明 PU 改性剂对沥青三种模量均有积极作用。值得注意的是，PU 改性沥青的剪切模量增加最多，弹性模量的增长幅度与剪切模量增长幅度接近。三种模量的增加使 PU 改性沥青在高温状态下具备更优异的力学性能，在沥青路面中具备良好的高温稳定性。PU 改性沥青的三种模量在掺量为 20%时达到最大值。因此，当单方面考虑获取最优高温性能时，可采用掺量为 20%的 PU 改性沥青。

2. PU 改性沥青低温性能分子模拟研究

(1)PU 改性沥青玻璃化转变温度计算。

沥青是一种具有显著温度依赖性的复杂高分子材料，其状态会随温度的变化而发生改变。沥青在常温状态下保持固体状态，此时将其称为玻璃态；而随温度升高沥青中一部分固体将转化为流动状态，此时将其称为高弹态；在高温状态下，沥青完全变为液体，此时便称之为黏流态。将沥青由玻璃态转变为高弹态的分解温度称为玻璃化转变温度（T_g）。在分子动力学研究中，通常对不同温度下体系的内聚能密度、平均体积等参数进行计算、绘制，之后进行线性拟合，获取体系的 T_g。因此，本章利用 Forcite 模块计算五种沥青体系不同温度下的平均体积以获取沥青体系 T_g。设置温度变化区域为 203～323 K（即 −70～50 ℃），温度间隔为 10 K。拟合结果如图 9.22 所示。

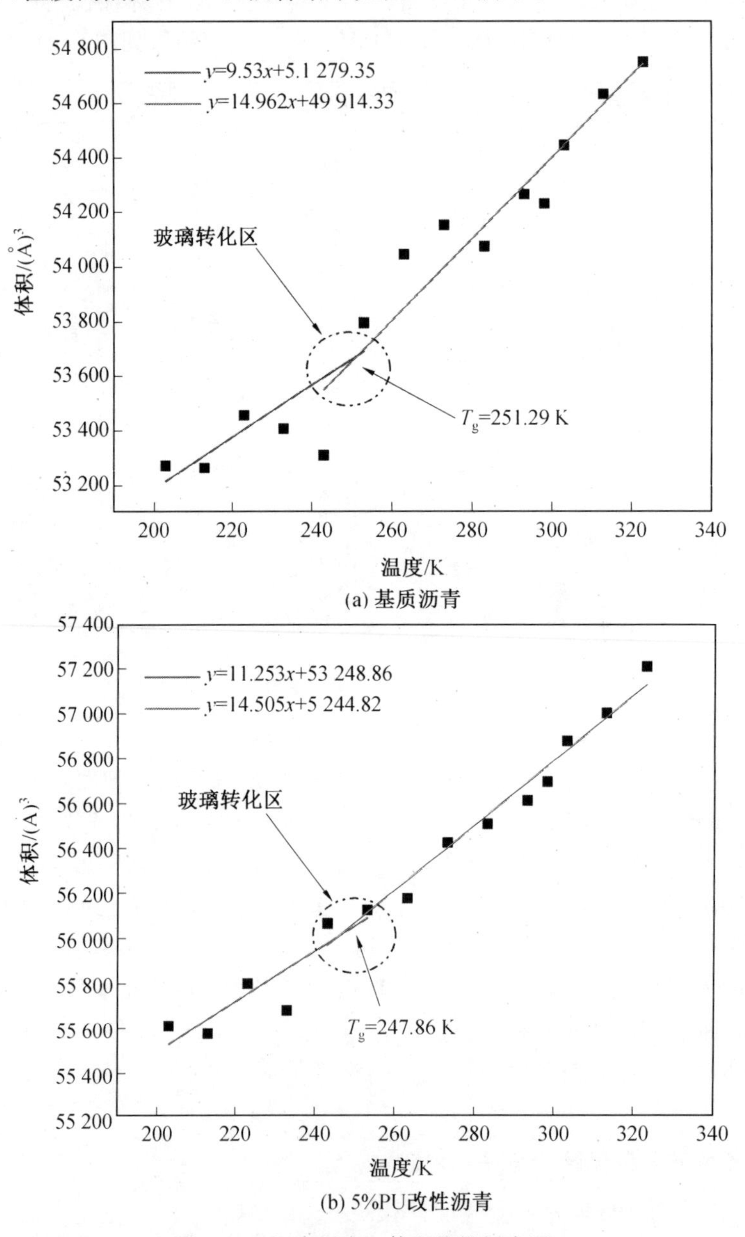

图 9.22 沥青温度—体积线性拟合图

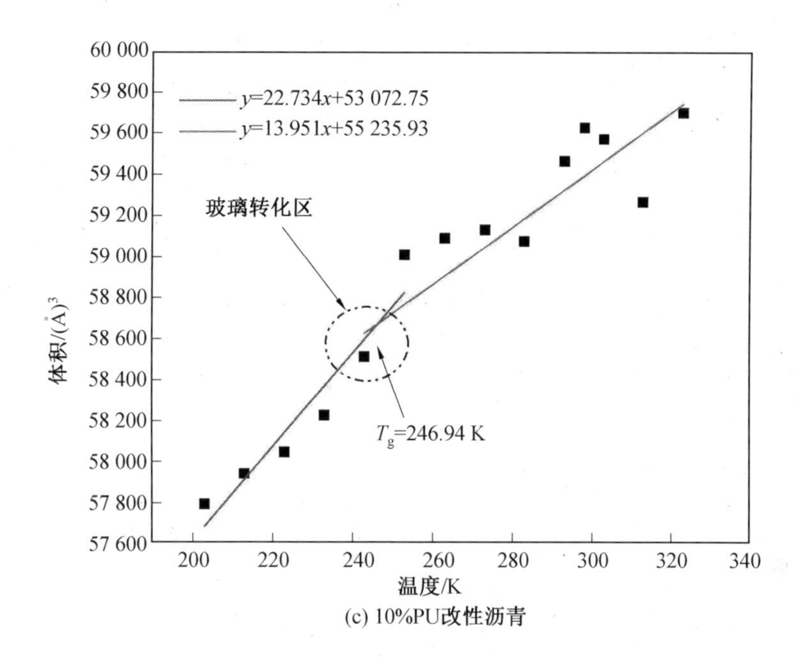

(c) 10%PU改性沥青

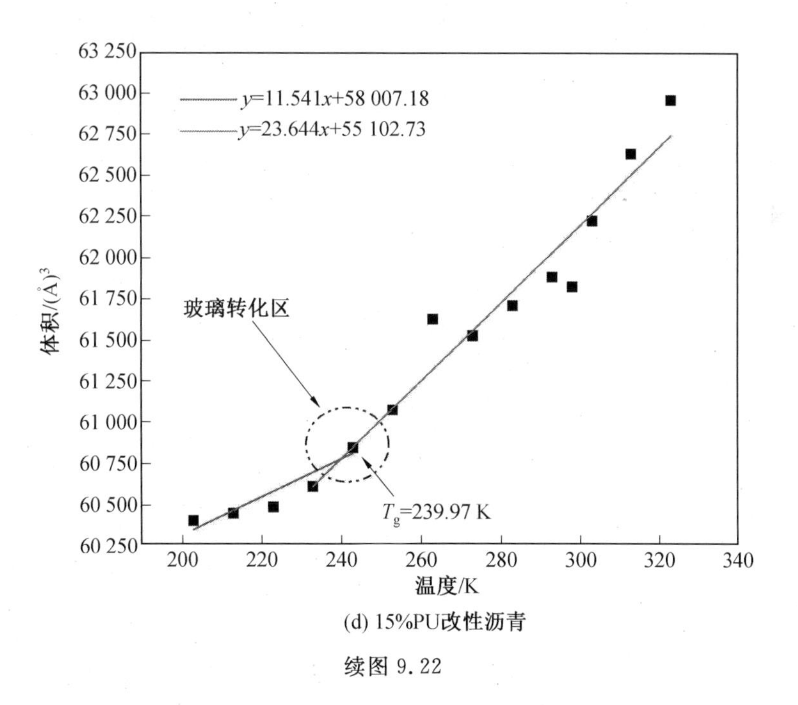

(d) 15%PU改性沥青

续图 9.22

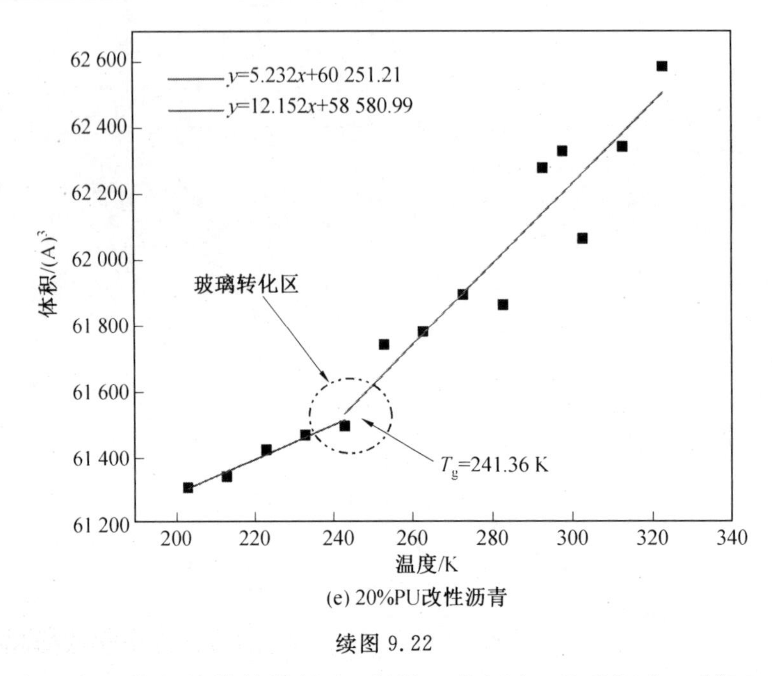

(e) 20%PU改性沥青

续图 9.22

基于沥青温度一体积计算结果拟合，所得五种沥青（基质沥青、5%PU 改性沥青、10%PU 改性沥青、15%PU 改性沥青、20%PU 改性沥青）T_g 分别为 251.29 K(−22 ℃)、247.86 K(−25 ℃)、246.94 K(−26 ℃)、239.97 K(−33 ℃)、241.36 K(−31 ℃)。T_g 随 PU 掺量的增加呈现先降低后增加的趋势，当掺量为 15%时，T_g 达到最小值。这表明 15%PU 改性沥青低温效果最优异。对比同一温度下（如 203 K）沥青体积变化情况，可发现各沥青体积由大到小排序为：15%PU 改性沥青＞20%PU 改性沥青＞10%PU 改性沥青＞5%PU 改性沥青＞基质沥青。表明 PU 的加入增加了沥青体积。

9.4.4 自由体积计算

为进一步研究 PU 改性沥青体积与其性能关系，采用自由体积理论证明该观点。自由体积理论中，将所有原子以原子核为中心、以范德瓦耳斯半径为半径所叠加的体积为范德瓦耳斯体积，又称占据体积（Occupied Volume），表示不可被其他分子侵入的分子体积。试验测量所得体积称为实际体积。实际体积与范德瓦耳斯体积所形成的差值称为自由体积（Free Volume）。各沥青体系的自由体积如图 9.23 所示。

利用占据体积与自由体积计算各沥青体系自由体积分数（FFV），见表 9.2。

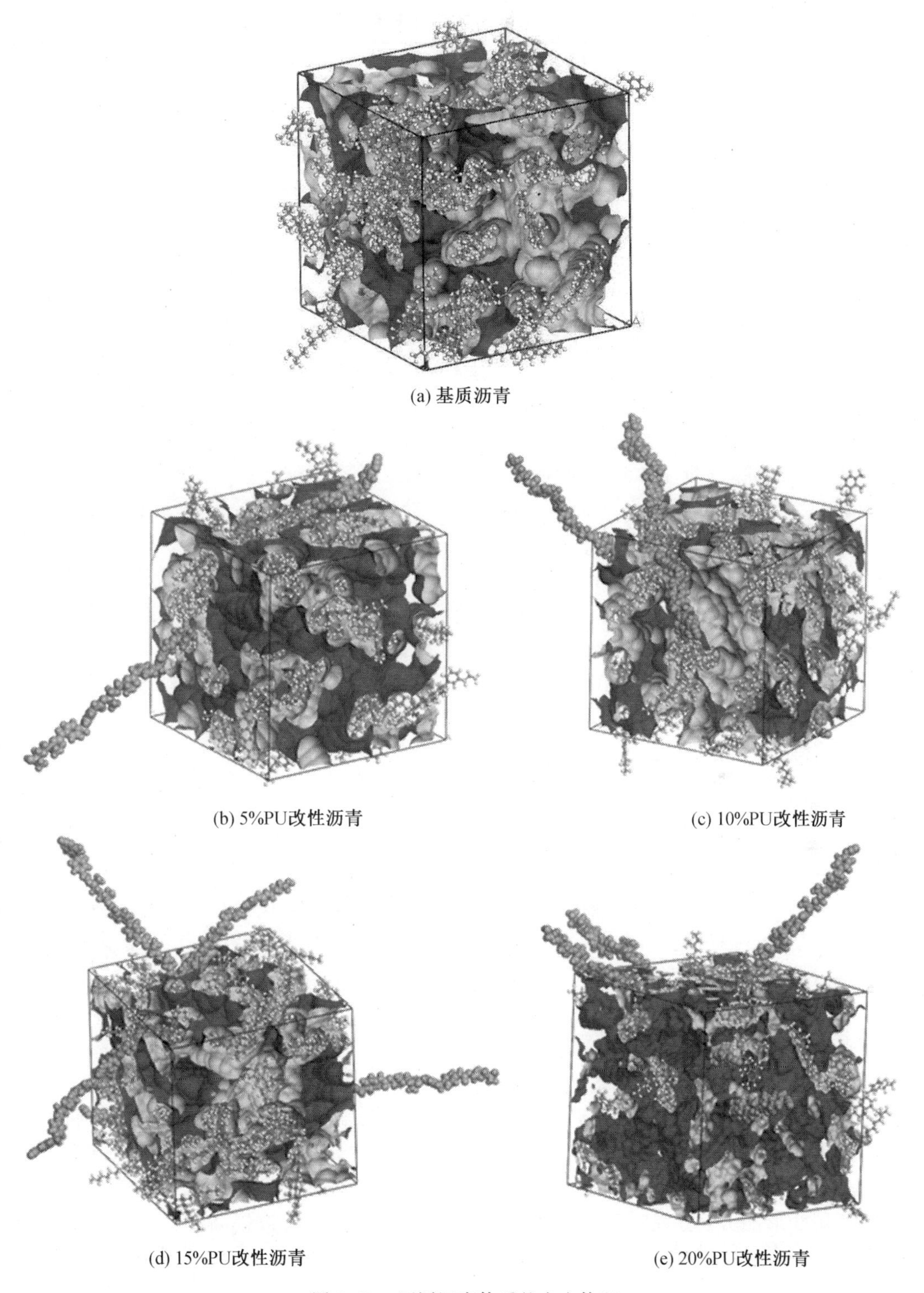

图 9.23　不同沥青体系的自由体积

表 9.2 各沥青体系自由体积分数

类型	表面体积/(Å)^2	占据体积/(Å)^2	自由体积/(Å)^2	自由体积分数/%
基质沥青	22 129.46	78 918.68	30 439.73	27.79
5%PU 改性沥青	23 195.53	82 803.05	31 839.00	27.77
10%PU 改性沥青	24 394.18	87 105.54	32 920.16	27.43
15%PU 改性沥青	26 334.04	93 154.08	34 255.27	26.89
20%PU 改性沥青	25 122.96	90 787.21	33 764.55	27.11

四种掺量的 PU 改性沥青 FFV 大小排序与 T_g 顺序恰好相反：随 PU 改性剂掺量的增加，FFV 呈现先减小后增大的趋势，在 PU 掺量为 15%时达到最小值。沥青自由体积下降，意味着沥青内部空隙逐渐被填满，促使沥青内部结构更加紧密，导致沥青结构更加稳定。沥青模型自由体积变化与 T_g 曲线中同一温度沥青体积变化呈现相同的趋势。根据自由体积理论，在排斥力和热运动的影响中发生形态转变，分子会呈现无规则热运动，自由体积变化引起体积变化。在任何温度下，聚合物的流动性主要取决于自由体积空间的大小。PU 材料作为高分子聚合物，体积大、分子运动空间阻碍较大，在热运动中存在一定的局限。因此，在 PU 改性沥青体系中，有必要存在一定的自由体积，便于 PU 分子更好地分散于沥青体系中，使其具备更优异的流动性，与更多的分子产生碰撞，充分发挥其性能，保障 PU 改性沥青在低温状态下有效地抵抗塑性变形。PU 掺量由 5%增加到 15%过程中，PU 改性沥青自由体积增加，PU 分子运动空间广泛，提高 PU 改性沥青的塑性，使其低温性能也随 PU 掺量增加而更加优异。然而，当 PU 掺量由 15%增加到 20%时，自由体积减小 1.43%，T_g 也出现降低现象，但仍高于基质沥青。

9.4.5 聚氨酯改性沥青流变性能研究

1. 动态剪切流变试验

沥青的高温流变试验可表征沥青在高温状态下的抵抗变形能力。1987 年美国将动态剪切流变(DSR)试验引入到公路战略研究计划中，检测沥青的高温流变性能。DSR 试验可测试沥青复数剪切模量(G^*)、相位角(δ)和抗车辙因子($G^*/\sin\delta$)。

(1)复数剪切模量。

基质沥青与四种不同掺量的 PU 改性沥青在不同温度下的复数剪切模量数据如图 9.24 所示。

图中曲线显示，随温度升高，沥青 G^* 值呈现下滑趋势，这表明温度极大地削弱了沥青的抗剪切变形能力，沥青由常温时的弹性状态转化为黏流态。观察基质沥青与 PU 改性沥青 G^* 值可发现基质沥青 G^* 值低于 PU 改性沥青，表明 PU 的掺入可有效改善沥青的抗剪切变形能力。这是由于 PU 与沥青形成网状结构，可有效提高沥青的抗剪切变性能力。进一步对比四种掺量 PU 改性沥青 G^* 值可发现，四种掺量 PU 改性沥青 G^* 值排序为 5%PU 改性沥青＜10%PU 改性沥青＜15%PU 改性沥青＜20%PU 改性沥青，此变化趋势与模拟趋势相一致。说明 PU 掺入量越大，PU 改性沥青的高温性能越优异。但是，随着试验温度的升高，20%PU 改性沥青 G^* 值与 15%PU 改性沥青的差距逐渐减小，

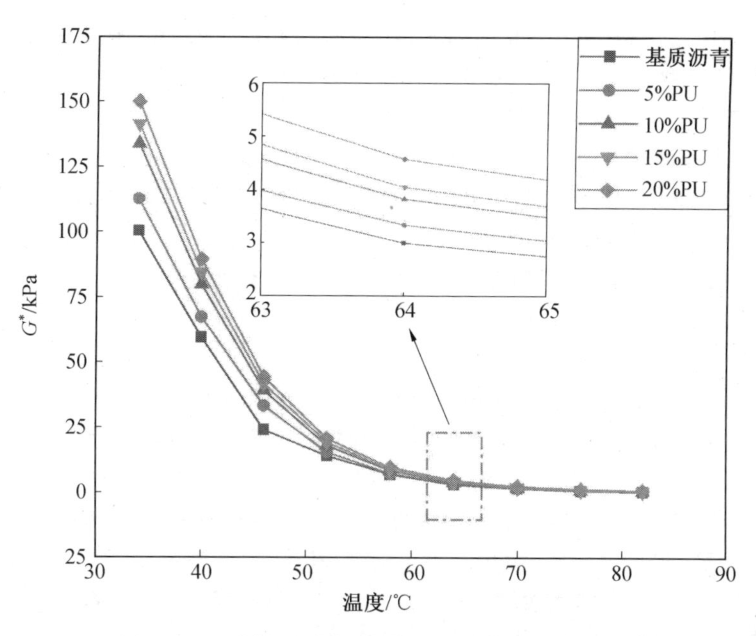

图 9.24 不同沥青复数剪切模量随温度的变化曲线

因此从经济角度考虑，15%PU 掺量对沥青高温性能改善更经济。

(2)相位角。

基质沥青与四种不同掺量的 PU 改性沥青在不同温度下的相位角数据如图 9.25 所示。

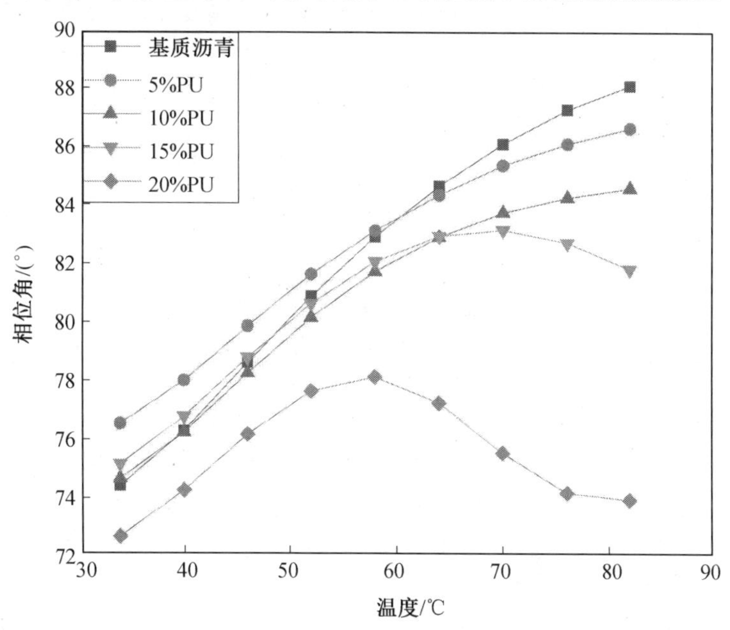

图 9.25 不同沥青相位角随温度的变化曲线

据图分析，随温度升高，基质沥青及 5%PU 改性沥青、10%PU 改性沥青相位角 δ 随温度升高而增加，而 15%PU 改性沥青、20%PU 改性沥青 δ 随温度升高呈现先增加后减小的趋势，说明前三种沥青在较低温度状态下体系内弹性成分占比较高，温度升高黏性成分增加，δ 也随之增加；15%PU 改性沥青、20%PU 改性沥青的黏性成分并未随温度升高而增加，温度稳定性表现能力较好，并且其黏性成分分别在 72 ℃、58 ℃后开始下降，弹性恢复能力提高，δ 值明显降低。82 ℃下五种沥青 δ 值排序为：基质沥青＞5%PU 改性沥青＞10%PU 改性沥青＞15%PU 改性沥青＞20%PU 改性沥青。这表明 PU 的掺入降低了沥青的 δ 值，有利于提高沥青材料的弹性恢复能力；随 PU 掺入量的提高 PU 改性沥青 δ 值下降明显，大掺量的 PU 改性剂对沥青高温性能的改善效果更为显著，但由于 20% PU 改性沥青 δ 值随温度升高变化幅度较大，改善高温效果仍需进一步验证。

(3)抗车辙因子。

图 9.26 所示为不同沥青在试验温度区间下的抗车辙因子数据曲线。图中曲线显示，各沥青 $G^*/\sin\delta$ 随温度的增加而减小，即高温对沥青抗车辙能力和抗剪切变形能力不利。由于高温会破坏沥青结构，因此削弱沥青的高温特性。与基质沥青相比，四种掺量的 PU 改性沥青 $G^*/\sin\delta$ 均有所提高，这表明 PU 改性剂较大程度上增加了沥青的抗车辙能力和抗剪切变形能力，这是因为 PU 改性剂软段结构中存在醇羰基(—C ═O)官能团，该官能团热稳定性好，在高温状态下结构不易破坏。当掺量为 20%时，PU 改性沥青 $G^*/\sin\delta$略高于 15%PU 改性沥青，这表明当 PU 掺量为 15%时，再增加 PU 掺量，对 PU 改性沥青的抗车辙能力和抗剪切变形能力提高并不明显。

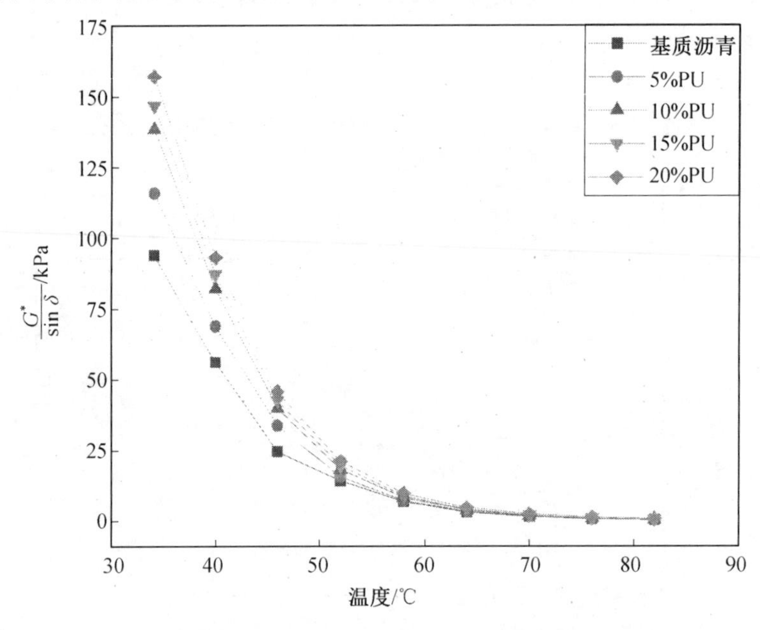

图 9.26 不同沥青抗车辙因子随温度变化曲线

9.4.6 弯曲蠕变劲度试验

沥青低温性能影响着沥青路面的耐久性。在严寒地区，若沥青材料具有较强的感温性，沥青路面容易发生低温开裂现象，影响沥青路面耐久性。美国 SHRP 通过对沥青低温性能的研究开发了弯曲蠕变劲度(BBR)试验，通过测试沥青材料在低温下的蠕变劲度模量 S 和蠕变速率 m 指标衡量沥青材料的低温性能。

(1)蠕变劲度模量。

采用四种温度(−6 ℃、−12 ℃、−18 ℃、−24 ℃)测试基质沥青与四种掺量 PU 改性沥青的低温性能,蠕变劲度模量 S 值如图 9.27 所示。

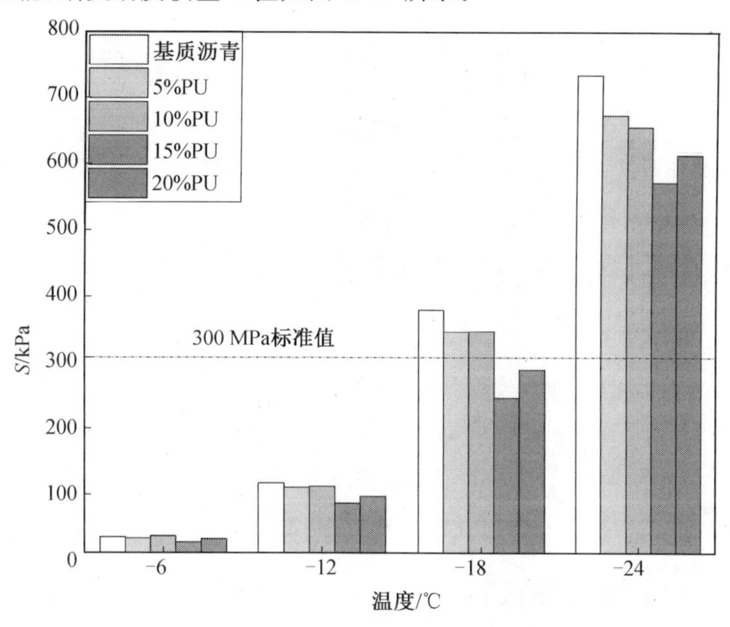

图 9.27　不同沥青在不同温度下的蠕变劲度模量

蠕变劲度模量 S 表征沥青的脆性,其值越小,说明沥青应力松弛能力越优异,低温抗裂性越好。从中可以看出,五种沥青的 S 值随温度的下降而不断增加。这说明沥青材料在低温状态下脆性增加、容易发生开裂变形,温度会影响沥青的低温性能。当温度为−6 ℃和−12 ℃时,五种沥青的 S 值排序为:15%PU 改性沥青<20%PU 改性沥青<10%PU改性沥青<基质沥青<5%PU 改性沥青。这说明 PU 的添加,降低了沥青的 S 值,有利于增强沥青的低温抗裂性能。随着 PU 掺量的增加,S 值也随之降低。20%PU 改性沥青 S 值与 15%PU 改性沥青接近,在温度为−6 ℃和−12 ℃时,15%PU 改性沥青 S 值分别比 20%PU 改性沥青低 22%、12.1%,这主要是由于 20%掺量时 PU 改性沥青相容性劣于 15%PU 改性沥青,影响 PU 改性沥青性能。当温度为−18 ℃时,仅有 15%PU 改性沥青和 20%PU 改性沥青低于 300 MPa,满足规范中沥青低温性能要求,说明 PU 的加入可有效改善沥青的低温性能,PU 与沥青所形成的交联网状结构增强了沥青分子间作用力。当温度为−24 ℃时,五种沥青均超出规范所要求的值。所以,使用原位聚合法制备 PU 改性沥青时,应根据地域气候特征采取不同的掺量。

(2)蠕变速率。

基质沥青与四种掺量 PU 改性沥青的蠕变速率 m 值如图 9.28 所示。

m 表征沥青劲度随时间而改变的敏感性,其数值越大,表明沥青应力松弛能力越好,低温抗裂性能越优秀。五种沥青的 m 值变化趋势与 S 值恰好相反,五种沥青 m 值随温度降低而减小。当温度为−6 ℃和−12 ℃时,五种沥青均满足规范要求。当温度为−18 ℃时,仅有 15%PU 改性沥青 m 值满足规范要求,说明四种掺量的 PU 改性沥青中,PU 掺量为 15%时低温抗裂性最优异。

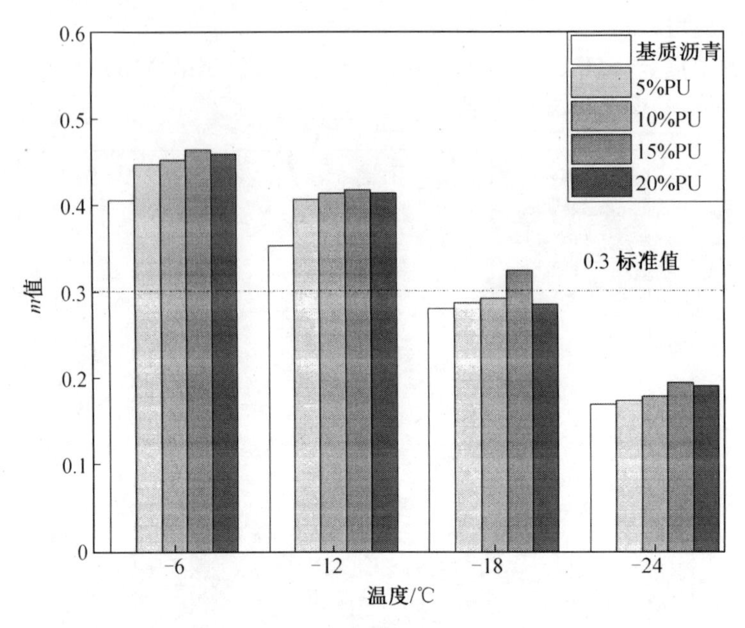

图 9.28 不同沥青在不同温度下的蠕变速率

9.4.7 差示扫描量热试验

差示扫描量热(DSC)试验可获取材料热流随温度变化曲线,通过对曲线的分析可获取热力学参数(如玻璃化转变温度 T_g、分解温度等)。通过 DSC 试验获取五种沥青随温度变化的热流量变化曲线,以温度为横坐标,热流率(dH/dt)为纵坐标,如图 9.29 所示。

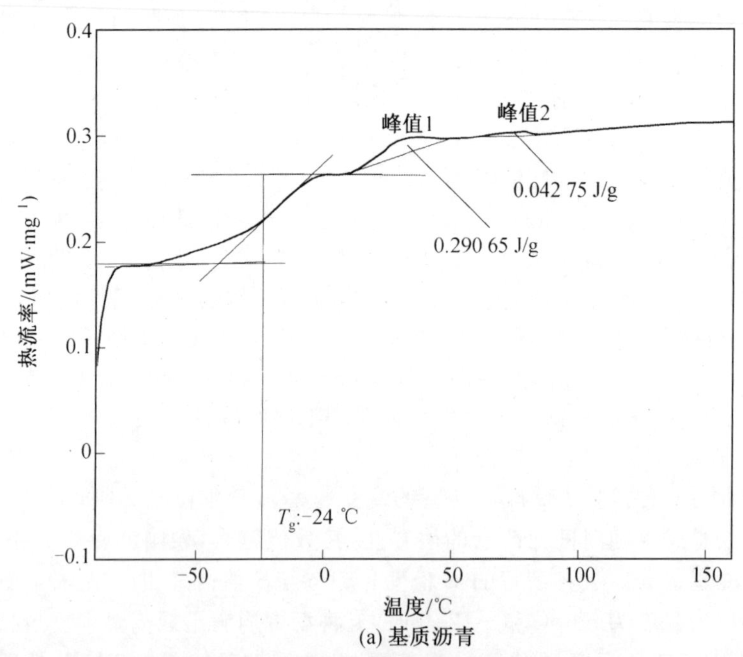

(a) 基质沥青

图 9.29 不同沥青体系热流率变化曲线

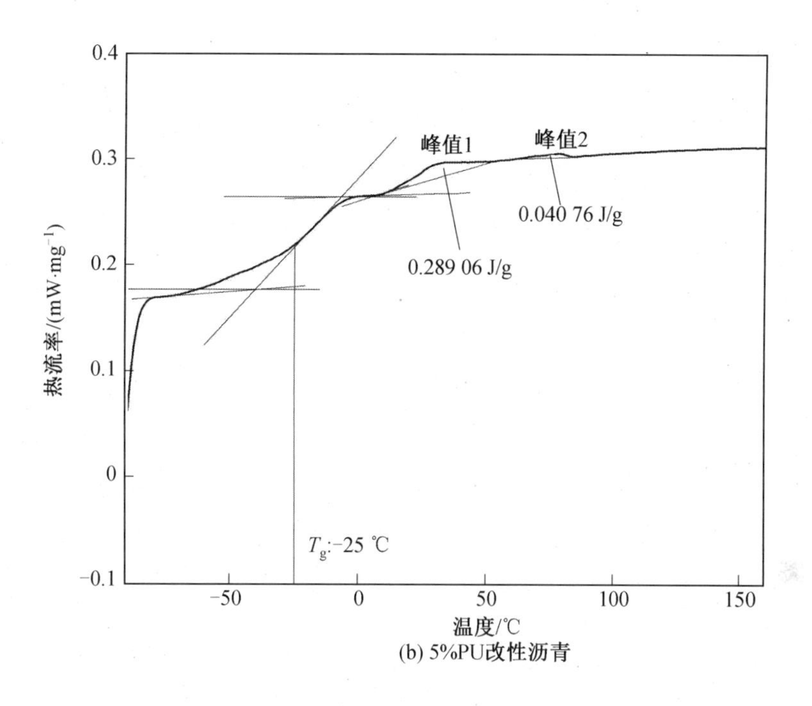

(b) 5%PU改性沥青

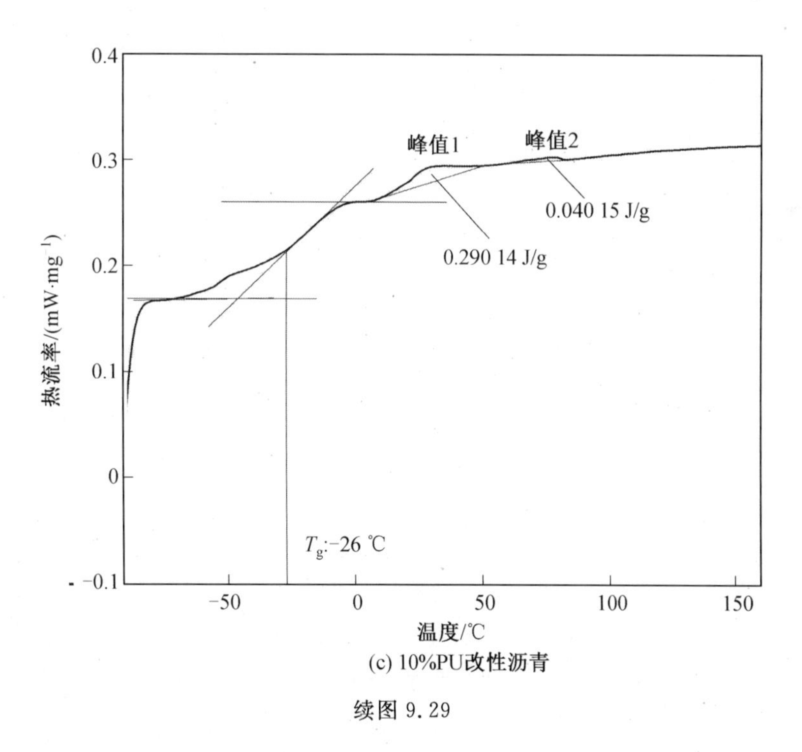

(c) 10%PU改性沥青

续图 9.29

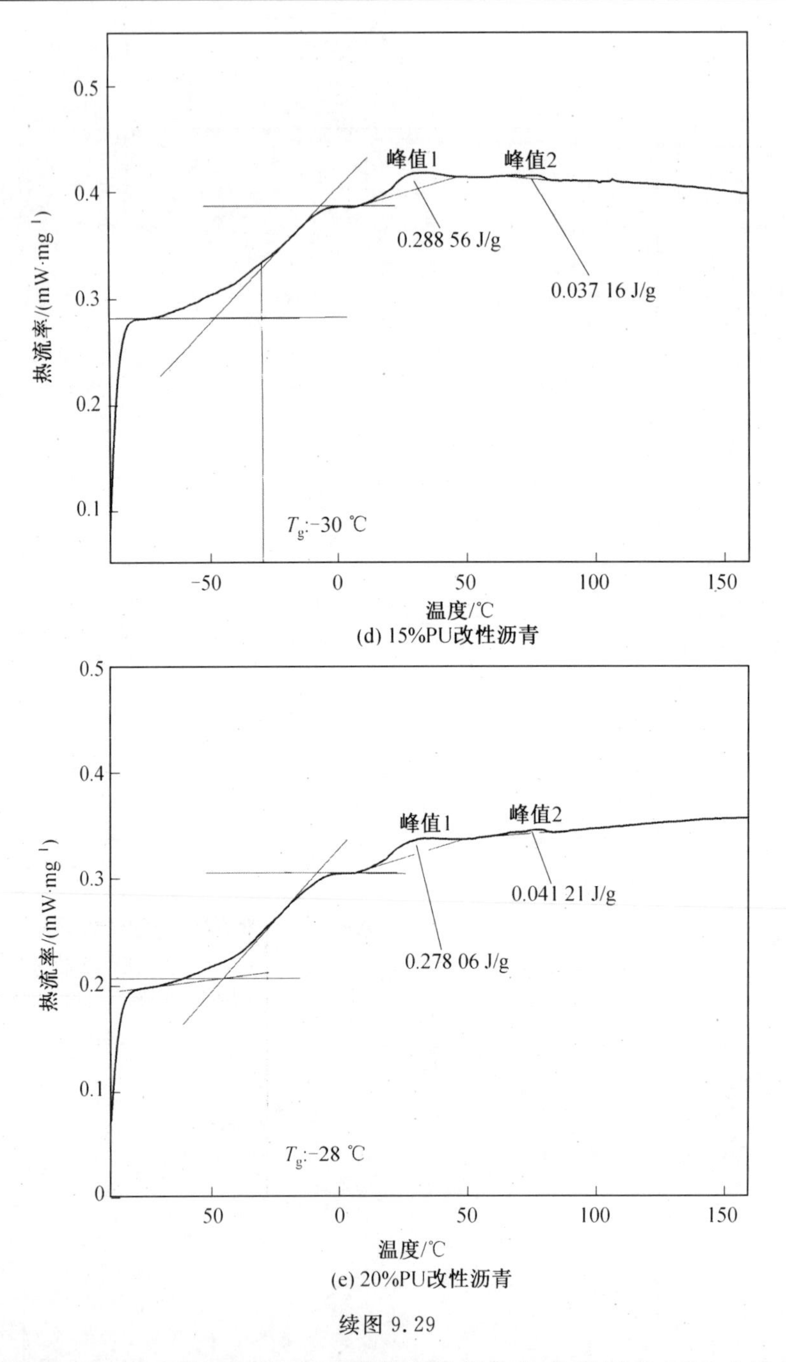

(d) 15%PU改性沥青

(e) 20%PU改性沥青

续图 9.29

图中曲线反映，PU 改性沥青的 DSC 曲线变化规律与基质沥青 DSC 曲线相似，这说明使用 PU 对沥青进行改性过程中并未发生明显的结构改变。同时，当温度升高时，五种沥青 DSC 曲线上均出现多个峰值，这表明基质沥青及 PU 改性沥青在升温过程中发生不同程度的相态变化。沥青中各组分所发生聚集状态的改变温度存在差异，因此导致 DSC 曲线峰值及温度区间也略有不同。随 PU 改性剂掺量的增加，PU 改性沥青 DSC 曲线同一峰值下吸热量呈现先增加后减小的趋势，在掺量为 15％时吸热量最低。这说明在掺量为 15%时,PU 改性沥青更加稳定。由图分析可知,基质沥青及四种掺量(5%、10%、15%、20%)PU 改性沥青 T_g 分别为 -24 ℃、-25 ℃、-26 ℃、-30 ℃、-28 ℃。对比使用模拟获取五种沥青 T_g 可发现,模拟数据与试验数据平均相差 3.85%,试验数据与模拟数据较为接近。

9.5　本章小结

采用试验与模拟相结合的方法,对 PU 改性沥青的制备工艺、掺量、路用性能及改性机理进行详细研究。利用分子动力学建立沥青及 PU 分子链模型。通过计算 CED 参数、氢键作用探究 PU—沥青相容效果;计算力学模量探究 PU 掺量对沥青在高温下性能的影响;通过温度—体积曲线获取沥青 T_g,并借助自由体积揭示 PU 对沥青低温性能的改性机理。之后,对不同剪切温度及不同掺量的 PU 改性沥青进行离析试验、荧光显微镜试验,探究 PU 与沥青的相容效果;利用 DSR、BBR、DSC 试验探究掺量对 PU 改性沥青流变性能的影响。研究所得结论如下。

(1)从多角度揭示了 PU 掺量改善沥青相容性的机理。从化学键角度分析,PU 分子中 O 原子可与沥青中杂原子形成氢键,PU 掺量会导致氢键数量及能量产生差异。从能量角度出发,PU 改性沥青模型 CED 值随 PU 掺量呈现先增加后减小的趋势,在 15%时达到最大值。

(2)通过沥青常规性能测试,确定原位聚合法最佳剪切温度为 135 ℃。使用离析试验及荧光显微镜发现 PU 改性沥青相容性随掺量增加先后逐渐减弱,在 15%时相容性能最优异。当 PU 掺量为 20%时,PU 颗粒在一定程度上发生了团聚现象,不利于与沥青相容。

(3)以沥青模型模量为评价指标,研究沥青在 337 K(64 ℃)下性能的变化,得到添加 PU 后,沥青的三种模量均发生不同程度的提高,并且随 PU 掺量的增加提升效果越来越明显。通过计算不同温度下沥青的体积变化,获得基质沥青及 PU 改性沥青 T_g 值,五种沥青 T_g 分别为 -22 ℃、-25 ℃、-26 ℃、-33 ℃、-31 ℃。同时,利用自由体积揭示 PU 掺量对沥青低温性能的改性机理。模拟结果表明,PU 掺量为 15%时,沥青体系自由体积占比最大。当 PU 掺量增至 20%时,沥青体系内自由体积减小 1.42%,影响 PU 分子在沥青内的运动。

(4)借助 DSR 及 BBR 试验对各种掺量 PU 改性沥青的流变性能开展研究。试验结果表明,使用原位聚合法制备的 PU 改性沥青流变性能良好。PU 掺量为 20%时,对沥青材料高温性能的改善效果较为突出,PU 掺量为 15%时低温性能的提升效果最为显著。并通过差示扫描量热仪获取基质沥青和四种掺量下 PU 改性沥青的 T_g,试验结果与模拟结果相近。

本章参考文献

[1] WIEHE I A, LIANG K S. Asphaltenes, resins, and other petroleum macromolecules[J]. Fluid Phase Equilibria, 1996, 117(1-2): 201-210.

[2] HEADEN T F, BOEK E S, SKIPPER N T. Evidence for asphaltene nanoaggregation in toluene and heptane from molecular dynamics simulations[J]. Energy & Fuels, 2009, 23(2): 1220-1229.

[3] SANTOS-SILVA H, SODERO A, BOUYSSIERE B, et al. Molecular dynamics study of nanoaggregation in asphaltene mixtures: Effects of the N, O, and S heteroatoms[J]. Energy & Fuels, 2016, 30(7): 5656-5664.

[4] YAO H, DAI Q, YOU Z. Molecular dynamics simulation of physicochemical properties of the asphalt model[J]. Fuel, 2016, 164: 83-93.

[5] 唐伯明，丁勇杰，朱洪洲，等. 沥青分子聚集状态变化特征研究[J]. 中国公路学报，2013，26(3)：50-56,76.

[6] HANSEN J S, LEMARCHAND C A, NIELSEN E, et al. Four-component united-atom model of bitumen[J]. The Journal of Chemical Physics, 2013, 138(9): 1-9.

[7] LI D D, GREENFIELD M L. Chemical compositions of improved model asphalt systems for molecular simulations[J]. Fuel, 2014, 115(1): 347-356.

[8] GREENFIELD M L. Composition models for molecular simulation of asphalts[J]. American Chemical Society, Division of Fuel Chemistry, Preprints, 2012, 57(1): 14-15.

[9] 曹雪娟，彭硕，丁勇杰，等. 聚氨酯改性沥青的研究进展[J]. 化工新型材料，2021，49(10)：213-218.

[10] 吕文江，张增平，刘浩，等. 聚氨酯改性沥青在路面工程中的应用研究进展[J]. 化工新型材料,2022,50(5):227-230.

[11] SUN M, ZHENG M, QU G, et al. Performance of polyurethane modified asphalt and its mixtures[J]. Construction and Building Materials, 2018, 191: 386-397.

[12] 周昆，黄君，邓雅丹，等. 石墨烯改性沥青界面力学性能的分子动力学模拟[J]. 功能材料，2021，52(12)：12129-12136.

[13] 李秉繁，刘刚，陈雷. 基于分子动力学模拟的 CH_4 溶解对原油分子间作用的影响机制研究[J]. 化工学报，2021，72(3)：1253-1263.

[14] FU Y, LIAO L, YANG L, et al. Molecular dynamics and dissipative particle dynamics simulations for prediction of miscibility in polyethylene terephthalate/polylactide blends[J]. Molecular Simulation, 2013, 39(5): 415-422.

[15] 孙敏，郑木莲，毕玉峰，等. 聚氨酯改性沥青改性机理和性能[J]. 交通运输工程学报，2019，19(2)：49-58.

[16] RAMOS A, ROLEMBERG M P, MOURA L, et al. Determination of solubility parameters of oils and prediction of oil compatibility[J]. Journal of Petroleum Science & Engineering, 2013, 102: 36-40.

[17] LI C, STRACHAN A. Cohesive energy density and solubility parameter evolution during the curing of thermoset[J]. Polymer, 2017: 162-170.

[18] OLSEN R, KVAMME B, KUZNETSOVA T. Hydrogen bond lifetimes and sta-

tistics of aqueous mono - , diandtriethylene glycol[J]. Aiche Journal, 2017, 63 (5):1674-1689.

[19] YU R, ZHU X, ZHOU X, et al. Rheological properties and storage stability of asphalt modified with nanoscale polyurethane emulsion[J]. Petroleum Science and Technology, 2018,36(1):85-90.

[20] HUNT P A, ASHWORTH C R, MATTHEWS R P. Hydrogen bonding in ionic liquids[J]. Chemical Society Reviews, 2015, 44(5): 1257-1288.

[21] SU M, SI C, ZHANG Z, et al. Molecular dynamics study on influence of nano-ZnO/SBS on physical properties and molecular structure of asphalt binder[J]. Fuel, 2020, 263:1-13.

[22] KSTER U, MEINHARDT J. Crystallization of highly undercooled metallic melts and metallic glasses around the glass transition temperature[J]. Materials Science & Engineering A, 1994, 178(1-2): 271-278.

[23] 李吉广，侯焕娣，董明，等. 热分析技术在沥青表征中的应用[J]. 现代化工，2013，33(7): 132-136.

名词索引

B

饱和分 1.1
玻璃化温度 4.3
不可恢复柔量 4.3
布朗运动 6.3

C

残留针入度比 5.3
层状硅酸盐(LS) 5.1
差示扫描量热分析 2.3
车辆荷载横向分布系数 3.3
储能模量 3.3

D

动态剪切流变(DSR) 2.3
动稳定度 3.3
多芳环 1.1
多亚甲基多苯基多异氰酸酯 4.2
多应力重复蠕变(MSCR)试验 4.3
多元醇 4.1

E

二苯基甲烷二异氰酸酯(MDI) 4.2

F

芳香分 1.1
分子动力学 9.1
分子量 1.1
复数模量 2.3
傅里叶变换红外光谱仪(FTIR) 1.2

G

高分子聚合物 1.1
高岭石(KC) 5.1

H

荷载间歇时间 3.3
化学改性 1.1
恢复率 4.3

J

甲苯二异氰酸酯 4.2
甲苯二异氰酸酯(TDI) 4.2
胶体磨 6.3
胶质 1.1
介电常数 8.3
界面能 2.3
劲度模量 2.3
径向分布函数 9.2
聚醚多元醇(PTMEG) 4.3
聚醚型聚氨酯预聚体 4.1
聚四亚甲基醚二醇 4.2
聚酯多元醇(PEA) 4.3
聚酯型聚氨酯预聚体 4.1

K

抗车辙因子 2.3
抗疲劳性能 3.3
抗弯拉强度 3.3
空隙率 7.3
扩链交联剂(MOCA) 8.2

L

拉梅常数 9.4
拉伸柔度 2.3
朗博一比尔定律 6.3
离析 2.3
沥青老化 2.3
沥青玛蹄脂碎石混合料(SMA) 7.1
沥青质 1.1

M

马歇尔稳定度 4.3
蒙脱土(MMT) 5.1

N

挠度 8.3
内聚力 2.3
内聚能密度(CED) 9.3
黏弹比 2.3
黏度老化指数(VAI) 2.3

P

疲劳温度 2.3

Q

屈服应力 2.3

R

热固性树脂 1.1
热塑性弹性体 1.1
热塑性树脂 1.1
热重实验(TG) 4.3
溶解度参数 9.1
蠕变劲度 2.3
蠕变速率 2.3
乳化沥青 6.1
乳化作用 6.3

S

损耗模量 3.3
松铺系数 8.3

T

弹性模量 9.1
体积模量 9.1

W

弯曲劲度模量 8.3
弯曲蠕变实验(BBR) 2.3
温度应力 5.3
温缩裂缝 1.1
物理改性 1.1

X

相容性 2.3
相位角 2.3
旋转薄膜烘箱实验 2.3

Y

延度保留率(DRR) 5.3
异氰酸酯 1.2
荧光显微镜 2.3
应力集中 2.3
应力松弛 3.3
有机蒙脱土(OMMT) 5.1
原子力显微镜(AFM) 2.3

Z

蛭石(VMT) 5.1
最大剪切应力 2.3